玩转 Axure RP

Axure RP 7.0高保真网页、APP原型设计

谢星星 编著

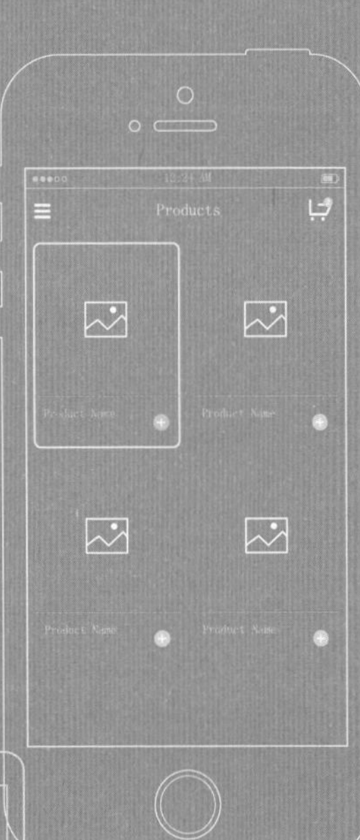

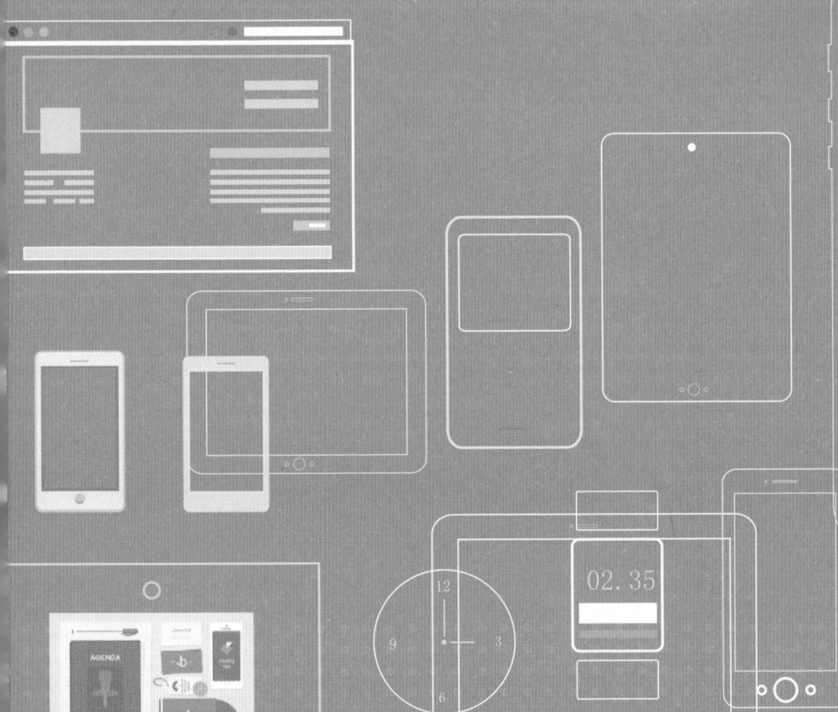

内容提要

本书是一本学习 Axure RP 的完全实战教程。通过本书，读者不但能掌握 Axure RP 的相关理论知识，更重要的是能通过诸多知识点案例以及完整的网站和 APP 案例将 Axure RP 应用于实际产品或项目中，让读者快速掌握 Axure RP 这把尚方宝剑。本书分篇分章充分体现注重实践的最大特点，在基础理论篇对各个知识点浅尝辄止，而在其后的案例篇不断通过实际案例使得知识点在读者的脑海中根深蒂固。

本书是一线开发专家谢星星（阿蜜果）多年学习、实践及研究 Axure 的结晶，全书采用案例引导知识点的写作模式，全彩印刷。

本书主要面向产品经理、需求分析师、架构师、用户体验设计师、网站策划师、交互设计师以及高校计算机及相关专业的师生。

图书在版编目（CIP）数据

玩转Axure RP : Axure RP 7.0高保真网页、APP原型设计 / 谢星星编著. -- 北京 : 中国水利水电出版社, 2015.11

ISBN 978-7-5170-3791-0

Ⅰ. ①玩… Ⅱ. ①谢… Ⅲ. ①网页制作工具 Ⅳ. ①TP393.092

中国版本图书馆CIP数据核字(2015)第254407号

策划编辑：周春元　　责任编辑：张玉玲　　版式设计：梁　燕　　封面设计：李　佳

书　名	玩转Axure RP——Axure RP 7.0高保真网页、APP原型设计
作　者	谢星星 编著
出版发行	中国水利水电出版社 （北京市海淀区玉渊潭南路 1 号 D 座 100038） 网 址：www.waterpub.com.cn E-mail：mchannel@263.net（万水） sales@waterpub.com.cn 电 话：（010）68367658（发行部）、82562819（万水）
经　售	北京科水图书销售中心（零售） 电话：（010）88383994、63202643、68545874 全国各地新华书店和相关出版物销售网点
排　版	北京万水电子信息有限公司
印　刷	北京市雅迪彩色印刷有限公司印刷
规　格	184mm×240mm　16开本　25.5印张　520千字
版　次	2015年11月第1版　2015年11月第1次印刷
印　数	0001—4000册
定　价	88.00元（赠1CD）

凡购买我社图书，如有缺页、倒页、脱页的，本社发行部负责调换

版权所有・侵权必究

产品经理尚方宝剑

苦行僧

毕业后笔者频繁接触需求，在产品设计之路艰难跋涉，旋即进行着一场轰轰烈烈的“热恋”，热恋的酸甜苦辣咸悉数尝遍，深深体会到“客户 / 用户 / 领导虐我千百遍，我待客户 / 用户 / 领导如初恋”的复杂感觉。

作为产品经理或需求分析师，我们是产品团队或项目团队的灵魂人物，是“源”。我们需要知识面广，同时需要很高的悟性、很强的创新精神、不赖的沟通能力、一流的团队协作能力……嗯，怎么说呢？最好是一个集万千本领于一身的“百变金刚”。但是，这同时也是一个苦行僧的差事，源头的一个错误可能会引起灾难性的后果。

八十一难

我们的工作，并没有想象中简单，一个好的产品的诞生，简直可以用九九八十一难来形容：

- ◆我们搜集和分析需求，进行产品分析工作，启动诸多创新细胞，在大脑中快速构建出产品蓝图，之后的很多工作开始流于琐碎：编写冗长的需求文档、设计 demo、与团队人员沟通、向领导汇报……似乎无穷无尽。
- ◆领导的思维如此抽象，程序员的思维如此直接，而我们需要架设起沟通的桥梁，让领导、程序员以及相关人等都能快速地理解，将需求不确定引起的返工风险扼杀在摇篮之中。
- ◆当历经漫漫长路，看到成果的那一刻，发现还是与预想有诸多不符，真心有想吐血而亡的感觉！于是各种返工、加班、抱怨……

沙漠绿洲

令人欣慰的是，产品经理也有沙漠绿洲，Axure RP 就是当之不愧的尚方宝剑。开始领略 Axure RP 奥妙的产品经理或需求分析师，我相信都会有相见恨晚的感觉吧！

Axure RP，将我们从冗长的需求文档中解放出来，需求文档沦落成高保真原型的一个补充。

Axure RP，让我们不再需要口水飞溅的频繁解释，它可以使用网页形式表达，自说明能力远远强于文字，很多汉字都有多重含义，以前经常被我们的程序员们理解得面目全非。

Axure RP，使我们对领导进行汇报时不再忐忑，高保真原型出神入化的交互效果简直可以以假乱真，让我们对汇报工作胸有成竹。

Axure RP，直观的沟通让团队人员及时发现不确定需求，将返工风险降低到最低限度。

布道者

与众多产品经理或需求分析师一样，我在接触 Axure RP 后，就开始对这把利剑欲罢不能，并且在自己的团队进行推广，很有相见恨晚的感觉。

也正是因为 Axure RP 的种种优点，让我成为 Axure RP 的一名忠实粉丝和众多布道者中的一员，我在 51CTO 学院的第一门课程（http://edu.51cto.com/course/course_id-3889.html）讲的是它，技术博客的诸多文章讲的也是它，这本书写的还是它。

希望有更多的产品经理或需求分析师能熟悉 Axure RP，并将其应用到工作中，这是一个高效率的社会，没有利器，你就 out 啦~

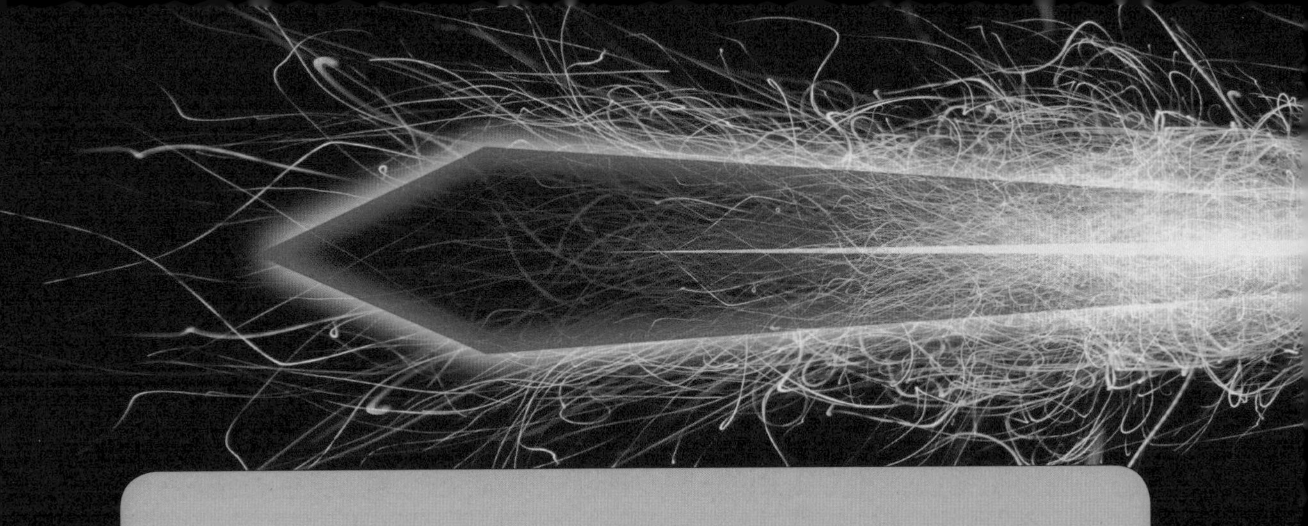

主要内容

本书分为四篇：基础理论、基础案例、网站综合案例和 APP 案例。

基础理论：产品经理是何许人也？ Axure RP 是何方神圣？主界面的 9 个区域都是什么鬼？有哪些常用操作？在本篇笔者将为你徐徐道来。

基础案例：上一篇信息大爆炸，需要我们在本篇慢慢咀嚼消化，一口吃不了胖子，那我们就通过 15 个基础案例来吃掉这个大胖子吧！本篇讲解常见基础案例，如百度云上传进度条效果、京东商城的首页幻灯效果、百度搜索提示效果和当当网的评价效果等，让我们学会如何将知识点应用到产品设计工作中。

网站综合案例：遵循循序渐进的原则，本篇我们通过两个综合网站案例：百度糯米——团购网站和轻衣橱网——电商网站掌握如何从无到有设计网站产品原型。

APP 案例：在移动互联网飞速发展的今天，产品经理的工作经常需要跟移动 APP 打交道。APP 案例篇是本书的点睛之笔，也是广大 APP 产品经理的福音。笔者通过随手记——记账理财 APP 和密友帮——社交 APP 详细讲解如何设计 APP 产品原型。

特色

专家导学：知识全面，语言生动，覆盖 Axure RP 7.0 的所有知识点，如部件、事件、函数、动作和变量等基本知识，以及 AxShare 共享、团队合作开发等高级应用知识。

注重实践：案例精讲，注重工程实践，为巩固知识点提供多个基础案例和综合案例，并考虑移动互联网的飞速发展，兼具网站和 APP 案例，满足不同读者的需求。

全彩印刷：采用全彩印刷，一目了然，美观易懂。

勘误和支持

由于编写时间仓促及作者水平有限，书中难免会出现一些错误或不准确的地方，恳请广大读者批评指正。

本书的修订信息会发布在笔者的技术博客上，地址为 http://www.logjava.net/amigoxie，也欢迎读者将遇到的疑惑或书中的错误在博客留言中提出。如果您有更多的宝贵意见，欢迎发邮件至笔者的邮箱（xiexingxing1121@126.com），期待看到您的真挚反馈。

致谢

首先要感谢我的家人，感谢他们不断给我信心和力量，是他们的鼓励和默默的支持让我坚持写完了这本书。

感谢中国水利水电出版社的周春元和张玉玲老师，他们也是本书成功面市的幕后功臣。

感谢关注我技术博客的众多 IT 朋友、51CTO 学院的学员朋友、我所编著的 IT 图书的读者，以及鼓励过我的各位 IT 同仁，你们的肯定是我持续写下去的动力。

谢星星（阿蜜果）

2015 年 10 月于北京

目录 Contents

产品经理尚方宝剑

第18章 网站综合案例1 百度糯米——团购网站

第19章 网站综合案例2: 轻衣橱网——电商网站

第20章 APP案例1: 随手记——记账理财APP

第21章 APP案例2: 密友帮——社交APP

第01章

Axure RP 概述和高保真原型

1.1 吐槽产品经理

作为这本讲解 Axure RP 的图书华丽丽的开篇，因为 Axure RP 被公认为产品经理的“尚方宝剑”，所以先跟小伙伴们吐槽下产品经理这个职位吧。

1.1.1 何谓产品经理

产品经理（Product Manager，PM）是企业中专门负责产品管理的职位，负责调查并根据用户的需求确定开发何种产品，选择何种技术和商业模式等，推动相应产品的开发组织，并且需要根据产品的生命周期协调研发、营销、运营等工作，确定和组织实施相应的产品策略，以及其他一系列相关的产品管理活动。

弱弱地扫下这个定义，可以看到比较可视化的是“根据用户的需求确定开发何种产品”，其他的诸如“调查”、“推动”、“协调”和“组织实施”等字眼基本都跟沟通有关。除去这些不太好量化的部分之外，“根据用户的需求确定开发何种产品”成为了产品经理工作的重中之重，因为后续的研发、营销和运营工作都将围绕它展开。

话说，被称为 PM 的真真的都是灵魂人物呀！例如在传统软件行业中的 PM 是 Project Manager（项目经理）的简称，被项目组的各色人等公认为项目中的“万金油”，专治各种“疑难杂症”，项目的整体管理、范围管理、时间管理、成本管理、质量管理、人力资源管理、沟通管理、风险管理和采购管理统统属于他的管理范围。咱们产品经理何尝不是集万千本领于一身的“百变金刚”？原来都是 PM 惹的祸！

1.1.2 善其事

看产品经理的定位是各种高大上的代名词，但是各位小伙伴们在百度搜索“吐槽产品经理”，页数也能翻到你手软。产品经理据说是被吐槽最多的项目组成员，OMG！都说产品经理有三宝：原型、扯皮和吐槽。这吐槽和被吐槽原来是孪生兄妹呀！

网上一段产品经理幽默自嘲的段子能更形象地形容产品经理的工作职责：

要受得了折磨、经得住挫败、耐得住寂寞、忍得住伤痛、熬得住青春、盯得住对手、转得过脑筋、放得下自尊、厚得了脸皮、搞得过开发、跑得了市场、懂得了运营、做得了设计、写得了文档、讲得了 PPT、管得了项目、说得赢老板、看得透本质，最重要的是还要有十年磨一剑的钢铁般的意志。

看到这么苦逼的工作描述，为什么还有那么多人奋不顾身地踏进产品经理的队伍？因为产品经理的光辉事迹太多，在互联网时代已然被神化，你看微信的产品经理、苹果手机的产品经理等，真是如太阳般普照大地、光芒万丈！

据说，大多数牛逼的人都有个苦逼的曾经。这句话用来形容产品经理再恰当不过。再说啦，梦想总是要有的，万一成功了呢？就让我们搭上 Axure RP 的快班车，加入浩浩荡荡的产品经理队伍，开始我们的专属“长征”。

1.1.3 利其器

产品经理要历经重重磨难，没有利器在手如何打退怪兽，实现通关？

利器诸如微软系列的几件宝：Word、Excel、PowerPoint、Visio 和 Project，其他比较典型的是思维导图软件 MindManager，版本管理工具 SVN，产品原型制作工具 Axure RP 和 Photoshop，沟通工具 QQ、微信、邮件……（在此省略若干）。

产品经理的利器谱如图 1-1 所示。

图 1-1　产品经理的利器谱

1.2 蜻蜓点水

Axure RP是一款专业的快速原型设计工具。其中，Axure（发音：Ack-sure）代表美国Axure Software Solution公司，RP则是Rapid Prototyping（快速原型）的缩写。

Axure RP让负责定义需求和规格、设计功能和界面的专家能够快速创建应用软件、Web网站和移动APP的线框图、流程图、高保真线框图和规格说明文档。作为专业的原型设计工具，它能快速、高效地创建原型，同时支持多人协作设计和控制版本管理，并能通过AxShare将原型上传到Axure提供的官方共享网站，对项目进行创建和管理操作。

1.2.1 前世今生

Axure RP是美国Axure Software Solution公司的旗舰产品，Axure公司创立于2002年，两个创始人分别是Victor Hsu和Martin Smith。前者由电器工程师到软件开发者，再成长为产品经理，后者由经济学家自学成才，成为一名黑客。很牛的两人果然都走的是鲜有人走的路，人生真是充满无限可能性！

两人同在互联网公司工作时，与笔者和诸多小伙伴一样，被各种版本的PPT、Visio和PowerPoint折腾得濒临崩溃。于是，他们灵机一动，想到了结束这种苦逼生活的妙法：设计一款可视化的原型设计工具，结束无休止的产品文档更新。

多亏这灵光乍现，Axure RP软件在2003年诞生，后来陆续发布以下重要版本：

- **Axure RP Pro 4.0版**：2006年3月。
- **Axure RP Pro 4.2版**：2006年8月。
- **Axure RP Pro 4.4版**：2007年1月。
- **Axure RP Pro 4.6版**：2007年7月。

- **Axure RP Pro 5.0 版**：2008 年 4 月。
- **Axure RP Pro 5.1 版**：2008 年 10 月。
- **Axure RP Pro 5.5 版**：2009 年 2 月。
- **Axure RP Pro 6.5 版**：2012 年 4 月。
- **xure RP Pro 7.0 版**：2013 年 12 月。

在 7.0 版后又发布了很多小版本，主要修改了一些 bug，以及添加比较小的新功能。本书所用的版本是 Axure RP Pro 7.0.3174，未汉化版本。

小伙伴们可以去官网（http://www.axure.com/）下载最新版本，该软件是付费软件，只有一个月免费期，可自行注册获取授权码，支持正版。

1.2.2 脱胎换骨

Axure RP 7.0 提供了很多新功能和新特性，让各位小伙伴们爱不释手，主要包括：

- **增加预览选项**：能够设置在预览和生成原型时是否最小化或不带有左侧的站点地图导航，如图 1-2 所示。

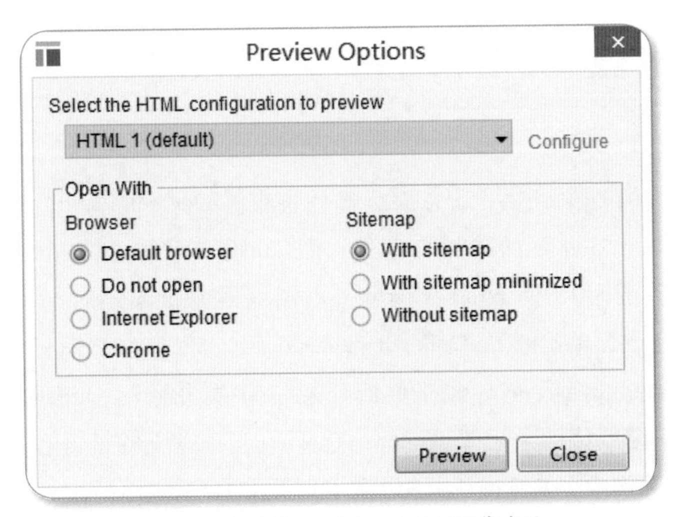

图 1-2 新功能——增加站点地图预览选项

- **优化界面和操作**：明显提高绘制效率，可直接在控件上改变形状，同时加入了几个常用形状。如将 6.5 版本中的 Widget Properties（部件属性面板）变成两个面板，分别为 Widget Interactions and Notes（部件交互和注释面板）和 Widget Properties and Style（部件属性和样式面板），如图 1-3 所示。

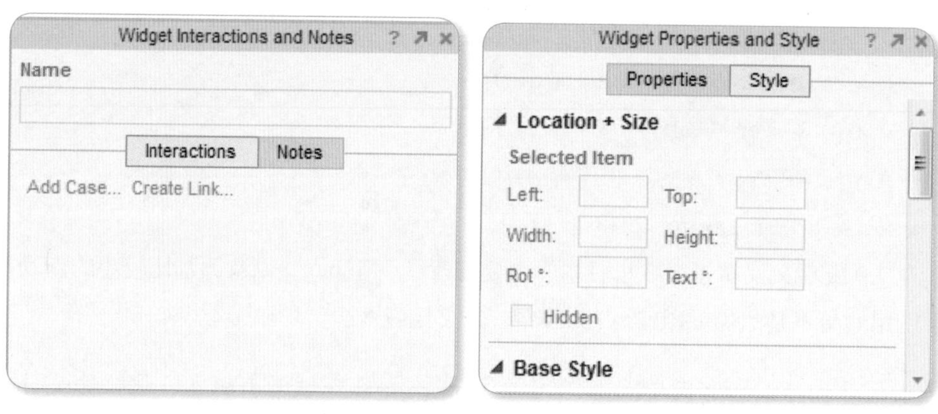

图 1-3 新功能——页面区域变更

◆ **支持投影和内阴影**：可以用来绘制简单的组件，如图 1-4 所示。

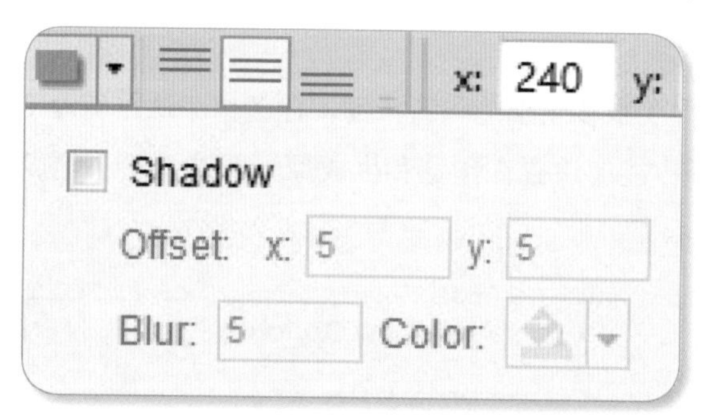

图 1-4 新功能——支持投影和内阴影

◆ **支持更多的触发事件**：动态面板部件也带有 OnClick 事件。页面事件以前只支持 OnPageLoad（当页面加载时）事件，而 7.0 版本添加：OnWindowResize（当浏览器窗口大小改变时）、OnWindowScroll（当浏览器窗口滚动时）、OnPageClick（当鼠标在页面任意位置单击时）、OnPageDoubleClick（当鼠标在页面任意位置双击时）、OnPageContextMenu（当鼠标右键在页面任意位置单击时）、OnPageMouseMove（当鼠标在页面任何区域移动时）、OnPageKeyDown（当键盘上的按键在页面上按下时）、OnPageKeyUp（当键盘上的按键在页面上释放时）和 OnAdaptiveViewChange（当自适应地图更改时）等事件。

◆ **形状按钮也能增加事件效果**：要移动一个形状按钮部件，不需要转化成动态面板。形状按钮不支持 OnClick、OnMove、OnKeyUp 和 OnKeyDown 等事件。

◆ **用例动作归类**：动作树下的动作做了归并和整理，Links 下添加了 Scroll to Widget (Anchor Link)，Dynamic Panels 下的 Show Panel (s) 和 Hide Panel (s) 都被归并到

Widgets 子节点下。图 1-5 和图 1-6 分别表示 Axure RP 6.5 和 Axure RP 7.0 版本用例编辑器的动作列表。

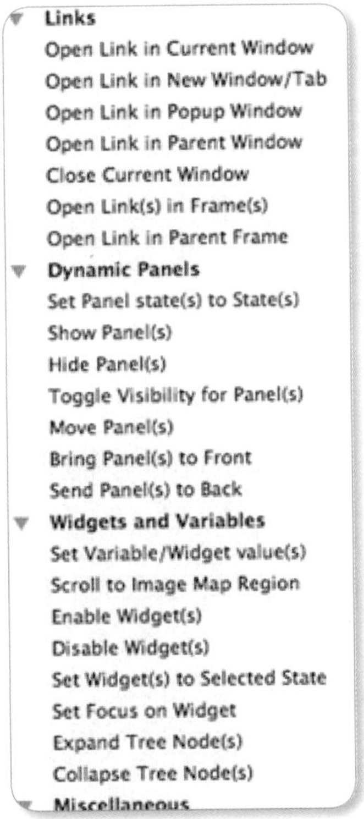

Links
Open Link in Current Window
Open Link in New Window/Tab
Open Link in Popup Window
Open Link in Parent Window
Close Current Window
Open Link(s) in Frame(s)
Open Link in Parent Frame
Dynamic Panels
Set Panel state(s) to State(s)
Show Panel(s)
Hide Panel(s)
Toggle Visibility for Panel(s)
Move Panel(s)
Bring Panel(s) to Front
Send Panel(s) to Back
Widgets and Variables
Set Variable/Widget value(s)
Scroll to Image Map Region
Enable Widget(s)
Disable Widget(s)
Set Widget(s) to Selected State
Set Focus on Widget
Expand Tree Node(s)
Collapse Tree Node(s)
Miscellaneous

图 1-5 Axure RP 6.5 的动作列表

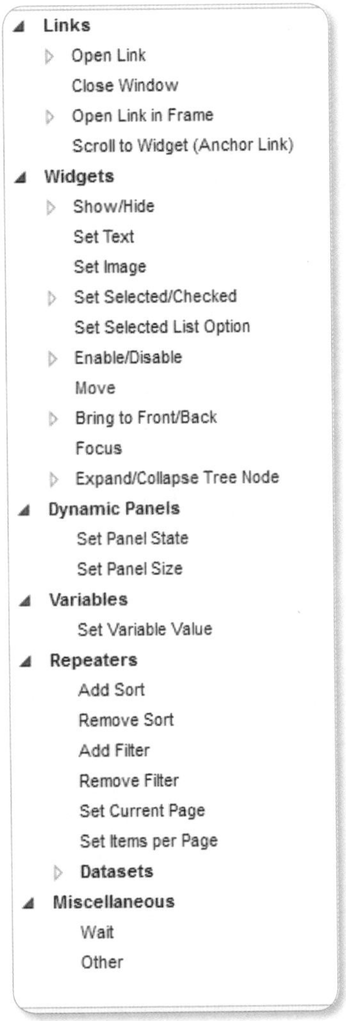

Links
Open Link
Close Window
Open Link in Frame
Scroll to Widget (Anchor Link)
Widgets
Show/Hide
Set Text
Set Image
Set Selected/Checked
Set Selected List Option
Enable/Disable
Move
Bring to Front/Back
Focus
Expand/Collapse Tree Node
Dynamic Panels
Set Panel State
Set Panel Size
Variables
Set Variable Value
Repeaters
Add Sort
Remove Sort
Add Filter
Remove Filter
Set Current Page
Set Items per Page
Datasets
Miscellaneous
Wait
Other

图 1-6 Axure RP 7.0 的动作列表

◆ **实时预览：**增加和 Justinmind 一样的实时预览功能，不再需要一遍遍生成页面，不用保存即可实时预览。

◆ **内容自适应：**如动态面板、标签、一级标题、二级标题和文本段落部件能根据内容自动适应到合适大小。

◆ **添加 Repeater（中继器）部件：**强化的表格功能 Repeater 可以自动填充数据，对数据进行排序、过滤、新增、更新和删除等操作。

◆ **响应式布局**：可以定义不同窗口大小下的布局结构，可以适应横竖屏、不同手机终端的布局。

◆ **对手机 APP 原型设计支持更好**：页面事件 OnWindowResize，这样在手机测试时可以作为横竖屏判断。另外，动态面板部件添加 OnDragStart（拖动事件开始时）、OnDrag（拖动过程事件发生时）、OnDragStop（拖动事件停止时）、OnSwipeLeft（向左滑动时）、OnSwipeRight（向右滑动时）、OnSwipeUp（向上滑动时）和 OnSwipeDown（向下滑动时）等在手机终端上的常用事件。

1.2.3 欲罢不能处

产品原型设计工具层出不穷，但是 Axure RP 却拥有如此多的死忠粉，是哪些功能让大家欲罢不能呢？请听我细细道来。

（1）出神入化的交互效果，以假乱真。

目前网页和移动 APP 中的绝大多数交互效果，Axure RP 都能手到擒来。借助 Axure RP 让人眼花缭乱的事件，如 OnClick、OnKeyDown、OnKeyUp、OnMouseOver、OnMouseDown 等，配合应接不暇的条件，以及数不胜数的动作，如打开网页、显示 / 隐藏部件、设置部件文本值、设置图片、移动部件和设置面板状态等，Axure RP 能实现各种出神入化的交互效果，后续章节会讲解各种真实案例，保证让小伙伴们大开眼界。

（2）逆天的文档生成功能，救人于水火。

Axure RP 能添加页面注释和部件注释，并可通过 Axure RP 的 Publish 菜单生成需求规格说明书（Product Requirements Document，PRD），生成带有页面注释、页面截图、动态面板状态说明等内容的 PRD 文档，营救产品经理于水火之中。

（3）所见即所得，零编程基础也不惊不怕。

Axure RP 的工作环境类似于 Office，基本都是自说明的，零编程基础也能驾驭得妥妥的。

话说回来，如果有网页编程基础，会发现众多部件和事件似曾相识，虽然 Axure RP 经过了一层“翻译”，但最后还是通过 HTML 的方式展现给大家。

（4）可粗略，可精细，我的原型我做主。

在原型设计的不同阶段，产品经理可自行选择粗略设计，亦或精细设计。一般在原型设计初期，仅仅使用占位符、矩形、形状按钮等部件画出线框图。基本确定页面元素后，再进行精细设计，例如将 Photoshop 等软件中添加的 Logo 和图标等加入，进行视觉美化，如颜色设置、字体设置等，进而形成高保真线框图。

（5）丰富的部件库，搭上扩展列车。

除了提供默认的部件，如通用部件、表单部件、菜单和表格控件、流程图控件，还可以在 Axure RP 中导入已发布或者其他用户共享的部件库，如 iPhone、Android 的部件库，甚至是产品经理自行创建的部件库也可导入到部件库中。

（6）使用母版，一次修改，处处更新。

对于重复使用的模块，如页头、页尾、导航栏、按钮、APP 的手机背景、日期和时间控件等，为了提高可复用性，可将其作为母板，对于母版的修改可以达到“一次修改，处处更新”的效果，大幅减少工作量。

（7）允许团队合作开发，协作更高效。

对于大型网站或移动 APP，常常不止一个产品设计人员，Axure RP 允许产品团队进行协同设计，并能与 SVN 等版本管理进行配合，实现版本的管理。Axure RP 的 Team 菜单提供了团队合作开发的功能，可以进行创建共享工程、获取共享工程、更新文件、上传文件和设置自定义域名等操作。

（8）强大的生成 HTML 文件功能，多浏览器兼容。

可一键生成当前原型项目的 HTML 文件，并配套生成 CSS、JavaScript 等文件，生成的 HTML 文件可直接打开浏览，并能兼容多个浏览器，包括 Internet Explorer、Google Chrome 和 FireFox 等浏览器，以便其他没有安装 Axure RP 软件的人员能直接单击查看。甚至，Axure RP 还能将设计人员的工程发布到 Axure RP 的官方共享网站，使得相关人员能直接输入网址查看。

1.3 我为原型竞折腰

1.3.1 原型

为了提高客户的接受度、促进销售量，各行各业都想到了制作原型，如房地产的户型图，如图 1-7 所示。

图 1-7　户型图

建筑楼层的建筑图纸也是一种原型，如图 1-8 所示。

图 1-8　建筑图纸

汽车的设计图纸也是原型，如图 1-9 所示。

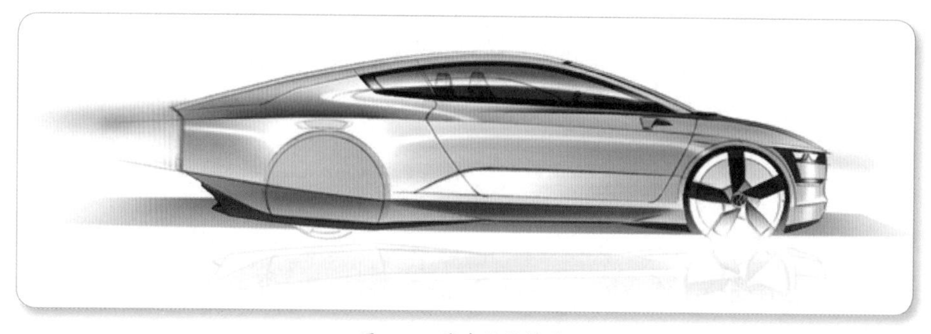

图 1-9　汽车的设计图

在设计网站和移动APP时，可将线框图作为原型，如图1-10所示。

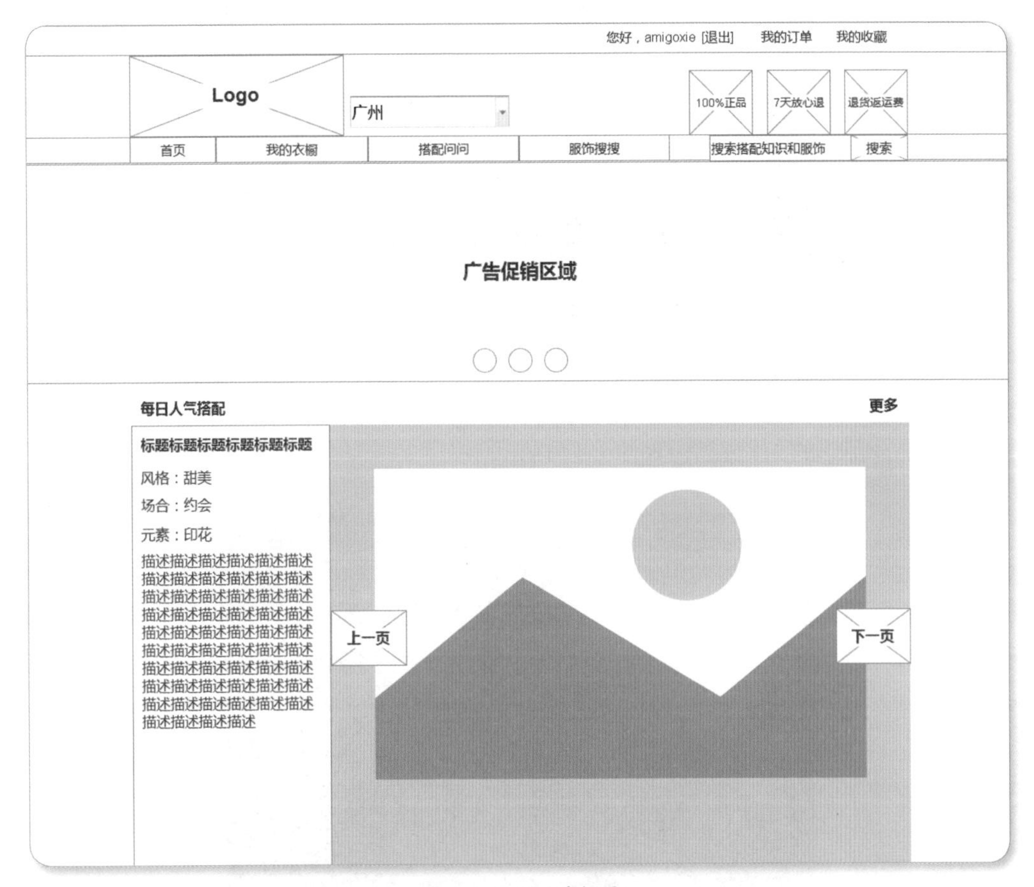

图1-10　网站线框图

1.3.2　高保真原型

几年前，某位美女闺蜜联系我，说她们开的装饰公司打算做大做强，第一个想做的是设计多个样板间，供客户参观浏览，但是要耗费不少成本来做这件事。

也就是那一年，她们的客户量激增，没到两年的时间成长为这个三线城市“我敢称二，没人敢称一”的装饰公司，她也成功跻身我们同学圈中最有米米的小富婆，相信跟她们那年做的决策也很有关系吧！所谓“舍不得孩子套不住狼”，不舍哪有得？

高保真原型顾名思义，保真效果更好，非常接近真实效果。与前面的原型对应，房地产的样板间相当于高保真原型，如图1-11所示。

图 1-11　样板间

建筑等比缩小的 3D 效果图如图 1-12 所示。

图 1-12　建筑等比缩小的 3D 效果图

汽车中的概念车相当于汽车的高保真原型（概念车与真品一模一样，只是还在实验阶段），如图 1-13 所示。

图 1-13　概念车

网站的高保真原型几乎与真实网站无异，不但页面布局一致，而且交互效果也保持一致，例如单击后进行页面跳转或隐藏/显示页面的某个部件等。高保真原型与真实网站相比，只是没有实现真实功能而已，如图 1-14 所示。

图 1-14　网站高保真线框图

1.3.3　为什么要设计高保真原型

样板间、建筑等比缩小的 3D 效果图、概念车、网站以及移动 APP 高保真原型，如此等等，好像都不但增加了成本，而且消耗了项目时间，那么为什么还有那么多明智之人对高保真原型趋之若鹜？

对于网站或APP来说，每一个产品的面市都需要多方参与，一般包括：

- **决策层**：投资人、CEO、甲方等，俗称BOSS。
- **产品经理**：整个产品的负责人，职责在前面有提及。
- **开发经理**：负责整个产品的开发工作，把控开发进度等。
- **项目经理**：一般大型项目会有该角色，也跟产品经理一样苦逼的角色，干各种费力不讨好的活儿，负责沟通、协调，以及进度和质量等的把控。
- **测试经理**：负责统筹测试人员，编写测试用例，进行功能测试、性能测试等，将绝大多数产品bug消除在萌芽状态。
- **市场经理**：商务人员，主要负责营销推广。
- **设计师**：负责网站的交互设计、用户体验和视觉设计。
- **客服**：为客户提供协助，解决客户使用中遇到的问题并提供帮助。

如此多的角色参与其中，而且各角色想要了解的东西又不太一致，怎样才能保证信息传递的不失真，尽量保证形象，尽量将不确定的因素扼杀在摇篮之中，以避免后续过程成本和进度的不可控制？

高保真原型因其与实际网站和APP的高度一致性，通过提前对原型进行设计、讨论和确定，使得大部分不确定因素被提前消除，因此间接地减少了后期的返工，花的这点制作原型的时间与可能的返工时间比起来，真是九牛一毛！

1.4 小憩一下

本章是小伙伴们与Axure RP的约会期，很多刚踏入产品助理或产品经理岗位的小伙伴们，也许尚处在懵懵懂懂的状态，这里我们轻松一刻，吐槽下产品经理的职责和利器；接着，介绍Axure RP的成长史、Axure RP 7.0版本的新功能，以及与其他原型设计工具相比的异常强大之处；最后，白话讲解“原型”和“高保真原型”，并让大家深刻理解设计高保真原型的必要性。

第02章

Axure RP 基本操作和使用技巧

本章开始揭开 Axure RP 的神秘面纱，开启一段奇妙之旅。首先讲述 Axure RP 的安装和主界面的 9 个面板，然后为了避免后续章节的反复介绍和方便小伙伴们快速查阅，介绍 Axure RP 的基本操作和使用技巧，包括设置变量值、使用内部框架、设置页面和部件事件、设置页面尺寸，以及团队合作开发原型等。

因为本章的知识会在后续各案例章节不断强化，所以建议小伙伴们浏览阅读，细节不必深究，大致了解即可，后续章节碰到问题时再回头查阅也许更会事半功倍哦。

2.1 尚方宝剑

Axure RP 软件当前的最新版本是 7.0.3174，在安装 Axure RP 7.0 软件时会自动安装最新版本的 .NET Framework，安装过程非常简单，只需按照提示单击“下一步”按钮即可。安装成功后，桌面上会出现一个彩色的页面框架的图标，如图 2-1 所示。

图 2-1　Axure RP 7.0 的图标

Axure RP 7.0 的图标是一个 1:(1:2) 的页面框架，很形象地表示出了它用来设计高保真线框图的用途。

看到英文头痛的小伙伴也可以在 Axure RP 的论坛下载中文汉化包，下载后将 lang 目录放入 Axure RP 7.0 的安装目录即可。

Axure RP 是付费软件，只有一个月免费期，需要购买才能获得授权码。

2.2 喜结良缘

成功安装后，双击 Axure RP 软件的图标打开工作环境，如图 2-2 所示。

可以将工作环境分为如图 2-2 所示的 9 个面板，然后我将倾力为小伙伴们揭开这 9 个面板的红盖头。

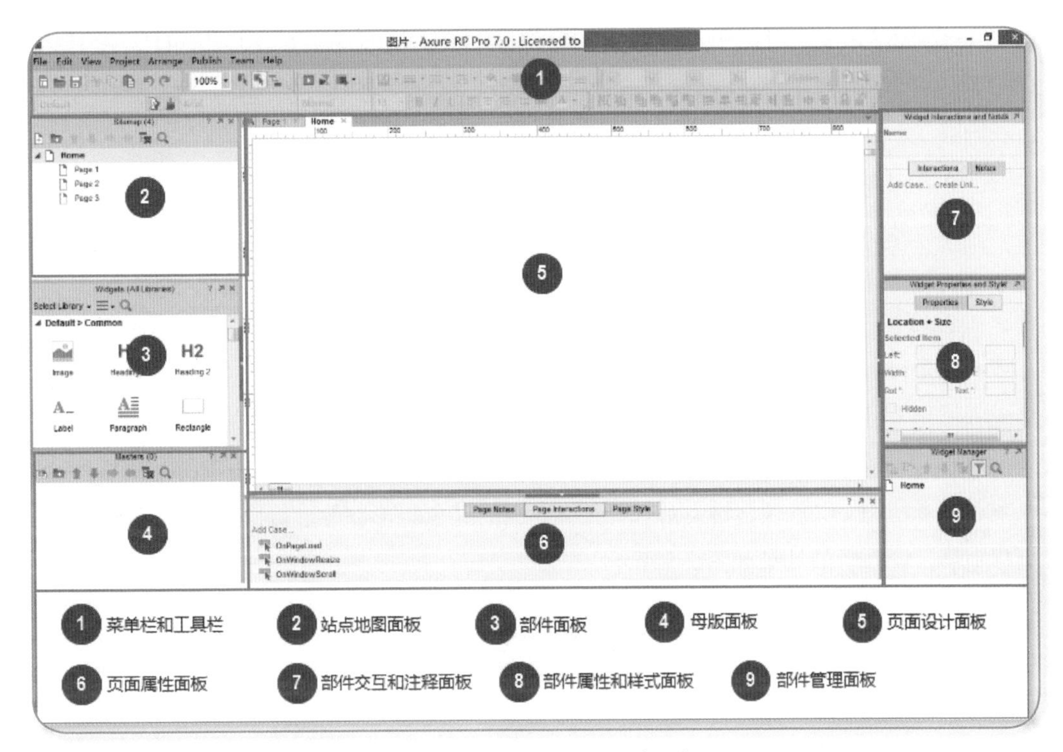

图 2-2 Axure RP 7.0 的工作环境

2.2.1 菜单栏和工具栏

File 和 Edit 菜单比较直观，与 Office 系列软件的操作类似，基本都是自解释的，小伙伴们可通过体验快速上手。

下面重点讲解下 Axure RP 的特有菜单。

1. Arrange 菜单

该菜单主要用于进行页面部件的布局，主要包括：

◆ **将多个部件变成一个组**：选择多个部件后，选择 Arrange → Group 子菜单或者使用 Ctrl+G 快捷键。

◆ **将某个部件置为最上方 / 最下方**：选择某个部件后，选择 Arrange → Bring to Front 子菜单或者使用 Ctrl+Shift+] 快捷键。

例如当前有三个不同颜色的矩形部件，其中红色矩形部件位于最下方，如图 2-3 所示。

选择图 2-3 中的红色矩形，选择 Arrange → Bring to Front 子菜单或者使用 Ctrl+Shift+] 快捷键，可将红色矩形放置在最前方，操作后的效果如图 2-4 所示。

图 2-3　三个矩形部件

图 2-4　三个矩形部件（Bring to Front 后）

将某个部件置为最下方的方法与此类似，只是选择的是 Arrange → Send to Back 子菜单或者使用 Ctrl+Shift+[快捷键。

◆ **将某个部件往上 / 下移一层**：选择某个部件后，选择 Arrange → Bring to Forward 子菜单或者使用 Ctrl+] 快捷键。如选择图 2-3 中的红色矩形部件进行该操作，可将该部件上移一层，操作后的效果如图 2-5 所示。

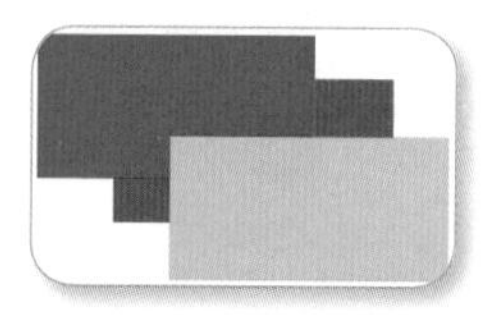
图 2-5　三个矩形部件（Bring to Forward 后）

将某个部件下移一层的方法与此类似，只是选择的是 Arrange → Send to Backward 子菜单或者使用 Ctrl+[快捷键。

◆ **设置部件对齐方式**：选择多个部件后，选择 Arrange → Align 子菜单，Axure RP 7.0 提供了 6 种对齐方式，包括 3 种垂直对齐方式：（Align Left，可使用 Ctrl+Alt + L 快捷键，靠左对齐）、（Align Center，可使用 Ctrl+Alt + C 快捷键，垂直居中对齐）和（Align Right，可使用 Ctrl+Alt + R 快捷键，靠右对齐）；3 种水平对齐方式：（Align Top，可使用 Ctrl+Alt + T 快捷键，靠顶端对齐）、（Align Middle，可使用 Ctrl+Alt + M 快捷键，水平居中对齐）和（Align Bottom，可使用 Ctrl+Alt + B 快捷键，靠底部对齐）。

◆ **设置部件分布方式**：包括水平方向分布方式和垂直方向分布方式：（Distribute Horizontally，可使用 Ctrl+Shift+H 快捷键，水平方向平均分布）和（Distribute Vertically，可使用 Ctrl+Shift+U 快捷键，垂直方向平均分布）。

◆ **锁定 / 解锁部件的位置和大小**：为了在操作其他部件时不影响某个部件，可将该部件设置为锁定状态，可选择 Arrange → Locking → Lock Location and Size 子菜单或者使用 Ctrl+K 快捷键锁定部件，锁定后的部件暂时不能移动位置。可选择 Arrange →

Locking → Unlock Location and Size 子菜单或者使用 Ctrl+Shift+K 快捷键取消锁定部件。

◆ **将部件设置为母版**：若某个部件需要多次被使用，为了“一次修改，处处更新”，可将其设置为母版。选择某个部件后再选择 Arrange → Convert to Master 子菜单，如图 2-6 所示。

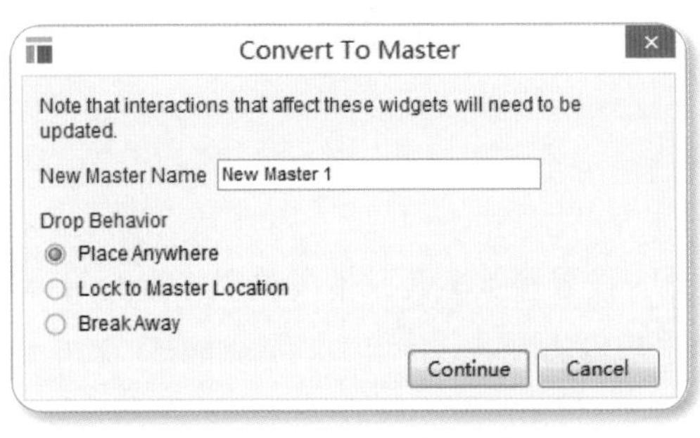

图 2-6　将部件设置为母版界面

在图 2-6 中可以设置母版属性名称和行为特性，母版包括以下 3 种行为特性：

- Place Anywhere：母版可拖动到引用页面的任何位置。
- Lock to Master Location：锁定母版位置，在所有引用页面的位置是固定的。
- Break Away：从母版脱离，当将该母版拖动到引用页面时这些部件与母版脱离，可以随意编辑。同样，母版部件的编辑也不会影响到这些引用页面。

母版的行为特性可以在选中 Convert to Master 菜单，弹出新建母版窗口时指定，也可以在母版面板中选中该母版，然后右击并选择 Drop Behavior 子菜单进行选择，如图 2-7 所示。

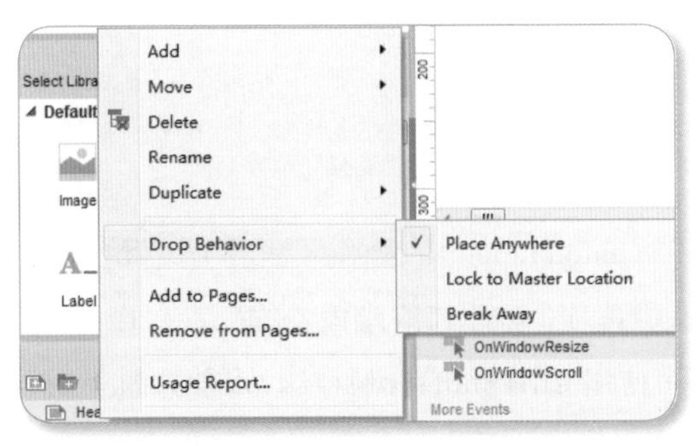

图 2-7　更改母版行为特性

◆ **将部件设置为动态面板**：若某个部件创建后发现有多种不同状态，需要根据不同的事件切换不同的状态或调整面板大小，可将该部件设置为动态面板。

选择某个部件后，选择 Arrange → Convert to Dynamic Panel 子菜单，可在“部件交

互和注释”面板中设置部件名称和事件，可双击或在“部件管理”面板中设置动态面板部件的状态。

实际使用过程中，Arrange 菜单下的操作频次很高，但是该菜单却很少使用，因为组、置于最前方 / 最下方、上 / 下移一层、对齐方式、分布方式、锁定 / 解锁都在工具栏上有对应图标，也可以在“页面设计”面板选择部件后右击并选择对应的菜单进行操作。

2. Publish 菜单

该菜单主要用于预览、设置预览参数、生成整个工程的 HTML 原型文件、将当前页面生成 HTML 文件、将工程发布到 Axure 共享（AxShare）和生成 Word 格式的规格说明文档（PRD）等操作。

下面对常用操作进行介绍。

◆ **设置预览参数**：选择 Publish → Preview Options 子菜单或者使用 Ctrl+F5 快捷键，打开设置预览参数界面，如图 2-8 所示。

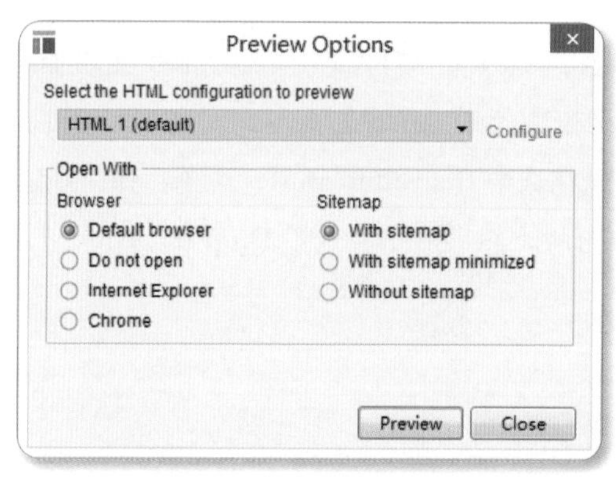

图 2-8 设置预览参数界面

- Select the HTML configuration to preview：用于设置预览的 HTML 配置器，可单击 Configure 配置更多高级选项，如手机终端设备的配置。
- Open With → Browser：用于设置浏览器，可使用默认的浏览器，也可选择不打开浏览器，还可从本系统安装的浏览器中选择，如 IE 或 Chrome 等，建议使用 Chrome 或 FireFox。若选择的是 Default browser，则使用 F5 键预览时将使用默认浏览器打开。
- Open With → Sitemap：用于设置预览时是否带有站点地图，包括：With sitemap（默认选项，带有站点地图）、With sitemap minimized（带有站点地图，且为最小化状态）和

Without sitemap（不带站点地图）。

◆ **预览**：选择 Publish → Preview 子菜单或者使用 F5 快捷键，可按照预览参数预览原型，如图 2-9 所示。

Sitemap
Page Notes
Home
Page 1
Page 2
Page 3
姓名
昵称
出生年月

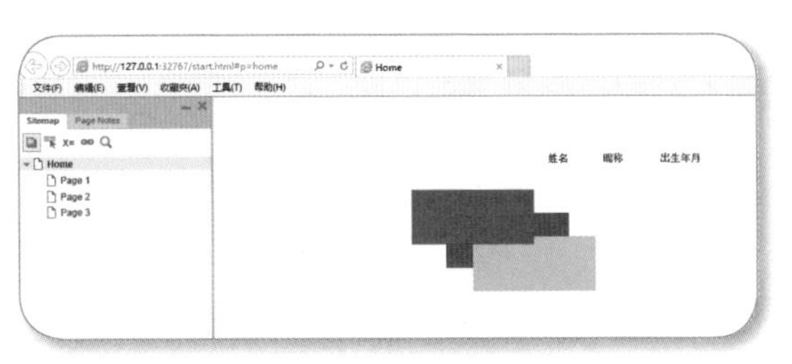

图 2-9　原型预览效果

默认情况下，若为 IE 浏览器，会有如图 2-10 所示的黄色安全警告，我们只需单击“允许阻止的内容”并在弹出的对话框中单击“是”按钮即可解决。若不想总是进行此操作，可单击 IE 浏览器菜单栏中的“工具”→“Internet 选项”，选择“高级”选项卡，勾选“允许活动内容在‘我的电脑’的文件中运行”选项，如图 2-11 所示。

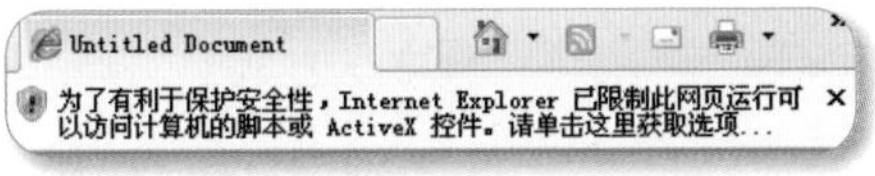

Untitled Document
为了有利于保护安全性，Internet Explorer 已限制此网页运行可以访问计算机的脚本或 ActiveX 控件。请单击这里获取选项...

图 2-10　IE 浏览器黄色安全警告

Internet 选项
常规
安全
隐私
内容
连接
程序
高级
设置
确定
取消
应用(A)

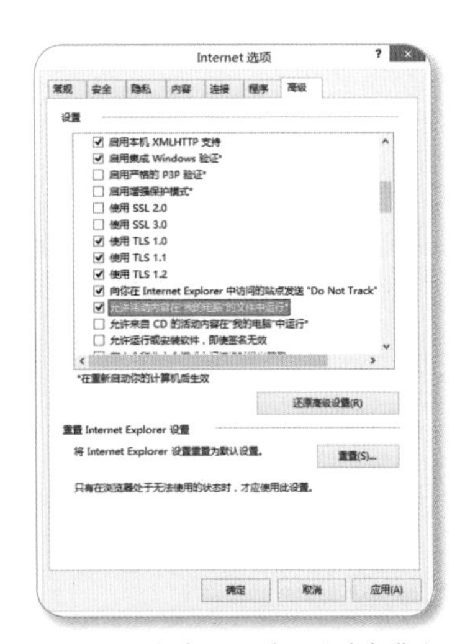

图 2-11　去掉 IE 预览时的黄色警告

若采用的是 Google Chrome 浏览器，不会出现安全提示框，而且 Axure RP 软件对 Chrome 的支持也更好，建议使用该浏览器。

在图 2-9 中，左侧显示的是站点地图，它包括站点的所有页面的站点地图，也包括每个页面的注释（可在页面属性面板设置）；右侧显示的是高保真线框图。可单击站点地图的页面进行切换，也可通过高保真线框图的事件进行切换。

在站点地图中，单击 (Highlight interactive elements) 图标在右侧页面中高亮显示带有交互事件的部件，单击 X= (View Variables) 图标可以查看所有全局变量的当前值，单击 (Get Links) 图标可以获取当前页面的链接，如图 2-12 所示。在后续的 APP 链接时，当我们的项目放在 AxShare 并通过手机等终端设备浏览时，可以选择 without sitemap，以便使 APP 看起来跟实际效果更接近。

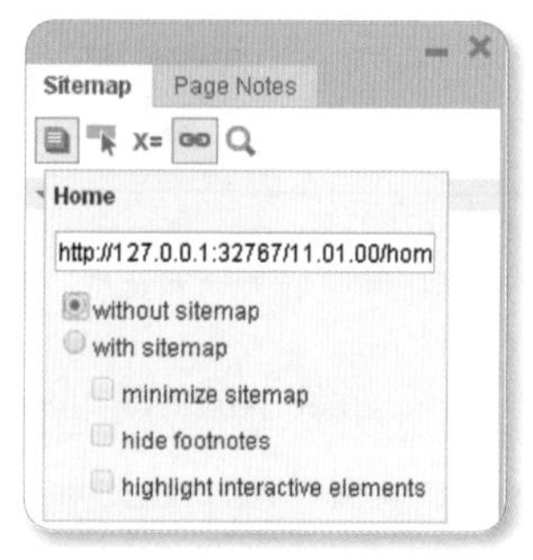

图 2-12　获取当前页面的链接

◆ **生成整个项目的 HTML 文件**：选择 Publish → Generate HTML Files 子菜单或者使用 F8 快捷键打开生成界面，如图 2-13 所示。

Destination folder for HTML files 用于给 HTML 文件指定生成路径，生成后的原型文件可以直接用于演示，生成的 HTML 文件参考目录如图 2-14 所示。打开生成目录下的 start.html 文件可进行演示。Open With 的两个选项与设置预览参数时相同，不再赘述。

图 2-13　生成整个项目的 HTML 原型文件界面

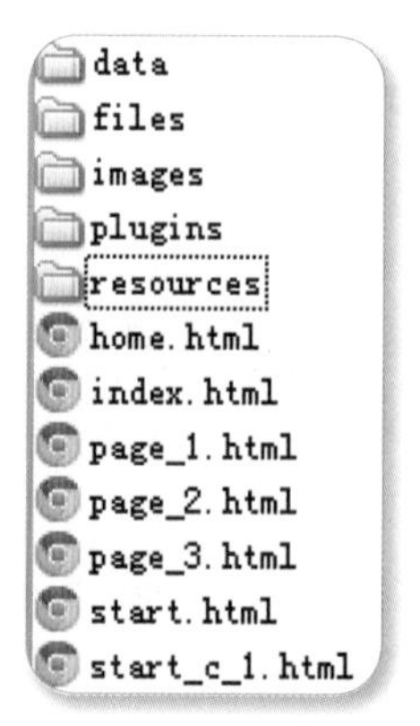

图 2-14　生成的参考目录

◆ **生成当前页面的 HTML 文件**：选择 Publish → Regenerate Current Page to HTML 子菜单或者使用 Ctrl+F8 快捷键，可重新生成当前页面的 HTML 文件。

◆ **生成 Word 格式的规格说明文档（PRD）**：选择 Publish → Generate Word Documentation（PRO）子菜单或者使用 F9 快捷键打开生成界面，如图 2-15 所示。

生成的规格说明文档（PRD）中包括站点地图树，以及页面注释、部件注释、界面和动态面板等不同状态的说明，参考如图 2-16 所示。Axure RP 7.0 的该功能非常强大，基本可以代替产品需求规格说明书，维护原型的同时可以同步维护产品需求规格说明书，加班加点编写冗长的 PRD 文档的历史一去不复返，感谢 Axure RP 解放了我们！

图 2-15　生成 Word 格式的产品需求文档界面

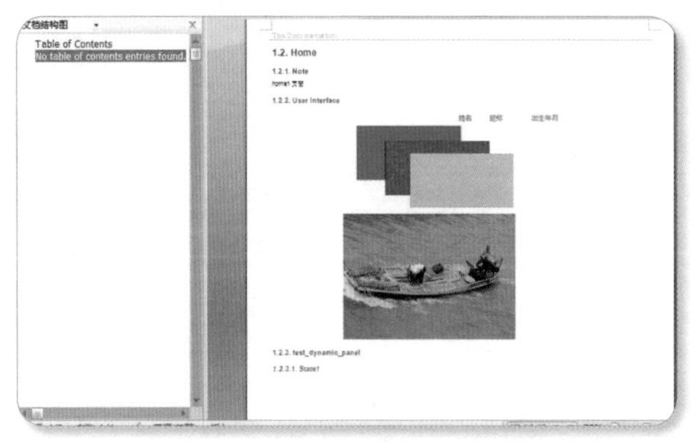

图 2-16　生成的产品需求文档

◆ **发布项目到 Axure 共享**：Axure RP 提供 Axure 的共享官网，可将本地的原型项目上传。选择 Publish → Publish to Axure Share 子菜单或者使用 F6 快捷键打开图 2-17 所示的创建发布用户界面，若已创建用户，则可使用现有用户登录，如图 2-18 所示。

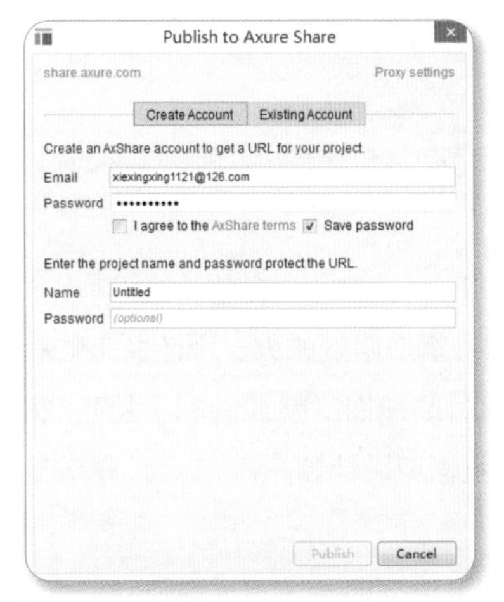

图 2-17　创建新的 Axure Share 账户

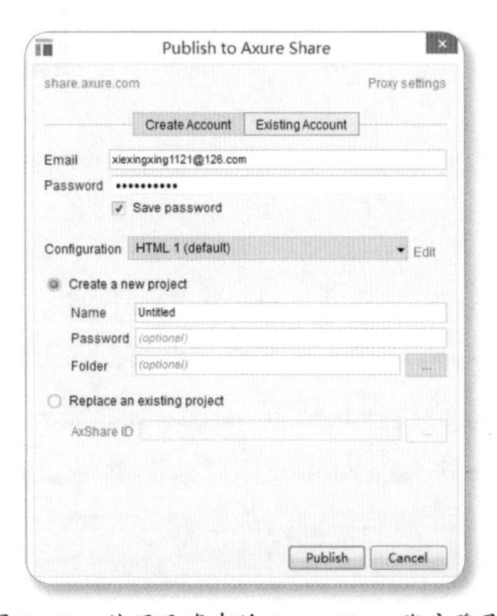

图 2-18　使用已存在的 Axure Share 账户登录

单击 Publish 按钮，开始将项目的文件上传到 Axure 共享发布服务器，上传成功后会提示访问地址，例如我刚上传的项目的访问路径为 http://slqpec.axshare.com。

这个项目的访问效果与本地预览效果类似，只是新增了讨论区，如图 2-19 所示。

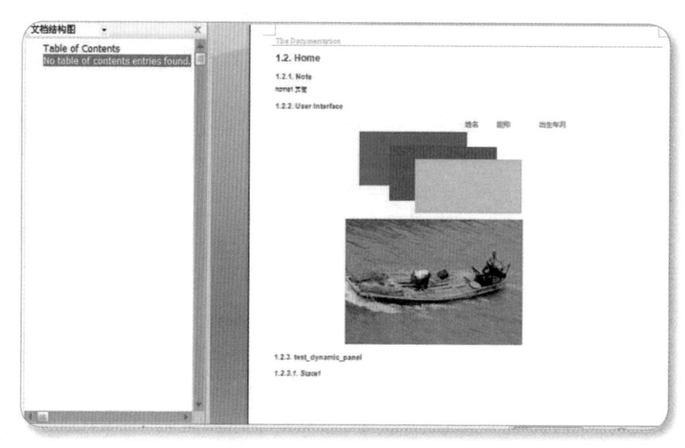

图 2-19　Axure Share 工程预览效果

2.2.2　站点地图面板

该区域使用树形结构显示整个项目的站点地图，如图 2-20 所示。

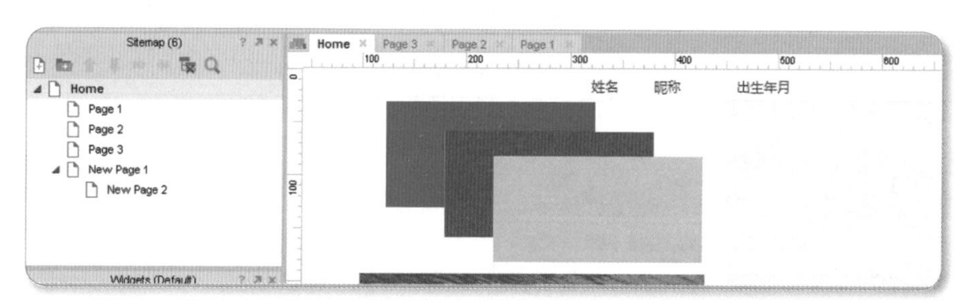

图 2-20　站点地图面板

网站和 APP 都有自己的站点地图，如微信有 4 个一级页面：微信、通讯录、发现、我，“发现”下有 7 个二级页面：朋友圈、扫一扫、摇一摇、附近的人、漂流瓶、购物、游戏。一般在进行高保真线框图设计前都需要规划好项目的地图，就如同写文档时我们首先会确定文档大纲，在开发项目前会进行架构设计、数据库设计等一样。

站点地图的常见操作包括：

◆ **编辑页面**：在站点地图树形菜单中双击某页面，即会在“页面设计”面板中显示该页面，并为可编辑状态。

◆ **页面重命名**：选择某个页面后单击进入重命名状态，或者选择某个页面后右击并选择 Rename 菜单。

◆ **删除页面**：选择某个页面后按 Delete 键或者单击站点地图面板工具栏中的 (Delete) 按钮进行删除，如果带有子页面，将弹出删除提示框，单击“是”按钮后会将当前页面及其子页面全部删除。

◆ **新建页面**：单击站点地图区域工具栏中的 (Add Page) 按钮，可在所选择的页面后添加同级子页面。也可以选择某个页面后选择 Add 菜单，再选择 Sibling Page After（在后面创建同级兄弟页面）、Add Folder（创建子文件夹）、Child Page（创建子页面）和 Sibling Page Before（在前面创建同级兄弟页面）4 种方式来创建页面或文件夹。

◆ **调整页面顺序**：若想改变同级页面的先后顺序或者将某个页面及其子页面上升或下降一级有 4 个快捷操作图标：(Move Up) 表示将选中页面在兄弟页面中上移一个位置，(Move Down) 表示将选中页面在兄弟页面中下移一个位置，(Indent) 表示将选中页面及其子页面降低一级，表示将选中页面及其子页面上升一级。

选中某页面后右击，出现快捷菜单，也可进行如上操作，如图 2-21 所示。

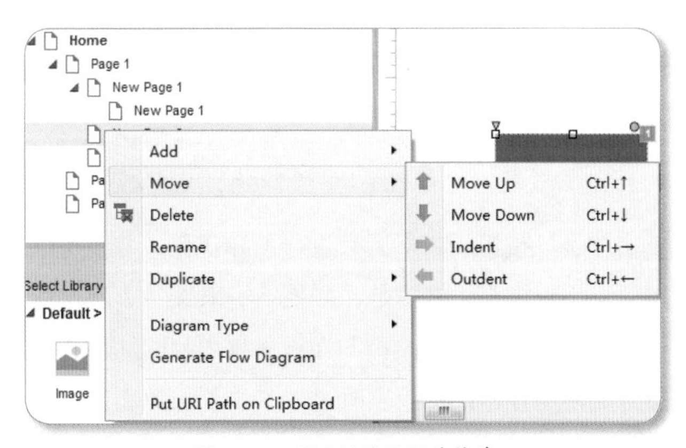

图 2-21　页面的快捷操作菜单

在 Axure RP 中，还可以进行新建、编辑、重命名、删除、升级、降级文件夹操作，与页面的对应操作类似，不再赘述。

2.2.3　部件面板

Axure RP 提供了丰富的部件（Widgets）库，大部分都与 HTML 元素对应，如图片、提交按钮、表格、下拉列表、输入框、多行文本框、复选框、单选按钮、段落、标题、表格和内部框架等部件。

我所钟爱并且体现 Axure RP 至强之处的部件包括：热区、动态面板和中继器部件。

其他特有的部件包括：矩形部件、占位符部件、垂直经典菜单、水平经典菜单、树部件、形状按钮、水平线部件和垂直线部件。

另外，Axure RP 还可加载官方或第三方的部件库，如 IOS 手机的诸多部件，提供良好的扩展功能。

1. Image（图片）部件

在 Axure RP 中，能导入任意尺寸的 JPG、GIF 和 PNG 图片，并且 Axure RP 软件还提供切图和截图功能，能对大图片进行切图。

拖动部件面板的 Image（图片）部件到页面设计面板后，双击页面设计面板的图片部件图标，打开图片选择界面，选择某个图片后单击“打开”按钮，对于较大的图片会提示如图 2-22 所示的图片是否优化的对话框。

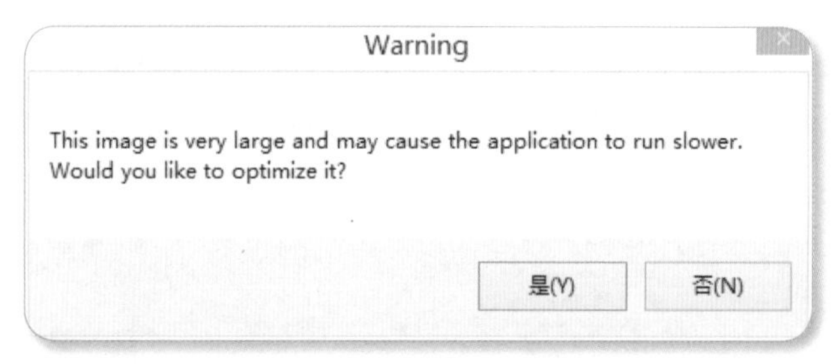

图 2-22　导入图片是否优化对话框

单击“是”按钮后将对图片进行压缩优化，并且可以在页面设计面板中缩放图片大小。需要注意的是，如果是 GIF 图片，优化后将变成静态图片。

可通过“部件交互和注释”面板设置图片的注释和事件响应，如设置鼠标悬停时更换图片、鼠标单击时进入某个页面等。在“部件属性和样式”面板中可以设置图片长度和宽度等信息。若想更换图片，可双击打开图片选择界面选择图片。

如果是 GIF 图片，不要选择优化图片，优化后将变成静态图片。

2. Heading 1（一级标题）部件

H1
Heading 1

拖动部件面板中的一级标题部件到页面设计面板后，双击可设置一级标题的文字内容，如图 2-23 所示。

一级标题

图 2-23　一级标题部件

3. Heading 2（二级标题）部件

拖动部件面板中的二级标题部件到页面设计面板后，双击可设置二级标题的文字内容，如图 2-24 所示。

二级标题

图 2-24　二级标题部件

4. Label（标签）部件

拖动部件面板中的标签部件到页面设计面板后，双击可设置标签部件的文字内容。如图 2-25 所示为文本部件的默认字体、颜色和字号。

文本部件实例

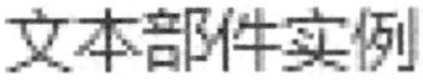

图 2-25　文本部件的默认字体、颜色和字号

5. Paragraph（段落）部件

拖动部件面板中的段落部件到页面设计面板后，双击可设置段落部件的文字内容。如图 2-26 所示为段落部件的默认字体、颜色和字号。

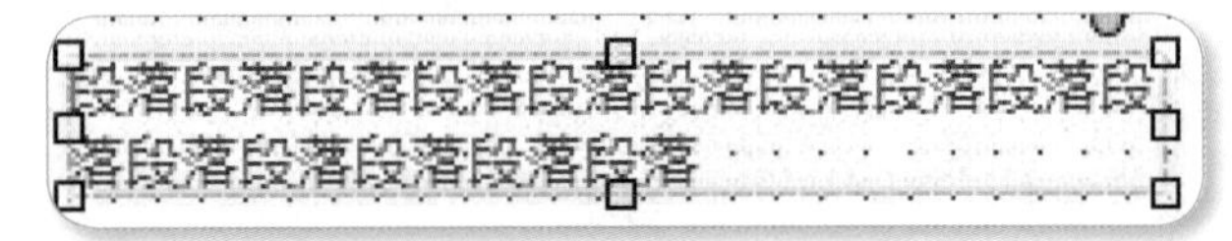

图 2-26　段落部件的默认字体、颜色和字号

6. Rectangle（矩形）部件

矩形部件是原型设计中非常有用的一个部件，一整块的区域一般使用矩形部件来表示。其实，Axure 中的矩形部件并不只是用来表示矩形，在页面设计区域加入矩形部件后，可以选中该部件并右击，然后选择 Select Shape 来更换矩形部件的形状，如可以更换为椭圆、箭头、加号、心形等，图 2-27 所示是使用矩形部件画出来的实例。

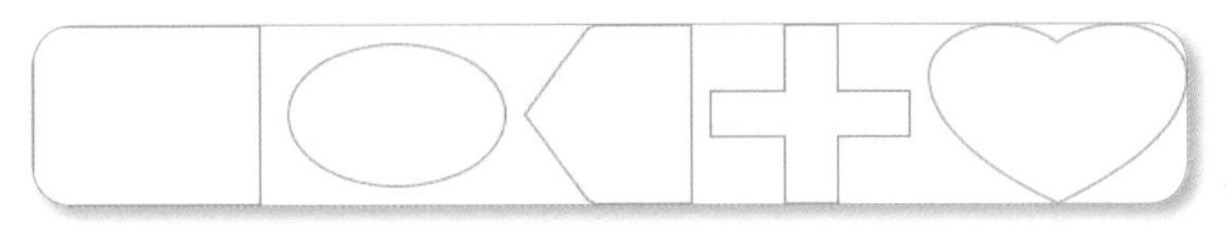

图 2-27　矩形部件实例

7. Placeholder（占位符）部件

占位符在低保真原型中比较常用，在暂时没想好放置什么或者图片区域暂时没有设计好图片时使用。可以调整占位符大小、位置等信息。事件、属性和样式设置与矩形部件无异。

8. Button Shape（形状按钮）部件

形状按钮部件与矩形部件类似，只是默认带有圆角和文本，如图 2-28 所示。

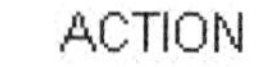

图 2-28　形状按钮部件

形状按钮部件可以用于实现多 Tab 效果，在选中某个 Tab 时将该 Tab 突出显示，将导航的其余按钮置换为未选中的样式，可在选中后右击并选择 Interaction Style 菜单设置该部件的交互样式，如 MouseOver（鼠标悬停时）、MouseDown（鼠标按键按下时）、Selected（选中）和 Disabled（禁用）交互样式，如图 2-29 所示。

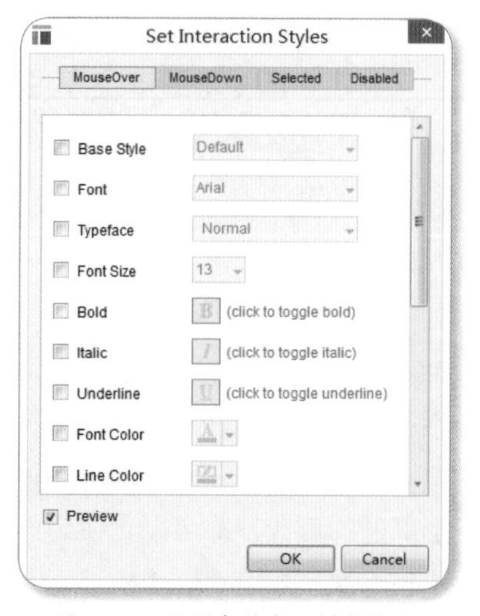

图 2-29　设置部件交互样式界面

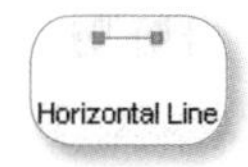

9. Horizotal Line（水平线）部件

用于绘制水平线，常用来作上下分隔线，如页头、内容区域和页尾，可设置线条颜色、粗细、宽度和坐标等信息。

10. Vertical Line（垂直线）部件

用于绘制垂直线，常用来作纵向分隔线，如左侧、内容区域和右侧的分栏，可设置线条颜色、粗细、高度和坐标等信息。

11. Hot Spot（热区）部件

热区部件功能非常强大，可在页面的任何一个区域放置热区部件，如文本、按钮、矩形某部分、图片的某区域等，可添加 OnClick、OnMouseEnter、OnMouseOut、OnKeyDown 和 OnKeyUp 等事件，它在实际页面中不可见，如图 2-30 所示。

图 2-30 热区部件

12. Dynamic Panel（动态面板）部件

它是 Axure RP 实现各种高级功能，完美展现 Axure RP 的强大功能的部件。后面各章节复杂些的案例基本都会频繁使用该部件。动态面板部件的强大之处在于它可以定义诸多状态，并可设置默认状态。将各种状态与各种部件的事件响应结合起来，网页和 APP 的各种交互事件手到擒来。

动态面板的每种状态都能定义不同内容，默认显示面板第一个状态的内容,也可将动态面板置为不可见。动态面板在 Axure RP 中显示为淡蓝色背景，可双击或者在“部件管理”面板中设置它的不同状态，并能对不同状态的内容进行编辑。

动态面板部件的应用场景不胜枚举，如模拟百度搜索框的搜索结果显示区域、模拟首页幻灯片的图片显示区域等。在后续章节中我将带领小伙伴们目睹动态面板部件在交互效果中的功不可没。

13. Inline Frame（内部框架）部件

与 HTML 中的 iFrame 部件对应，用于在一个页面中嵌入另一个页面。在 Axure RP 中，可以使用内部框架部件引入任何一个 http:// 开头的地址，如网站地址、图片地址、Flash 地址等，也可引用本项目中的页面。

内部框架部件在页面设计区域的显示效果如图 2-31 所示。

双击内部框架部件，或者选择某部件后右击并选择 Frame Target 菜单，可设置该部件所指向的地址，可指定本项目内的文件，也可以指定外部 URL 地址，如图 2-32 所示。

图 2-31　内部框架部件

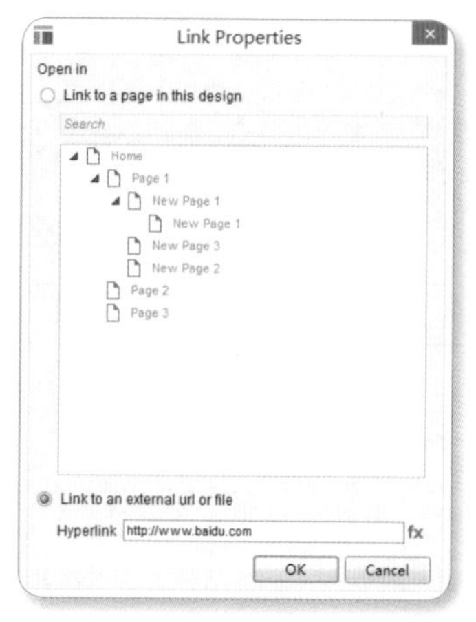

图 2-32　设置内部框架指向的 URL 地址

与 HTML 的 iFrame 类似，内部框架部件能设置不显示边框，选择内部框架部件后右击并选择 Toggle Border 菜单，可设置显示 / 取消显示边框。

内部框架部件可设置滚动条属性。右击并选择 Scrollbars 菜单，有 3 个选项：Show Scrollbars as Needed（在需要时显示滚动条，没有需要滚动显示的内容时不显示）、Always Show Scrollbars（总是显示滚动条）和 Never Show Scrollbars（从不显示滚动条）。

14. Repeater（中继器）部件

中继器是 Axure RP 7.0 推出的新部件，与动态面板部件一样被用于实现复杂的交互功能。听说与 ASP.NET 中的 Repeater 的原理基本一样，不过我一直是 Java 系，不甚了解。

拖动一个 Repeater 到页面设计区域，如图 2-33 所示。

双击创建的 Repeater 部件，打开 Repeater 内部界面，默认里面有一个矩形部件，可以设置自己的内容，如图 2-34 所示，并分别为 4 个 Label 部件命名。

图 2-33　中继器部件

图 2-34　Repeater 内部界面

接着需要设置 Repeater 部件编辑界面下方的内容，如图 2-35 所示。

Repeater Dataset | Repeater Item Interactions | Repeater Style

Column0	Add Column
1	
2	
3	
Add Row	

图 2-35　Repeater 部件的可设置内容

Repeater Dataset 用于设置 Repeater 部件的数据集，可以对列名进行编辑，注意列名需要采用英文，并可设置默认行和列的内容，编辑好后如图 2-36 所示。

NAME	DESCRIPTION	BEGIN_TIME	END_TIME	Add Column
活动1	活动1描述	2015-2-1	2015-2-2	
活动2	活动2描述	2015-2-4	2015-2-4	
活动3	活动3描述	2015-2-6	2015-2-8	
Add Row				

图 2-36　设置 Repeater 的数据集

在图 2-35 中，选择 Repeater Item Interactions，设置 Repeater 部件的交互事件，可使用 Set Text 设置 4 个 Label 部件的值分别为：[[Item.NAME]]、[[Item.DESCRIPTION]]、[[Item.BEGIN_TIME]] 和 [[Item.END_TIME]]。双击 Case1，出现交互事件设置界面，如图 2-37 所示。

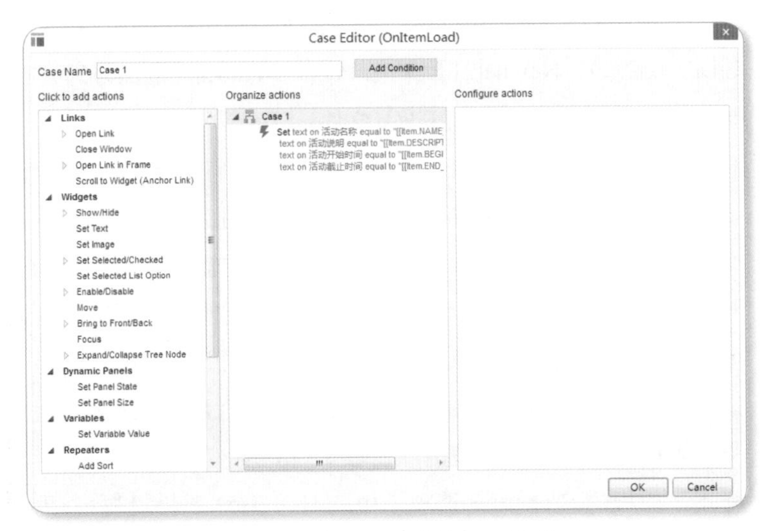

图 2-37　设置交互事件的条件编辑器

使用 Set Text 进行设置时，单击 Set Text to 区域的 fx，进入设置为函数的编辑界面，如图 2-38 所示。

单击 Insert Variable or Function，选择 Repeater/Dataset 下不同的 Repeater 列，单击 OK 按钮完成设置。

在图 2-35 中，选择 Repeater Style 可以设置样式。Repeater 部件简单案例效果图如图 2-39 所示。更复杂些的实例会在后续章节中进行讲解，如通过单击某个按钮实现添加一个数据行或删除一个数据行等。

图 2-38　将值设置为函数值

图 2-39　Repeater 部件案例效果

abc

Text Field

15. Text Field（输入框）部件

对应 HTML 的 input 元素，如普通文本输入框 请输入用户名 。

文本框有多种输入类型，包括：Text（普通文本）、Password（密码）、Email（邮箱）、Number（数字）、Phone Number（电话号码）、Url（URL 地址）、Search（搜索文本）、File（文件）、Date（日期）、Month（月）和 Time（时间）。有些文本类型在网页浏览器中并没有明显地体现出不同之处，如 Email、Number、Phone Number、Url 等，通过手机终端浏览时会有所不同。

选择输入框后输入文字内容，可编辑文本输入框的默认内容，并能通过“部件属性和样式”面板设置文本的颜色、字体等信息，还可如 HTML 的 input 部件一样设置是否为 Read Only（只读）或 Disabled（禁用）。

这里需要特别一提的是，在实际网站中经常见到输入框有提示信息，当输入内容后提示信息被清除。在 Axure RP 7.0 中，可通过“部件属性和样式”面板的 Properties 选项卡中的 Hint Text 属性设置提示文本，并可单击 Hint Style 按钮打开提示文本样式设置界面进行设置。

16. Text Area（多行文本框）部件

对应 HTML 的 textarea 元素，与文本输入框部件的不同之处在于它可以输入多行文本，其余设置与文本输入框部件类似。多行文本框部件的显示效果如图 2-40 所示。

可以通过“部件属性和样式设置”面板的 Style 选项卡设置多行文本框部件的背景色，但是无法添加渐变的背景色。变通的方法是，将部件背景颜色设置为透明，然后添加带有渐变的矩形部件，再将其置于多行文本框下方。

17. Droplist（下拉列表）部件

一般用于性别、省、地市和县区列表等的选择，只允许用户从下拉列表中选择，不允许用户输入，它与 HTML 的 select 元素类似，如图 2-41 所示。

图 2-40 多行文本框部件的显示效果

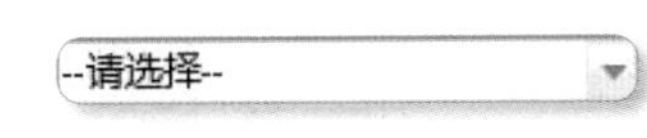

图 2-41 下拉列表控件

双击下拉列表部件可编辑下拉选项的内容，如图 2-42 所示。

单击编辑下拉列表选项界面中的 Add Many 按钮可添加多个下拉选项(换行表示不同选项)，如图 2-43 所示。单击“加号”按钮 + 可以单个添加选项。添加选项后，可在编辑下拉列表选项界面中通过 ↑（Move Up）按钮和 ↓（Move Down）按钮调整选项顺序，也可以单击 ×（Remove）按钮和 ⁝×（Remove All）按钮进行单个删除或批量删除操作。

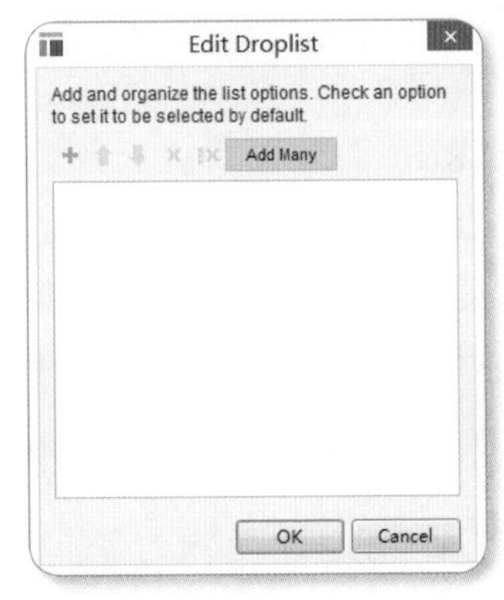

图 2-42 编辑下拉列表选项界面

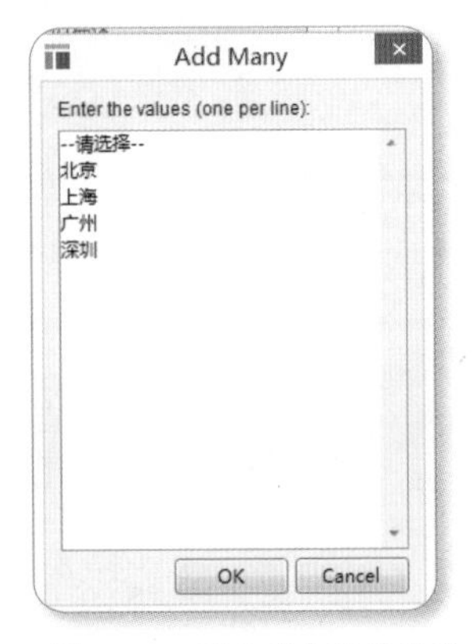

图 2-43 添加多个下拉选项

若想添加不带任何文本的选择项，因在 Axure RP 中选项不能为空，故可添加带一个空格的选项来达到此目的。

18. List Box（列表）部件

用于提供可供用户多选的选项，一般用在想让用户看到所有的选项或者多个选项允许同时选择时，如用户选择喜欢的作家、去过的城市、添加到某个分组的好友等，如图 2-44 所示。

图 2-44　列表部件

该部件也不允许用户输入，设置选项的方法与下拉列表类似。

19. Checkbox（复选框）部件

用于用户选择多个内容，拖动到页面设计面板后双击可编辑内容，如图 2-45 所示。

☐葡萄 ☐苹果 ☐橙子 ☐西瓜

图 2-45　复选框部件

下面是复选框部件的主要操作。

◆ **选中 / 取消选中**：双击某个选项可以设置选中或未选中状态，也可在选中部件后右击并选择或取消选择 Selected 来调整选中状态，还可以通过“部件属性和样式”面板的 Properties 中的 Selected 属性调整选中状态。

◆ **调整对齐方式**：调整复选框在左边还是在右边，可以在选中部件后右击并选择 Align Checkbox Right 将复选框放置到文字右边，选择 Align Checkbox Left 将复选框放置到文字左边。

◆ **启用 / 禁用**：默认情况下，复选框部件是启用状态，若想设置为禁用，右击并选择或取消选择 Disabled 将复选框部件设置为禁用或启用状态。还可以通过“部件属性和样式”面板的 Properties 中的 Disabled 选项调整状态。

复选框部件的鸡肋之处在于它只能更改文字的样式，无法调整复选框的样式，在实际使用过程中往往逼着我们使用自定义的复选框。

20. Radio Button（单选按钮）部件

只允许用户从多个选项中选择一个，与 HTML 的 radio 元素对应。例如选择性别，以及在结算时选择是否需要快递发票或是否需要更改地址等。

默认情况下，所有单选按钮部件都没有分组，因此不同的单选按钮部件都是可以选中的，因为 Axure RP 不知道哪些单选按钮部件是一组的，所以我们需要手动将一个组的单选按钮部件设置为同样的 Radio Group。

例如定义两个 Radio Button，分别设置值为“是”和“否”：○是 ○否。此时预览原型会发现用户可以多选。在页面设计面板同时选中这两个单选按钮部件后右击并选择 Assign Radio Group 菜单，打开新建单选按钮部件组界面，如图 2-46 所示。

图 2-46　新建单选按钮部件组界面

在图中输入单选组名称，单击 OK 按钮完成设置，再次预览我们会发现这两个单选按钮只能选择一个。该部件的选中 / 取消选中、设置对齐方式、禁用 / 启用都与复选框部件类似，不再赘述。

单选按钮部件的弱弱之处在于它只能更改文字的样式，无法调整单选按钮的大小和样式，在实际使用过程中我们也经常使用自定义的单选按钮。

21. HTML Button（提交按钮）部件

按钮部件用于接受用户单击，提交表单，只支持 OnClick、OnMove、OnShow 和 OnHide 事件，如 提交 。

提交按钮部件因为带有默认交互样式，所以不能自定义交互样式，事件也比较少，而且按钮上的文本内容无法更改，跟矩形部件相比有点弱势，实在让人无法深爱。

22. Tree（树）部件

树结构常用来表示企业的组织架构图或省市县结构图。在Axure RP的树部件上可以进行在上面添加同级兄弟节点、在下面添加同级兄弟节点、添加孩子节点、删除节点、节点重命名、自定义展开和收缩图标、自定义节点图标和调整节点顺序等操作。

用Axure RP的树部件定义的某个公司的组织结构树如图2-47所示。

树部件可进行的快捷操作如图2-48所示。除添加节点、删除节点、节点重命名、调整节点顺序等常用简单操作外，其余操作主要包括：

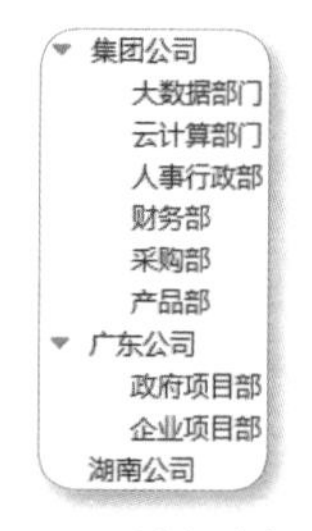

图2-47　树部件实例

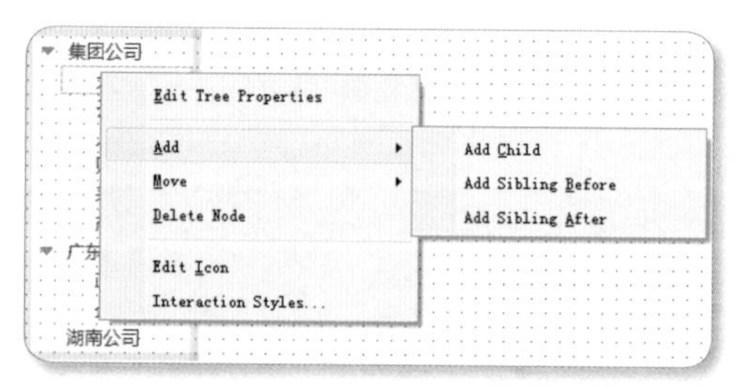

图2-48　树部件的快捷操作

◆ **自定义展开/收缩图标**：选中某个节点后右击并选择Edit Tree Properties菜单，打开设置树属性界面，可单击Import按钮导入图标，如图2-49所示。

◆ **自定义节点图标**：选中某个节点后右击并选择Edit Icon菜单，打开设置节点图标界面，如图2-50所示。在该界面中可通过Import按钮选择图标，Apply to用于设置应用范围，包括3个单选项：This node only（应用到本节点）、This node and siblings（应用到本节点和兄弟节点）和This node, siblings, and all child nodes（应用到本节点、兄弟节点和所有子节点）。设置完成后在“部件属性和设置”面板中勾选Show tree node icons选项显示节点图标。

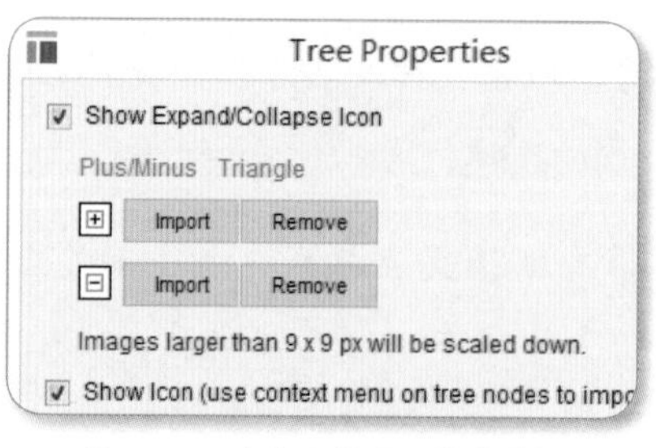

图2-49　自定义展开/收缩图标

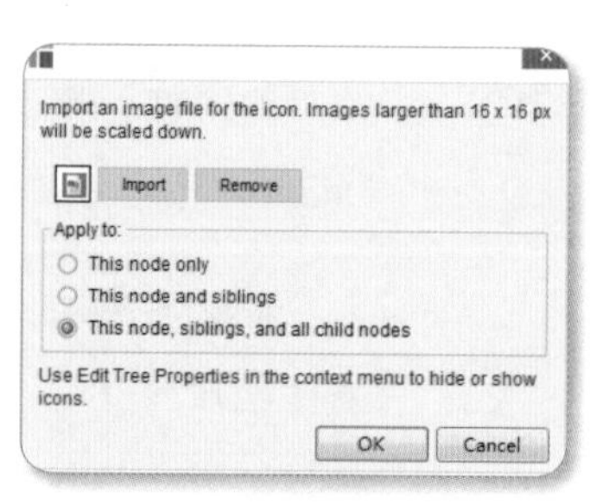

图2-50　设置节点图标界面

23. Table（表格）部件

表格部件用于定义表格化数据，与 HTML 的 table 对应。表格一般带有表头和数据行。

如图 2-51 所示为“个人收入所得率税率计算表格”部件实例，设置表格各行字体颜色、填充颜色、边框粗细的方法与 Word 类似。

级数	全月应纳税所得额	全月应纳税所得额（不含税级距）	税率（%）	速算扣除数
1	不超过1,500元	不超过1455元的	3	0
2	超过1,500元至4,500元的部分	超过1455元至4155元的部分	10	105
3	超过4,500元至9,000元的部分	超过4155元至7755元的部分	20	555
4	超过9,000元至35,000元的部分	超过7755元至27255元的部分	25	1005
5	超过35,000元至55,000元的部分	超过27255元至41255元的部分	30	2755
6	超过55,000元至80,000元的部分	超过41255元至57505元的部分	35	5505
7	超过80,000元的部分	超过57505元的部分	45	13505

图 2-51　表格部件实例

我想大概是因为表格部件的交互效果为大家所诟病，主要体现在：无法动态地添加 / 删除行或列、不能对数据进行排序和过滤，所以在 7.0 版本中推出了 Repeater 中继器部件。

24. Classic Menu-Horizontal（水平经典菜单）部件

用于创建一个多级别的水平菜单。水平经典菜单一般用于一级导航，可为水平经典菜单的每一项设置 OnClick、OnFocus 和 OnLostFocus 事件。

例如京东的水平导航条，如图 2-52 所示。

首页　服装城　食品　团购　夺命岛　闪购　金融

图 2-52　水平经典菜单部件实例

水平经典菜单部件与接下来要介绍的垂直经典菜单部件是两个中看不中用的部件，因为它们有个不能嵌入图标和其余部件的致命弱点，在后续讲解全局导航时我们使用的是自定义的导航菜单。

25. Classic Menu-Vertical（垂直经典菜单）部件

用于创建一个多级别的垂直菜单。垂直导航作为导航也是非常常见的，一般用在二级、三级导航菜单中，可为垂直菜单的每一项设置 OnClick、OnFocus 和 OnLostFocus 事件。如定义如图 2-53 所示的垂直菜单。

图书、音像、数字产品	电子书
	数字音乐
家用电器	音像
手机、数码、京东通信	文艺
	人文社科
电脑、办公	经管励志
家居、家具、家装、厨具	生活
	科技
男装、女装、内衣、珠宝	少儿
个护化妆	

图 2-53　垂直经典菜单实例

26. 流程图部件库

在部件区域 Select Library 中选择 Flow 即显示流程库的图标，常见的有矩形（表示动作）、菱形（表示条件）、圆角矩形（表示结束）、用户、数据库和文件等，如图 2-54 所示。

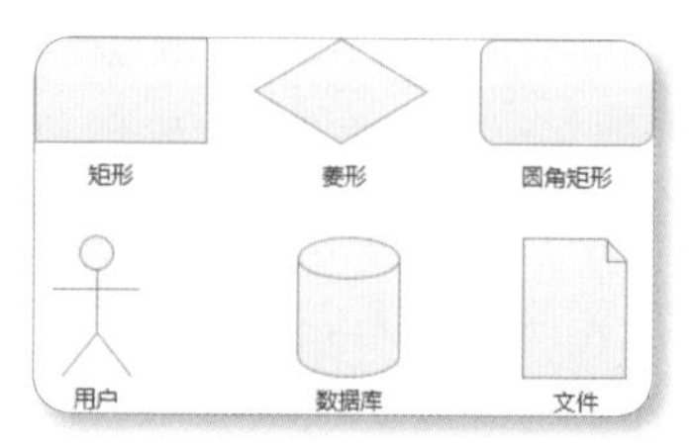

图 2-54　流程图部件库的主要部件

27. 第三方部件库

Axure RP 允许加载第三方部件库，在部件区域单击 Download Libraries 可下载部件库（可到 Axure RP 官网 http://www.axure.com/community/widget-libraries 下载部件库，如 iPhone 部件库），Load Library 可加载部件库（可以在本地目录选择后缀为 .rplib 的部件库文件），单击 Create Library 可创建部件库。

Axure RP 官网的通用部件库如图 2-55 所示。

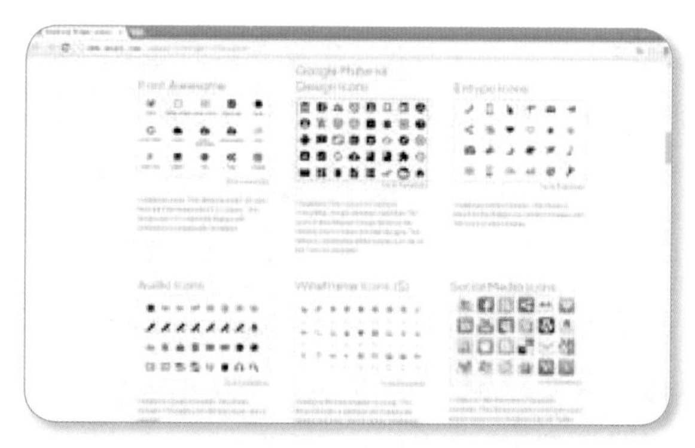

图 2-55　Axure RP 官网部件库下载界面

28. 部件操作

选中部件后，部件一般都在各个角带有多个小矩形方块，如矩形部件选中后如图2-56所示。

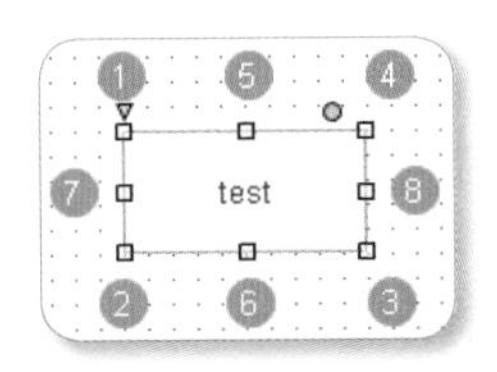

图 2-56　矩形部件被选中状态

该矩形部件带有8个小矩形、一个黄色倒三角形和一个灰色圆点。

◆ **4个边角矩形**：将鼠标移动到①～④位置的小矩形，待鼠标变成双向箭头并显示部件的坐标和长宽时进行拖动，可缩放矩形部件的高度和宽度；双击这4个小矩形，可将矩形缩放到适应当前文本大小。

◆ **垂直方向的2个矩形**：将鼠标移动到⑤和⑥位置的小矩形并显示部件的坐标和长宽时进行拖动，可缩放矩形部件的高度；双击这2个小矩形，可将矩形缩放到适应当前文本高度。

◆ **水平方向的2个矩形**：将鼠标移动到⑦和⑧位置的小矩形并显示部件的坐标和长宽时进行拖动，可缩放矩形部件的宽度；双击这2个小矩形，可将矩形缩放到适应当前文本宽度。

◆ **黄色倒三角形**：选择黄色倒三角形图标▽并进行拖动，可以设置该矩形的圆角弧度，也可通过“部件属性和样式”面板的Style中的Corner Radius进行设置。

◆ **灰色圆点**：单击灰色圆点图标●可以将部件转换为段落、一至六级标题部件，也可以通过“部件属性和样式”面板的Properties中的Select Shape设置。

◆ **Shift+4个边角矩形**：将鼠标移动到①～④位置的小矩形，待鼠标变成双向箭头后按住Shift键，可对矩形、图片等部件进行等比收缩。

◆ **Ctrl+4个边角矩形**：将鼠标移动到①～④位置的小矩形后按住Ctrl键，待鼠标变成双向箭头后可对矩形、图片等部件进行旋转。

其余部件若在选中后带有小矩形、黄色倒三角形和灰色圆点，操作与此类似。

2.2.4　母版面板

一般将需要重复使用的模块定义为母版，如网站的页头、页尾、导航、按钮、手机背景等。

通过使用母版，如果母版行为部件不是设置为 Break Away（脱离母版），在需要进行修改时只需要对母版进行修改，所有使用该母版的地方都会被同步修改，从而减少重复工作量。

某个模块定义好后，选中所需要的一到多个部件，右击并选择 Convert to Master 菜单，打开创建母版界面，输入母版名称后将该模块转换为母版。也可以在母版面板中单击“添加”按钮添加母版。

如将前面定义的水平菜单和垂直菜单转换为母版后将会出现在母版面板中，如图 2-57 所示。

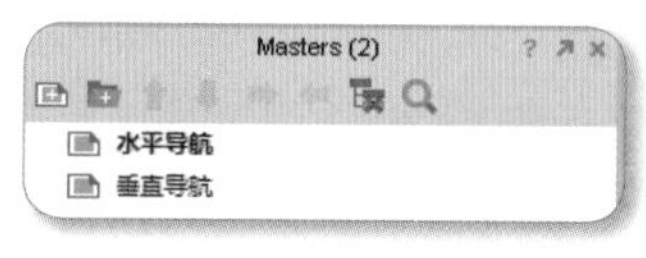

图 2-57　母版面板

双击某个母版，可在页面设计面板中对该母版进行编辑。可在母版面板的操作栏或右击并选择快捷菜单对母版进行添加、删除、重命名、复制、排序、设置母版行为等操作。若某个页面想使用某个已经定义好的母版，则只需将该母版拖动到页面设计面板。

2.2.5　页面设计面板

页面设计面板是用于显示页面内容的区域，这些内容也被用于生成 HTML 文件或 PRD 文档。默认情况下不显示网格，只显示标尺，可在页面设计区域右击并选择 Grid and Guides → Show Grid 菜单显示网格，该区域如图 2-58 所示。

在右击后，可以看到 Grid and Guides 菜单下有多个子菜单，如 Grid Settings 可进行网格设置，包括网格间距设置（默认为 10 个像素）等，如图 2-59 所示。

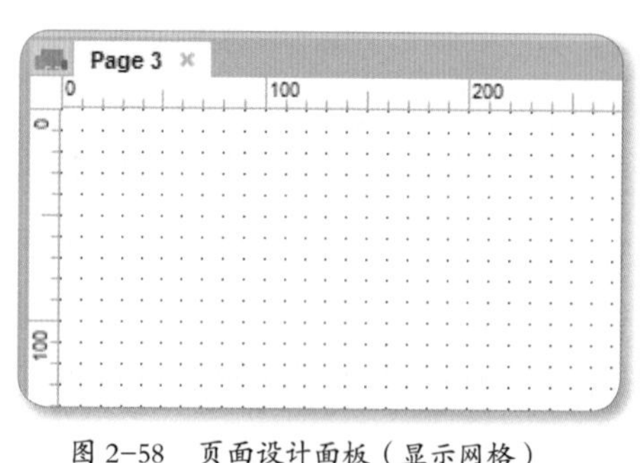

图 2-58　页面设计面板（显示网格）

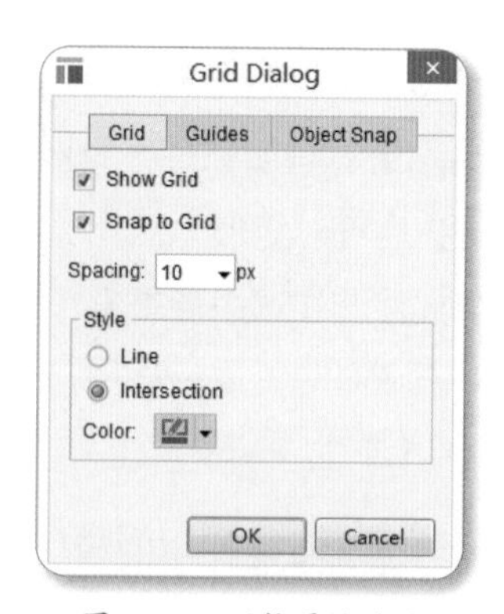

图 2-59　网格属性设置

1. 部件坐标

页面设计面板的 100、200 等刻度都是像素，左上角的坐标为 X0:Y0，在进行原型设计时，左上角相当于浏览器的左上角，为了尽可能贴近真实，设计人员在进行设计时需要注意网站和 APP 的宽度与高度。

页面设计面板的部件在“部件属性和样式”面板的 Style 选项卡中的 Left 和 Top 分别是横向标尺和纵向标尺的像素值（以部件的左上角坐标为基点进行计算）。

2. 页面参考线

参考线（Guides）主要用于对齐部件，在横向标尺区域往内容区域拖动将会拉出一条水平参考线，在纵向标尺区域往内容区域拖动将会拉出一条垂直参考线。如图 2-60 所示拉出了该页面的四条参考线。

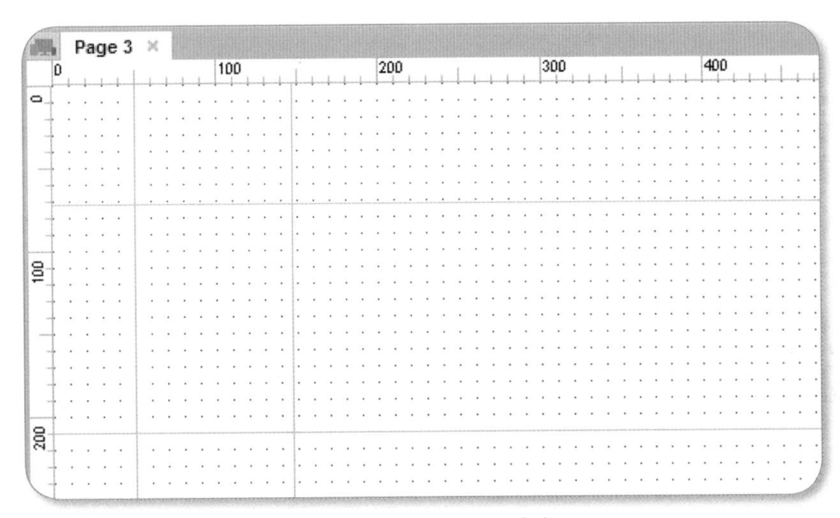

图 2-60　水平和垂直页面参考线

3. 全局参考线

在横向和纵向标尺处拉出的是页面参考线，只会在当前页面显示，若想在所有页面显示某些参考线，可采用全局参考线，有两种创建方法：

◆ **横向和纵向标尺按住 Ctrl 键拉出全局参考线**：该方法与页面参考线创建方法类似，只是在拉动时需要按住 Ctrl 键。这是创建单条全局参考线的好方法。

◆ **创建全局参考线界面**：该方法常被用于同时创建多条全局参考线，可在某个页面设计区域右击并选择 Grid and Guides → Create Guides 子菜单，打开如图 2-61 所示的创建全局参考线的界面。

该界面中的选项不太好理解，容易弄得人一头雾水，Axure RP 创建全局参考线是按照多行、多列来设置的。首先看到列的设置：

- #of Columns：分为多少列，如设置为 3。
- Column Width：每列的宽度，如 90。
- Gutter Width：每列的间隔宽度，如 20。
- Margin：整个布局两侧的留白，如 10。

按照如上设置后的全局参考线如图 2-62 所示。全局参考线采用红色线条表示，可以看到页面设计区域被分为 3 列，左右都留白 10 像素，每列的间隔宽度为 20 像素，每列的宽度为 90 像素。

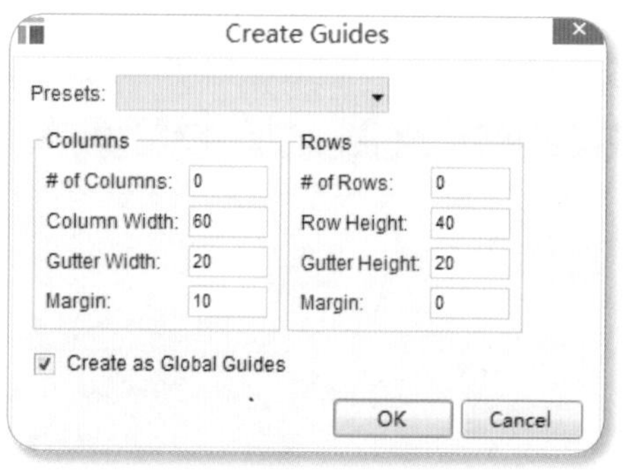

图 2-61　创建全局参考线界面

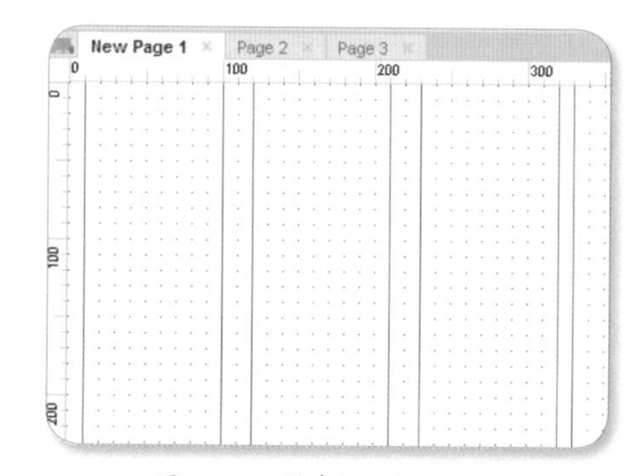

图 2-62　创建全局标尺效果图

Rows 的设置与此类似，但参考线为水平线。注意我们需要勾选 Create as Global Guides 复选项创建全局参考线才能显示在该项目的所有页面中。可在任何页面选择全局参考线后按删除键或者右击并选择 Delete 菜单删除全局参考线。

2.2.6　页面属性面板

该面板包括 Page Notes（页面注释）、Page Interactions（页面交互事件）和 Page Style（页面样式）3 个选项卡。

1. Page Notes（页面注释）

页面注释一般用于说明该页面的需求或注意事项，可以在导出 PRD 文档时导出页面注释信息。

2. Page Interactions（页面交互事件）

页面交互事件主要用于定义页面级的交互事件，如常见的 OnPageLoad（页面加载时）事件，一般在页面加载时进行一些变量的初始化或者根据当前某个变量的值设置不同的页面效果，HTML 中也有对应的事件。

Axure RP 支持的页面交互事件还包括：

◆ OnWindowResize：当浏览器窗口大小改变时。

◆ OnWindowScroll：当浏览器窗口滚动时。

◆ OnPageClick：鼠标在页面任意位置单击时。

◆ OnPageDoubleClick：鼠标在页面任意位置双击时。

◆ OnPageContextMenu：鼠标右键在页面任意位置单击时。

◆ OnPageMouseMove：鼠标在页面任何区域移动时。

◆ OnPageKeyDown：当键盘上的按键在页面上按下时。

◆ OnPageKeyUp：当键盘上的按键在页面上释放时。

◆ OnAdaptiveViewChange：当自适应地图更改时。

3. Page Style（页面样式）

设置页面的样式信息，如背景颜色、背景图片、字体、对齐方式等。可设置的页面样式如图 2-63 所示。

在图 2-63 中，单击 Page Style 后的按钮可以打开页面样式编辑器，如图 2-64 所示，在其中可集中管理所有的页面样式，并能进行添加和删除等操作。更改某个页面样式后，引用它的所有页面都将统一修改，减少了重复工作量。

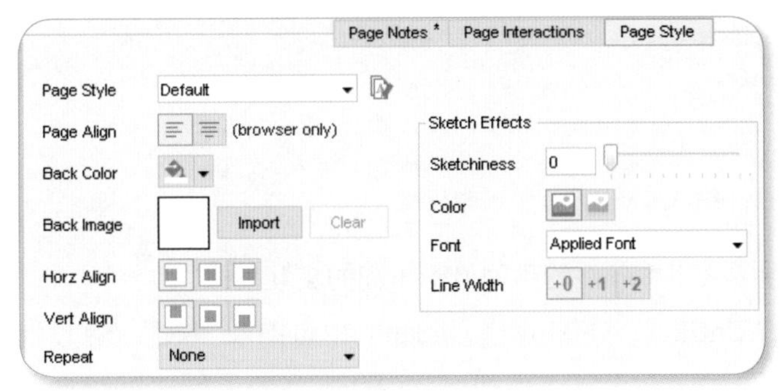

图 2-63　页面样式设置

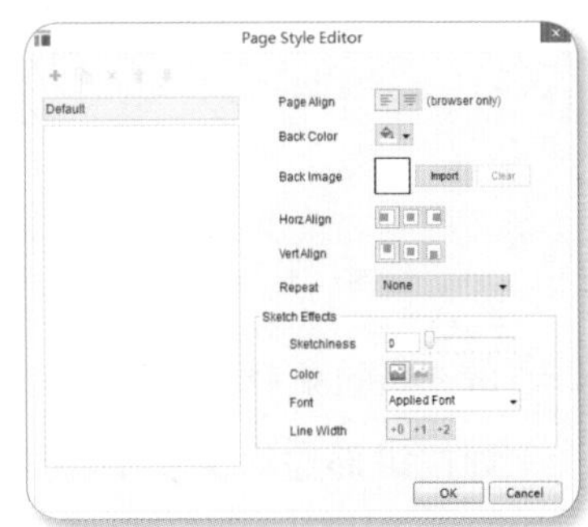

图 2-64　页面样式编辑器

另外，在图 2-63 中，Sketchiness 用于设置酷毙的手绘效果，默认值为 0，即没有手绘效果。设置该值后，所有部件都会添加手绘效果，例如将该值设置为 80 时，部件效果如图 2-65 所示。

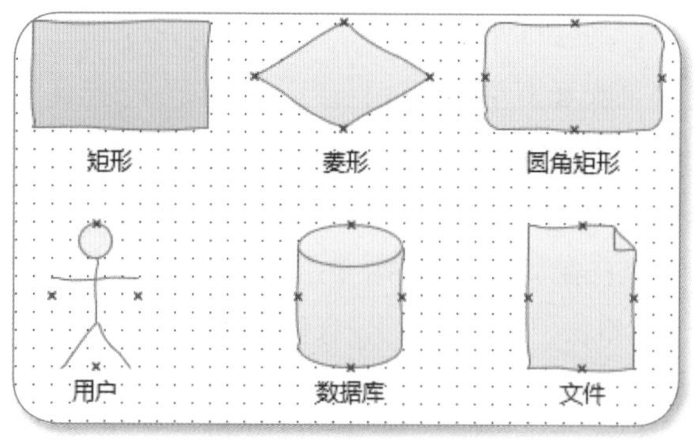

图 2-65　添加手绘效果

2.2.7　部件交互和注释面板

该区域用于定义部件名称、部件注释和部件的交互事件。矩形部件的该区域如图 2-66 所示。

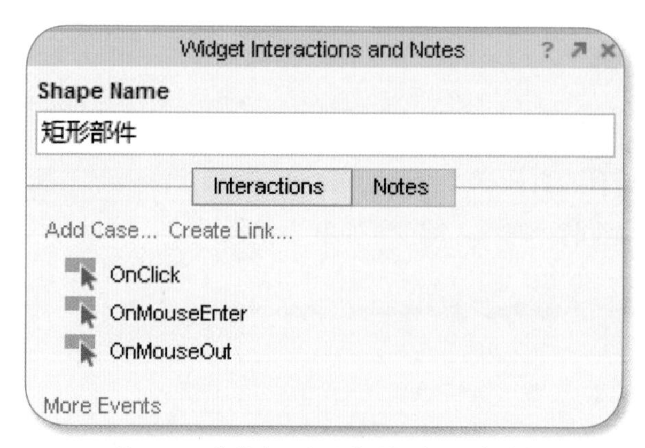

图 2-66　部件交互和注释面板（矩形部件）

Interactions（交互事件）选项卡会根据部件的不同显示不同的交互事件。

如按钮部件的交互事件只有 OnClick、OnMove、OnShow 和 OnHide 事件，输入框部件的交互事件包括：OnTextChange（文本改变事件）、OnFocus（输入框获得焦点）、OnLostFocus（输入框失去焦点）、OnKeyUp（输入完毕）、OnKeyDown（开始进入输入状态）等事件。

若想定义提交按钮部件的 OnClick 事件，可在该区域双击 OnClick 事件（若某个事件没有出现在该区域，可单击 More Events 从更多的事件中选择）打开 OnClick 事件的 Case 编辑器，如图 2-67 所示。

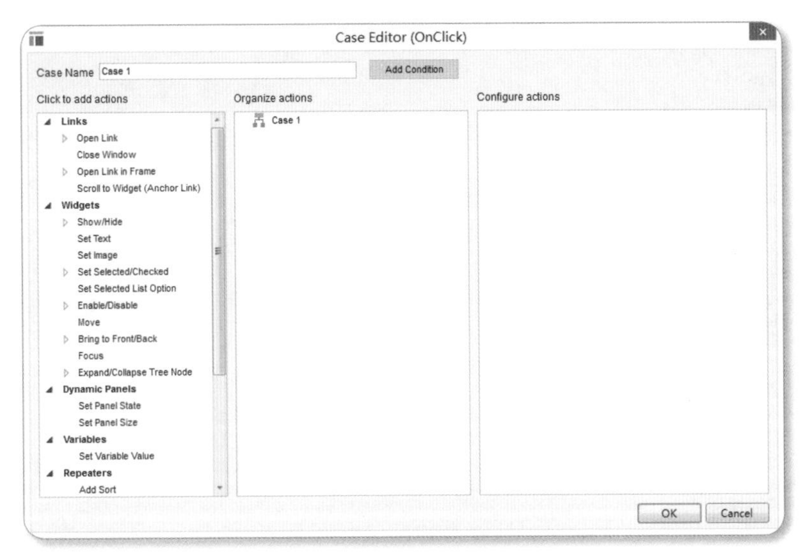

图 2-67 用例编辑器（OnClick 事件）

在后续章节的案例讲解中会多次提到用例编辑器，很多交互效果的实现都依赖于用例编辑器和各种部件、事件和动作。用例编辑器支持编程语言中的 if…elseif…else 语句，还支持 if…if…等方式，在一个用例内部可以设置多种动作。

2.2.8 部件属性和样式面板

包括 Properties（属性）和 Style（样式）两个选项卡，用于设置不同部件的属性（如是否选中、启用 / 禁用、形状、交互样式、是否自适应宽度和高度等）和样式（如坐标、宽度、高度、字体颜色、填充颜色和边框颜色等）。

1. Properties（部件属性）

部件属性会根据部件的不同而不同，如图 2-68 所示为形状按钮的部件属性。

可在“属性”选项卡设置形状按钮部件的交互样式和形状、是否自适应宽度、是否自适应高度、是否禁用、是否为选中状态等信息。

选择输入框部件，部件属性如图 2-69 所示。输入框部件的该区域可设置提示文本、输入框类型、输入的最大长度、是否隐藏边框、是否为只读状态、是否禁用、提交按钮等信息。

2. Style（部件样式）

单击“部件属性和样式”面板中的 Style 选项卡，设置项大同小异，只是部分控件的某些设置项会为置灰，为不可设置状态，如图 2-70 所示。

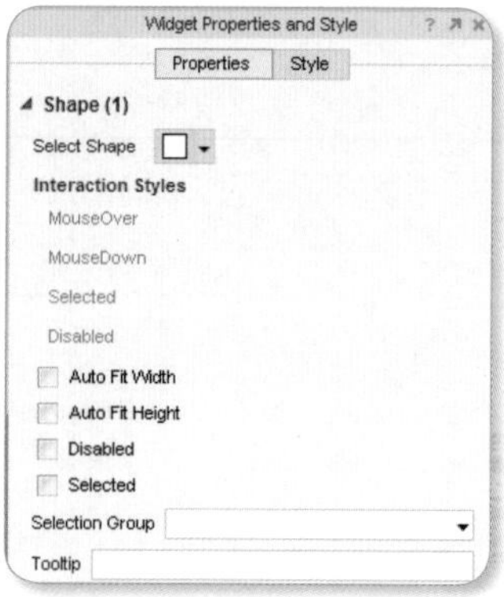

图 2-68　部件属性设置（形状按钮部件）

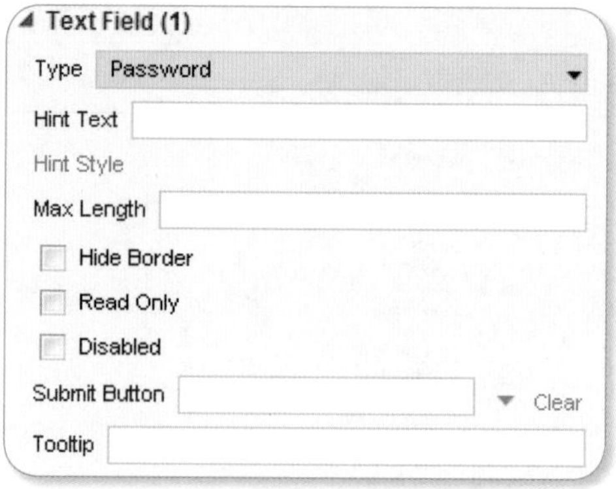

图 2-69　部件属性设置（文本输入框部件）

图 2-70　部件样式设置

部件样式设置比较简单，这里只对常用的样式设置进行说明。

◆ **Location + Size**：设置部件的位置和大小，主要包括：

- Left & Top：设置部件的 X 坐标和 Y 坐标，页面设计面板左上角的坐标为 X0:Y0，单位为像素。
- Width & Right：设置部件尺寸，分别表示部件的宽度和高度，单位为像素。

◆ **Font**：可设置字体、字体大小、字体样式（粗体 / 斜体 / 带下划线）、字体颜色，与 Word 的设置很相似。

◆ **Borders, Lines, + Fills**：设置边框颜色、边框粗细、边框样式、填充颜色和填充透明度等信息，与 Word 的设置很相似。

◆ **Alignments + Padding**：设置字体对齐方式（左对齐、水平居中对齐、右对齐、上对齐、下对齐、垂直居中对齐）。

2.2.9 部件管理面板

显示当前页面所有部件的名称及其状态，如图 2-71 所示。

可单击该面板操作栏中的 Widget Filter 图标 对显示部件进行过滤，如图 2-72 所示。小伙伴们可根据具体要求进行选择，如选择 Dynamic Panels Only 后将只显示所有的动态面板部件。

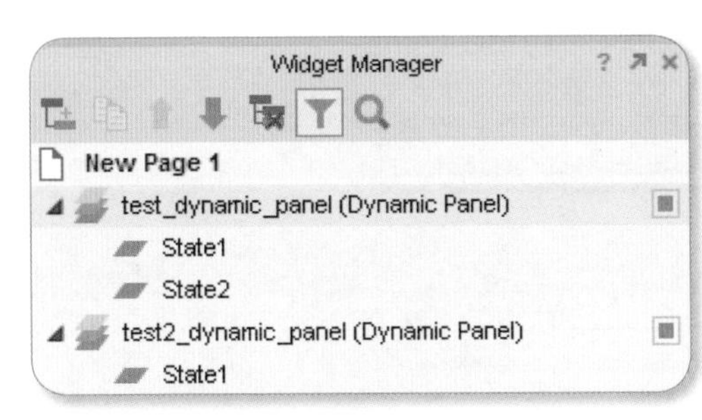

图 2-71 部件管理面板

图 2-72 部件管理面板的过滤条件

动态面板部件由多个状态组成，可在“部件交互和注释”面板的用例编辑器中对动态面板部件进行状态切换操作或者调整动态面板部件的大小。

在图 2-71 中可对某个动态面板部件进行添加、复制、编辑和删除状态操作，还能对多个动态面板部件进行查找、上移、下移、在页面设计面板中显示 / 隐藏部件（单击该面板某个动态面板后的蓝色矩形不会影响该部件预览时是否显示）和删除操作。

双击某个动态面板部件的某个状态可进入该状态的编辑页面，如果没有勾选 Fit to Content（自适应内容大小）属性，会有一个蓝色的边框（不会在实际页面中显示），蓝色边框的区域为动态面板部件的大小。

基础理论

2.3 新婚蜜月期

2.3.1 设置变量值

在 Axure RP 中变量被用于实现多种交互效果，学过编程的朋友应该对变量比较了解。从 Axure RP 6.0 版开始增加了全局变量功能，因此 Axure RP 7.0 有两种变量：全局变量和局部变量。

1. 变量的分类

◆ **Global Variable**：全局变量，默认全部变量为 OnLoadVariable，作用范围为整个项目内的所有页面通用。全局变量可以直接赋值。

全局变量存在多种变量赋值方式，如图 2-73 所示。

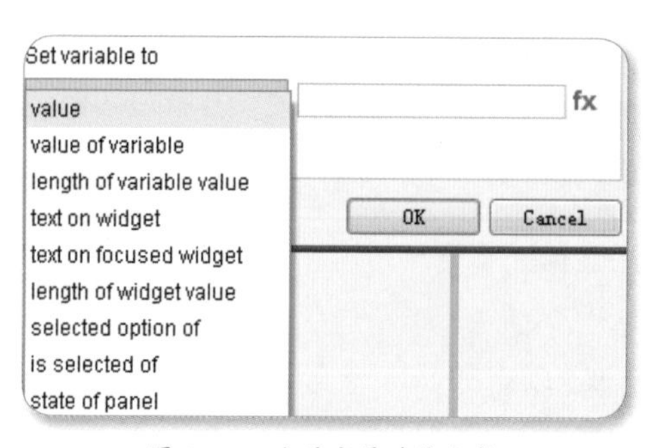

图 2-73 全局变量赋值方式

- value：可以直接赋值一个常量、数值或字符串，也可单击 fx 赋值变量、函数、部件文本值等的运算值。
- value of variable：获取另外的全局变量的值，可从下拉列表中选择某个变量。
- length of variable value：获取另外一个全局变量的值的长度。
- text on widget：获取当前焦点所在的部件、输入框部件、多行文本框部件、矩形部件等的值进行赋值。
- text on focused widget：获取当前焦点所在部件的文本值。
- length of widget value：获取当前焦点所在的部件、输入框部件、多行文本框部件、列表框部件、下拉列表框部件、矩形部件等的值的长度。

- selected option of：获取列表部件、下拉列表框部件中选中的值，需要注意的是列表部件通过该动作只能获取其中一个值。
- is selected of：获取某个部件当前是否为选中状态，如输入框部件、多行文本框部件、单选按钮部件、复选框部件是否选中，值为 true 或 false。
- state of panel：某个动态面板部件的状态值。

在用例编辑器的 Click to add actions 中选择 Variables → Set Variable Value 后，在 Configure actions 中可以看到所有的全局变量，单击 Add variable 可对全局变量进行新增操作。也可在菜单栏中单击 Project → Global Variables 菜单项对所有的全局变量进行管理。

◆ **Local Variable**：局部变量，默认名称为 LVAR1、LVAR2…，作用范围为一个用例里面的一个动作，一个事件里面有多个用例，一个用例里面有多个动作，可见局部变量的作用范围非常小。

如在用例里面要设置一个条件的话，如果用到了局部变量，这个变量只在这个条件语句中生效，而且局部变量只能依附于已有部件使用，不能直接赋值。

选择设置某个文本的值等操作，单击 fx 进入编辑文本页面，如图 2-74 所示。

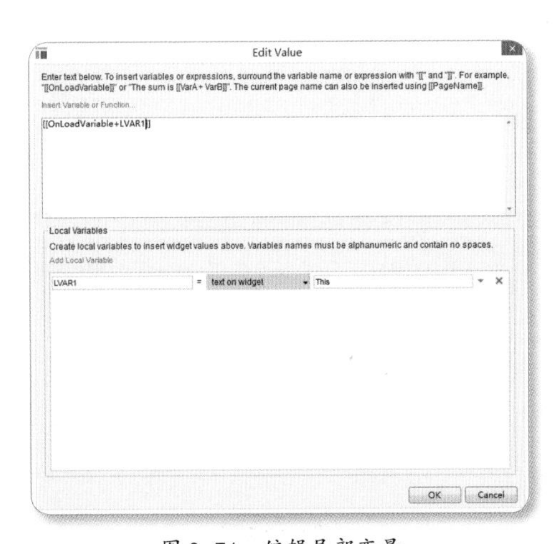

图 2-74　编辑局部变量

局部变量所支持的赋值比全局变量要少 3 种赋值方法：value、value of variable value 和 state of panel。局部变量的作用范围决定了它只能充当事务中的赋值载体，因此更多的是在函数当中用到，充当函数的运算变量，因此不会在外部页面级的逻辑中看到。

2. 变量的应用场合

变量的应用丰富多样，关键还是看设计者如果使用，用得好是神来之笔，用得不好反而会使设计复杂化。下面是两种最常见的应用场景。

◆ **作赋值载体**：形象地说就是发挥中间人的作用，因为全局变量支持多达 9 种赋值方法，其中有 6 种是获取部件值的，因此其可以作为页面间值的传递媒介。

如跳转到的页面需要根据前一个页面的某个文本值显示不同的效果、登录成功页面需要显示登录页面输入的登录名，此时可采用全局变量，在第一个页面中将登录名的输入值存储到全局变量，跳转到的页面可在 OnPageLoad（页面加载时）事件中将该全局变量的值设置到对应的标签部件。

◆ **作条件判断载体**：全局变量的赋值方式很多，当获取到值进行直接使用时就是用来作条件判断。

2.3.2 使用内部框架

Inline Frame（内部框架）部件与 HTML 中的 iFrame 对应，用于在页面中嵌入另一个页面。通过这个部件可以通过 URL 地址引入另外一个页面，该 URL 地址可以指向一个网页、图片、Flash 或视频。

1. 引入外部 Flash 地址

在页面设计面板中可以将某部分内容通过指向另外网站的地址实现，如想引入优酷网的某个视频，在 Axure RP 7.0 中可以通过内部框架部件进行间接引入。

从部件面板中拖动一个内部框架部件到页面设计面板，接着选择这个部件，右击并选择 Frame Target 菜单打开编辑链接属性界面，选择 Link to an external url or file 单选项，键入 Flash 的 URL 地址，如 http://player.youku.com/player.php/sid/XODg5Mjk1ODk2/v.swf，如图 2-75 所示。

使用 F5 快捷键进行预览，效果如图 2-76 所示。

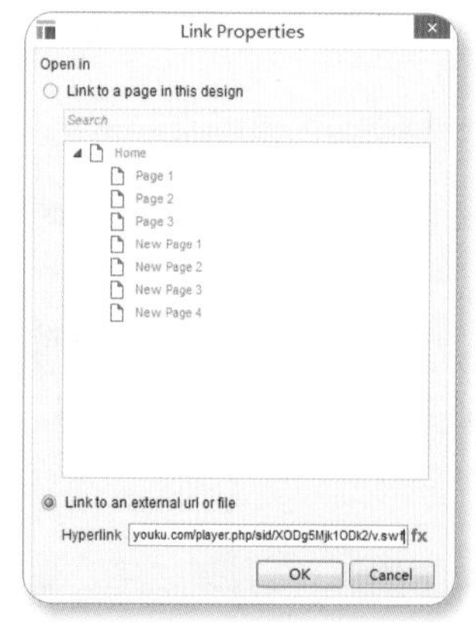

图 2-75 编辑内部框架部件的链接属性

图 2-76 引入 Flash 预览效果

可能有的小伙伴会有疑问："怎么获得 Flash 的地址？"在视频网站，如优酷网、土豆网等获取 Flash 地址很简单，如在优酷网，只要单击"分享"按钮，就会在下方显示视频地址、Flash 地址等信息，如图 2-77 所示。

若想获取其余网站的 Flash，可在 Google Chrome 浏览器中打开该网站（如 http://qq.com），然后使用 Ctrl+Shift+i 快捷键打开浏览器的开发者模式，选择 Resources 选项卡，选择 Frames →网站名称→ Other 子节点，即可看到该页面的图片和 Flash 信息，如图 2-78 所示。

图 2-77 获取优酷网站的 Flash 地址

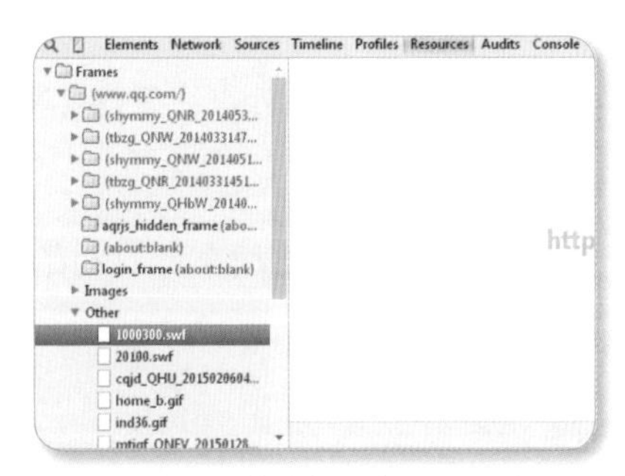

图 2-78 开发者模式下获取 Flash 地址

双击某个 Flash 文件或选择该文件后右击并选择 Open link in new tab 菜单打开该 Flash，若是需要的 Flash 文件，可在浏览器中获取该 Flash 地址，或者右击并选择 Copy link address 菜单拷贝地址，如 http://ra.gtimg.com/adsame/1915903/1000300.swf。

2. 选择本地 Flash 地址

若想引入本地的 Flash 地址，可直接输入 Flash 文件的绝对地址或者输入相对 Axure 工程的相对地址，如 E:\amigo\1000300.swf 和 .\1000300.swf。

2.3.3 设置页面事件

在页面属性面板中可以看到很多页面事件，常见的有 OnPageLoad（页面加载）、OnWindowResize（当浏览器窗口大小改变时）和 OnWindowScroll（当浏览器窗口滚动时）事件，单击 More Events 按钮可以查看页面的更多事件，如 OnPageClick（鼠标在页面任意位置单击时）等。

若想定义某个页面事件，如 OnPageLoad，可双击该事件进入用例编辑器界面，双击后默认添加一个新的用例。

可为动作添加不同的用例，Axure RP 7.0 支持的用例关系包括 if…elseif…else…和 if…if 两种情况，前者是默认情况，后者需要鼠标单击选中某个用例后右击并选择 Toggle if/elseif 菜单进行切换。

◆ **if…elseif…else…**：所有条件应该设置为互斥的，系统自上而下进行判断，只要一个条件满足，后续的用例将不会再执行，如页面上 A、B 和 C 三个部件默认为隐藏状态，当某个变量值为 1 时显示 A 部件，变量值为 2 时显示 B 部件，默认情况下显示 C 部件，这种情况下有 3 个用例。当设置为 if…elseif…else…方式时，只可能 A、B 或 C 这 3 个部件有一个为显示状态。

◆ **if…if…**：条件可以不互斥，某个用例执行完后将继续判断后续用例是否满足条件，若满足将继续执行。

下面是设置页面事件（设置部件事件与此类似）的步骤。

1. 选择事件

选择需要设置的页面事件，初始情况下单击该事件即可默认创建一个用例 Case 1，打开用例编辑器界面。

2. 选择用例

初始情况下单击事件名称创建 Case 1 用例，非初始情况下双击事件名称创建一个新的用例，如 Case 2、Case 3 等，也可以在“页面属性”面板中选择事件名称后单击 Add Case 按钮添加一个新的用例。如果两个用例很相似，可以选择该用例后使用 Ctrl+C 快捷键拷贝用例，然后单击选择某个事件（可以是本页面事件、其他页面事件或部件事件），使用 Ctrl+V 快捷键复制案例。复制成功后，双击修改即可。

选择某个用例名称，进入该用例的编辑界面。

选择某个用例名称，右击并选择 Delete 菜单或按 Delete 键即可删除用例。

用例编辑器包括 4 个区域，如图 2-79 所示。

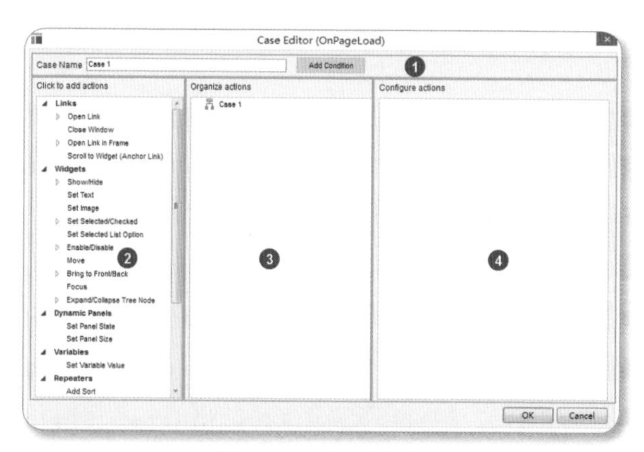

图 2-79　用例编辑器

❶ Case Name：用例名称输入区域，可单击 Add Condition 按钮进入条件设置界面，添加一个到多个条件。

❷ Click to add actions：动作区域，单击添加动作类型会在❸中有所体现。

❸ Organize actions：组织动作，在此处可单击用例名称添加用例的触发条件，用例下面显示的是该用例的所有动作列表。

❹ Configure actions：配置在动作区域选择的动作的具体信息。

3. 选择条件

在用例编辑器中双击用例名称，或者单击 Add Condition 按钮，进入该用例的触发条件界面，如定义该用例在全局变量 OnLoadVariable 等于 1、矩形部件的值等于 test 时触发，如图 2-80 所示。

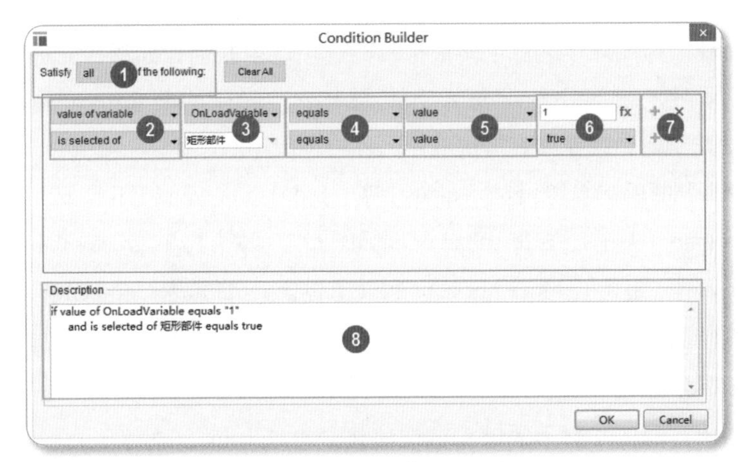

图 2-80　用例触发条件配置界面

图 2-80 共分为 8 个区域，如下：

❶多个条件之间的逻辑关系：包括 all 和 any 两个选项，分别对应 and 和 or，all 表示条件要全部满足才触发用例，any 表示条件中只要满足一个就触发用例。

❷进行判断逻辑关系的值：包括 14 个选项，如下：

- value：常量值作为逻辑判断。
- value of variable：变量的值，根据某个变量的值进行逻辑判断。
- length of variable value：变量值的长度，根据某个变量值的长度进行逻辑判断。
- text on widget：某个部件的文本值，如根据输入的用户名进行特殊处理。
- text on focused widget：当前焦点所在部件文本的值，一般用于进行当前输入值的提示。

- length of widget value：某个部件文本值的长度，这个比较常用，如注册页面验证用户名或密码长度是否符合长度要求。
- selected option of：判断下拉列表或列表的选择项的值来进行逻辑判断。
- is selected of：判断某个部件是否被选中来进行逻辑判断，值为 true 或 false。
- state of panel：根据某个动态面板的状态来进行逻辑判断。
- visibility of widget：根据某个部件为可见状态来进行逻辑判断，值为 true 或 false。
- key pressed：根据当前按键的值进行响应，如对 Enter 键进行处理。
- cursor：根据鼠标进入某个部件、离开某个部件、结束、还未结束某个部件来进行逻辑判断。
- area of widget：根据某个部件所在的区域来进行逻辑判断。
- adaptive view：从下拉列表中选择需要设置动作的自适应视图。

❸选择变量名称或部件名称：会根据❷的选项产生联动，如选择的是 value 或 value of variable value 时，该部分显示变量下拉列表；当选择的是 text on widget、length of widget value 等选项时，下拉列表提供部件名称给小伙伴们选择。

❹选择逻辑判断的运算符：包括 equals（等于）、does not equal（不等于）、is less than（小于）、is greater than（大于）、is less than or equals（小于等于）、is greater than or equals（大于等于）、contains（包含）、does not contain（不包含）、is（是）和 is not（不是）选项。contains 和 does not contain 常用于判断一个字符型值包含和不包含某个字符，如用户输入的 Email 中是否包含 @ 邮箱符号、用户名是否包含 _ 等。

❺选择被比较的值：❷中的值与该值比较，包括 value（具体值）、value of variable（变量值）、length of variable value（变量值的长度）、text on widget（部件的文本值）、text on focused widget（当前焦点部件的文本值）、length of widget value（部件文本值的长度）、selected option of（下拉列表或列表选择项的值）、is selected of（部件是否选中）和 state of panel（动态面板部件的当前状态）等选项。

❻选择具体值、变量名称或部件名称：会根据❺的选项产生联动，如选择的是 value 或 value of variable value 时，该部分显示变量下拉列表；当选择的是 text on widget、length of widget value 等选项时，下拉列表提供部件名称给小伙伴们选择；当“被比较的值”选择的是 value 时，单击该区域的 fx 可以设置变量和函数值。

❼条件的编辑区域：可以进行新增或删除条件操作。

❽逻辑描述：该部分不允许编辑，系统会自动根据我们配置的条件来生成。

4. 选择动作

Axure RP 7.0 支持的动作包括：

(1) Links(链接)。

Axure RP 支持以下 4 种方式的链接：

◆ **Open Link**：直接打开链接，包括 4 种情况：直接在当前窗口打开页面或外部链接（Open Link → Current Window）、以新窗口或新标签打开页面或外部链接（Open Link → New Window/Tab）、在弹出的窗口中打开页面或外部链接（Open Link → Popup Window）、在父级窗口中打开页面或外部链接（Open Link → Parent Window）。

◆ **Close Window**：关闭当前窗口。

◆ **Open Link in Frame**：支持在内部框架中加载页面或外部链接（Inline Frame），或者在父框架中打开页面或外部链接（Parent Frame）。

◆ **Scroll to Widget（Anchor Link）**：滚动到页面的某个部件（锚点链接）。

(2) 部件(Widgets)。

Click to add actions 区域的 Widgets 下包括以下动作供选择：

◆ **Show/Hide**：可对部件进行显示或隐藏操作，单击后如图 2-81 所示，Visibility 可选择显示、隐藏或切换显示隐藏状态（当前为显示状态的修改成隐藏状态，反之亦然）。Animate 表示进入这个状态的动态效果，若有动态效果，还需要设置切换到最终效果的毫秒数。可设置 none（没有进入的效果）、fade（淡入淡出）、slide right（从左侧滑入）、slide left（从左侧滑入）、slide up（从顶部滑入）和 slide down（从底部滑入）。More Options 用于设置更多的选项，bring to front 将该部件放置到最前面，treat as lightbox 表示为该部件设置灯箱效果（除部件区域外其余都为被遮盖状态，单击遮盖区域当前部件被隐藏），treat as flyout 表示将该部件作为弹出式视窗，push widgets 表示将该部件推出。

◆ **Set Text**：可指定当前聚焦的某个部件（Focused Widget）或页面的某个部件的文本值，可设置为常量、变量值、函数值、富文本、部件文本值等。

◆ **Set Image**：可设置某个图片部件各种情况下的动态效果，如图 2-82 所示。Default 用于设置默认的图片和值，OnMouseOver 用于设置鼠标滑过时的图片和值，OnMouseDown 用于设置鼠标按下时的图片和值，Selected 用于设置图片部件被选中时的图片和值，Disabled 用于设置图片部件为不可用状态时的图片和值。

◆ **Set Selected/Checked**：设置矩形部件、单选按钮部件、复选框部件、图片部件、动态面板部件为选中、取消选中或切换选中状态。

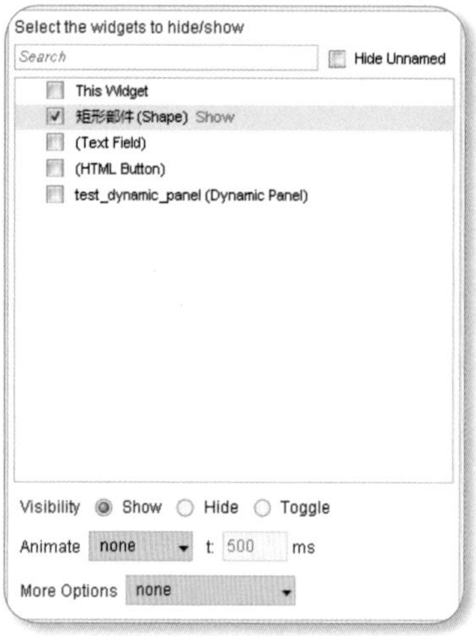

图 2-81 显示和隐藏部件

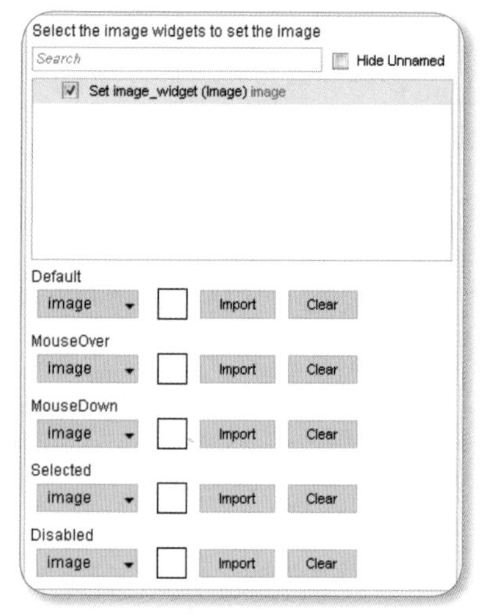

图 2-82 设置图片部件的动态效果

◆ **Set Selected List Option**：设置下拉列表部件和列表部件的选项值。

◆ **Enable/Disable**：将各种部件置为启用、禁用状态。

◆ **Move**：在 X 轴或 Y 轴上将某个部件相对于当前位置移动若干像素，或者将某个部件移动到固定的 X 坐标或 Y 坐标，如图 2-83 所示。有 Move to 和 Move by 两个选项，前者表示移动某个部件到固定的 x 坐标和 y 坐标，后者表示在当前位置在 x 坐标和 y 坐标相对移动多少像素。Animate 表示移动时的动画效果，包括 none（无动画效果）、swing（摇摆）、linear（直线，比较常用）、ease in cubic、ease out cubic、ease in out cubic、bounce 和 elastic 选项。

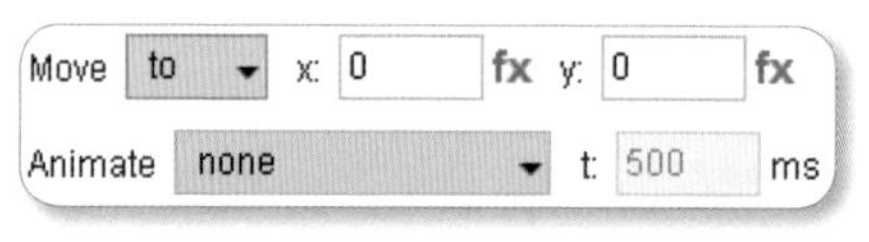

图 2-83 移动某个部件到固定坐标

◆ **Bring to Front/Back**：设置部件的排列顺序，Bring to Front 表示将某个部件置为最前方，Bring to Back 表示将该部件放到后方。

◆ **Focus**：将鼠标焦点放到某个指定部件。

◆ **Expand/Collapse Tree Node**：设置某个树部件为展开或收缩状态。

（3）Dynamic Panels（动态面板）。

Click to add actions 区域的 Dynamic Panels 包括以下动作供选择：

◆ **Set Panel State**：设置某个动态面板的状态，并能设置状态切换的动态效果。当单击 Set Panel State 动作时，Configure actions 区域会显示该页面所有的动态面板部件，勾选某个动态面板部件，如 test_dynamic_panel，如图 2-84 所示。Select the state 下拉列表提供该动态面板部件的所有状态，以及 Next（下一个状态）、Previous（上一个状态）、Stop Repeating（停止循环）和 Value（指定设置为第几个状态或指定状态名称，可以是常量，也可以是函数值）让我们选择，可以选择动画效果。Animate in 表示进入这个状态的动态效果，若有动态效果，还需要设置切换到最终效果的毫秒数。可设置 none（没有进入的效果）、fade（淡入淡出）、slide right（从右侧滑入）、slide left（从左侧滑入）、slide up（从顶端滑入）和 slide down（从顶部滑入）。Animate Out 表示离开这个状态的动态效果，若有动态效果，还需要设置切换到最终效果的毫秒数。下拉选项与 Animate In 一样。Show panel if hidden 勾选时表示如果动态面板没有显示时进行显示。Push/Pull Widgets 勾选时表示推 / 拉下方或右侧部件。

◆ **Set Panel Size**：设置动态面板部件的高度和宽度，并能设置动态效果，如图 2-85 所示。其中，Width 和 Height 用于指定所选择的动态面板部件的宽度和高度(单位为像素)，可为常量，也可指定函数或变量。Animate 用于指定调整大小的动态效果，包括 none、swing、linear、ease in cubic、ease out cubic、ease in out cubic、bounce 和 elastic 选项。

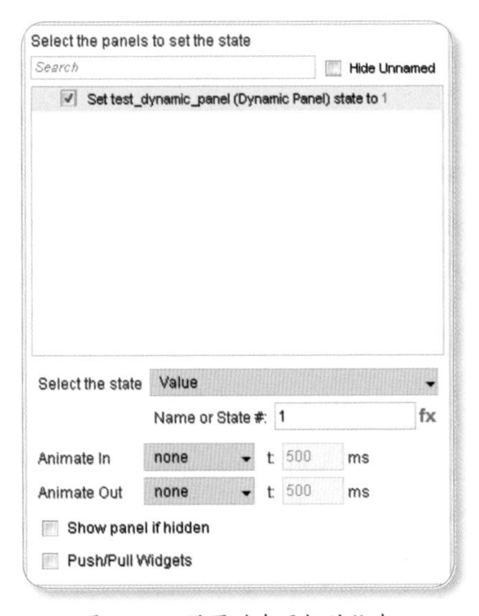

图 2-84 设置动态面板的状态

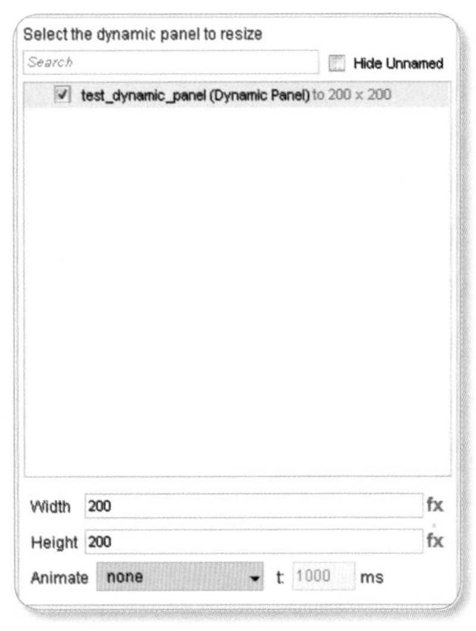

图 2-85 设置动态面板的大小

（4）Variables（变量）。

Click to add actions 处的 Variables 只是包括一个 Set Variable Value 的动作，用于设置变量的值，可以选择默认全局变量、已创建的全局变量，也可以在 Configure actions 区域使用 Add variable 创建新的全局变量。

单击 Add variable 进入全局变量管理界面，也可以在菜单栏中选择 Project → Global Variables 菜单项进入全局变量管理界面，如图 2-86 所示。

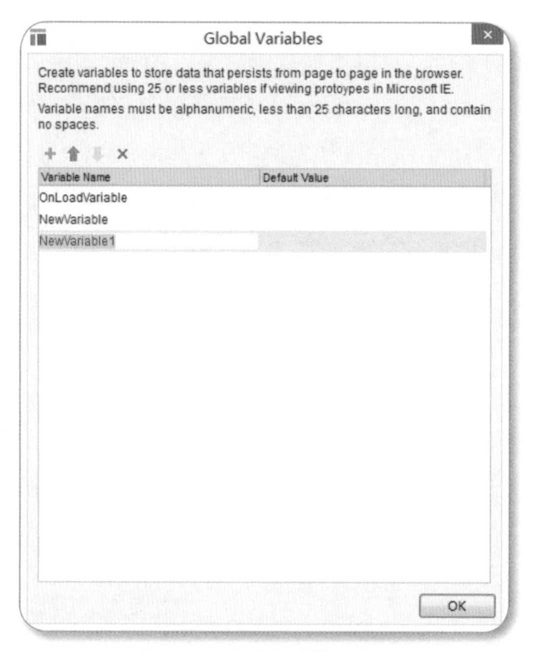

图 2-86　全局变量管理界面

在全局变量管理页面中可进行添加、删除、排序、重命名、设置默认值操作。单击 OK 按钮，回到用例编辑器（OnClick 事件）的 Configure action 区域，勾选全局变量后设置它的值为某个常量，或单击 fx 通过函数为其设置值。

（5）Repeaters（中继器）。

Click to add actions 区域的 Repeaters 包括以下动作供选择：

◆ **Add Sort**：添加排序条件，可添加多个。单击 Add Sort 动作后 Configure actions 如图 2-87 所示。Property 用于指定数据集的列；Sort as 用于指定将列当作什么形式排序，包括 Number（数字）、Text（文本，默认不区分大小写）、Text（Case Sensitive，文本，区分大小写）、Date –YYYY-MM-DD（作为年 - 月 - 日格式的日期进行排序）和 Date –MM/DD/YYY（作为月 / 日 / 年格式的日期进行排序）；Order 指定排序方式，包括 Ascending（升序）、Descending（降序）和 Toggle（切换升 / 降序）3 个选项。

◆ **Remove Sort**：用于删除某个中继器的一个排序或全部排序。

◆ **Add Filter**：添加过滤条件，可添加多个。

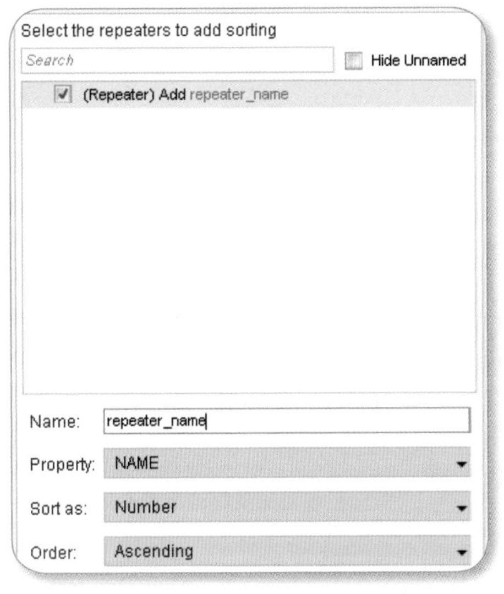

图 2-87 添加中继器的排序条件

◆ **Remove Filter**：删除过滤条件，可选择删除其中一个或删除全部。

◆ **Set Current Page**：选择当前的页是中继器的第几页。

◆ **Set Items per Page**：设置每页多少个项。

◆ **Datasets**：对中继器的数据集进行设置，可进行 Add Rows（添加行）、Mark Rows（标记行）、Unmark Rows（取消标记行）、Update Rows（更新行）和 Delete Rows（删除行）操作。

（6）Miscellaneous（其他）。

Click to add actions 处的 Miscellaneous 包括以下动作供选择：

◆ **Wait**：页面等待多少毫秒，常用于模拟操作过程或者使用在时钟中。

◆ **Other**：定义操作的注释。

5. 配置动作

在用例编辑器的 Click to add actions 处选择动作后，在 Configure actions 中可对动作进行详细配置，配置的结果将会显示在用例编辑器的 Organize actions 区域。

6. 简单实例

用例编辑器配置如图 2-88 所示，即当全局变量 OnLoadVariable 的值等于 1 时打开京东（http://jd.com）。

若添加多个用例，OnLoadVariable 的值等于 1 时打开 http://jd.com，OnLoadVariable 的值等于 2 时打开 http://taobao.com，其余情况下打开 http://qq.com，则配置完成后如图 2-89 所示。

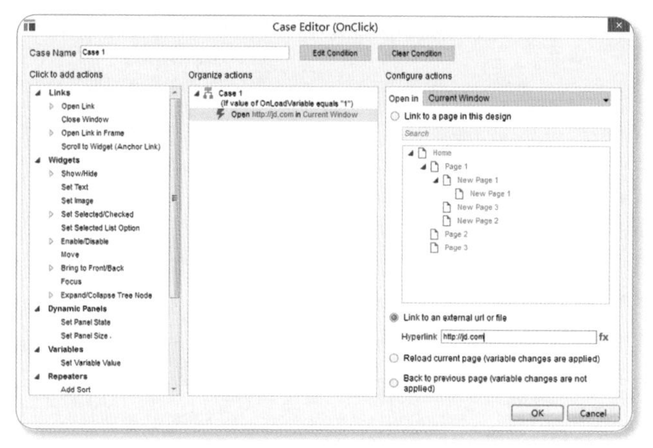

图 2-88　用例编辑器简单实例

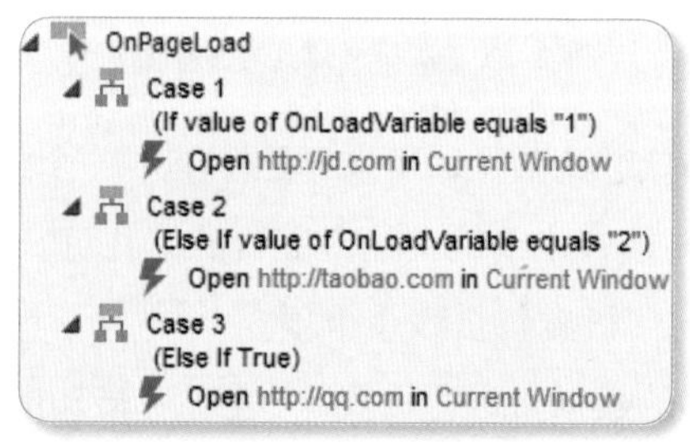

图 2-89　页面事件简单实例

2.3.4　设置部件事件

为部件添加事件的方法与为页面添加事件的步骤一样，不过针对不同类型的部件事件类型也有所不同，不再赘述。

2.3.5　设置页面尺寸

很多小伙伴在问，在Axure RP中，怎么设定页面的尺寸呢？如想要设计一个APP原型，应该怎么设置尺寸。在弄清楚页面尺寸之前，可先通过百度百科脑补下像素和分辨率的概念。

1. 什么是分辨率

分辨率可以从显示分辨率和图像分辨率两个方向来分类。

◆ **显示分辨率**：又称为屏幕分辨率，表示屏幕图像的精密度，是指显示器所能显示的像素有多少。由于屏幕上的点、线和面都是由像素组成的，显示器可显示的像素越多，画面就越精细，同样的屏幕区域内能显示的信息也越多，所以分辨率是一个非常重要的性能指标。可以把整个图像想象成一个大型的棋盘，而分辨率的表示方式就是所有经线和纬线交叉点的数目。显示分辨率一定时，显示屏越小图像越清晰；反之，显示屏大小固定时，显示分辨率越高图像越清晰。

◆ **图像分辨率**：表示单位英寸中所包含的像素点数，其定义更趋近于分辨率本身的定义。

分辨率决定了位图图像细节的精细程度。通常情况下，图像的分辨率越高，所包含的像素就越多，图像就越清晰，印刷的质量也就越好。同时，它也会增加文件占用的存储空间。

2. 什么是像素

描述分辨率的单位有 dpi（点每英寸）、lpi（线每英寸）和 ppi（像素每英寸）。但只有 lpi 是描述光学分辨率的尺度的。虽然 dpi 和 ppi 也属于分辨率范畴内的单位，但是它们的含义与 lpi 不同，而且 lpi 与 dpi 无法换算，只能凭经验估算。

另外，ppi 和 dpi 经常都会出现混用现象。但是它们所用的领域也存在区别。从技术角度说，“像素”只存在于计算机显示领域，而“点”只出现于打印或印刷领域。

3. 常用移动设备的尺寸

为了将设计的 APP 原型放在实际的移动设备中演示，首先应该知道常用移动设备的尺寸，主要包括：

◆ **iPhone 4**：320 * 480。

◆ **iPhone 5**：320 * 568。

◆ **iPhone 6**：375 * 667。

◆ **iPhone 6 Plus**：414 * 736。

◆ **Samsung Galaxy S4**：360 * 640。

◆ **Samsung Galaxy Note 2**：360 * 640。

◆ **Samsung Galaxy Note**：400 * 640。

◆ **Apple iPad**：768 * 1024。

◆ **Apple iPad 2**：768 * 1024。

◆ **Apple iPad 3 (and 4)**：758 * 1024。

◆ **Apple iPad Mini**：758 * 1024。

◆ **Google Nexus 5**：360 * 598。

4. 在 Axure RP 中设置页面尺寸

在 Axure RP 7.0 中，如果需要设定 APP 原型的尺寸，可在原型预览参数界面中单击 Configure 按钮，在生成 HTML 文档窗口中单击 Mobile/Device 子节点，如图 2-90 所示。

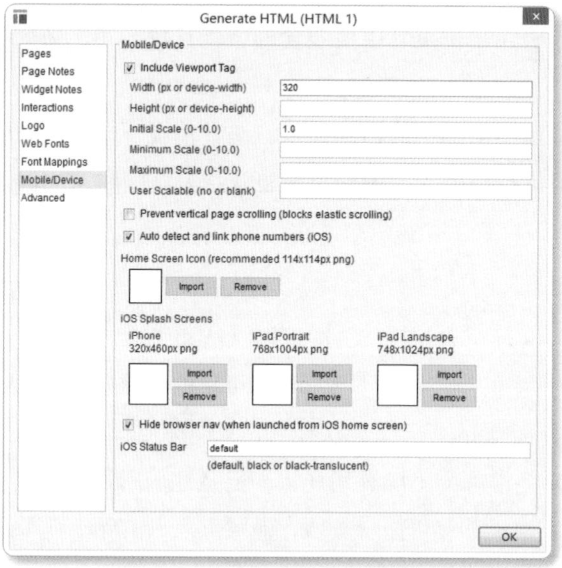

图 2-90　设置 APP 原型的尺寸

在图中勾选 Include Viewport Tag，设置 Width（px or device-width）（设备宽度）和 Height（px or device-height）（设备高度）等值来控制 APP 原型的显示。

2.3.6　团队合作开发原型

对于较小的项目，原型可由一个人来完成，但是对于较大的网站或 APP，一般由多个设计人员合作开发。如果由每个人各自开发一部分后再由一个人进行合并，一是合并工作量很大，二是版本不好维护。

Axure RP 中提供了团队合作开发原型的方法，下面是具体步骤。

1. 新建共享项目

选择项目首页后在菜单栏中选择 Team → Create Team Project from Current File 选择从当前文件创建共享项目，创建共享项目界面如图 2-91 所示。

输入项目名称后单击 Next 按钮进入下一步，如图 2-92 所示。该步用于设置共享项目的地址，该地址可为 svn 中项目的地址，需要先创建 SVN 服务器并建立对应项目，配置相应用户，如 http://svn.myserver.com/OurTeamDirectory。

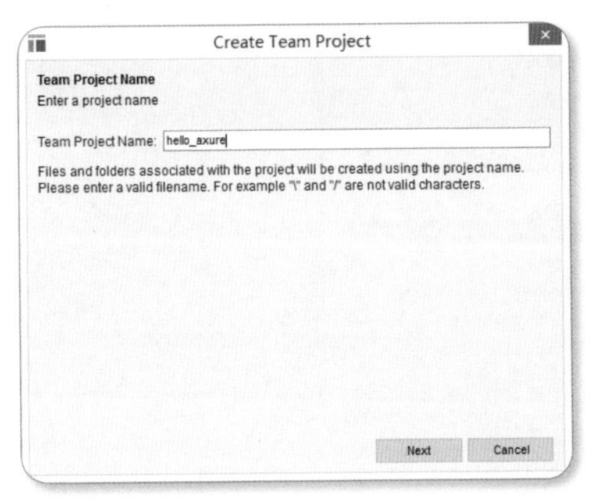

图 2-91　创建共享项目第一步——输入项目名称

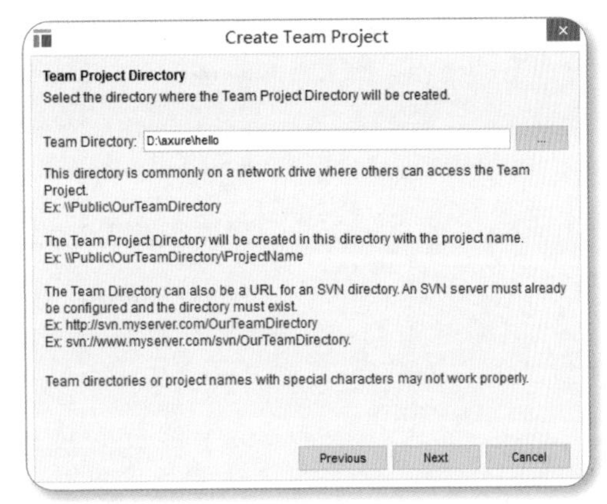

图 2-92　创建共享项目第二步——配置共享路径

也可为一个共享的网络驱动器的地址，如 \\Public\OurTeamDirectory\ProjectName。

在选择共享路径后单击 Next 按钮进入配置本地目录界面，如图 2-93 所示。

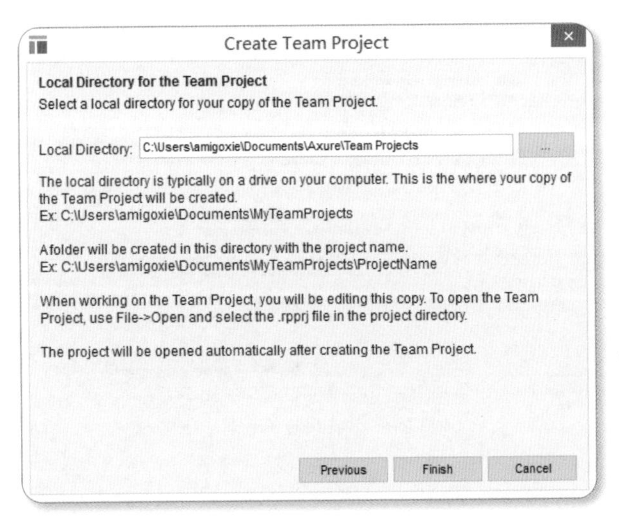

图 2-93　创建共享项目第三步——选择本地目录

在图中选择本地目录，如 C:\Users\amigoxie\Documents\Axure\Team Projects。

选择本地目录后单击 Finish 按钮完成共享项目的配置，创建成功后会弹出操作成功提示信息。

2. 下载共享项目

共享项目创建成功后，团队其余人员可通过 Axure RP 将该项目导入，在 Axure RP 7.0 中，选择 Team → Get and Open Team Project 菜单，打开下载共享项目界面，如图 2-94 所示。

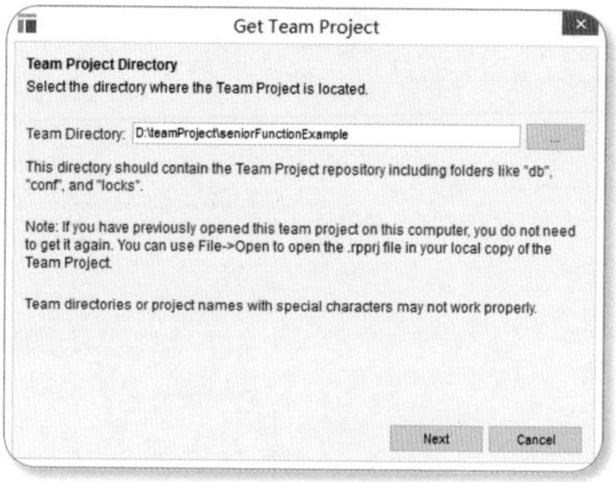

Get Team Project
Team Project Directory
Select the directory where the Team Project is located.
Team Directory: D:\teamProject\seniorFunctionExample
This directory should contain the Team Project repository including folders like "db", "conf", and "locks".
Note: If you have previously opened this team project on this computer, you do not need to get it again. You can use File->Open to open the .rpprj file in your local copy of the Team Project.
Team directories or project names with special characters may not work properly.
Next
Cancel

图 2-94　下载共享项目

在该界面中选择共享网络驱动器或 SVN 服务器的地址，单击 Next 按钮进入选择下载到的本地路径目录，如图 2-95 所示。单击 Finish 按钮开始进行下载操作，下载成功后会弹出成功提示信息。

Get Team Project
Local Directory for the Team Project
Select a local directory for your copy of the Team Project.
Local Directory: C:\Users\amigoxie\Documents\Axure\Team Projects
The local directory is typically on a drive on your computer. This is the where your copy of the Team Project will be created.
Ex: C:\Users\amigoxie\Documents\MyTeamProjects
A folder will be created in this directory with the project name.
Ex: C:\Users\amigoxie\Documents\MyTeamProjects\ProjectName
When working on the Team Project, you will be editing this copy. To open the Team Project, use File->Open and select the .rpprj file in the project directory.
The project will be opened automatically after getting the Team Project.
Previous
Finish
Cancel

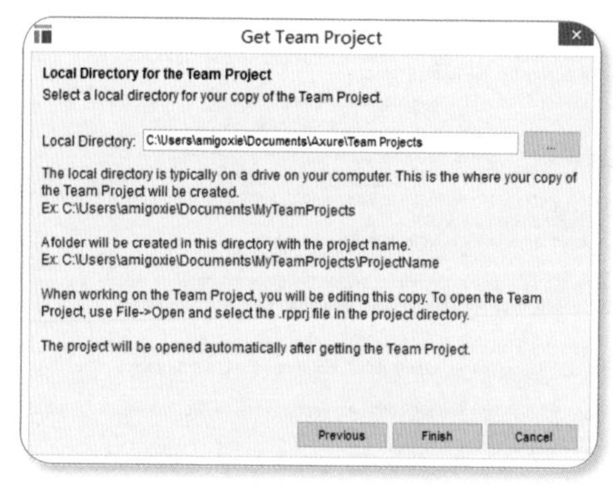

图 2-95　将项目下载到本地

3. 更新 / 上传等操作

从服务器下载 Axure RP 原型项目后，在菜单栏中单击 Team 菜单，可进行如图 2-96 所示的操作。

其中，Check Out Everything 表示从共享服务器签出项目的所有文件，Check in Everything 表示将本地的文件都签入到共享服务器，“Check Out 页面名称”表示从共享服务器上签出某个页面，“Check In 页面名称”表示将某个页面签入到共享服务器，“Undo Check Out 页面名称”表示取消从共享服务器签出某个页面操作。

在菜单栏中单击 Team → Browse Team Project History 菜单打开浏览共享项目历史记录，如图 2-97 所示。

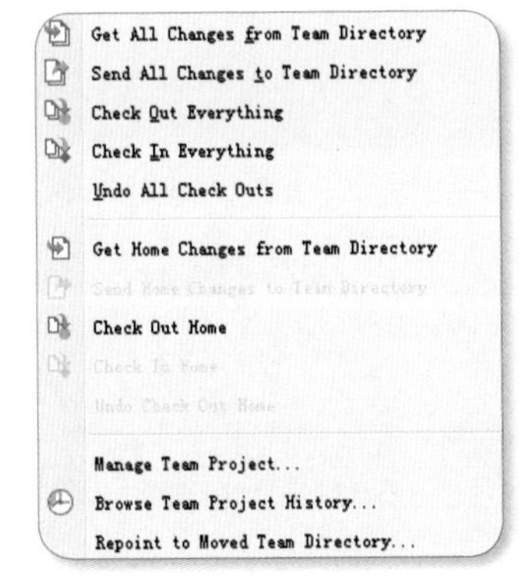

图 2-96　合作开发原型操作

图 2-97　查看共享项目历史记录

单击 Manage Team Project 菜单打开管理共享项目界面，如图 2-98 所示。

Manage Team Project

Team Directory: D:\teamProject\seniorFunctionExample

Click Refresh to retrieve the current status of the pages, masters, and document properties in the Team Project. Right click on an item or selection to check in, check out, and get the latest changes. Click the column headers to sort by the column.

Refresh

Type	Name	My Status	Team Folder	Need to Get	Need to Send
Property	CSV Report 1	No Change	Available for	No	No
Property	Variables Set	No Change	Available for	No	No
Property	Word Doc 1	No Change	Available for	No	No
Property	Pages Style	No Change	Available for	No	No
Property	HTML 1	No Change	Available for	No	No
Property	Widgets Style	No Change	Available for	No	No
Property	Annotation Fields	No Change	Available for	No	No
Property	Page Notes	No Change	Available for	No	No
Master	页头	No Change	Available for	No	No
Page	Home	No Change	Available for	No	No
Page	Page 3	No Change	Available for	No	No
Page	New Page 1	No Change	Available for	No	No

Close

图 2-98　管理共享项目界面

2.4　小憩一下

本章是小伙伴们学习 Axure RP 的蜜月期，是你侬我侬阶段，也是对 Axure RP 的一个入门的过程，相比后续的各章案例，本章的部分内容我们暂时可以不求甚解，因为在后续各章中会不断强化。

工作环境 9 个面板的用途大家记住的有多少：菜单栏和工具栏（预览、生成 HTML 文件）、站点地图面板（站点树）、部件面板、页面设计面板（后面会多次讲到）、部件交互和注释面板（设置交互事件、用例、条件和动作）、母版面板、部件管理面板、页面属性面板、部件属性和样式面板。

数十种部件的使用小伙伴们掌握了多少？如图片、文本输入框、形状按钮、表格、下拉列表、多行文本框、复选框、单选按钮、段落和标题部件，复杂的部件如表格部件、内部框架、热区、动态面板和中继器部件。

第03章

基础案例1：

百度云上传进度条效果

- 案例步骤： 2
- 案例难度： 容易
- 案例重点：（1）使用带动画效果的 Move（移动部件）动作、wait（等待）动作和 Set Text（设置文本值）动作。
  （2）使用 OnPageLoad（页面加载时）事件、输入框部件的 OnTextChange 事件。
  （3）使用常用的字符串函数，如 replace、substr 和 length 函数。

3.1 吐吐槽

3.1.1 案例描述

百度云上传进度条效果如图 3-1 所示。

图 3-1 百度云上传进度条效果

本章需要实现的功能：在 30 秒内将上传进度从 0 匀速变为 100%，在时间改变的同时蓝色进度条和上传百分比也会相应发生变化。

3.1.2 案例分析

颜色边框可以使用蓝色边框和无填充色的矩形部件表示，另外添加一个动态面板部件表示进度条。在动态面板部件内部，添加一个填充色为蓝色的矩形部件表示进度变化，添加一个输入框部件表示进度百分比。

3.2 原型设计

■ 步骤 1：准备矩形部件

添加一个矩形部件，表示进度的蓝色边框，部件的属性和样式如下：

部件名称	部件种类	坐标	尺寸	边框颜色	填充颜色	可见性
processBorderRect	Rectangle	X200:Y270	W504:H27	449CDE	无	Y

为进度条和进度百分比部件设置一个动态面板部件，属性和样式如下：

部件名称	部件种类	坐标	尺寸	可见性
processPanel	Dynamic Panel	X202:Y272	W500:H23	Y

在部件管理面板中，双击 processPanel 部件的 State1 状态，添加进度条的矩形部件和进度数字显示的输入框部件，部件的属性和样式如下：

部件名称	部件种类	坐标	尺寸	边框 / 字体 / 填充颜色	可见性
processRect	Rectangle	X-500:Y0	W500:H23	无 / 无 /449CDE	Y
processRatioTextField	Text Field	X230:Y40	W40:H24	无 /000000/ 无	Y

将 processRect 矩形部件的 X 坐标设置为 -500，因为该部件默认在屏幕左侧不可见区域，随着时间的推进会慢慢从左侧移入我们的视野。

processRatioTextField 输入框部件填充色需要设置为透明，我们需要用到输入框部件的 OnTextChange 事件来控制进度变化。

■ 步骤 2：设置进度条和进度百分比交互效果

设置 Home 页面的 OnPageLoad（页面加载时）事件，如图 3-2 所示。

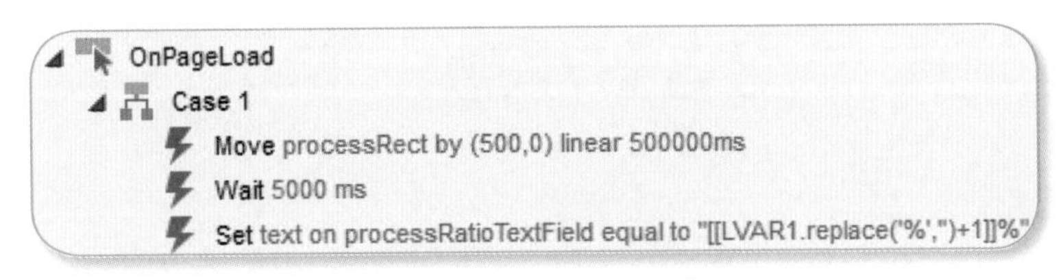

图 3-2　页面 OnPageLoad 事件

该段设置的含义是，当页面加载时：

- 将 processRect 进度条矩形部件从当前位置 X-500:Y0 沿水平方向移动 500 像素，需要在 500000ms（即 500 秒）的时间内进行线性移动（linear）。
- 因为进度条会在 500 秒移动完毕，进度百分比从 0% ～ 100%，所以每 5 秒移动 1%。在该步骤中，异步等待 5000ms（5 秒）。
- 设置 processRatioTextField 输入框部件的百分比值加 1。这里用到局部变量 LVAR1，它的值等于 processRatioTextField 的当前值（默认值为 0%）。另外，我们需要利用 replace 字符串函数将当前百分比中的 % 去掉后，将数字加 1 后再加上 %，即 0% → 1%，1% → 2%。也可以利用 length 和 substr 函数实现，如 [[LVAR1.

substr(0,LVAR1.length-1) + 1]]% 语句达到 [[LVAR1.replace('%','')+1]]% 相同的效果。

Axure RP 7.0 中包括很多字符串、数学、日期、数字、部件、页面、窗口、鼠标、中继器 / 数据集函数，并提供各种条件操作符，在保真度高的原型中会经常用到各类函数。

因为在第（3）步中，processRatioTextField 的文本值被改变，所以会执行该部件的 OnTextChange 事件，如图 3-3 所示。该段设置与图 3-2 类似，不再赘述。

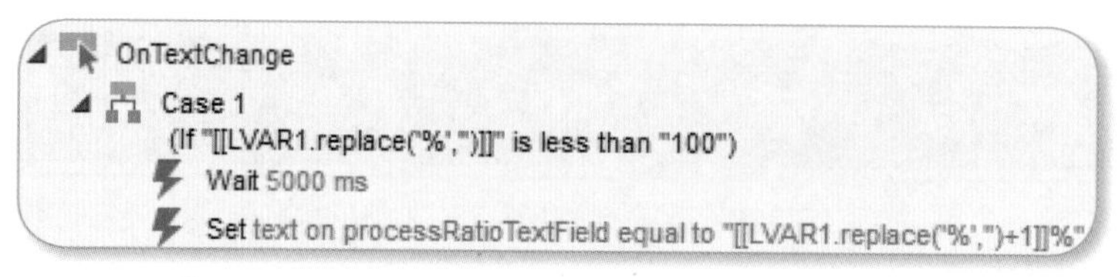

图 3-3　processRatioTextField 部件的 OnTextChange 事件

■ 案例运行效果

按 F5 键进行预览，运行效果如图 3-4 所示。

11%

图 3-4　上传进度条案例运行效果

3.3　小憩一下

作为本书的 Hello World 案例，我们讲解的部件有：矩形部件、输入框部件和动态面板部件，事件包括：OnPageLoad（页面加载时）事件和 OnTextChange（文本值改变时）事件，动作包括：Move 动作移动部件、wait 动作等待一段时间、使用 Set Text 动作设置文本值。另外，还讲解了 Axure RP 7.0 的局部变量，以及 replace、length 和 substr 函数。

选择将该案例作为 Hello World 案例，只因其麻雀虽小，但的的确确五脏俱全！请小伙伴们体察我的良苦用心。

第04章

基础案例 2：

京东商城的首页幻灯效果

案例步骤：4

案例难度：容易

案例重点：（1）创建动态面板部件并进行状态管理，使用动态面板部件的 OnMouseEnter（鼠标移入时）事件和 OnMouseOut（鼠标移出时）事件。

（2）使用动态面板部件的 Set Panel State 动作，包括定时间隔循环显示下一个状态和停止轮播。

（3）创建热区部件并利用 OnClick 事件实现区域单击效果。

4.1 吐吐槽

4.1.1 案例描述

打开各大网站和 APP 的首页或二级页面，经常会看到酷炫的图片幻灯效果，如京东首页，春节将近，各种年货的宣传页，如图 4-1 所示。

图 4-1 京东首页图片幻灯效果

在图 4-1 所示的图片幻灯效果中，主要包括以下交互效果：

- 自动定时轮播 6 张图片，当轮播到第 6 张时继续从第 1 张开始轮播。
- 当鼠标移入到图片区域时停止轮播，移出图片区域后继续轮播。
- 单击右下角 1 ~ 6 的数字，将在图片区域切换大图片。
- 单击某张图片，进入对应的活动详情页面。

4.1.2 案例分析

虽然幻灯效果看起来酷酷哒、美美哒，但是小伙伴们脑洞大开静静思考下便知，本案例的重点在于动态面板部件的状态设置和使用，以及针对 OnClick（鼠标单击时）事件的响应。

我们可以将图片区域设置为动态面板部件，包括 image1 ~ image6 共 6 个状态。

为了实现自动轮播效果，我们可以在 OnPageLoad（页面加载时）事件中进行设置。

当图片区域动态面板部件发生 OnMouseEnter（鼠标移入时）事件时停止轮播效果，发生 OnMouseOut（鼠标移出时）事件时继续轮播。

至于 6 个数字，我们可以设置为矩形部件，因为要通过鼠标单击事件触发图片区域的图片切换，显示不同的大图片。条条大道通罗马，一转念就会想到若干实现方法：

（1）定义一个覆盖 1 ~ 6 数字区域的动态面板部件，包括 image1 ~ image6 六个状态，分别表示 1 ~ 6 的数字被选中时的状态。定义 6 个热区部件，分别覆盖在 1 ~ 6 的数字矩形区域，定义这 6 个部件的 OnClick 事件，更改图片区域动态面板部件的状态和数字区域动态面板部件的状态。

（2）定义 6 个动态面板区域，分别存放 1 ~ 6 数字的矩形区域，都包括 selected（选中）和 not_selected（未选中）两个状态，对这 6 个动态面板部件的 not_selected 状态的灰色矩形添加鼠标单击事件，切换数字的选中状态，并更改图片区域动态面板部件的状态，以便切换图片。

本案例采用第（1）种方式。小伙伴们小宇宙爆发，相信还能想到更多好办法。

4.2 原型设计

在本案例中主要涉及两个动态面板部件：图片区域动态面板部件（包括 6 个状态，对应 6 张不同的大图片）和 1 ~ 6 的数字对应的动态面板部件（包括 6 个状态，对应不同大图片被选中时的状态）。

还包括 6 个热区部件（覆盖在 1 ~ 6 的数字上方）和 6 个图片部件（在图片区域动态面板部件中对应 1 ~ 6 的数字单击时的 6 张大图片）。

主要用到的事件是热区和图片部件的 OnClick 事件，以及动态面板部件的 OnMonseEnter（鼠标移入时）和 OnMouseOut（鼠标移出时）事件，主要的动作是 Set Panel State 和 Open Link → New Window/Tab。

■ 步骤 1：准备部件

准备图片区域和数字区域的动态面板部件 imagePanel 和 numPanel，并在 numPanel 部件的 6 个矩形数字上方添加 6 个热区部件，部件属性和样式设置如下：

部件名称	部件种类	坐标	尺寸	可见性
imagePanel	Dynamic Panel	X50:Y70	W670:Y240	Y
numPanel	Dynamic Panel	X530:Y274	W179:Y24	Y
image1HotSpot	Hot Spot	X530:Y274	W24:Y24	Y
image2HotSpot	Hot Spot	X561:Y274	W24:Y24	Y
image3HotSpot	Hot Spot	X592:Y274	W24:Y24	Y
image4HotSpot	Hot Spot	X623:Y274	W24:Y24	Y
image5HotSpot	Hot Spot	X654:Y274	W24:Y24	Y
image6HotSpot	Hot Spot	X685:Y274	W24:Y24	Y

imagePanel 包括 6 个状态，如图 4-2 所示。

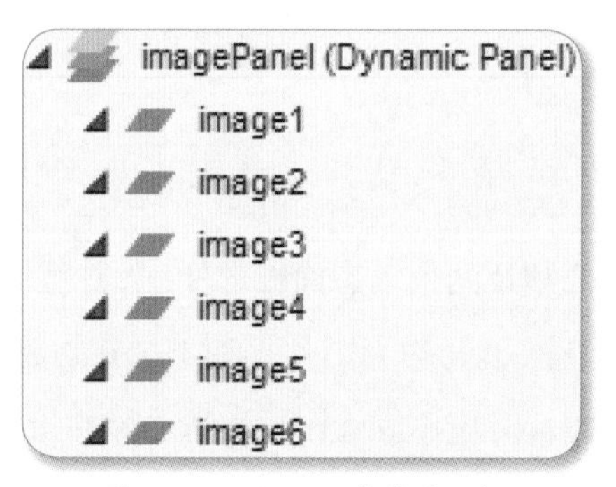

图 4-2　imagePanel 部件的状态

将京东首页的 6 个幻灯效果的 6 个图片分别拷贝到这 6 个状态，在状态内相对坐标都为 X0:Y0。

与图片区域动态面板对应，numPanel 部件也包括 6 个状态，如图 4-3 所示。在这 6 个状态内都添加带有 1 ～ 6 状态的 6 个矩形，其中 image1 状态下数字为 1 的矩形为选中状态，其余 5 个为未选中状态，image2 状态下数字为 2 的矩形为选中状态，其余 5 个为未选中状态，依此类推。

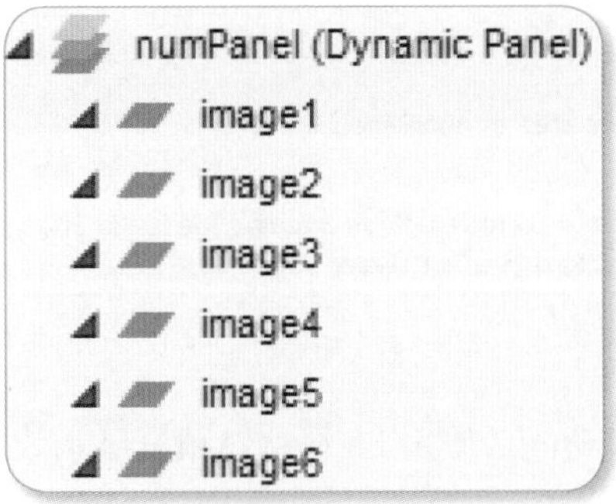

numPanel (Dynamic Panel)
image1
image2
image3
image4
image5
image6

图 4-3　numPanel 部件的状态

■ 步骤 2：设置图片轮播交互效果

为实现图片自动轮播效果,需要设置 OnPageLoad（页面加载时）事件,如图 4-4 所示。

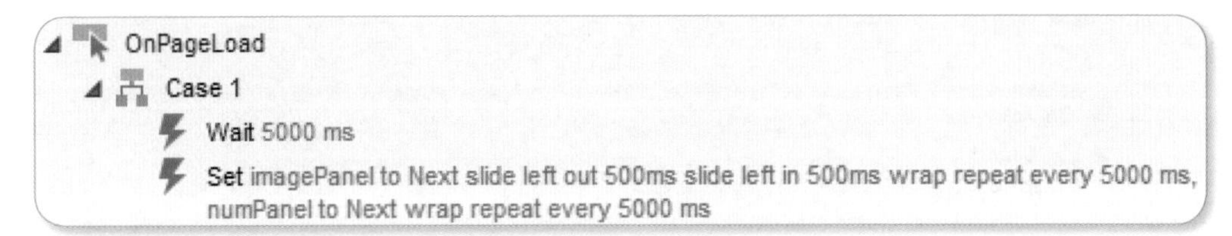

图 4-4　页面的 OnPageLoad 事件

该段设置的含义是，当页面加载时：

- 等待 5000 毫秒，即 5 秒。
- 将 imagePanel 部件设置为每 5 秒进入下一个状态并循环播放，设置的动画效果是在 500 毫秒内向左滑动。

另外，当鼠标进入图片区域时需要停止轮播，需要设置 imagePanel 部件的 OnMouseEnter（鼠标移入时）事件，设置 imagePanel 和 numPanel 都停止循环播放，设置如图 4-5 所示。

图 4-5　imagePanel 部件的 OnMouseEnter 事件

当鼠标移出图片区域（还需要不在数字面板范围内）时，等待 5 秒后继续轮播，需要设置 imagePanel 部件的 OnMouseOut（鼠标移出时）事件，如图 4-6 所示。

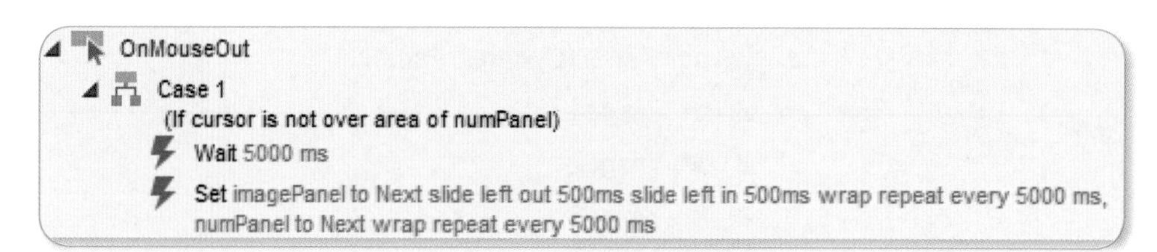

图 4-6　imagePanel 部件的 OnMouseOut 事件

小伙伴们可在完成部分功能后使用 F5 快捷键预览显示效果，可以看到图片自动轮播已经完成。

■ 步骤 3：设置单击数字交互效果

代表图片序号的数字被鼠标单击时需要切换该数字为选中状态，并将图片动态面板部件的图片切换到对应的状态数字上的热区部件 image1HotSpot 的 OnClick（鼠标单击）事件如图 4-7 所示。

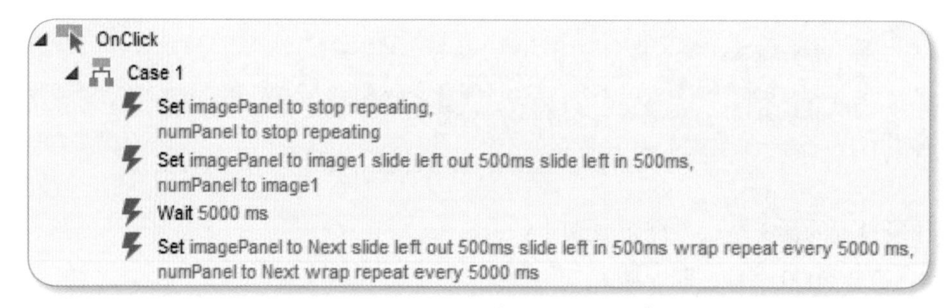

图 4-7　image1HotSpot 部件的 OnClick 事件

该段设置的含义是，当单击数字 1 的矩形时：

- 将 imagePanel 和 numPanel 都停止循环。
- imagePanel 切换到 image1 状态，动画效果是在 500 毫秒内向左滑动（因其余图片都为其后面的图片）。
- 等待 5000 毫秒，即 5 秒。
- 将 imagePanel 部件设置为每 5 秒进入下一个状态并循环播放，设置的动画效果是在 500 毫秒内向左滑动。

image1HotSpot 和 image6HotSpot 因为是第 1 张和最后 1 张图片，所以不需要判断单击前是哪一张图片，image2HotSpot ~ image5HotSpot 有两个用例，如 image2HotSpot 部件的 OnClick 事件如图 4-8 所示。

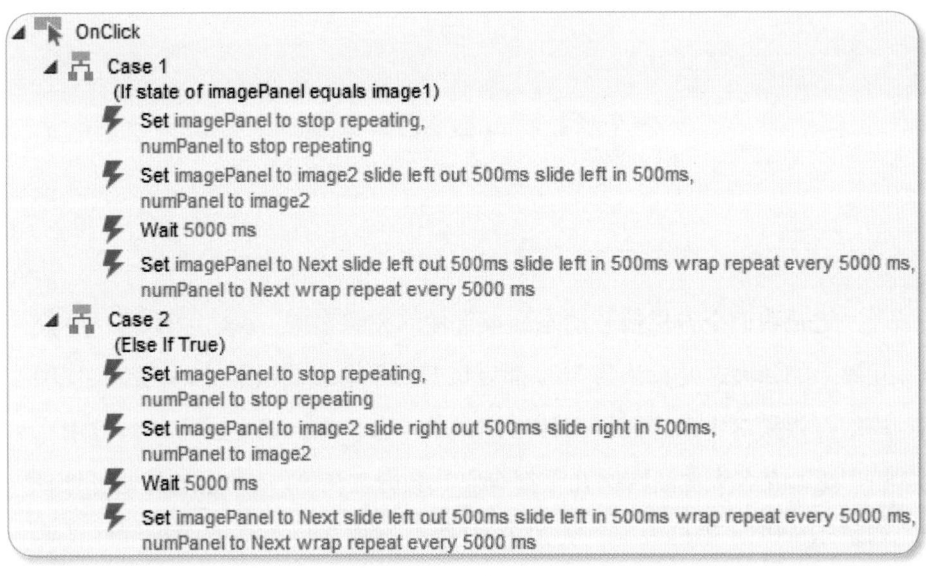

图 4-8　image2HotSpot 部件的 OnClick 事件

Case 1 和 Case 2 用例动作的不同之处在于，设置为 image 状态时动画效果不一样，如果单击前的状态是该序号之前的图片，则向左移动，否则向右移动。其余动作与 image1HotSpot 类似，不再赘述。

image3HotSpot ~ image5HotSpot 热区部件的 OnClick 事件与此类似，不再赘述。

■ 步骤 4：设置单击图片交互效果

在京东首页幻灯图片中，还可以通过单击切换到的不同图片进入不同的活动详情页，这个交互效果处理比较简单，只要在 imagePanel 部件的 image1~image6 下的 6 个图片中设置 OnClick 事件链接到不同的外部链接页面即可。

如 image1 状态下图片的 OnClick 事件如图 4-9 所示。

图 4-9　image1 状态下图片的 OnClick 事件

需要注意的是，在用例编辑器界面中设置 Open Link 时选择 New Window/Tab，表示以新窗口或标签的方式打开该页面。image2 ~ image6 的设置与此类似，只是外部链接地址不一样，不再赘述。

4.3 小憩一下

这是我们全方位接触动态面板部件的完整案例，Axure RP 7.0 交互效果的强大之处我认为 50% 都应该归功于动态面板部件，当然实现图片幻灯效果对于动态面板部件来说只是小菜一碟。鉴于图片幻灯效果应用广泛，在各大电商网站几乎都有它的身影，在 APP 中也是随处可见，如京东 APP、手机天猫、美团 APP 等，选用其作为动态面板部件首要案例也是理所当然。

本案例中，我们只是使用到该部件的 OnMouseEnter（鼠标移入时）事件、OnMouseOut（鼠标移出时）事件，以及 Set Panel State（设置面板状态）动作，接下来的几乎每个案例中都会用到动态面板部件，见识它让人叹为观止的事件和动作，请小伙伴们拭目以待！

第05章

基础案例3：

引用其余网站的任意页面

- 案例步骤： 3
- 案例难度： 容易
- 案例重点：（1）使用内部框架部件，包括添加内部框架部件、设置链接属性、隐藏/显示边框和设置滚动条属性等操作。
（2）可通过设置其在动态面板部件内的相对坐标来设置显示指定区域内容。

5.1 吐吐槽

5.1.1 案例描述

如果在我们的原型中需要实现其他网站的相同功能，可以通过 Axure RP 自行进行原型设计，也可以通过引用其他网站的页面实现。如我们需要查看股票走势图，可在 Axure RP 中引用财经网站，如同花顺金融服务网、东方财富网等网站的相应页面，查看机票和酒店可通过携程网等网站进行查询，查看火车票可通过引入 12306 网站的页面进行查询。

打开携程网 http://www.ctrip.com/，首页如图 5-1 所示。

图 5-1 携程网首页

5.1.2 案例分析

在 Axure RP 中，提供了 Inline Frame（内部框架）部件引用页面。添加内部框架部件，选中部件后，可设置其指向的网站地址，可以是本站点的网页或外部网站链接。

若只是想引用某个网页的部分内容，如只是想引用携程网蓝色框内的搜索部分，可借助动态面板部件，利用该部件可以设置成只显示部件尺寸大小内容的特点。在动态面板部件内添加内部框架部件，并通过设置内部框架部件在动态面板部件内的相对坐标设置想显示的内容。

5.2 原型设计

■ 步骤1：准备动态面板部件

通过截图可得知携程网蓝色搜索区域的宽度为580px，高度为300px，在Home页面添加该尺寸的动态面板部件，部件的属性和样式如下：

部件名称	部件种类	坐标	尺寸	可见性
framePanel	Dynamic Panel	X50:Y50	W575:H300	Y

请不要勾选动态面板部件“部件属性和样式”面板中的Fit to Content（自动适应内容）属性，默认为未勾选状态，只显示部件尺寸大小的内容。

■ 步骤2：准备内部框架部件

双击framePanel部件的State1状态添加内部框架部件，部件属性和样式如下：

部件名称	部件种类	坐标	尺寸	可见性
searchFrame	Inline Frame	待定	W1024:H800	Y

双击searchFrame内部框架部件，或者选中部件后右击并选择Frame Target菜单，设置其链接到携程网首页，部件的链接属性如图5-2所示。

默认情况下，内部框架部件带有边框，我们可以选中searchFrame部件，右击并选择Toggle Border菜单设置隐藏/显示部件边框；也可在“部件属性和样式”面板中通过勾选/取消勾选Hide Border属性来隐藏或显示边框。

另外，默认内部框架部件带有滚动条，我们可以选中searchFrame部件，右击并选择Scrollbars → Never Show Scrollbars菜单设置从不显示滚动条；也可以在“部件属性和样式”面板中通过设置Frame Scrollbars属性来设置滚动条属性。

■ 步骤3：设置内部框架部件坐标

可通过预览效果调试，设置searchFrame部件的X坐标和Y坐标，使得蓝色搜索区域刚好显示在动态面板部件内，在“部件属性和样式”面板中设置好部件样式的坐标，如图5-3所示。

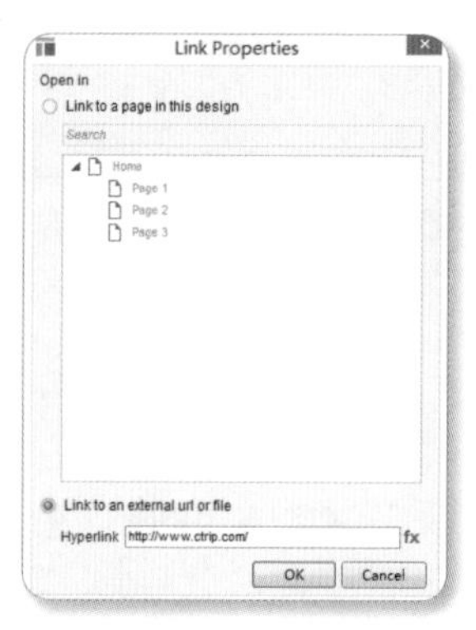

图 5-2　设置 searchFrame 内部框架部件的链接属性

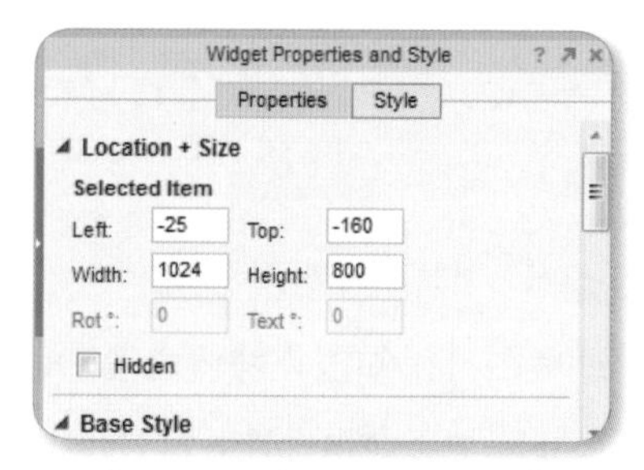

图 5-3　设置 searchFrame 的样式

■ 案例运行效果

使用 F5 键预览该案例的运行结果，如图 5-4 所示。

图 5-4　引用其余网站任意页面案例运行效果

5.3　小憩一下

在进行原型设计时，可以通过内部框架部件将其余网站的任意页面为我们所用，是我们的偷懒利器。另外，利用动态面板部件可以设置只显示部件尺寸大小的特点达到遮盖层的作用，从而实现网页的任意区域内容的引入。

该部件的使用比较简单，与网页设计中的 iFrame 的使用类似，主要操作包括：设置链接属性、隐藏 / 显示边框、滚动条属性（一直显示滚动条 / 需要时显示滚动条 / 从不显示滚动条）等，虽然使用比较简单，但对原型设计是非常重要的部件，所以也需要小伙伴们牢牢掌握！

第06章

基础案例 4：

百度搜索提示效果

案例步骤：3

案例难度：容易

案例重点：（1）使用输入框部件的 OnFocus、OnLostFocus、OnKeyUp 和 OnKeyDown 事件。

（2）设置矩形部件的交互样式，如设置边框颜色等。

（3）创建和使用局部变量。

6.1 吐吐槽

6.1.1 案例描述

小伙伴们打开百度首页(http://baidu.com),依次输入Axure、Axure RP、Axure RP 7.0时,输入框下方会给出相应的提示信息,如图6-1至图6-3所示。

图 6-1　输入 Axure 时的提示效果

图 6-2　输入 Axure RP 时的提示效果

图 6-3　输入 Axure RP 7.0 时的提示效果

6.1.2 案例分析

因为这个案例只是模拟百度搜索框的提示效果,所以上面的“新闻”“网页”“贴吧”等,以及下面的首页新闻等暂时忽略。分析上述页面,我们需要的主要部件是图片(百度Logo)输入框(使用Text Field部件实现)、“百度一下”按钮(可以使用蓝底白字的矩形部件实现)。下面的提示效果使用什么实现呢？这才是本例的重点！

针对输入框不同的输入内容，该区域会显示不同的内容，输入和显示内容的对应关系如下：

◆ **Axure**：Axure 的优势、Axure 的应用场景、Axure 7.0 注册码、Axure 教程、Axure 7.0、Axure RP、Axure RP Pro 7.0 注册码、Axure 7.0 汉化、Axure 汉化包和 Axure 中文版。

◆ **Axure RP**：Axure RP 7.0 正式版发布、Axure RP 7.0 版本发布、Axure RP Pro 7.0 注册码、Axure RP Pro 7.0、Axure RP Extension for Chrome、Axure RP Pro、Axure RP 教程、Axure RP Extension 和 Axure RP Pro 7.0 教程。

◆ **Axure RP 7.0**：Axure RP 7.0 的实时预览功能、Axure RP 7.0 注册码、Axure RP 7.0、Axure RP 7.0 从入门到精通、Axure RP 7.0 汉化包、Axure RP 7.0 教程、Axure RP 7.0 破解、Axure RP 7.0 key、Axure RP 7.0 for Mac 和 Axure RP 7.0 密钥。

与该功能的实现很切合的是动态面板部件，动态面板部件具有不同的状态，而输入框部件提供 OnKeyUp（当键盘上的按键弹起时）事件添加动作，根据输入值的不同将动态面板部件切换到不同状态。

有些小伙伴会有疑问，这里的动态面板只是响应输入框对 Axure、Axure RP 和 Axure RP 7.0 的提示，输入其他值并没有进行处理。人艰不拆！我们只是在实现高保真原型，并不会实现真实功能，只是为了让看原型的人懂得这个输入框需要根据用户的输入值查出匹配的结果，真实情境下会从数据库查询。

6.2 原型设计

粗略分析，包括 4 个部件：图片部件、输入框部件、矩形部件和动态面板部件。其实，还有一个被我们忽视的部件，小伙伴们仔细观察百度的搜索框，默认情况输入框边框是灰色，当焦点到输入框中时输入框边框变成淡蓝色，而输入框部件并不能设置边框颜色，我们可以设置一个灰色边框矩形部件作为输入框的背景，并设置其交互样式。

■ 步骤 1：准备部件

请小伙伴们自行从百度首页将百度的 Logo 保存到本地，再通过图片部件导入该文件。

更简便的方法是在百度首页选择百度 Logo 后右击并选择“复制”菜单项，在 Axure RP 软件中直接粘贴图片。

另外，拖动一个输入框部件到页面设计面板，然后拖动一个矩形部件，这个矩形部件用作输入框部件的边框。

从部件区域拖动一个矩形部件到页面设计面板，设置蓝色填充色和边框、白色字体，将其作为搜索按钮；添加一个动态面板部件，用于提示内容展示。

部件属性和样式设置如下：

部件名称	部件种类	坐标	尺寸	填充色	边框色	可见性
logoImage	Image	X240:Y25	W270:H129	无	无	Y
searchTextField	Text Field	X100:Y160	W450:H40	无	无	Y
bgRect	Rectangle	X99:Y159	W452:H42	无	D8D8D8	Y
searchButtonRect	Rectangle	X550:Y159	W100:H42	3388FF	3388FF	Y
searchTipsPanel	Dynamic Panel	X99:Y200	W450:H200	无	无	N

需要注意的是，作为背景的 bgRect 部件，宽度和高度比输入框部件多 2 个像素，因为需要将边框显示出来。另外，因为 bgRect 部件在选中时是蓝色边框，未选中时是灰色边框，可设置该部件的交互样式。选中该部件后右击并选择 Interaction Styles 菜单项，打开设置部件交互样式界面，单击 Selected 选项卡，设置 Line Color（边框颜色）为蓝色（3388FF），如图 6-4 所示。

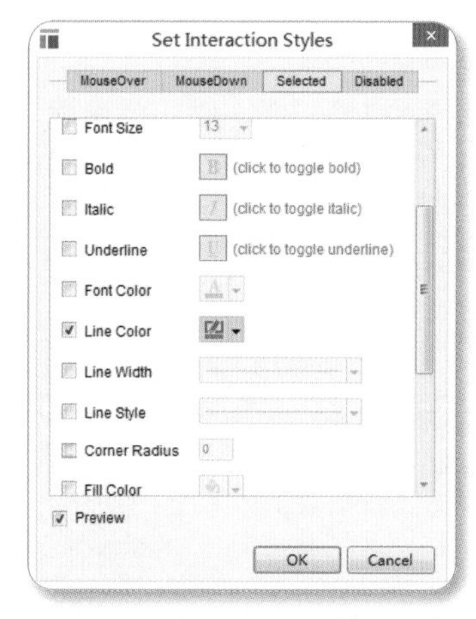

图 6-4　设置输入框边框的矩形部件的交互样式

步骤2：设置动态面板部件

在“部件管理”面板中为searchTipsPanel添加4个状态，也可双击searchTipsPanel部件设置其状态，Default表示默认状态，无内容，如图6-5所示。

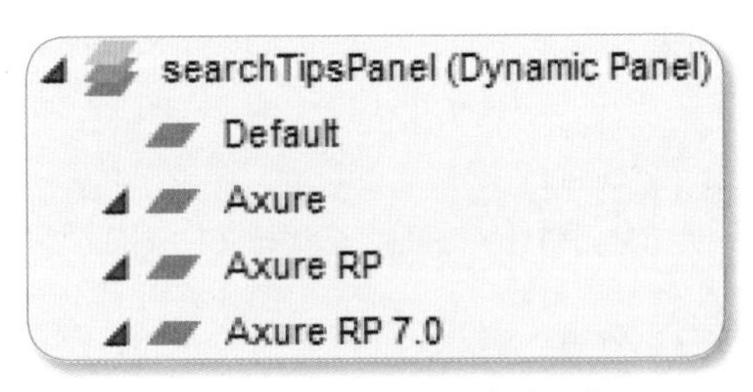

图6-5　searchTipsPanel部件状态

单击某个状态，如Axure，在该状态下添加矩形部件和段落部件，部件属性和样式设置如下：

部件名称	部件种类	坐标	尺寸	填充色	边框色	可见性
无	Rectangle	X0:Y:0	W450:H200	无	CCCCCC	Y
无	Paragraph	X7:Y4	W433:H190	无	无	Y

将Axure状态下的10条提示效果输入到段落部件中，该状态的效果如图6-6所示。依法炮制Axure RP和Axure RP 7.0状态下的内容。

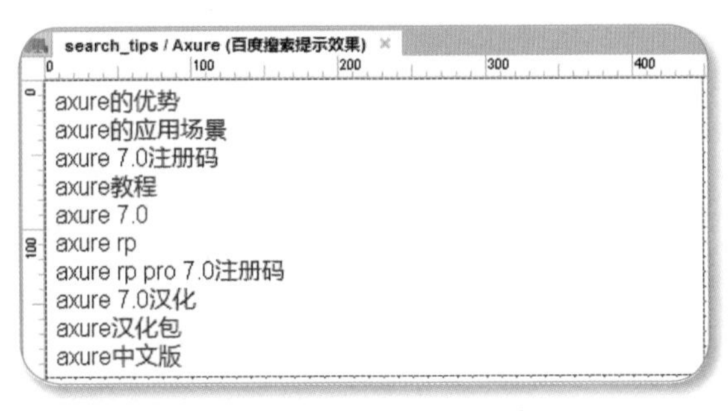

图6-6　Axure状态下的内容

步骤3：设置搜索框交互效果

(1) 搜索框OnFocus和OnLostFocus事件。

搜索框searchTextField输入框部件有多个交互效果，获得焦点时bgRect部件边框需要变成蓝色。选择搜索框searchTextField后，在“部件交互和注释”面板中双击OnFocus

（获得焦点时）事件，单击动作 Widgets → Set Selected/Checked → Selected，将 bgRect 部件的 Selected（选中状态）设置为 true。

按照同样的方法设置 OnLostFocus（失去焦点时）事件，将 bgRect 部件的 Selected（选中状态）设置为 false，设置完成后如图 6-7 所示。

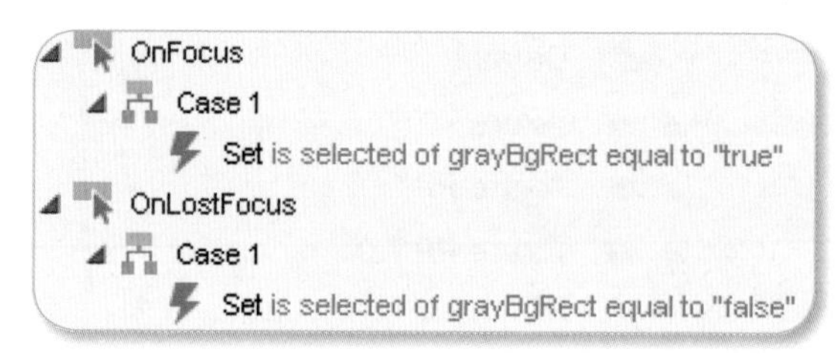

图 6-7　searchTextField 部件的 OnFocus 和 OnLostFocus 事件

使用 F5 快捷键进行预览，可以看到输入框获得焦点和失去焦点时边框颜色发生了变化。

（2）搜索框 OnKeyUp 事件。

接下来开始本案例的重头戏，对 OnKeyUp（当键盘的按键弹起时）事件进行响应。在该事件中需要对用户不同的输入值进行提示框状态切换的操作。如输入 Axure 时，将提示框 searchTipsPanel 切换到 Axure 状态；输入 Axure RP 时，将提示框 searchTipsPanel 切换到 Axure RP 状态等。在这里会配置事件、用例、条件和动作。

当输入为 Axure 时的用例编辑器如图 6-8 所示。

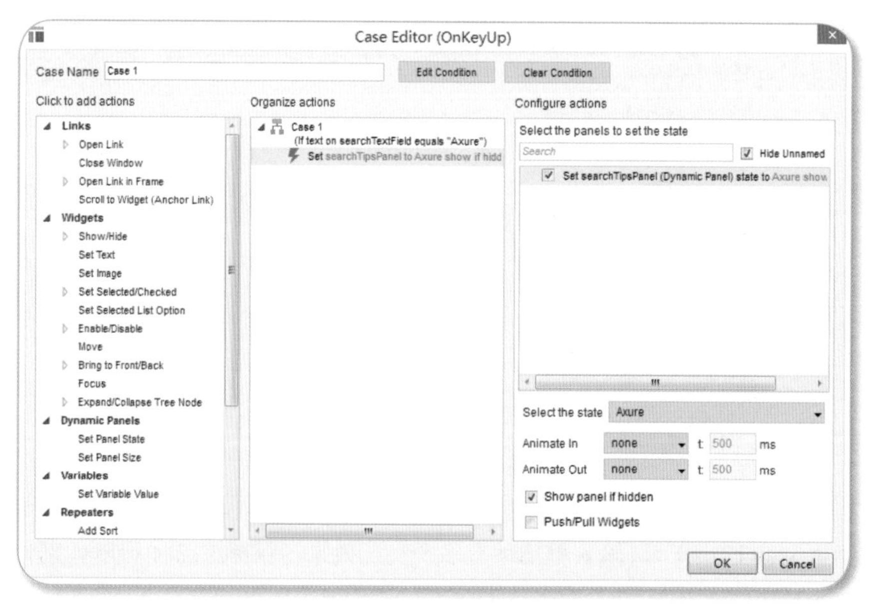

图 6-8　当搜索框输入为 Axure 时的用例编辑器

因为默认我们将 searchTipsPanel 动态面板部件设置为不可见，所以在图 6-8 的右下角需要勾选 Show panel if hidden（当部件为不可见时显示部件）复选项。按照该方法设置输入为 Axure RP、Axure RP 7.0，以及其余输入时的用例编辑器，设置完成后的 OnKeyUp 事件如图 6-9 所示。

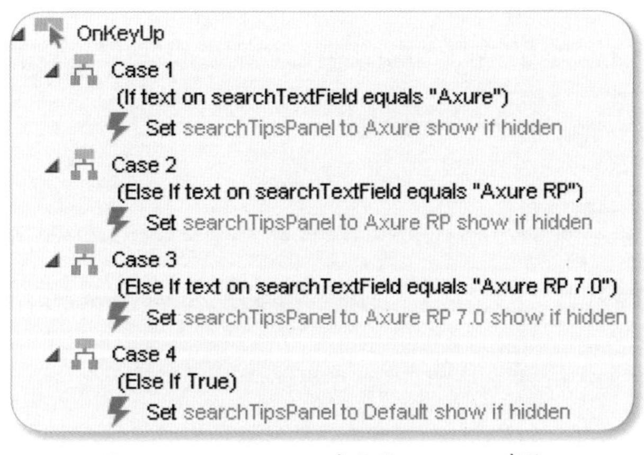

图 6-9　searchTextField 部件的 OnKeyUp 事件

（3）搜索框 OnKeyDown 事件。

在百度搜索时，允许在输入框输入完毕后按 Enter 键进入查找结果显示页面，在 Axure RP 中对 Enter 的按键处理可在 OnKeyDown 事件中设置。

为了模拟得更真实一些，我们在按 Enter 键后将链接跳转到百度搜索的真实查询结果页面，并将搜索框的输入内容携带过去。

观察百度的搜索结果，发现可以通过“http://www.baidu.com/#wd= 搜索框内容”的方式使得打开百度页面时查询对应的结果。

设置 OnKeyDown 事件，配置动作为 Open Link → CurrentWindow，单击 Configure actions 处勾选 Link to an external url or file 后单击右下方的 fx，因为我们要在链接中带有局部变量 LVAR1，局部变量 LVAR1 的值等于输入框部件 searchTextField 的值，链接地址为 http://www.baidu.com/#wd=[[LVAR1]]，如图 6-10 所示。

设置完成后的 OnKeyDown 事件如图 6-11 所示。

（4）设置搜索按钮交互效果。

设置搜索按钮 searchButtonRect 部件的 OnClick 事件，动作与搜索框部件的 OnKeyDown 事件保持一致。

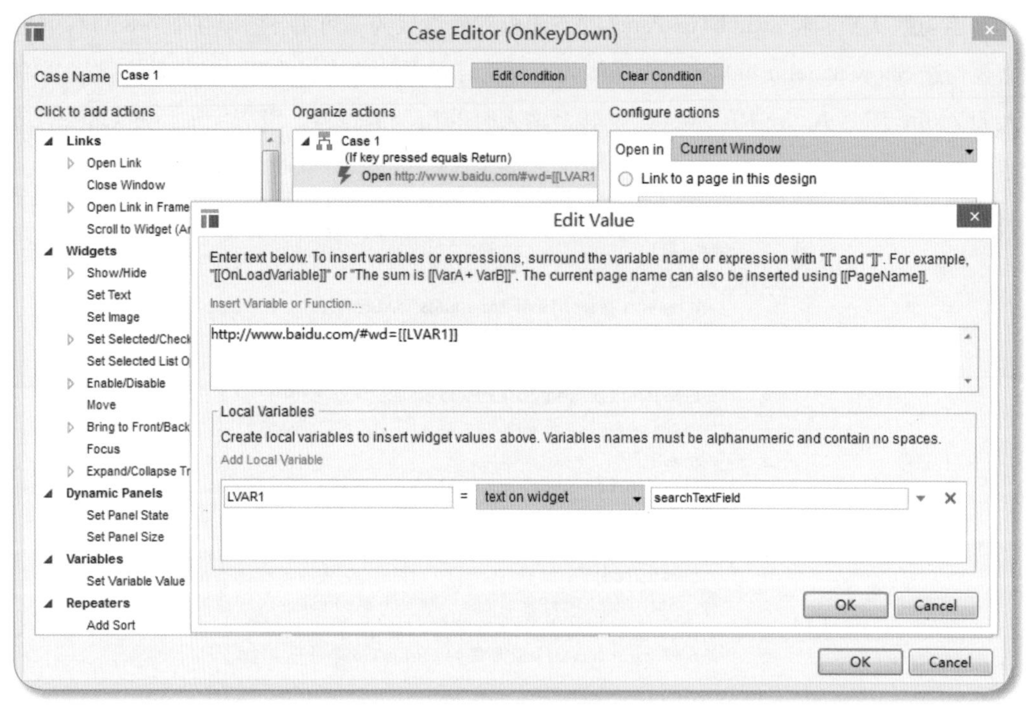

图 6-10　设置带局部变量的链接地址

图 6-11　设置 searchTextField 部件的 OnKeyDown 事件

可以设置搜索输入框部件的 Submit Button（提交按钮）属性为搜索按钮部件，这样当在搜索输入框部件按 Enter 键后会自动执行搜索按钮的 OnClick 事件，那样就不用设置搜索输入框部件的 OnKeyDown 事件了。

■ 案例运行效果

按 F5 快捷键预览，默认情况、输入 Axure 后分别如图 6-12 和图 6-13 所示。

输入 Axure 后，按 Enter 键或者单击“百度一下”按钮，跳转到百度的查询结果页面，如图 6-14 所示。

图 6-12　默认情况效果

图 6-13　输入 Axure 时效果

图 6-14　百度查询结果页面

6.3 小憩一下

本章的案例相对比较简单，使用的部件包括：图片部件、矩形部件、输入框部件、动态面板部件和段落部件。

本章的重点在于输入框部件的OnFocus（获得焦点时）、OnLostFocus（失去焦点时）、OnKeyUp（键盘按键弹起时）和OnKeyDown（按键按下时）事件的使用，并结合动态面板部件的不同状态完成交互效果。另外，还需要小伙伴们掌握的重点是设置部件的交互样式，如果设置的是Selected交互样式，可通过Set Selected/Checked动作更改选中状态。还有一个容易被忽略的知识点是局部变量的创建和使用，它只在一个动作范围内有效。

第07章

基础案例5：

当当网的评价效果

案例步骤：7

案例难度：中等

案例重点：（1）使用热区部件，并设置OnMouseEnter、OnMouseOut和OnClick事件。

（2）全局变量作为条件判断的应用场景。

7.1 吐吐槽

7.1.1 案例描述

在当当网的“我的订单”页面查看已购买的订单，单击某条订单后的“评价商品”按钮进入点评页面，评论区域如图 7-1 所示。

这种商品评价页面很常见，如京东和大众点评网等，京东的商品评价晒单页面如图 7-2 所示。

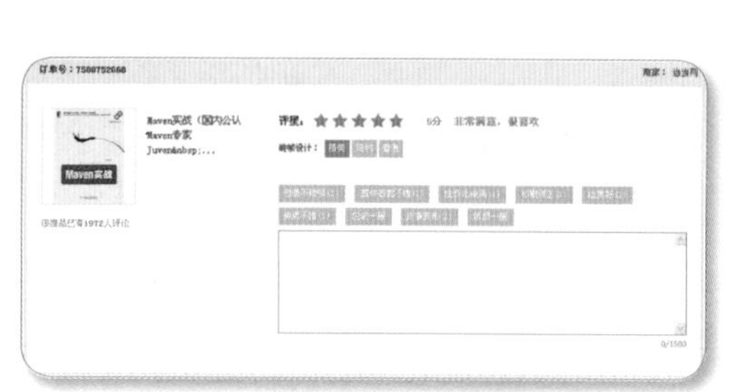

图 7-1 当当网的商品评价效果

图 7-2 京东的评价晒单效果

没事网上瞎溜达的小伙伴们会发现，很多网站的星级评分页面非常类似，当鼠标移入到某颗星星上时，这颗星星和左边的星星都会被置为点亮状态，移出时继续恢复到鼠标移入前状态。当单击某颗星星时，这颗星星和左边的星星都会被置为点亮状态，而且将保持这种状态。

京东和当当网星级评分的不同之处：当当网默认是 5 颗星选中状态，京东默认是 0 颗星选中状态。本章以当当网商品评价为例讲解星级评分、单选装帧设计和多选评价项的评价效果。

7.1.2 案例分析

1. 星级评分分析

在前面几章中，小伙伴们多次接触动态面板部件，评分效果可采用动态面板部件实现，

该部件有5个状态，分别为1颗星选中状态至5颗星选中状态（京东的评价页面还有0颗星选中状态）。

接着在5颗星的位置分别定义5个热区部件，为热区部件定义OnClick（鼠标单击时）、OnMouseEnter（鼠标移入时）和OnMouseOut（鼠标移出时）事件，根据所选择的热区和事件对动态面板的状态进行切换处理。

另外，当用户通过单击选择一星级，然后鼠标移入四星级，再移出时，需要恢复到一星级选择状态，因此需要记录最后一次单击的星级，可采用全局变量存储。

2. 装帧设计单选项分析

装帧设计的3个选项“精美”“简约”和“普通”只允许单选，一个选中时采用橙色表示，其余两个的背景色对应置灰。

实现这种效果有多种办法，我们可以采用设置这3个矩形部件的Selected（选中）交互样式并将其设置为同样的分组的方法，当单击某个矩形部件时将该矩形部件的选中属性设置为true，因为设置为同样的分组，其余两个矩形部件的选中属性会自动被设置为false。

3. 其余评价多选项分析

“包装不错哦”“总体感觉不错”等评价选项与装帧设计的选项的不同之处在于这些选项不是互斥关系，能被同时选中，即允许多选。

可将这些选项都添加Selected（选中）交互样式并设置OnClick（鼠标单击时）事件，使用Toggle Selected动作切换选中状态。

7.2 原型设计

该案例的核心部件包括：星级评分的动态面板部件、装帧设计的3个矩形部件、其余评价项的9个矩形部件，另外还包括：图片部件、矩形部件、标签部件、段落部件和多行文本框部件等，不一一列举。

步骤 1：准备图片部件、矩形部件、文本部件和段落部件

需要将如下部件从部件面板拖动到页面设计面板：

◆ **图片部件**：1 张图书的图片。

◆ **矩形部件**：两个矩形部件，1 个作为图片的方框（灰色），1 个作为多行文本框的方框（橙色）。

◆ **标签部件**：3 个标签部件，用于表示评论数信息、“评星”和“装帧设计”。

◆ **段落部件**：图书的简短描述。

◆ **多行文本框部件**：评价信息，需要隐藏边框，将 textareaRect 作为它的边框（矩形部件需要进行 Bring to Back 操作）。

这 20 个部件的属性和样式设置如下：

部件名称	部件种类	坐标	尺寸	边框 / 填充颜色	可见性
bookImage	Image	X35:Y35	W150:Y150	无	Y
bookRect	Rectangle	X30:Y30	W170:H160	DDDDDD/FFFFFF	Y
textareaRect	Rectangle	X322:Y169	W450:H139	FF6600/FFFFFF	Y
countLabel	Label	X42:Y195	W133:H66	无	Y
starLabel	Label	X323:Y38	W49:H19	无	Y
designLabel	Label	X323:Y80	W66:H16	无	Y
descPara	Paragraph	X195:Y40	W110:H57	无	Y
remarkInfoTextarea	Text Area	X320:Y170	W448:Y137	无	Y

步骤 2：准备星级评分相关部件

（1）准备星星图片。

准备一张被选中时的星星图片和一张未选中时的星星图片。

（2）准备星级评分的动态面板部件。

在部件面板拖入一个动态面板部件到页面设置面板并命名为 starPanel，该部件的属性和样式设置如下：

部件名称	部件种类	坐标	尺寸	可见性
starPanel	Dynamic Panel	X390:Y35	W160:Y29	Y

starPanel 部件包括 5 个状态，分别对应 1 ~ 5 颗星星被选中的状态，默认状态为 oneStar，使用页面的 OnPageLoad（页面加载时）事件将进入页面时的星级评分动态面板置为 fiveStar 状态。

该动态面板的状态如图 7-3 所示。

（3）定义 lastClickStar 全局变量。

单击菜单栏中的 Project → Global Variables 菜单项，打开全局变量管理界面，单击 + 号添加 lastClickStar 全局变量，用于记录最后单击的星星值，因为默认当当网的评分是五星状态，所以将该全局变量的默认值设置为 5，如图 7-4 所示。

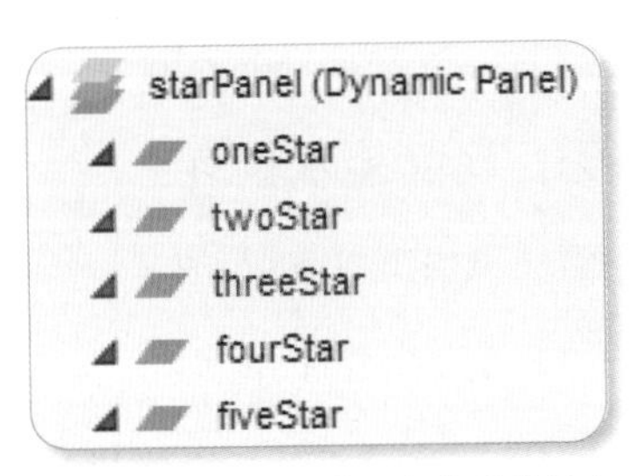

图 7-3 starPanel 动态面板部件的状态

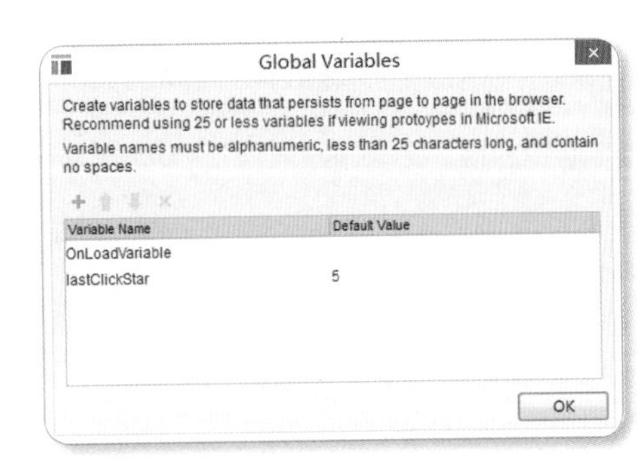

图 7-4 定义 lastClickStar 全局变量

（4）准备 5 个热区部件。

在 startPanel 动态面板部件的五颗星星上方分别定义热区部件。

步骤 3：准备装帧设计的部件

准备装帧设计的 3 个矩形部件，部件属性和样式设置如下：

部件名称	部件种类	坐标	尺寸	边框 / 填充颜色	可见性
designRect1	Rectangle	X392:Y74	W40:H30	CBC2B9/CBC2B9	Y
designRect2	Rectangle	X442:Y74	W40:H30	CBC2B9/CBC2B9	Y
designRect3	Rectangle	X492:Y74	W40:H30	CBC2B9/CBC2B9	Y

设置这 3 个矩形部件的 Selected（选中）时的交互样式，将填充颜色设置为 FF6600，选中这 3 个矩形部件，右击并选择 Selection Group（选择组）菜单项，将这 3 个矩形部件设置为同样的分组，designGroup。

另外将 designRect1 部件的默认选中状态设置为 true，方法是：选中部件后右击并勾选 Selected 属性，或者在“部件属性和样式”面板的 Properties 选项卡中勾选 Selected 属性。

步骤 4：准备其他评价项的动态面板部件

准备其他评价的 9 个矩形部件，分别命名为 remarkRect1 ~ remarkRect9。这 9 个部件的属性和样式设置如下：

部件名称	部件种类	坐标	尺寸	边框 / 填充颜色	可见性
remarkRect1	Rectangle	X322:Y111	W97:H21	CBC2B9/CBC2B9	Y
remarkRect2	Rectangle	X425:Y111	W110:H21	CBC2B9/CBC2B9	Y
remarkRect3	Rectangle	X540:Y111	W100:H21	CBC2B9/CBC2B9	Y
remarkRect4	Rectangle	X646:Y111	W80:H21	CBC2B9/CBC2B9	Y
remarkRect5	Rectangle	X732:Y111	W72:H21	CBC2B9/CBC2B9	Y
remarkRect6	Rectangle	X324:Y139	W78:H21	CBC2B9/CBC2B9	Y
remarkRect7	Rectangle	X409:Y139	W78:H21	CBC2B9/CBC2B9	Y
remarkRect8	Rectangle	X495:Y139	W83:H21	CBC2B9/CBC2B9	Y
remarkRect9	Rectangle	X585:Y139	W78:H21	CBC2B9/CBC2B9	Y

设置这 9 个矩形部件的 Selected（选中）时的交互样式，将填充颜色设置为 FF6600。

步骤 5：设置星级评分的交互效果

设置星级评分的 5 个热区部件的交互效果，主要包括 OnMouseEnter、OnMouseOut 和 OnClick 事件。

（1）设置 5 个热区部件的交互事件。

在当当网评分时小伙伴们会发现，如果最后一次单击的星星次序值比鼠标当前移动到的星星的次序值要大，则保持当前星星选择不变，移出时也保持一致，除非进行单击事件时才会改变星星部件的状态。

因为 1 的值最小，所以 star1Hotspot 部件不用定义 OnMouseEnter 和 OnMouseOut 事件，只需要设置 OnClick 事件。设置 star1Hotspot 部件的事件，如图 7-5 所示。

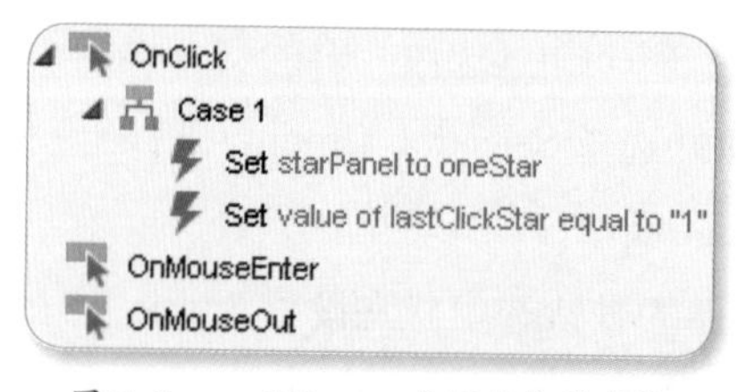

图 7-5　star1Hotspot 热区部件的事件

第二颗和第三颗星星 star2Hotspot 和 star3Hotspot 都需要定义 OnMouseEnter、OnMouseOut 和 OnClick 事件，分别如图 7-6 和图 7-7 所示。

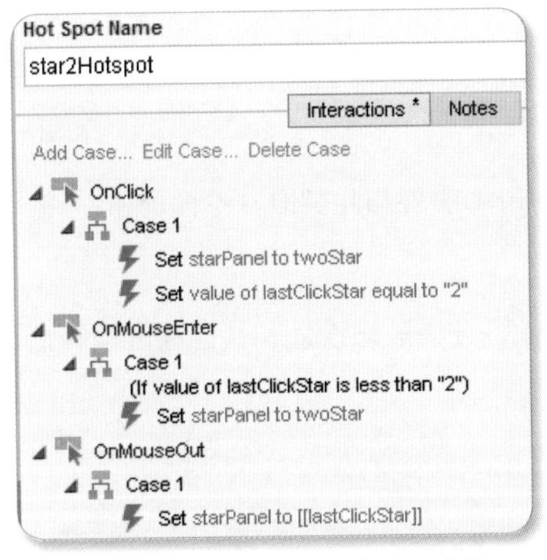

图 7-6　star2Hotspot 热区部件的事件

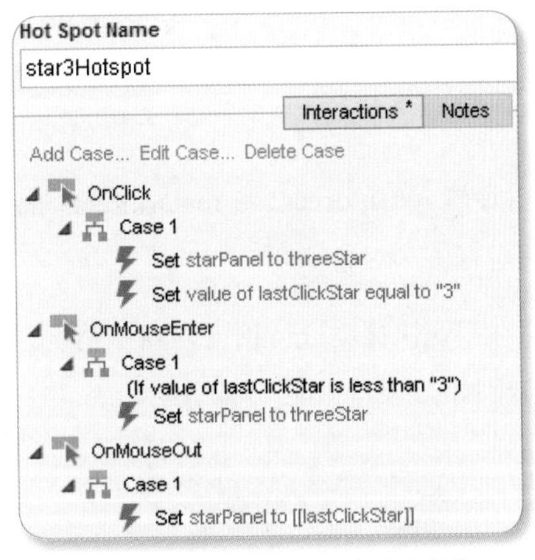

图 7-7　star3Hotspot 热区部件的事件

设置 star4Hotspot 和 star5Hotspot 的事件与此类似，不再赘述。

(2) 设置页面的 OnPageLoad 事件。

因为星星评分动态面板部件的默认状态只是选择一颗星，而当当网默认是选中五颗星，所以需要设置 OnPageLoad（页面加载时）事件，如图 7-8 所示。

为什么此处不将星级评分动态面板的默认状态设置为 fiveStar，那样就不用设置 OnPageLoad 来改变默认状态了？主要是为了 OnMouseOut 恢复到之前单击的状态时更方便进行处理。

■ 步骤 6：设置装帧设计的交互效果

设置装帧设计区域 3 个矩形部件的交互效果，designRect1 部件的 OnClick（鼠标单击时）事件如图 7-9 所示。在该事件中需要将 designRect1 矩形部件的选中状态设置为 true。

图 7-8　页面的 OnPageLoad 事件

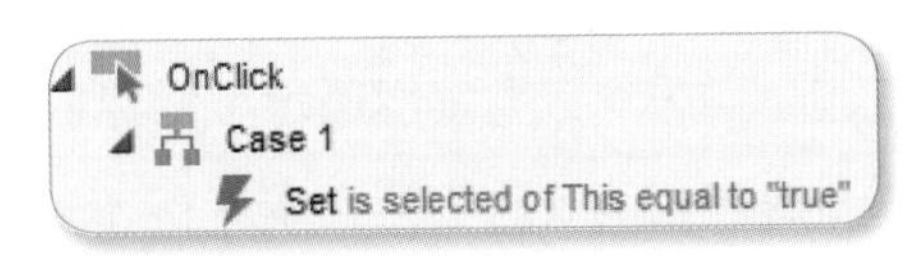

图 7-9　designRect1 部件的 OnClick 事件

designRect2 和 designRect3 部件的鼠标单击事件与此类似，不再赘述。

■ 步骤 7：设置其他评价项的交互效果

其他评价项的处理是切换当前矩形部件的选中状态，如 remarkRect1 部件的 OnClick

（鼠标单击时）事件如图 7-10 所示。

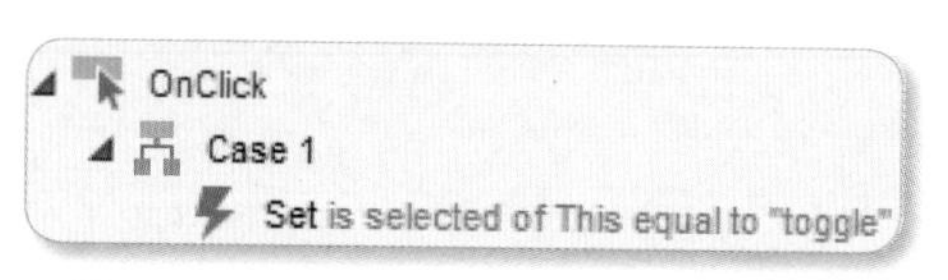

图 7-10 remarkRect1 部件的 OnClick 事件

设置 remarkRect2 ~ remarkRect9 部件的 OnClick 事件与此类似，不再赘述。

■ 案例运行效果

按 F5 快捷键进行预览，默认情况，以及更改评分、装帧设计和其他评价项的预览效果分别如图 7-11 和图 7-12 所示。

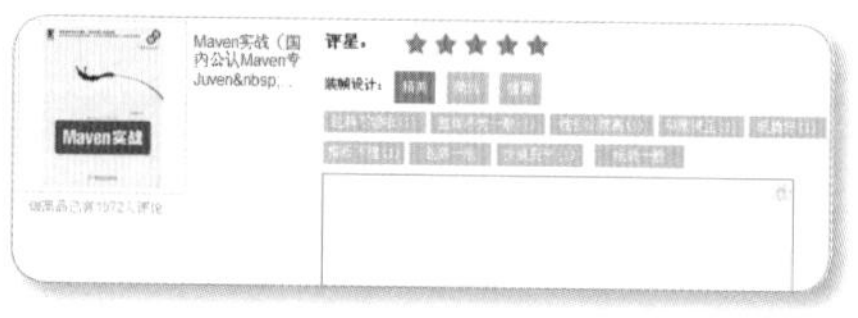

图 7-11 默认情况案例页面效果

图 7-12 更改评价项后页面效果

7.3 小憩一下

本案例的重点是热区部件，热区部件常与动态面板部件结合使用，响应动态面板部件某部分区域的交互事件，本案例主要讲解热区部件的 OnMouseEnter（鼠标移入时）事件、OnMouseOut（鼠标移出时）事件和 OnClick（鼠标单击时）事件。

另外，本案例还给小伙伴们展示了全局变量存储的值作为判断条件的应用场景。当然，本案例不能免俗地继续展示动态面板部件的使用，貌似绝大多数稍微复杂些的案例都会有它的身影，不愧为 Axure RP 的“镇店法宝”。

第08章

基础案例6：

京东商城的全局导航

案例步骤： 4

案例难度： 中等

案例重点：（1）切换动态面板部件的不同状态并使用 OnClick、OnMouseEnter 和 OnMouseOut 事件。

（2）使用全局变量记录一级和二级菜单选择项，将其作为用例编辑器的条件判断项。

（3）Set Panel State（设置动态面板部件状态）、Move（移动部件）和 Bring to Front（将某个部件放置到最前端）动作的使用。

案例难点： 处理鼠标从二级菜单移动到其下三级菜单的情况。

8.1 吐吐槽

8.1.1 案例描述

京东商城、淘宝、美团、大众点评网和美团等电商网站的全局导航功能大同小异，都默认带有一级导航，选中一级导航的某个菜单会在左侧显示该一级导航下的二级菜单，并能通过选中二级导航的行来打开三级导航。

本章将以京东商城服装城的全局导航为例。访问京东商城的服装城网址（也可访问京东首页后单击“服装城”进入）http://channel.jd.com/fashion.html，如图8-1所示。

图8-1　京东商城的服装城－首页

单击“品牌街”菜单后，“品牌街”菜单的背景颜色改变，对应的二级菜单也被修改，如图8-2所示。

图8-2　京东商城的服装城－品牌街页面

单击某个二级菜单，如“女装”，打开三级菜单，如图 8-3 所示。

图 8-3　京东商城的服装城－品牌街－女装页面

8.1.2　案例分析

大型电商网站的全局导航都包括三级菜单，三级导航展开时的示意图如图 8-4 所示。

图 8-4　导航菜单示意图

下面来详细分析一级导航区域、二级导航区域和三级导航区域的关键点。

◆ **一级导航菜单**：实现比较简单，每个一级菜单采用矩形部件，可以设置选中时的交互样式。

一级菜单项部件需要处理以下事件：

● OnClick：当某个一级菜单项部件发生 OnClick（鼠标单击时）事件时，使用全局变量记录当前单击的一级菜单并设置当前一级菜单项矩形部件的选中状态为 true（展现

Selected 交互样式)，其余一级菜单项矩形部件的选中状态为 false，将二级菜单区域的动态面板部件设置为所选择一级菜单项的状态。

- OnMouseEnter：当某个一级菜单项部件发生 OnMouseEnter（鼠标移入时）事件时，判断设定的全局变量是否为鼠标移动到的菜单项，若不是，将当前一级菜单项矩形部件的选中状态设置为 true（展现 Selected 交互样式）；若是，不进行任何操作。
- OnMouseOut ：当某个一级菜单项部件发生 OnMouseOut（鼠标移出时）事件时，判断记录设置的全局变量是否为鼠标移出操作发生的菜单项，若不是，将当前移出的一级菜单项矩形部件的选中状态设置为 false ；若是，不进行任何操作。

◆ **二级导航菜单**：包括一个大动态面板部件，包含某个一级菜单项的所有二级菜单项，由一级菜单项控制其状态切换。

每个二级菜单项也设置为动态面板部件，包括 default（默认，酒红色背景色、灰色字体）和 selected（选中该二级菜单，灰色背景色、酒红色字体）两种状态。

我们需要处理二级菜单项部件（如“二级导航菜单 1”）的以下事件 ：

- OnMouseEnter ：当鼠标移入到某个二级菜单项时，需要变更所选择项的背景颜色为灰色并更改字体颜色（通过将部件的状态切换为 selected 实现），并且显示三级菜单项动态面板部件，设置为正确状态并移动到合适的位置。
- OnMouseOut ：当鼠标移出某个二级菜单项时，需要变更所选择项的背景颜色为酒红色并更改字体颜色（通过将部件的状态切换为 default 实现），并且隐藏三级菜单项动态面板部件。

从某个二级菜单项移动到它的三级菜单区域时是 OnMouseOut 的特殊情况，需要做特殊处理，可通过在三级菜单做回退操作实现。

◆ **三级导航菜单** ：三级导航菜单可以设置为动态面板部件，包括若干状态，分别对应不同的二级菜单项选择时的状态。

我们需要处理三级菜单项部件的以下事件 ：

- OnMouseEnter ：当鼠标移入到三级菜单部件区域时，因为此时已经移出二级菜单项部件区域，所以会触发二级菜单项部件的 OnMouseOut 事件，二级菜单会被设置为 default 状态，并且三级菜单项会被隐藏，但这并不是我们的初衷，所以我们要在三级菜单项执行相反的操作，即显示该三级菜单项并设置对应的二级菜单为 selected 状态。
- OnMouseOut ：当鼠标移出某个三级菜单项部件时，需要变更所选择的二级菜单项的背景色为酒红色，并更改字体颜色（通过将三级菜单项部件的状态切换为 default 实现），并且隐藏三级菜单项动态面板部件。

8.2 原型设计

步骤1：准备基本部件

将我们要实现页面的基本部件设置完毕。

◆ **页头区域**：这不是本章讲解的重点，通过导入图片实现，名称为 headerImg。

◆ **一级菜单区域**：该区域首先需要定义一个矩形部件作为背景，然后定义“主页”“品牌街”“新品”“热销榜”和“设计师”5个矩形部件，并设置其 Selected（选中）时的交互样式。

◆ **幻灯片广告图区域**：该区域不是本章重点，暂不实现。还不会实现的小伙伴们请参考“京东商城的首页幻灯效果”案例。

◆ **二级菜单区域**：定义二级菜单区域的动态面板部件，并设置分别对应“主页”“品牌街”“新品”“热销榜”和“设计师”的5个状态，表示不同的二级菜单，默认显示 home 状态，即默认选择“首页”对应的二级菜单。

◆ **三级菜单区域**：定义三级菜单区域的动态面板部件，该区域默认为隐藏状态，需要根据二级菜单的选择设置不同的状态。

主要部件的属性和样式如下：

部件名称	部件种类	坐标	尺寸	字体 / 边框 / 填充颜色	可见性
headerImg	Image	X0:Y0	W1265:H120	无 / 无	Y
navRect	Rectangle	X0:Y0	W1265:H60	000000/DA324D/ DA324D	Y
homeRect	Rectangle	X340:Y122	W120:H40	FFFFF/ 无 / DA324D	Y
brandRect	Rectangle	X460:Y122	W120:H40	FFFFF/ 无 / DA324D	Y
newRect	Rectangle	X580:Y122	W120:H40	FFFFF/ 无 / DA324D	Y
hotRect	Rectangle	X700:Y122	W120:H40	FFFFF/ 无 / DA324D	Y
designerRect	Rectangle	X820:Y122	W120:H40	FFFFF/ 无 / DA324D	Y

部件名称	部件种类	坐标	尺寸	字体 / 边框 / 填充颜色	可见性
secondLevel -MenuPanel	Dynamic Panel	X130:Y162	W210:H420	无 / DA324D	N
threeLevel -MenuPanel	Dynamic Panel	X340:Y172	W680:H120	无 / DA324D	N

■ 步骤 2：设置一级菜单区域

为一级菜单区域的 5 个矩形部件设置 Selected（选中）时的交互样式，这 5 个矩形部件的默认填充色为 DA324D，交互样式中 Selected（选中）时的填充色为 B71D36。

添加 FirstMenu 全局变量记录当前选择的一级菜单项，默认值为 home。

以 brandRect 部件（品牌街一级菜单项）为例，需要设置该部件的 3 个事件，其中 brandRect 部件的 OnClick（鼠标单击时）事件如图 8-5 所示。

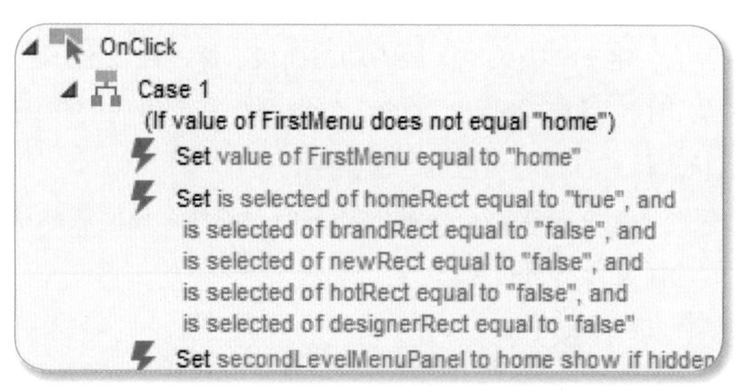

图 8-5　brandRect 部件的 OnClick 事件

这段设置的含义是，当鼠标单击"品牌街"时，如果之前选择的不是"品牌街"一级菜单：

- 将全局变量 FristMenu 设置为 brand（即表示已选择品牌街一级菜单）。
- 将"品牌街"矩形部件设置为选中时的样式，将其余 4 个一级菜单项部件设置为未选中时的样式。
- 将二级菜单设置为 brand 状态。

设置 brandRect 部件的 OnMouseEnter（鼠标移入时）事件，如图 8-6 所示。

图 8-6　brandRect 部件的 OnMouseEnter 事件

这段设置的含义是，当鼠标移入“品牌街”时，如果品牌街矩形部件当前为未选中时的样式，则将其设置为选中时的样式。

设置 brandRect 部件的 OnMouseOut（鼠标移出时）事件，如图 8-7 所示。

图 8-7　brandRect 部件的 OnMouseOout 事件

该段设置的含义是，当鼠标移出“品牌街”时，如果之前选择的不是“品牌街”一级菜单（单击选择才会导致 FirstMenu 全局变量的变化），则将 brandRect 部件设置为未选中时的样式。

采用同样的方式设置另外的 4 个一级菜单项矩形部件，不再赘述。

■ 步骤 3：设置二级菜单区域

对应 5 个一级菜单，二级菜单动态面板部件对应 5 个状态：home、brand、new、hot 和 designer。我们以 brand 状态为实例讲解如何设置二级菜单区域。

双击 brand 状态，编辑该状态的内容，添加 12 个无边框的矩形部件，填充颜色为 BF162F，在不同的矩形部件中添加“国际”和“设计师”等二级菜单项的标签部件，字体颜色为白色（FFFFFF）。添加每个二级菜单下推荐的品牌，字体颜色为灰色（C0C0C0）。

设置各个二级菜单推荐品牌的 OnClick 事件，如设置 McQueer 品牌的 OnClick 事件如图 8-8 所示。

图 8-8　设置 McQueer 标签部件的 OnClick 事件

针对每一个二级菜单项，也需要设置为动态面板部件，包括 default（默认，酒红色背景色、灰色字体）和 selected（选中该二级菜单，灰色背景色、酒红色字体）两种状态。

选择其中一个酒红色矩形部件、白色文本部件和灰色文本部件，右击并选择 Convert to Dynamic Panel 菜单项，将这些部件设置为动态面板部件，并将 State1 状态重命名为 default。将这 12 个二级菜单行的动态面板名称依次命名为 secondLevelBrand1 ~ secondLevelBrand12。

为这 12 个面板部件添加 selected 状态，拷贝 default 状态的内容并更改矩形填充色为 F3D9DD，更改字体颜色为 DA324D。

设置这 12 个动态面板部件的 OnMouseEnter（鼠标移入时）事件，当鼠标移入到某个二级菜单项的动态面板部件上时将其切换到该部件的 selected 状态，并将三级菜单部件 threeLevelMenuPanel 切换到对应状态。

如设置 secondLevelBrand1 的 OnMouseEnter 事件如图 8-9 所示。

图 8-9　secondLevelBrand1 部件的 OnMouseEnter 事件

该段设置的含义是，当鼠标进入到 secondLevelBrand1 部件时：

- 设置该部件为 selected 状态。
- 移动三级菜单动态面板部件的位置，移动到三级菜单动态面板部件的左上角与选中的二级菜单项的右上角相邻。
- 对三级菜单动态面板部件使用 Bring to Front 动作将其置于最前端。
- 将三级菜单动态面板部件设置为选中的二级菜单项的状态。

需要注意的是，当鼠标移动到 secondLevelBrand1 部件时，三级菜单动态面板部件移动到的 X 坐标和 Y 坐标计算公式为：

X 坐标 = secondLevelMenuPanel 的 X 坐标 + secondLevelBrand1 的宽度

Y 坐标 = secondLevelMenuPanel 的 Y 坐标 + secondLevelBrand1 在二级菜单动态面板部件内的相对 Y 坐标

当鼠标移出某个二级菜单项部件如 secondLevelBrand1 时，需要将 secondLevelBrand1 部件设置为 default 状态并隐藏三级菜单部件。

设置 secondLevelBrand1 部件的 OnMouseOut 事件，如图 8-10 所示。

图 8-10　secondLevelBrand1 部件的 OnMouseOut 事件

secondLevelBrand2 ～ secondLevelBrand12 部件的 OnMouseOut 事件与此类似，不再赘述。

这 12 个动态面板部件的 OnMouseEnter 和 OnMouseOut 事件设置完毕，运行后大家会发现有一个问题：当鼠标移动到三级菜单区域时触发 secondLevelBrand1 等部件的 OnMouseOut 事件，该部件被设置为 default 状态，而且三级菜单动态面板部件被隐藏，这不是我们想要的结果，需要在下一个步骤中解决该问题。

■ 步骤 4：设置三级菜单区域

三级菜单区域使用动态面板部件 threeLevelMenuPanel 的不同状态实现，该部件默认为隐藏状态，对应不同的二级菜单项设置不同的状态，如针对“品牌街”的 12 个二级菜单，threeLevelMenuPanel 下有 threeLevelBrand1~ threeLevelBrand12 这 12 个状态。

当鼠标移入到三级菜单部件区域时，为了解决步骤 3 中发现的问题，我们需要在三级菜单项执行相反的操作，即显示该三级菜单项并设置对应的二级菜单为 selected 状态。

相关子步骤如下：

① 我们可以取巧为 threeLevelMenuPanel 部件添加一个 default 状态，并将其作为该部件的默认状态，该状态无任何内容。

② 创建 SecondMenu 全局变量记录选择的二级菜单，默认值为空。

③ 修改“品牌街”一级菜单下 12 个二级菜单动态面板部件的 OnMouseEnter 事件，添加设置 SecondMenu 变量为对应值的操作。修改后的 secondLevelBrand1 部件的 OnMouseEnter 事件如图 8-11 所示。

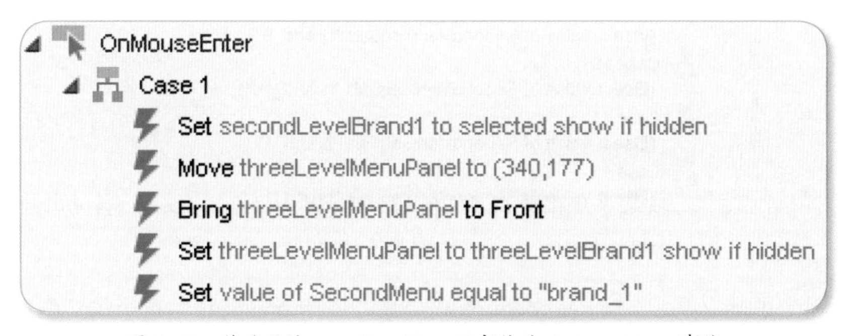

图 8-11　修改后的 secondLevelBrand1 部件的 OnMouseEnter 事件

④ 修改“设置二级菜单区域”步骤的 OnMouseOut 事件，将隐藏 threeLevelMenuPanel 部件的操作修改为将其设置为 default 状态。修改后的 secondLevelBrand1 部件的 OnMouseOut 事件如图 8-12 所示。

图 8-12 修改后的 secondLevelBrand1 部件的 OnMouseOut 事件

⑤ 设置三级菜单动态面板部件的 OnMouseEnter 事件，如图 8-13 所示。

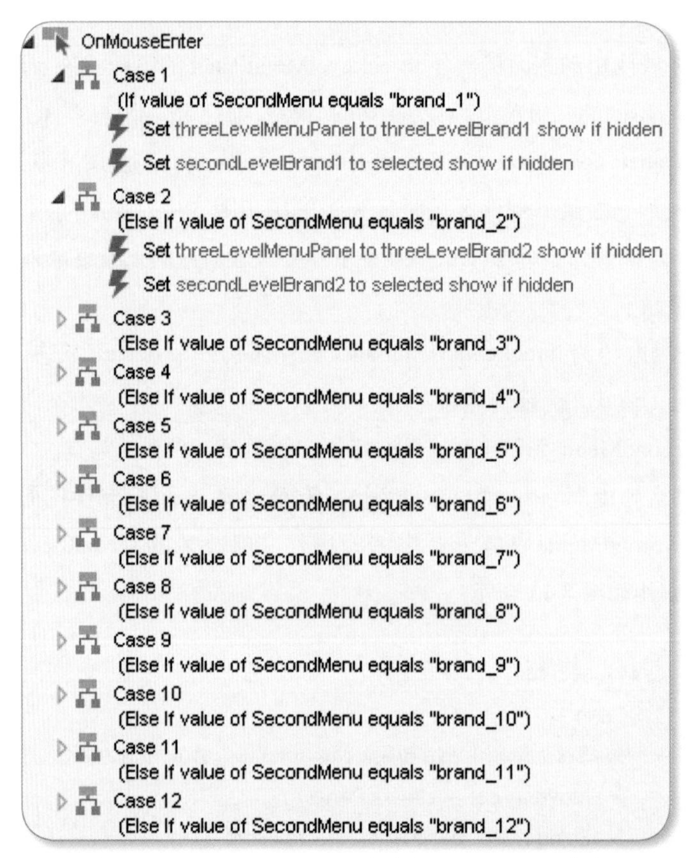

图 8-13 threeLevelMenuPanel 部件的 OnMouseEnter 事件

该段设置的含义是：当 SecondMenu 全局变量的值为 brand_1，即选中的二级菜单是“品牌街”→“国际”时，设置三级菜单动态面板部件的状态为 threeLevelBrand1，并设置“国际”对应的二级菜单项动态面板部件为 selected 状态。需要根据 SecondMenu 全局变量不同的值进行类似设置。

⑥ 设置三级菜单动态面板部件的 OnMouseOut 事件，如图 8-14 所示。

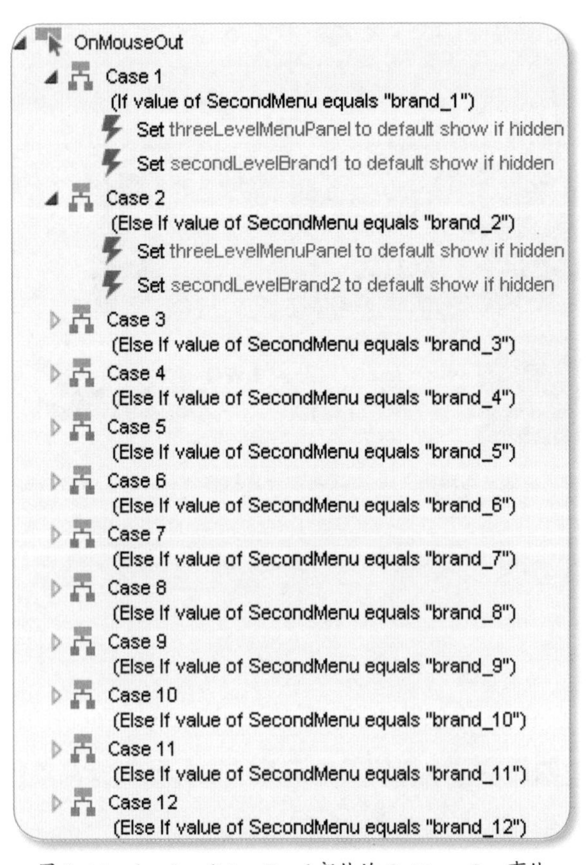

图 8-14 threeLevelMenuPanel 部件的 OnMouseOut 事件

该段设置的含义是：当 SecondMenu 全局变量的值为 brand_1，即鼠标移出的二级菜单是“品牌街”→“国际”的三级菜单区域时，设置三级菜单动态面板部件的状态为 default（无任何内容），并设置“国际”对应的二级菜单项动态面板部件为 default 状态。需要根据 SecondMenu 全局变量不同的值进行类似设置。

需要提醒小伙伴们，因为三级菜单的内容显示的高度和宽度不一，所以需要在“部件属性和样式”面板的 Properties（属性）选项卡中勾选 Fit to Content（自适应内容）复选项。另外，需要在三级菜单部件的 default 状态中添加一个内容为空、有一定宽度和高度的标签部件，否则 threeLevelMenuPanel 部件的 OnMouseEnter 事件执行不到。

■ 案例运行效果

使用 F5 快捷键进行预览并最小化左侧的站点地图，选择“品牌街”→“箱包”二级菜单并将鼠标移动到三级菜单区域时的运行效果如图 8-15 所示。

图 8-15　选择“品牌街”→“箱包”后鼠标移动到三级菜单区域时的效果

8.3　小憩一下

本章重点在于动态面板部件的 OnMouseEnter、OnMouseOut 和 OnClick 事件的使用。本案例的难点是“鼠标从二级菜单移动到三级菜单的处理”，采取的方法如下：

（1）为三级菜单动态面板部件设置一个内容为空的默认状态 default。当鼠标从二级菜单移出时并不隐藏三级菜单，只是将其设置为 default 状态。

（2）为三级菜单部件设置 OnMouseEnter 事件，根据最后选择的不同的二级菜单项（借助全局变量在二级菜单的 OnMouseEnter 事件发生时记录对应值）进行回退操作（将二级菜单项设置为 selected 选择状态，将三级菜单部件设置为正确状态）。

（3）设置三级菜单动态面板部件的 OnMouseOut 事件，将三级菜单的动态面板部件设置为 default 状态，并且根据最后选择的不同的二级菜单项将对应的二级菜单设置为 default 状态。

达到该效果的方法数不胜数，小伙伴们可以慢慢摸索，例如可以借助热区部件实现。

第09章

基础案例7：

优酷的视频播放效果

- 案例步骤： 7
- 案例难度： 中等
- 案例重点：（1）使用页面的 OnWindowScroll 事件完成窗口滚动时的交互效果。
  （2）深入了解动态面板部件，设置 Pin to Browser（部件固定在浏览器窗口的位置）属性，并介绍如何使用 OnDrag（拖动部件时）和 OnDoubleClick（鼠标双击时）等事件。

9.1 吐吐槽

9.1.1 案例描述

相信小伙伴们经常将电影和电视当作闲暇消遣，经常游走于各大视频网站，如优酷、土豆、爱奇艺、乐视和腾讯视频等。这些视频网站的视频播放效果类似，本章以优酷网为案例来讲解视频播放效果。

访问优酷网的某个页面，如《古剑奇谭》电视剧的播放网址 http://v.youku.com/v_show/id_XNzM2ODE5NTAw.html。

视频播放效果如图 9-1 所示。

图 9-1　优酷的视频播放效果

在图 9-1 中，可进行以下主要操作：

◆ **分集播放**：单击分集序号后将视频播放区域的视频播放为该集视频。

◆ **全屏播放**：单击按钮后将视频最大化播放。

◆ **音量控制**：移动区域的圆形图标可调整音量。

- **静音 / 取消静音**：单击图标进行静音操作，单击静音状态的图标取消静音状态。
- **暂停播放**：单击暂停播放当前视频。
- **播放下集**：单击进入下集播放。
- **继续播放**：在暂停状态单击继续播放视频。
- **播放进度控制**：在视频下方有一条长度等于视频宽度的进度条，红色部分表示已播放完毕的部分，灰色表示已加载部分，黑色为未加载部分。

在图 9-1 中向下滚动时，当滚动到看不到视频区域后视频将跟随鼠标移动，如图 9-2 所示。

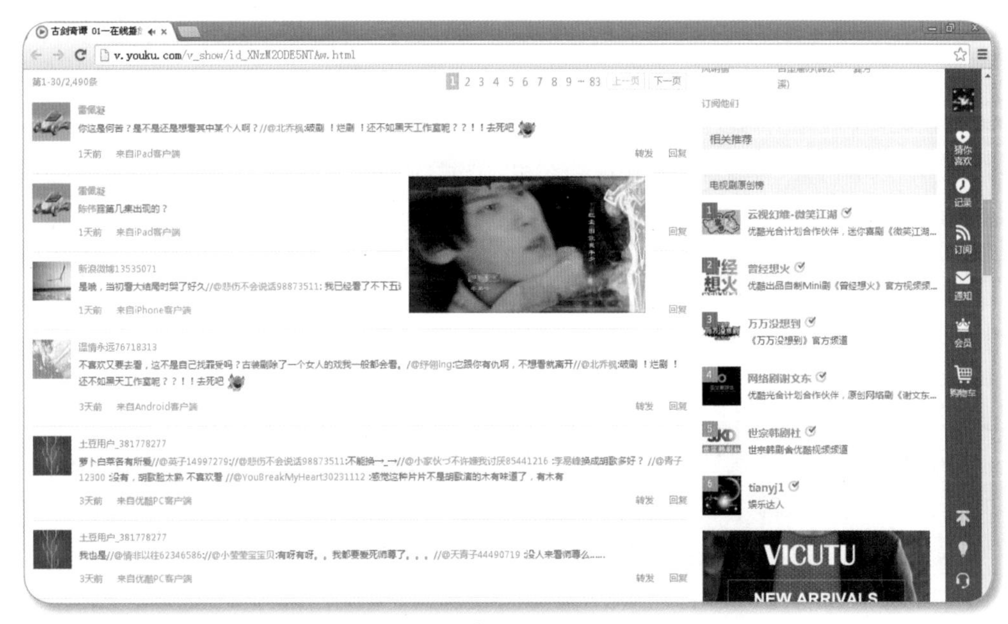

图 9-2　视频窗口跟随鼠标移动效果

将鼠标移入到视频小窗口区域将显示可拖动的提示信息，如图 9-3 所示。

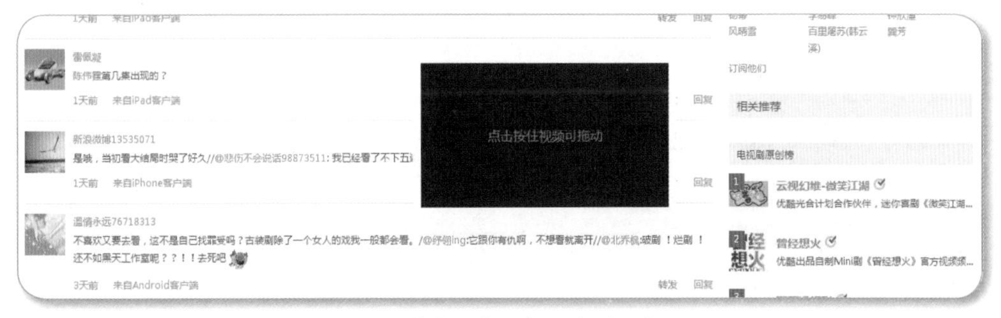

图 9-3　将鼠标移入到视频播放小窗口

9.1.2 案例分析

分析本案例，小伙伴们可以发现本案例要重点实现的部分包括：

◆ **视频播放**：可以使用 Inline Frame（内部框架）部件实现。

◆ **分集播放 / 播放下集**：当单击分集序号或单击播放下集按钮时，通过 Links → Open Link In Frame → Inline Frame 动作更改内部框架部件的链接地址。

◆ **静音 / 取消静音**：可采用动态面板部件实现，使用 Set Panel State 动作设置静音和非静音两种状态的切换。

◆ **暂停播放 / 继续播放**：可采用动态面板部件实现，使用 Set Panel State 动作设置播放和暂停两种状态的切换。

◆ **音量控制 / 播放进度控制**：可使用 Move 动作实现，将部件在 X 坐标上移动 DragX 的距离。

◆ **小视频窗口**：可通过动态面板部件和内部框架部件实现，默认动态面板部件为隐藏状态，当窗口滚动的坐标在大视频动态面板部件最下方以下时，将该部件设置为显示状态，并在页面发生 OnWindowScroll（窗口滚动时）事件时将小视频窗口的动态面板部件放置在页面的正中间。

当鼠标移动到小视频窗口的动态面板部件内部时，即部件的 OnMouseEnter 事件产生时，切换动态面板部件的状态，提示用户可单击按住视频进行拖动操作。

当鼠标移出小视频窗口时切换动态面板部件到视频播放状态。当鼠标移动小视频窗口时，设置动态面板部件的 OnDrag 事件，使用 Move 动作在 X 坐标移动 DragX 的距离，在 Y 坐标方向移动 DragY 的距离。

9.2 原型设计

■ 步骤 1：准备基本部件

我们对《古剑奇谭》电视剧的播放页面使用截图软件进行截图，关注的主要区域有：

- 播放窗口区域。
- 电视剧选集区域。
- 下方视频播放操作区域。
- 小视频窗口部件。

该页面主要部件的属性和样式如下：

部件名称	部件种类	坐标	尺寸	边框颜色	填充颜色	可见性
videoPanel	Dynamic Panel	X11:Y130	W869:H484	无	无	Y
selectNumImg	Image	X880:Y130	W328:H484	无	无	Y
actionRect	Rectangle	X11:Y614	W1197:H40	无	F5F5F5	Y
actionHoriLine	Horizontal Line	X11:Y650	W1197:H10	E5E5E5	无	Y
smallVideoPanel	Dynamic Panel	X405:Y280	W310:H230	无	无	N

步骤 2：设置视频播放部件

在视频播放的 videoPanel 动态面板部件 State1 状态内添加 Inline Frame（内部框架）部件，部件的属性和样式如下：

部件名称	部件种类	坐标	尺寸	边框	可见性
videoInlineFrame	Inline Frame	X0:Y0	W870:H530	无	Y

选中 videoInlineFrame 部件后右击并选择 Toggle Border 菜单项隐藏边框（默认情况下显示边框），右击并选择 Frame Target 菜单项设置第 1 集的 Flash 地址为 http://player.youku.com/player.php/sid/XNzM2ODE5NTAw/v.swf。

步骤 3：设置分集动态交互效果

在右侧的 01 ~ 35 集的 35 个方框中设置 35 个热点区域部件，如设置 02 的热点区域部件 hotspot2 的 OnClick 事件如图 9-4 所示。

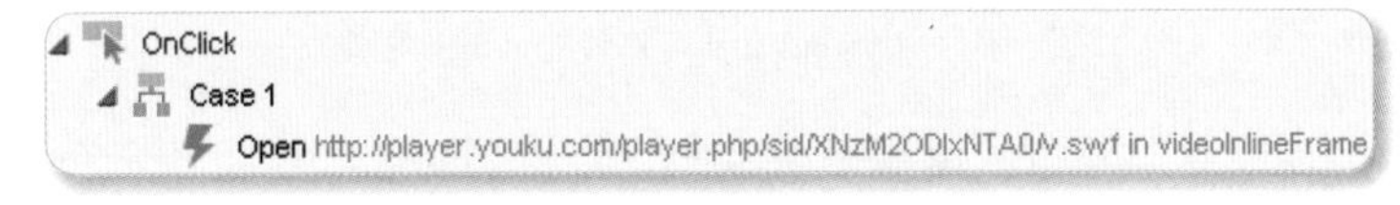

图 9-4　第 2 集 hotspot2 热区部件的 OnClick 事件

在用例编辑器界面中选择 Links → Open Link in Frame → Inline Frame，选择 videoPanel 部件内部的 videoInlineFrame 部件链接到外部 Flash 地址。

步骤 4：设置视频操作区域

在“设置视频播放部件”步骤中已添加视频操作区域的矩形部件和水平线部件，接着需要设置矩形部件内的操作按钮（所有部件都可见），部件属性和样式如下：

部件名称	部件种类	坐标	尺寸	备注
playStopPanel	Dynamic Panel	X20:Y619	W47:H33	“播放 / 暂停”按钮
nextEpisodeImg	Image	X77:Y628	W29:H24	“下集”按钮
mutePanel	Dynamic Panel	X650:Y622	W29:H24	静音 / 取消静音
volumeLine	Horizontal Line	X679:Y629	W80:H10	音量水平线
volumePanel	Dynamic Panel	X700:Y627	W15:H15	音量大小圆球
hdStandardImg	Image	X769:Y622	W38:H24	标准 / 高清
settingImg	Image	X855:Y622	W25:H23	“设置”按钮
fullScreenImg	Image	X855:Y622	W25:H23	“全屏”按钮
closeOpenListPanel	Dynamic Panel	X1130:Y624	W78:H23	“打开 / 收起分集”按钮

（1）播放 / 暂停部件的交互效果。

为表示播放 / 暂停的 playStopPanel 动态面板部件设置 stop 状态和 play 状态。

- stop：视频当前为暂停状态，该状态内有“继续播放”按钮。
- play：视频当前为播放状态，该状态内有“暂停”按钮。

设置 playStopPanel 部件的 OnClick 事件，如图 9-5 所示。

图 9-5　playStopPanel 部件的 OnClick 事件

该段设置的含义是，当单击播放或暂停图片时将 playStopPanel 部件设置为下一个状态，进入最后一个状态时继续从第一个状态开始循环。

（2）静音 / 取消静音部件的交互效果。

为表示静音 / 取消静音的 mutePanel 动态面板部件设置 mute 状态和 not_mute 状态。

- mute：视频当前为静音状态，该状态内有“取消静音”按钮。
- not_mute：视频当前为非静音状态，该状态内有“静音”按钮。

设置 mutePanel 部件的 OnClick 事件，如图 9-6 所示。

图 9-6 mutePanel 部件的 OnClick 事件

该段设置的含义是，当单击静音或取消静音图片时将 mutePanel 部件设置为下一个状态，进入最后一个状态时继续从第一个状态开始循环。

（3）音量控制部件的交互效果。

拖动音量控制的圆球 volumePanel 部件时，若没有超过 volumeLine 的左侧和右侧，则在水平方向（即 X 坐标）上进行移动。

设置 volumePanel 部件的 OnDrag（拖动动态面板部件时）事件，如图 9-7 所示。

图 9-7 volumePanel 部件的 OnDrag 事件

该段设置的含义是，当拖动音量控制的 volumePanel 部件时在 X 坐标移动 drag x 的距离。

当拖动结束时，即发生 OnDragDrop（拖动结束时）事件而需要在 X 坐标移动超过音量水平线时，需要对 volumePanel 的坐标进行重新调整，如图 9-8 所示。

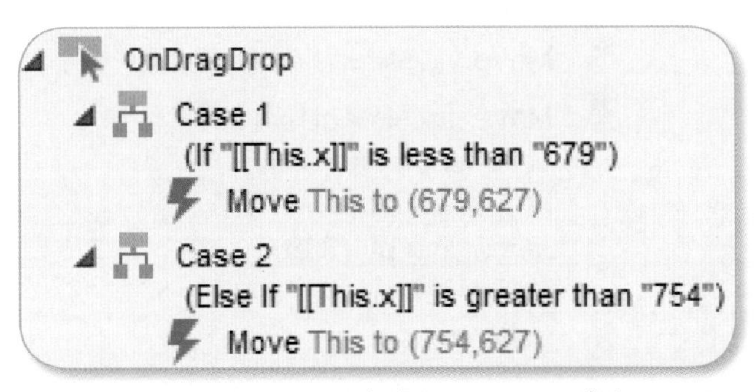

图 9-8 volumePanel 部件的 OnDragDrop 事件

该段设置的含义是，当音量圆球的部件移动到音量水平线最左侧（679px）的左侧时，将其移动到 X679:Y627 坐标；当音量圆球的部件移动到音量水平线最右侧（754px）的右侧时，将其移动到 X754:Y627 坐标。

（4）全屏播放部件的交互效果。

创建全屏播放的页面 fullscreen，设置全屏播放部件 fullScreenImg 的 OnClick 事件，如图 9-9 所示。

图 9-9　fullScreenImg 部件的 OnClick 事件

（5）设置打开 / 收起分集部件交互效果。

为表示打开 / 收起视频分集列表的 closeOpenListPanel 动态面板部件设置 open 状态（默认状态）和 close 状态。

- open：当前为打开分集列表的状态，该状态内有“收起分集列表”按钮。
- close：当前为收起了分集列表的状态，该状态内有“打开分集列表”按钮。

设置收起图片部件的 OnClick 事件，如图 9-10 所示。

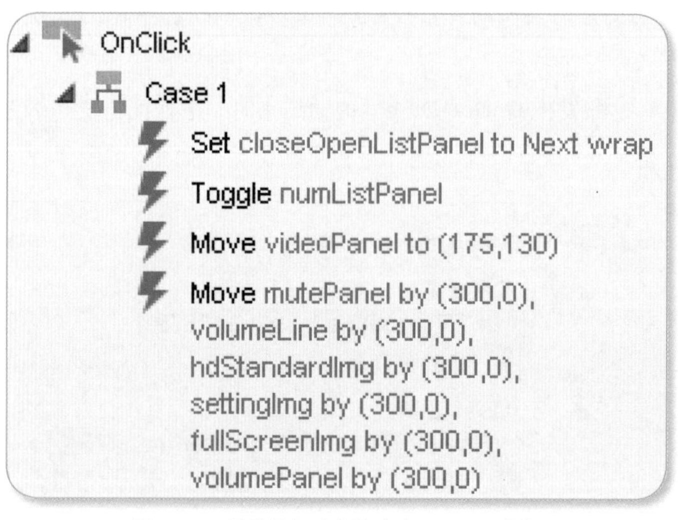

图 9-10　设置收起列表图片的 OnClick 事件

该段设置的含义是，当单击“收起列表”按钮时：

- 将 closeOpenListPanel 部件设置为 close 状态，即关闭分集列表。

● 设置分集面板及其上面的35个热点区域部件为不可见状态（将其全部选中后设置为动态面板部件，部件名称为numListPanel）。

● 向右移动videoPanel部件，Y坐标保持不变，X坐标修改为：原X坐标+分集面板宽度的一半。

● 向右移动视频操作区域的静音/取消静音部件、音量水平线、音量圆球部件、“标清/高清”按钮、“设置”按钮和“全屏”按钮。

设置close状态内的图片部件的OnClick事件，如图9-11所示。它执行的是open状态下收起分集列表的反操作，不再赘述。

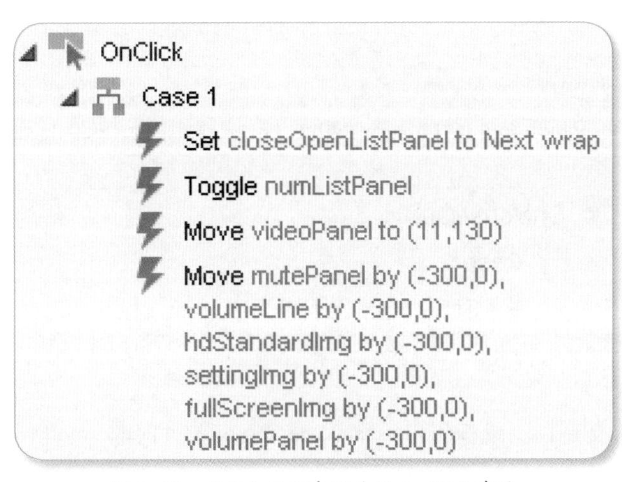

图9-11 设置打开列表图片的OnClick事件

■ 步骤5：设置小视频窗口交互效果

小视频窗口smallVideoPanel部件默认为隐藏状态。

（1）添加各状态的内部部件。

在该部件的play状态按照要求添加内部框架部件，部件的属性和样式如下：

部件名称	部件种类	坐标	尺寸	边框	可见性
smallVideoInlineFrame	Inline Frame	X0:Y0	W310:H280	无	Y

将该部件设置为不显示边框。双击该部件或者右击并选择Frame Target菜单项设置第1集的Flash地址为http://player.youku.com/player.php/sid/XNzM2ODE5NTAw/v.swf。

为smallVideoPanel部件添加mouseenter状态，在该状态内添加鼠标进入时显示的提示图片。

（2）设置 OnMouseEnter 事件。

设置 smallVideoPanel 部件的 OnMouseEnter（鼠标移入时）事件，如图 9-12 所示。

图 9-12 smallVideoPanel 部件的 OnMouseEnter 事件

该段设置的含义是，当鼠标移入 smallVideoPanel 部件时将 smallVideoPanel 部件的状态设置为 mouseenter，即提示“单击按住视频可拖动”。

（3）设置 OnMouseOut 事件。

设置 smallVideoPanel 部件的 OnMouseOut（鼠标移出时）事件，如图 9-13 所示。

图 9-13 smallVideoPanel 部件的 OnMouseOut 事件

该段设置的含义是，当鼠标移出 smallVideoPanel 部件时将 smallVideoPanel 部件的状态设置为 play，即在小窗口中播放视频。

（4）设置 OnDrag 事件。

设置 smallVideoPanel 部件的 OnDrag（鼠标拖动时）事件，如图 9-14 所示。

图 9-14 smallVideoPanel 部件的 OnDrag 事件

该段设置的含义是，当鼠标拖动 smallVideoPanel 部件时将该部件在 X 坐标和 Y 坐标方向移动拖动的距离。

（5）设置 Pin to Browser 属性。

设置 smallVideoPanel 部件跟随窗口滚动时在屏幕上的位置保持不变的方法为：选择

smallVideoPanel 部件，在“部件属性和样式”面板中单击 Properties 选项卡，再单击 Pin to Browser 按钮打开 Pin to Browser 设置界面，如图 9-15 所示。

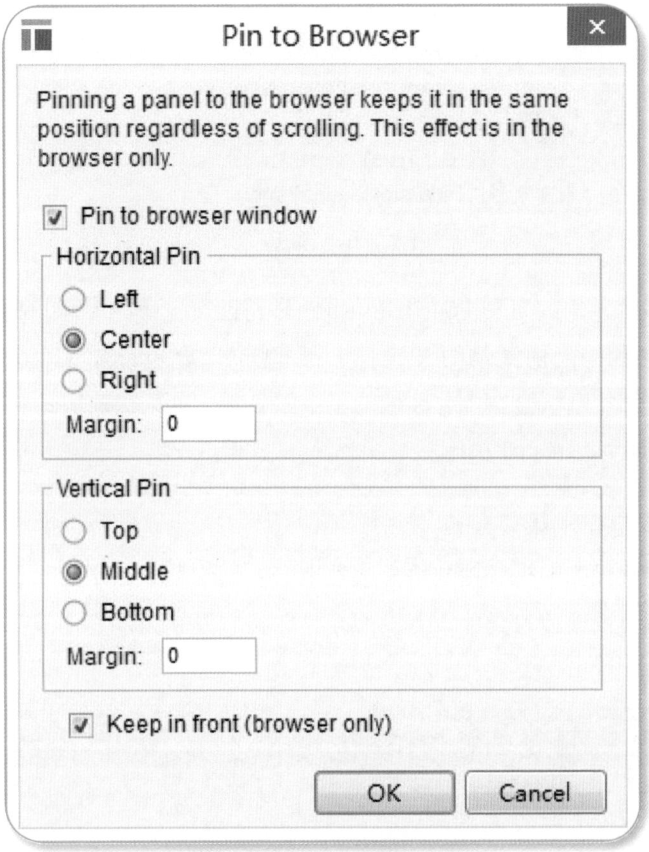

图 9-15 Pin to Browser 设置界面

勾选 Pin to browser window 复选项和 Keep in front（browser only）复选项，Horizontal Pin 设置为 Center（水平居中），Vertical Pin 设置为 Middle（垂直居中），单击 OK 按钮完成设置操作。

通过如上设置，只要 smallVideoPanel 部件为显示状态，不管是否打开站点地图面板以及屏幕如何滚动，该部件都位于显示区域的正中间位置。

（6）设置页面的 OnWindowScroll 事件。

进行到这一步，小伙伴们会发现一个问题，我们想要的是只有当大视频窗口播放部件不再浏览器查看区域时才显示小视频窗口部件。但是，现在当大视频播放部件还显示在浏览器中时，小视频窗口部件也已经显示，跟我们预想的略有差池。

可采用以下方法解决：设置页面的OnWindowScroll（窗口滚动时）事件，如图9-16所示。

图9-16 设置页面的OnWindowScroll事件

该段设置的含义是，当发生窗口滚动事件时通过窗口函数Window.scrollY获得当前滚动的Y坐标：如果当前滚动的Y坐标大于600px，显示smallVideoPanel部件，因为步骤5的设置该部件默认会在内容区域的正中间显示；如果当前滚动的Y坐标小于等于600px，隐藏smallVideoPanel部件。

步骤6：设置右侧菜单部件

小伙伴们观察优酷的视频播放页面会发现，右侧的菜单并不会随着窗口的滚动而进行滚动，其实与小视频窗口部件设置类似，可以将它设置为动态面板部件，部件的属性和样式如下：

部件名称	部件种类	坐标	尺寸	边框	可见性
rightMenuPanel	Dynamic Panel	X1213:Y0	W49:H680	无	Y

可单击“部件属性和样式”面板中的Pin to Browser属性按钮打开Pin to Browser界面进行设置，将其设置为水平靠右对齐、垂直顶端对齐，其余与smallVideoPanel设置类似，不再赘述。

步骤7：编辑全屏播放页面

双击全屏播放的fullscreen页面，在该页面中添加动态面板部件，部件的属性和样式如下：

部件名称	部件种类	坐标	尺寸	边框	可见性
fullVideoPanel	Dynamic Panel	X0:Y0	W1246:H660	无	Y

在该动态面板部件的State1状态添加内部框架部件，部件属性和样式如下：

部件名称	部件种类	坐标	尺寸	边框	可见性
fullVideoInlineFrame	Inline Frame	X0:Y0	W1246:H700	无	Y

将该部件设置为不显示边框。双击该部件或者右击并选择 Frame Target 菜单项设置第 1 集的 Flash 地址为 http://player.youku.com/player.php/sid/XNzM2ODE5NTAw/v.swf，设置 fullVideoPanel 部件的 OnDoubleClick（鼠标双击时）事件，双击时打开 Home 页面，如图 9-17 所示。

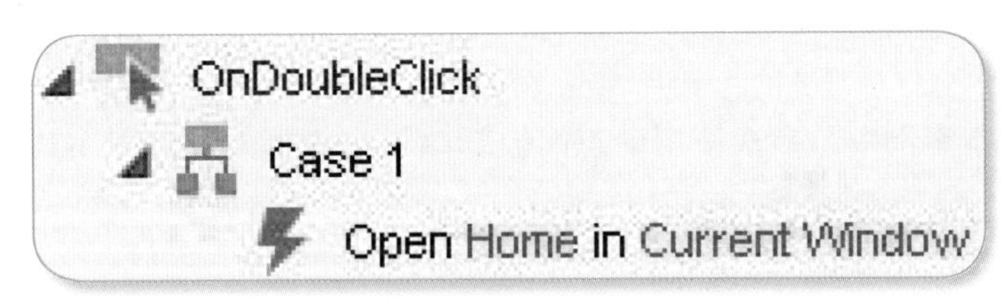

图 9-17　设置 fullVideoPanel 部件的 OnDoubleClick 事件

设计到这一步，使用 F5 快捷键进行预览，还有一些不太满意的地方，主要体现在：

- 当更改分集时，上方区域显示分集的数量没有更改。
- Flash 默认为停止播放状态，需要单击后才能播放。
- 暂停 / 播放、静音 / 取消静音、音量控制等按钮虽然在外观上与优酷保持一致，但是并没有起到控制视频播放的作用。

这些功能因为不是本案例的重点，暂不实现。有兴趣的小伙伴可以私下尝试，欢迎沟通交流。

9.3　小憩一下

本案例继续给小伙伴们深入讲解动态面板部件，除之前多次讲述的 OnClick（鼠标单击时）、OnMouseEnter（鼠标移入时）、OnMouseOut（鼠标移出时）事件和 Set Panel State 动作等知识点的巩固外，本章全新讲解动态面板部件的 OnDoubleClick（鼠标双击时）、OnDrag（拖动部件时）和 OnDragDrop（拖动事件结束时）事件。

另外，对于需要在浏览器显示区域保持固定位置的部件，可以在“部件属性和样式”面板中通过 Pin to Browser 属性进行设置。

为了实现窗口滚动时显示 / 隐藏部件的交互效果，可以借助窗口函数（如 Window.scrollY 函数）并结合页面事件 OnWindowScroll（窗口滚动时）。

在本案例中，多次使用动态面板部件 + 内部框架部件引用其余网站链接，可谓世间绝配，百看不厌呀！

第10章

基础案例8：

淘宝网注册效果

- 案例步骤：7
- 案例难度：中等
- 案例重点：（1）使用输入框部件的OnKeyUp（键盘按键弹起时）、OnFocus（获得焦点时）和OnLostFocus（失去焦点时）事件。

  （2）使用动态面板部件并通过Set Panel State动作改变面板状态。

10.1 吐吐槽

10.1.1 案例描述

本章要学习的案例是淘宝网的注册效果。淘宝网的注册与其他电商网站类似，包括 4 个步骤：① 设置用户名→② 设置账户信息→③ 设置支付方式→④ 注册成功。

淘宝网的设置用户名、设置账户信息、设置支付方式和注册成功 4 个步骤的页面分别如图 10-1 至图 10-4 所示。

图 10-1　注册第一步——设置用户名

图 10-2　注册第二步——设置账户信息

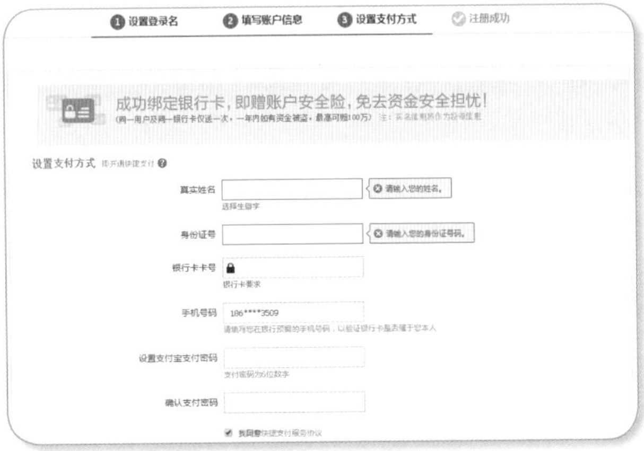

图 10-3 注册第三步——设置支付方式

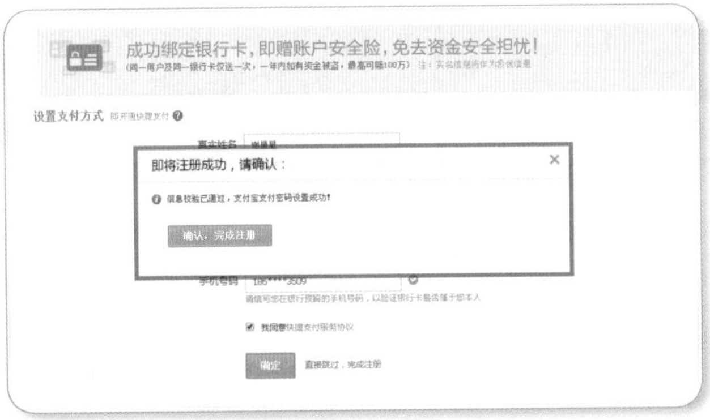

图 10-4 注册第四步——注册成功

10.1.2 案例分析

观察各步骤后小伙伴们可以发现，针对不同类型的输入框，在输入框获得焦点时需要给出输入提示；在用户输入完毕并且输入错误时给出错误提示；在用户输入完毕并且输入正确时提示✓来提示输入正确。

我们可以在每个输入框后添加一个提示信息动态面板部件，包括 4 个状态：default（默认状态，无任何提示）、onfocus_state（输入框获得焦点状态）、ok_state（输入正确状态）、error_state（输入错误状态）。

当某个输入框获得焦点时，即 OnFocus 事件发生时，将其后面的动态面板部件的状态设置为 onfocus_state 状态；当某个输入框失去焦点时，即触发 OnLostFocus 事件时，根据输入字符串的正确与否将状态切换到 ok_state 或 error_state 状态。

10.2 原型设计

■ 步骤1：添加第一步基本部件

将注册第一步的部件都添加到页面部件面板（不包括动态面板内的部件），主要包括以下部件：

◆ **操作栏**：使用图片部件。

◆ **标签部件**："所在国家/地区""手机号码"和"验证码"采用Label（标签）部件。

◆ **下拉列表部件**："所在国家/地区"选择采用Droplist（下拉列表）部件。

◆ **矩形部件**："+86"的Rectangle（矩形）部件和手机号码输入框边框的矩形部件。

◆ **输入框部件**：手机号码输入采用Text Field（输入框）部件。

◆ **复选框部件**：协议选择的Checkbox（复选框）部件。

◆ **动态面板部件**：手机号码输入提示的动态面板部件和验证码输入的动态面板部件，单击"下一步"按钮后弹出输入验证码。

主要部件的属性和样式如下：

部件名称	部件种类	坐标	尺寸	字体/边框/填充颜色	可见性
navImg	Image	X0:Y0	W684:H42	无	Y
countryLabel	Label	X64:Y64	W97:H18	505050/无/无	Y
phoneLabel	Label	X64:Y111	W65:H18	505050/无/无	Y
checkcode-Label	Label	X64:Y175	W49:H18	505050/无/无	Y
countryList	Droplist	X179:Y61	W141:H22	505050/无/无	Y
prefixRect	Rectangle	X179:Y100	W65:H40	BABABA/E5E5E5/F1F1F1	Y
phnoeText	Text Field	X245:Y101	W138:H38	BABABA/无/FFFFFF	Y
phoneRect	Rectangle	X244:Y100	W141:H40	333333/F1F1F1/FFFFFF	Y
phoneTips-Panel	Dynamic Panel	X385:Y100	W299:H39	无	Y

部件名称	部件种类	坐标	尺寸	字体 / 边框 / 填充颜色	可见性
checkcode-Panel	Dynamic Panel	X179:Y164	W241:H40	无	Y
phonecheck-codePanel	Dynamic Panel	X20:Y52	W680:H278	无	N
nextButton	Button Shape	X237:Y300	W210:H50	FFFFFF/FF4001 / FF4001	Y

需要注意的是，phonecheckcodePanel 为隐藏状态，当单击“下一步”按钮时才显示该动态面板部件。

■ 步骤 2：设置第一步部件交互效果

（1）“电话号码输入”提示动态面板部件。

phoneTipsPanel 部件包括 4 个状态：default（默认状态，无任何提示）、onfocus_state（输入框获得焦点状态）、ok_state（输入正确状态）和 error_state（输入错误状态）。

编辑这 4 个状态的显示内容，给出正确的提示图标和正确的语言提示。

输入框的提示信息可通过“部件属性和样式”面板中的 Hint Text（提示文本）属性设置，并且可单击“部件属性和样式”面板中的 Hint Style 设置提示文本的样式，如字体颜色、字体大小等。

设置 phoneTipsPanel 部件状态切换的触发条件，当 phoneTextfield 部件获得焦点时将 phoneTipsPanel 切换到 onfocus_state（获得焦点状态），如图 10-5 所示。

在 phoneTextfield 部件失去焦点时，需要根据当前输入情况将 phoneTipsPanel 切换到 onfocus_state（输入框获得焦点状态）、ok_state（输入正确状态）或 error_state（输入错误状态），如图 10-6 所示。

图 10-5　phoneTextfield 部件的 OnFocus 事件

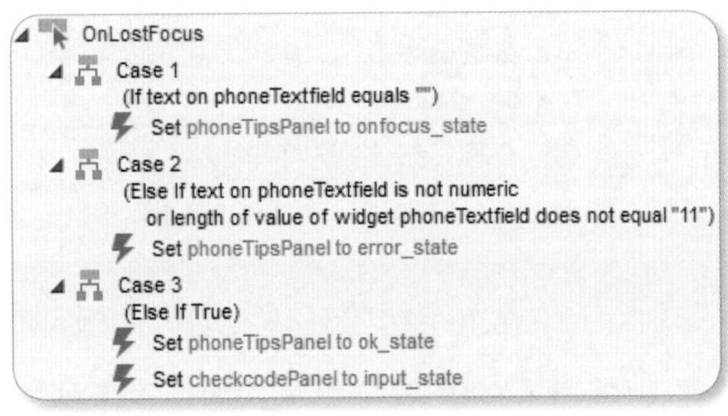

图 10-6　phoneTextfield 部件的 OnLostFocus 事件

该段设置的含义是，当手机号码输入框失去焦点时：

- 如果手机号码输入框部件值为空，将 phoneTipsPanel 部件的状态设置为 onfocus_state 状态。
- 如果手机号码输入框部件值不是数字，或者虽然是数字但是长度不为 11（其实，还需要验证是否是正确的电话号码，我们不做得那么严谨），将 phoneTipsPanel 部件的状态设置为 error_state 状态，提示用户输入错误。
- 不为上面两种情况时，表示输入正确，将 phoneTipsPanel 部件的状态设置为 ok_state 状态，并将 checkcodePanel 状态设置为可输入状态 input_state。

（2）“验证码”动态面板部件。

验证码在手机号码输入正确时才会转变成可输入状态，否则为只读状态，可将验证码区域变成动态面板部件，包括：default（默认状态，只读）和 input_state（可输入状态，带有验证码字母图片，并且可单击“刷新”按钮生成新的字母图片）。

checkcodePanel 部件的状态设置如图 10-7 所示。

验证码字母图片在 input_state 状态采用动态面板部件 checkcodeNumPanel，我们只是模拟 3 个字母图片，对应 char1、char2 和 char3 三个状态。

在 checkcodePanel 部件的 input_state 状态添加一个用于刷新的图片，即一个名称为 refreshButtonImg 的图片部件。因为单击时需要更换图片，即更改 checkcodeNumPanel 部件的状态，为 refreshButtonImg 添加 OnClick（鼠标单击）事件，如图 10-8 所示。

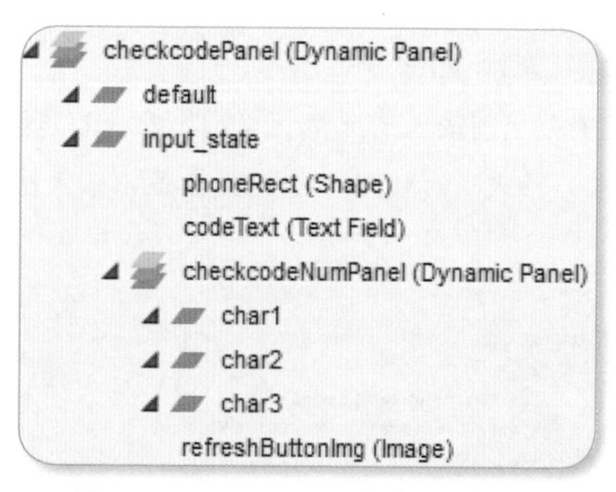

图 10-7　checkcodePanel 部件的状态设置

图 10-8　refreshButton 的 OnClick 事件

（3）“输入手机验证码”动态面板部件。

在 phonecheckcodePanel 动态面板部件的 State1 状态下编辑该面板的内容，该面板下主要部件的属性和样式如下：

部件名称	部件种类	坐标	尺寸	字体 / 边框 / 填充颜色	备注
phoneLabel2	Label	X150:Y81	W65:H18	333333/ 无 / 无	“手机号码”提示标签
phoneLabel3	Label	X234:Y76	W152:H24	333333/ 无 / 无	显示输入的手机号码的标签
phonecheck-codeLabel	Label	X150:Y120	W49:H18	333333/ 无 / 无	“验证码”提示标签
checkcode-Textfield	Text Field	X235:Y116	W95:H28	无	“验证码”的输入框
submitButton	Button Shape	X300:Y210	W100:H40	FFFFFF/ FF4001/ FF4001	“确定”的形状按钮
closeImg	Image	X627:Y6	W29:H27	无	“关闭”的图片

需要在 Home 页面中单击“下一步”时显示 phonecheckcodePanel 动态面板部件，并让 phoneLabel3 标签显示填写的手机号码值，Home 页面中 phoneTextfield 输入框的值需要通过中间值再传给 phonecheckcodePanel 部件的 phoneLabel3 标签，nextButton（“下一步”按钮）部件的 OnClick 事件如图 10-9 所示。

在设定 Set Text 动作时，可在用例编辑器 Configure actions（配置动作）区域的 Set text to 属性的下拉列表中选择 text on widget，并选择 phoneTextfield 输入框部件作为取值对象。

另外，phonecheckcodePanel 动态面板部件中的关闭按钮图片部件需要添加鼠标单击事件隐藏该面板，如图 10-10 所示。

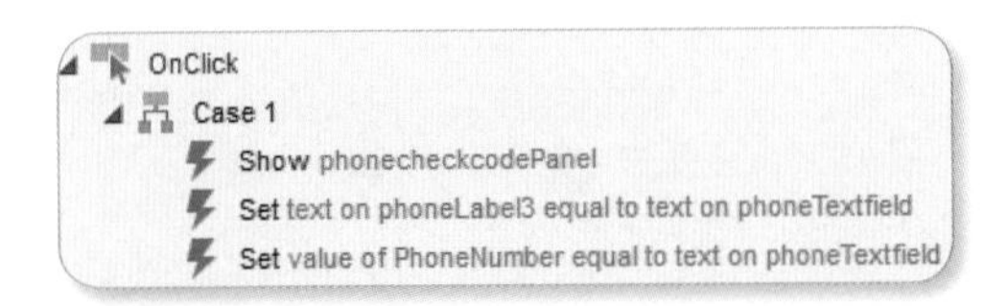

图 10-9　nextButton 部件的 OnClick 事件

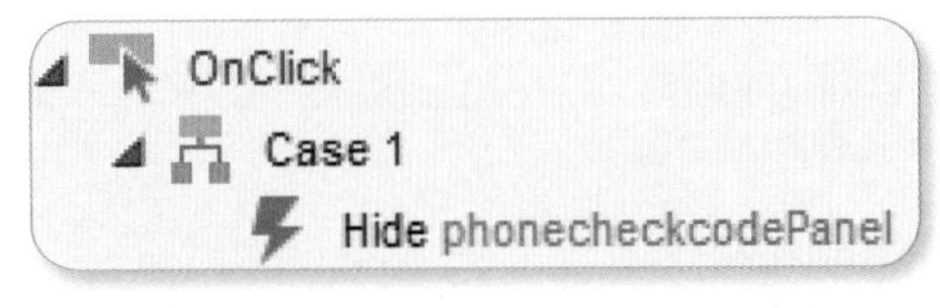

图 10-10　closeImg 部件的 OnClick 事件

单击“确定”按钮时跳转到第二步的 Step_2 页面。submitButton 部件的 OnClick 事件如图 10-11 所示。

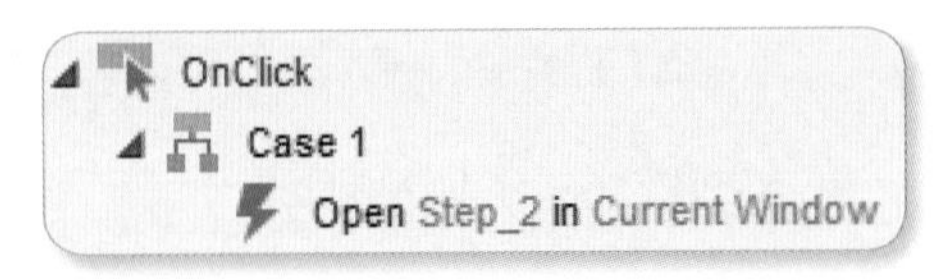

图 10-11　submitButton 部件的 OnClick 事件

■ 步骤 3：添加第二步基本部件

淘宝网注册的第二步主要是设置账户信息，包括设置用户名和用户密码。我们接下来设置该页面（Step_2）的基本部件，主要包括：

◆ **菜单栏**：使用图片部件。

◆ **标签部件**：包括“登录名”“设置登录密码，登录时验证，保护账户信息”“登录密码”“再次确认”“设置会员名”和“会员名”6 个标签部件。

◆ **输入框部件**：包括登录名（只读）、登录密码（输入类型为 Password）、确认密码（输入类型为 Password）和会员名 4 个输入框部件。

◆ **矩形部件**：为 4 个输入框设置作为边框的矩形部件。

◆ **动态面板部件**：在“登录密码”“确认密码”和“会员名”输入框后添加 Dynamic Panel（动态面板）部件，一般都包括默认、获得焦点时、输入错误和输入正确 4 个状态。

◆ **形状按钮部件**：添加“下一步”按钮的形状按钮部件。

主要部件的属性和样式如下：

部件名称	部件种类	坐标	尺寸	字体 / 边框 / 背景颜色	备注
loginname-Label	Label	X160:Y70	W52:H18	333333/无 / 无	“登录名”提示标签
userpassArea-Label	Label	X109:Y122	W321:H18	333333/无 / 无	设置登录密码区域提示标签
password-Label	Label	X146:Y160	W65:H18	333333/无 / 无	“登录密码”提示标签
confirmpass-Label	Label	X147:Y200	W65:H22	333333/无 / 无	再次确认登录密码提示标签
username-AreaLabel	Label	X126:Y260	W86:H40	333333/无 / 无	设置用户名区域提示标签
usernameLabel	Label	X163:Y300	W49:H18	333333/无 / 无	“用户名”提示标签
loginname-Textfield	Text Field	X238:Y66	W200:H30	无	登录名输入框
password-Textfield	Text Field	X238:Y156	W200:H30	无	登录密码输入框

部件名称	部件种类	坐标	尺寸	字体 / 边框 / 背景颜色	备注
confirmpass–Textfield	Text Field	X238:Y195	W200:H30	无	确认密码输入框
username–Textfield	Text Field	X238:Y293	W200:H30	无	会员名输入框
nextButton	Button Shape	X237:Y350	W210:H50	FFFFFF/FF4001/FF4001	“下一步”形状按钮
password–TipsPanel	Dynamic Panel	X448:Y100	W312:H150	无	登录密码输入结果提示框
confirmpass–TipsPanel	Dynamic Panel	X448:Y194	W242:H32	无	确认密码输入结果提示框
username–TipsPanel	Dynamic Panel	X448:Y292	W242:H58	无	会员名输入结果提示框

参考步骤 2 为 passwordTextfield、confirmpassTextfield 和 usernameTextfield 三个输入框部件在“部件属性和样式”面板中设置提示文本和提示文本样式。

■ 步骤 4：设置第二步交互效果

（1）Step_2 页面的 OnPageLoad 事件。

因为在第一步中设置的全局变量 PhoneNumber 需要赋值给 Step_2 的 loginnameTextfield 部件，可通过设置 Step_2 页面的 OnPageLoad（页面加载时）事件实现，如图 10-12 所示。

图 10-12　Step_2 页面的 OnPageLoad 事件

（2）“登录密码”提示动态面板部件。

passwordTipsPanel 动态面板部件包括 6 个状态：default（默认）、onfocus_state（获得焦点状态）、error_state（失去焦点时，输入错误的情况）、ok_state（失去焦点时，输入正确的情况）、error_keyup_state（当 OnKeyUp 事件发生时及时提示输入错误的情况）和 ok_keyup_state（当 OnKeyUp 事件发生时及时提示输入正确的情况）。

编辑 6 个状态的内容，给出不同的提示信息。

接着需要设置 passwordTextfield 输入框部件的事件。当发生 OnFocus（获得焦点时）事件时，需要将 passwordTipsPanel 的状态设置为 onfocus_state 状态，如图 10-13 所示。

图 10-13 passwordTextfield 部件的 OnFocus 事件

设置 passwordTextfield 部件的 OnLostFocus（失去焦点时）事件，如图 10-14 所示。

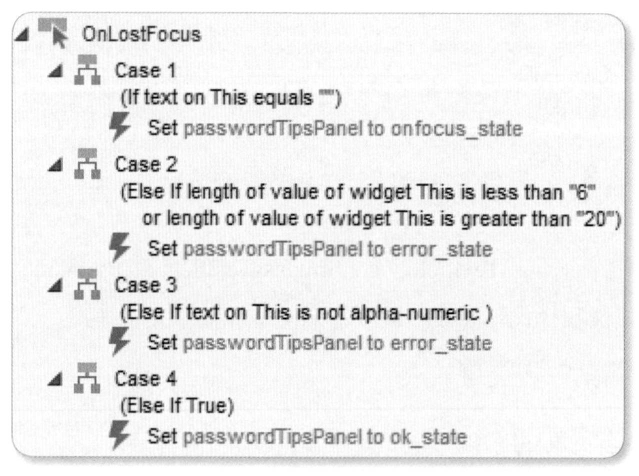

图 10-14 passwordTextfield 部件的 OnLostFocus 事件

该段设置的含义是，当登录密码输入框部件失去焦点时：

- 若输入框的值为空，设置 passwordTipsPanel 为 onfocus_state 状态，给出密码输入提示。
- 当输入框的值的长度小于 6 或者大于 20 时，设置 passwordTipsPanel 为 error_state 状态，给出密码输入错误提示。
- 当输入框的值不是由字母和数字组成时，设置 passwordTipsPanel 为 error_state 状态，给出密码输入错误提示。

为简单起见，我们没有实现淘宝的密码要求：只能包含字母、数字和标点符号（除空格），并且字母、数字和标点符号至少包含两种。

- 当输入框的值不满足上面 3 种情况的条件时，设置 passwordTipsPanel 为 ok_state 状态，给出密码输入正确提示。

设置 passwordTextfield 部件的 OnKeyUp（键盘按键弹起时）事件，如图 10-15 所示。

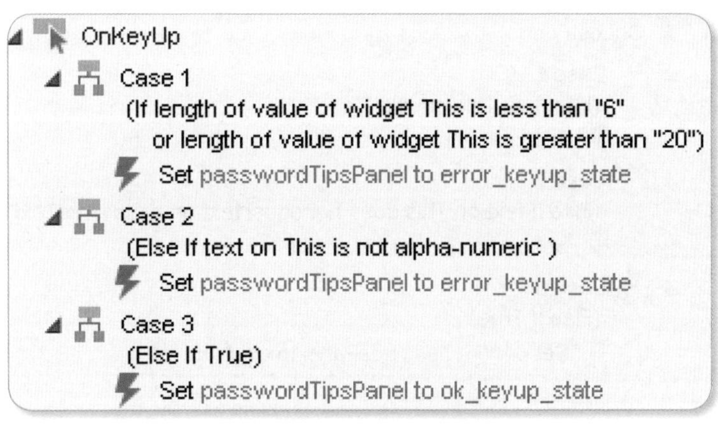

图 10-15　passwordTextfield 部件的 OnKeyUp 事件

该段设置的含义是，当登录密码输入框部件键盘的按键弹起时：

- 当输入框的值的长度小于 6 或者大于 20 时，设置 passwordTipsPanel 为 error_keyup_state 状态，给出密码输入错误及时提示。
- 当输入框的值不是由字母和数字组成时，设置 passwordTipsPanel 为 error_keyup_state 状态，给出密码输入错误及时提示。
- 当输入框的值不满足上面两种情况的条件时，设置 passwordTipsPanel 为 ok_keyup_state 状态，给出密码输入正确及时提示。

（3）“再次确认密码”提示动态面板部件。

confirmpassTipsPanel 动态面板部件相对比较简单，当“再次输入”与“登录密码”输入框的值相同时，即认为输入正确。

confirmpassTipsPanel 部件包括 4 个状态：default（默认）、onfocus_state（获得焦点状态）、error_state（失去焦点时，输入错误的情况）和 ok_state（失去焦点时，输入正确的情况）。

confirmpassText 发生 OnFocus（获得焦点时）事件时需要将 confirmpassTipsPanel 部件设置为 onfocus_state 状态，如图 10-16 所示。

图 10-16　confirmpassTextfiled 部件 OnFocus 事件

设置 confirmpassTextfield 部件的 OnLostFocus（失去焦点时）事件，如图 10-17 所示。

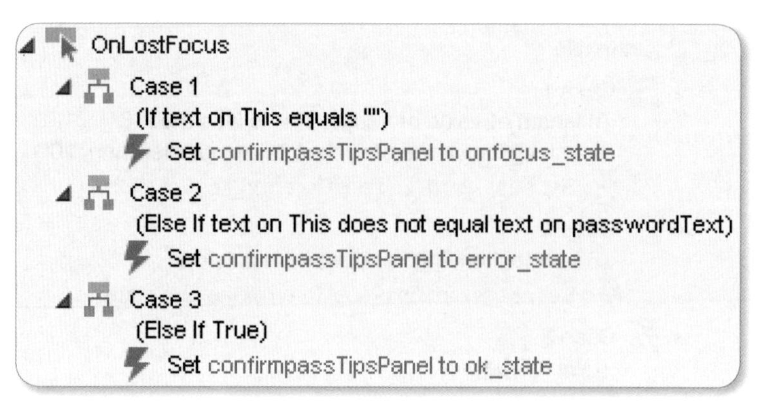

图 10-17　confirmpassTextfield 部件的 OnLostFocus 事件

该段设置的含义是，当确认密码输入框部件失去焦点时：

- 若输入框的值为空，设置 confirmpassTipsPanel 为 onfocus_state 状态，给出“再次确认”输入框的输入提示。
- 当“再次确认”和“登录密码”输入框的值不一致时，设置 confirmpassTipsPanel 为 error_state 状态，给出确认密码输入错误提示。
- 当输入框的值不满足上面两种情况的条件时，设置 confirmpassTipsPanel 为 ok_state 状态，给出密码输入正确提示。

（4）“会员名”提示动态面板部件。

usernameTipsPanel 部件包括 5 个状态：default（默认）、onfocus_state（获得焦点状态）、existed_state（会员名已存在的错误情况）、error_state（输入错误的情况）和 ok_state（输入正确的情况）。

usernameTextfield 发生 OnFocus（获得焦点时）事件时需要将 usernameTipsPanel 部件设置为 onfocus_state 状态，如图 10-18 所示。

图 10-18　usernameTextfield 部件 OnFocus 事件

设置 usernameTextfield 部件的 OnLostFocus（失去焦点时）事件，如图 10-19 所示。

```
OnLostFocus
  Case 1
  (If text on This equals "")
    Set idcardTipsPanel to onfocus_state
  Case 2
  (Else If length of value of widget This does not equal "18")
    Set idcardTipsPanel to error_state
  Case 3
  (Else If text on This is not alpha-numeric )
    Set idcardTipsPanel to error_state
  Case 4
  (Else If True)
    Set idcardTipsPanel to ok_state
```

图 10-19 usernameTextfield 部件的 OnLostFocus 事件

该段设置的含义是，当会员名输入框部件失去焦点时：

- 若输入框的值为空，设置 usernameTipsPanel 为 onfocus_state 状态，给出“会员名”输入框的输入提示。
- 当输入的会员名为“阿蜜果”时，给出会员名已存在的错误提示（只是模拟会员名已存在的错误情况）。
- 当输入的会员名长度小于 5 或者大于 25 时，给出会员名错误提示。
- 当输入框的值不满足上面 3 种情况的条件时，设置 usernameTipsPanel 为 ok_state 状态，给出会员名输入正确提示。

（5）“下一步”按钮交互效果。

在单击“下一步”按钮后，要判断当前账户信息输入正确与否，若全部输入正确，则打开 Step_3 进入注册的第三步，nextButton 部件的 OnClick 事件如图 10-20 所示。

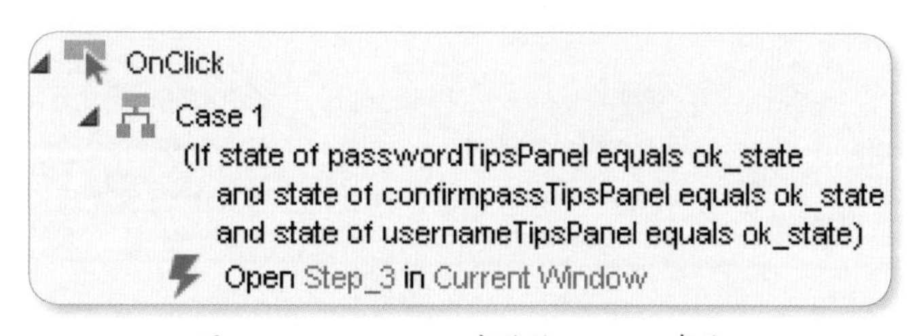

图 10-20 nextButton 部件的 OnClick 事件

■ 步骤 5：添加第三步基本部件

淘宝网注册的第三步主要是设置支付方式，包括真实姓名、身份证号、银行卡卡号、手机号码（在银行预留的手机号码）和支付密码的设置。

Step_3 页面的基本部件主要包括：

◆ **菜单栏**：使用图片部件表示。

◆ **标签部件**：包括“设置支付方式”“真实姓名”“身份证号”“银行卡卡号”“手机号码”“设置支付宝支付密码”和“确认支付密码”7 个标签部件。

◆ **输入框部件**：包括“真实姓名”“身份证号”“银行卡卡号”“手机号码”“设置支付宝支付密码”和“确认支付密码”6 个输入框部件。

◆ **矩形部件**：为 6 个输入框设置作为边框的矩形部件。

◆ **动态面板部件**：在“真实姓名”“身份证号”“银行卡卡号”“手机号码”“设置支付宝支付密码”和“确认支付密码”输入框后添加动态面板部件，一般都包括默认、获得焦点时提示、输入错误和输入正确 4 种状态。

另外，在单击“下一步”按钮时需要在本页面显示即将完成注册的界面，也可以采用动态面板部件实现，默认该部件为隐藏状态。

◆ **复选框部件**：勾选协议的复选框部件。

◆ **形状按钮部件**：添加“下一步”按钮的按钮部件。

主要部件的属性和样式如下：

部件名称	部件种类	坐标	尺寸	字体 / 边框颜色 / 背景颜色	备注
nameLabel	Label	X140:Y105	W65:H18	000000/ 无 / 无	真实姓名标签
idcardLabel	Label	X140:Y158	W65:H18	000000/ 无 / 无	身份证号标签
bankcardLabel	Label	X124:Y212	W81:H18	000000/ 无 / 无	银行卡卡号标签
phoneLabel	Label	X140:Y270	W65:H18	000000/ 无 / 无	手机号码标签
paypassLabel	Label	X60:Y330	W145:H18	000000/ 无 / 无	支付密码标签
payConfirm –passLabel	Label	X108:Y390	W97:H18	000000/ 无 / 无	确认支付密码标签
nameTextfield	Text Field	X238:Y99	W240:H30	000000/ 无 / 无	真实姓名输入框
idcardTextfield	Text Field	X238:Y152	W240:H30	000000/ 无 / 无	身份证号输入框
bankcard –Textfield	Text Field	X238:Y206	W240:H30	000000/ 无 / 无	银行卡卡号输入框

部件名称	部件种类	坐标	尺寸	字体 / 边框颜色 / 背景颜色	备注
phoneTextfield	Text Field	X238:Y264	W240:H30	000000/ 无 / 无	手机号码输入框
paypassTextfield	Text Field	X238:Y324	W240:H30	000000/ 无 / 无	支付密码输入框
payConfirmpass -Textfield	Text Field	X238:Y384	W240:H30	000000/ 无 / 无	确认支付密码输入框
nextButton	Button Shape	X238:Y430	W210:H50	FFFFFF/ FF4001/ FF4001	下一步形状按钮
nameTipsPanel	Dynamic Panel	X482:Y94	W291:H40	无	真实姓名输入提示面板
idcardTipsPanel	Dynamic Panel	X482:Y147	W291:H40	无	身份证号输入提示面板
bankcard -TipsPanel	Dynamic Panel	X482:Y202	W291:H40	无	银行卡卡号输入提示面板
phoneTipsPanel	Dynamic Panel	X482:Y259	W291:H40	无	手机号码输入提示面板
paypassTips -Panel	Dynamic Panel	X482:Y319	W291:H40	无	支付密码提示面板
payConfirmpass -TipsPanel	Dynamic Panel	X482:Y379	W291:H40	无	确认支付密码提示面板
regSuccess -Panel	reg_ success _panel	X50:Y121	W630:H185	无	注册成功提示面板

■ 步骤 6：设置第三步交互效果

（1）Step_3 页面的 OnPageLoad 事件。

因为在第一步中设置的全局变量 PhoncNumbcr 需要赋值给 Step_3 的 phoneText 部件，可通过设置 Step_3 页面的 OnPageLoad（页面加载时）事件实现，如图 10-21 所示。

图 10-21　Step_3 页面的 OnPageLoad 事件

（2）“真实姓名”提示动态面板部件。

nameTipsPanel 动态面板部件包括 4 个状态：default（默认）、onfocus_state（获得焦点状态）、error_state（失去焦点时，输入错误的情况）、ok_state（失去焦点时，输入正确的情况）。

OnFocus（输入框获得焦点时）事件和 OnLostFocus（输入框失去焦点时）事件与第二步类似，不再赘述。

（3）“身份证号”提示动态面板部件。

部件的状态与第二步类似，不再赘述。idcardTextfield 部件的 OnLostFocus 事件设置如图 10-22 所示。

（4）“银行卡卡号”提示动态面板部件。

部件的状态与第二步类似，不再赘述。bankcardTextfield 部件的 OnLostFocus 事件设置如图 10-23 所示。

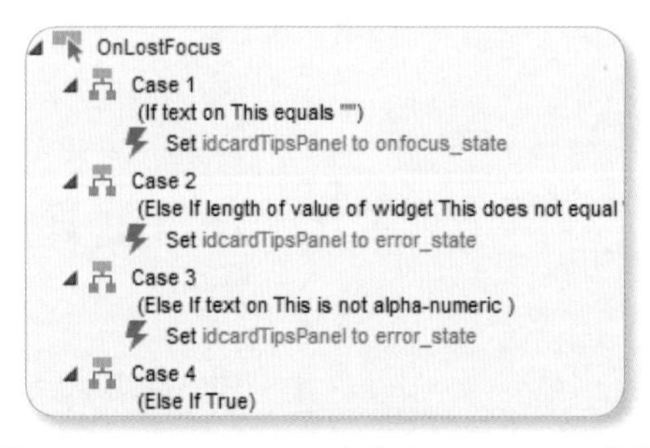

图 10-22　idcardTextfield 部件的 OnLostFocus 事件

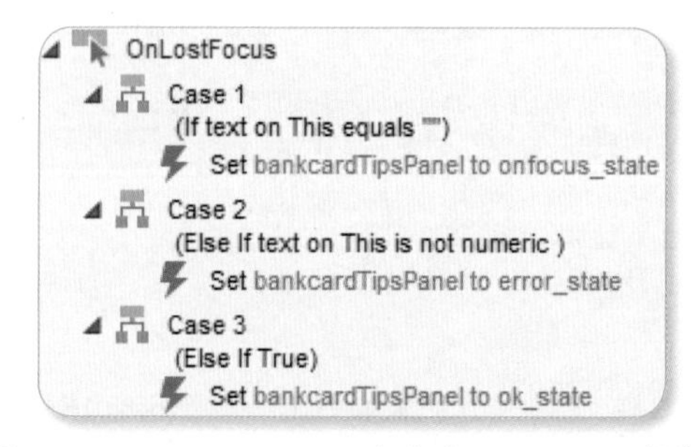

图 10-23　bankcardTextfield 部件的 OnLostFocus 事件

（5）“手机号码”提示动态面板部件。

与第一步的手机号码类似，不再赘述。

（6）“支付宝支付密码”提示动态面板部件。

部件的状态与第二步类似，不再赘述。paypassTextfield 部件的 OnLostFocus 事件如图 10-24 所示。

```
OnLostFocus
  Case 1
  (If text on This equals "")
    Set paypassTipsPanel to onfocus_state
  Case 2
  (Else If text on This is not numeric
     or length of value of widget This does not equal "6")
    Set paypassTipsPanel to error_state
  Case 3
  (Else If True)
    Set paypassTipsPanel to ok_state
```

图 10-24　paypassTextfield 部件的 OnLostFocus 事件

（7）“确认支付密码”提示动态面板部件。

与第二步的确认登录密码类似，不再赘述。

（8）“下一步”按钮交互效果。

在单击“下一步”按钮后要判断当前账户信息输入正确与否，若全部输入正确，则显示“注册成功”动态面板部件，nextButton 部件的 OnClick 事件如图 10-25 所示。

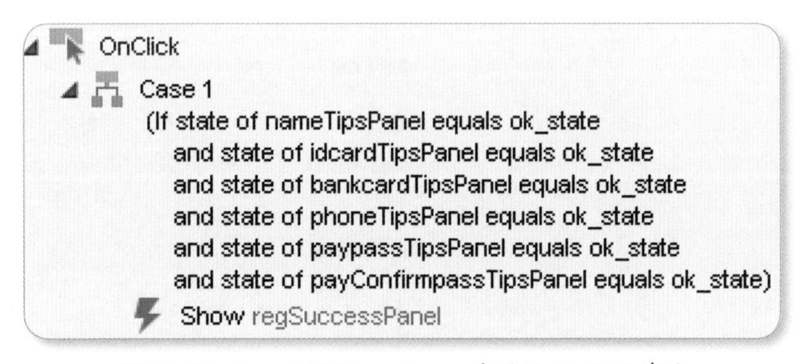

图 10-25　Step_3 页面 nextButton 部件的 OnClick 事件

（9）“注册成功”提示动态面板部件。

regSuccessPanel 部件用于提示用户即将注册成功，编辑该部件的 State1 状态，需要设置关闭图片和“确认，完成注册”图片的 OnClick 事件。

关闭图片的 OnClick 事件设置如图 10-26 所示。

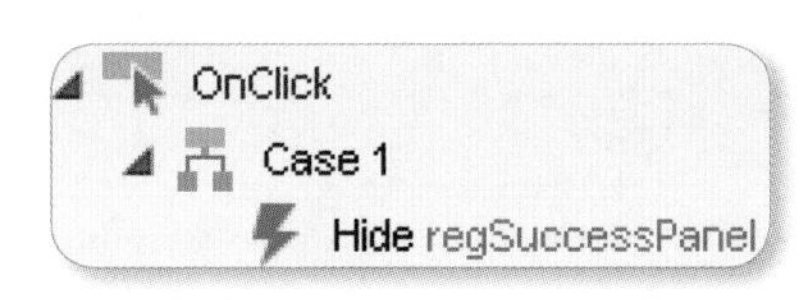

图 10-26　关闭图片的 OnClick 事件

“确认，完成注册”图片的 OnClick 事件如图 10-27 所示。

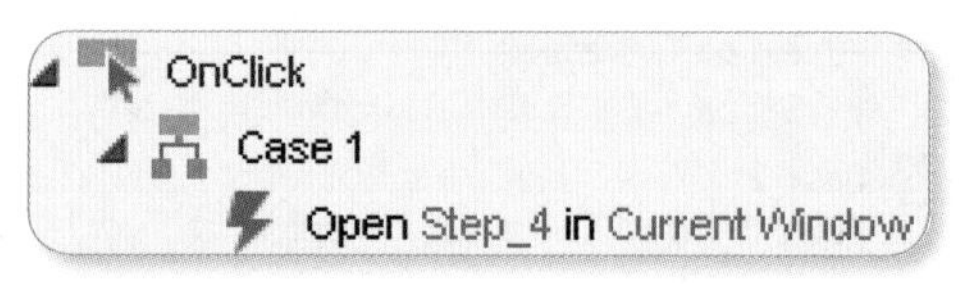

图 10-27 “确认，完成注册”图片的 OnClick 事件

■ 步骤 7：第四步注册成功页面

第四步比较简单，只需要将操作栏和提示信息的图片引入到 Step_4 页面，另外加入两个标签部件显示“账户名”和“支付宝账户名”。

还需要通过 Step_4 页面的 OnPageLoad（页面加载时）事件将 PhoneNumber 全局变量的值传递给标签部件 loginnameLabel1 和 loginnameLabel2，Step_4 页面的 OnPageLoad（页面加载时）事件设置如图 10-28 所示。

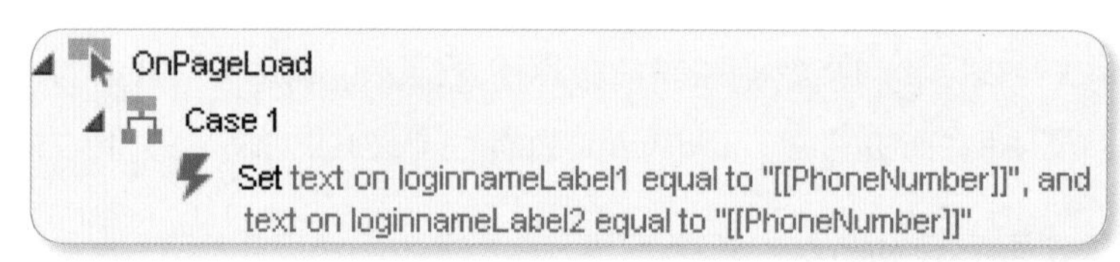

图 10-28 Step_4 页面的 OnPageLoad 事件

10.3 小憩一下

注册页面与其他表单输入页面一样，大量使用输入开始提示、错误提示和正确提示等，本案例学习使用输入框部件的 OnFocus（获得焦点时）、OnLostCFocus（失去焦点时）、OnKeyUp（键盘按键弹起时）事件，与动态面板部件的 Set Panel State 动作无缝结合，完美地完成良好的用户输入体验，精彩不容错过！

第11章

基础案例9：

189邮箱的抽屉式菜单

案例步骤： 6

案例难度： 中等

案例重点：（1）使用动态面板部件的 OnClick（鼠标单击时）、OnDragStart（拖动事件开始时）、OnDrag（拖动时）和 OnDragDrop（拖动结束时）事件。

（2）使用 Move 动作移动到某个绝对位置或者移动到拖动事件开始前的位置。

11.1 吐吐槽

11.1.1 案例描述

抽屉式菜单也算是比较常用的一种APP导航菜单，之所以叫抽屉式，是因为它的菜单默认是被隐藏状态。

当单击主页面显示菜单的按钮后，在左侧显示菜单，并且主页面和显示菜单按钮位于右侧边缘。当单击主页面内容区域或将主页面内容区域往左拖动并达到屏幕中线左侧时，将主页面移动到屏幕显示区域。

如189邮箱的抽屉式菜单页面，在未打开导航菜单时如图11-1所示。

当单击左上角的“显示菜单”按钮 时将显示导航菜单，如图11-2所示。

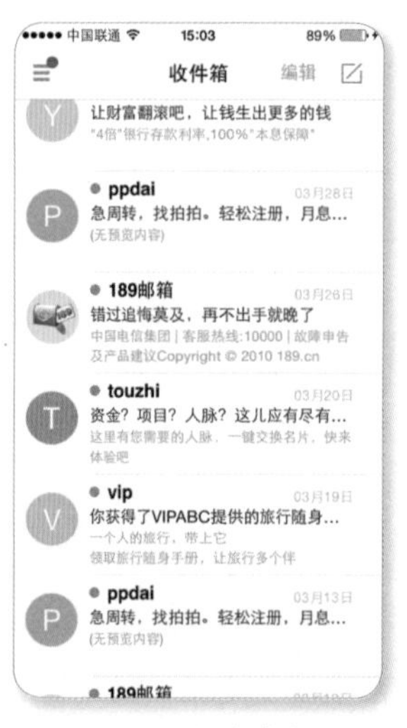

图11-1 抽屉式菜单关闭状态

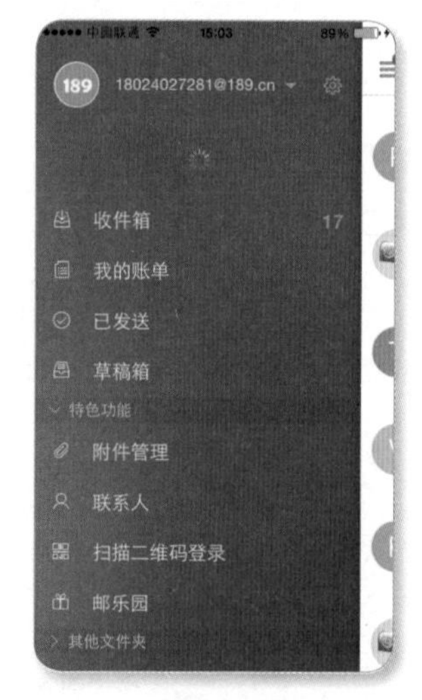

图11-2 抽屉式菜单打开状态

11.1.2 案例分析

我们分析下189邮箱抽屉式菜单的页面。

① 将主页面内容的部件设置到动态面板部件中，并将菜单的部件放置在各动态面板部件的底端。

② 当单击“显示菜单”按钮 时，将主页面内容的动态面板部件向右边移动，从而将菜单内容显示出来，可通过设置 图片部件的 OnClick 事件实现，移动采用 Move 动作。

③ 设置主页面内容动态面板部件的 OnClick（鼠标单击时）事件，当主页面内容的动态面板部件显示在右侧时，在鼠标单击时，将主页面内容的动态面板部件向左侧移动到 X0:Y0，将菜单区域遮盖，达到隐藏效果。

④ 设置主页面内容动态面板部件的 OnDrag（拖动过程中）事件，当将该部件向左拖动时跟随拖动，并设置 OnDragDrop（拖动结束时）事件，判断是否移动超过屏幕距离的一半，如果没超过，将部件位置回退；否则，将主页面内容的动态面板部件向左侧移动到 X0:Y0，将菜单区域隐藏。

11.2 原型设计

步骤 1：添加基本部件

主要部件的属性和样式如下：

部件名称	部件种类	坐标	尺寸	备注	可见性
navImg	Image	X0:Y20	W290:H549	默认被覆盖的导航菜单	Y
contentPanel	Dynamic Panel	X0:Y0	W320:H568	主内容区域	Y
showHideMenuImg	Image	X0:Y20	W46:H42	显示和隐藏导航菜单的图片	Y

步骤 2：设置 showHideMenuImg 的 OnClick 事件

设置显示和隐藏导航菜单的图片的 OnClick 事件，如图 11-3 所示。

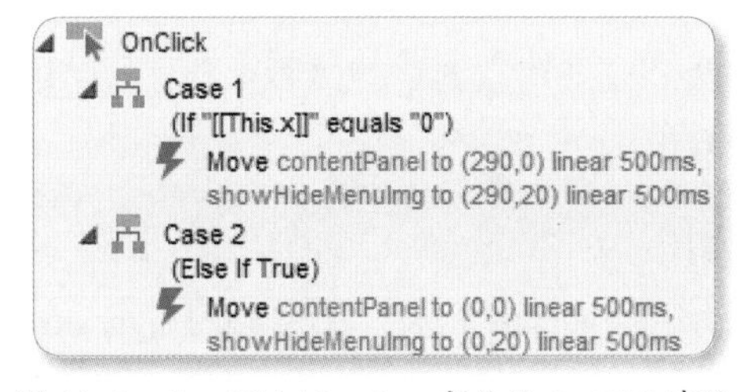

图 11-3 showHideMenuImg 部件的 OnClick 事件

该段设置的含义是，当单击显示和隐藏导航菜单的图片时：

① 如果 showHideMenuImg 部件当前的 X 坐标等于 0px（默认坐标），即导航菜单当前处于隐藏状态时：

● 移动 contentPanel 部件到右侧边缘位置，X 坐标等于 290px（这里采用的是 iPhone 5S 的尺寸，屏幕宽度为 320px），Y 坐标等于当前坐标 0px，并且带有线性移动的效果。

● 移动 showHideMenuImg 部件到右侧边缘位置，X 坐标等于 290px，Y 坐标为当前坐标 20px，并且带有线性移动的效果。

② 如果 showHideMenuImg 部件当前的 X 坐标不等于 0px，即当前导航菜单处于显示状态时：

● 移动 contentPanel 部件到屏幕最左侧位置，X 坐标等于 0px，Y 坐标保持不变，并且带有线性移动的效果。

● 移动 showHideMenuImg 部件到屏幕最左侧位置，X 坐标等于 0px，Y 坐标保持不变，并且带有线性移动的效果。

步骤 3：设置 contentPanel 的 OnClick 事件

设置内容区域动态面板部件的 OnClick 事件，如图 11-4 所示。

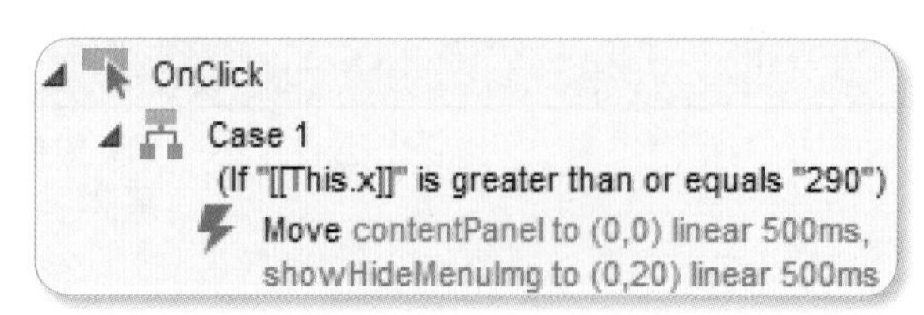

图 11-4　contentPanel 部件的 OnClick 事件

该段设置的含义是，当单击内容区域的动态面板部件 contentPanel 时，如果 contentPanel 部件的当前坐标大于等于 290px，即已经位于屏幕右侧，导航菜单在显示状态时：

● 移动 contentPanel 部件到屏幕最左侧位置，X 坐标等于 0px，Y 坐标保持不变，并且带有线性移动的效果。

● 移动 showHideMenuImg 部件到屏幕最左侧位置，X 坐标等于 0px，Y 坐标保持不变，并且带有线性移动的效果。

步骤 4：设置 contentPanel 的 OnDragStart 事件

在 contentPanel 部件的拖动事件开始时，需要记录此时 contentPanel 部件的 X 坐标，存储到 XValue 全局变量中，如图 11-5 所示。

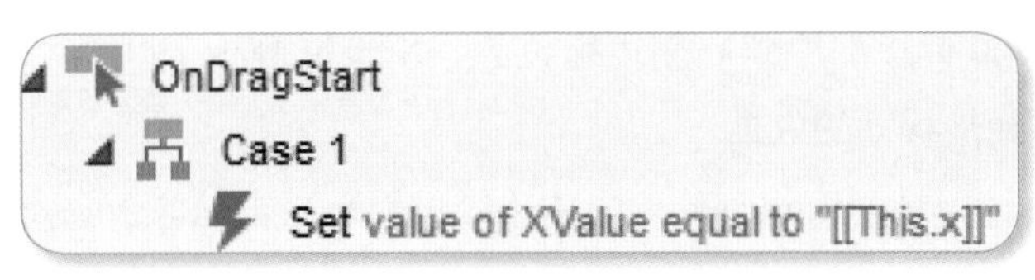

图 11-5 contentPanel 部件的 OnDragStart 事件

步骤 5：设置 contentPanel 的 OnDrag 事件

当 contentPanel 部件发生拖动事件时，在拖动过程中需要将 contentPanel 和 showHideMenuImg 部件都跟随鼠标在 X 坐标移动，如图 11-6 所示。

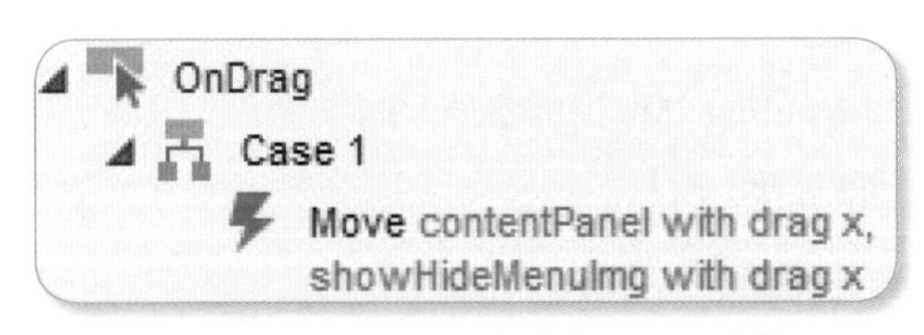

图 11-6 contentPanel 部件的 OnDrag 事件

步骤 6：设置 contentPanel 的 OnDragDrop 事件

在 contentPanel 部件拖动结束时，需要根据拖动释放时的位置是处于中线左侧还是右侧等选择回退还是移动到左侧或右侧边缘位置，如图 11-7 所示。

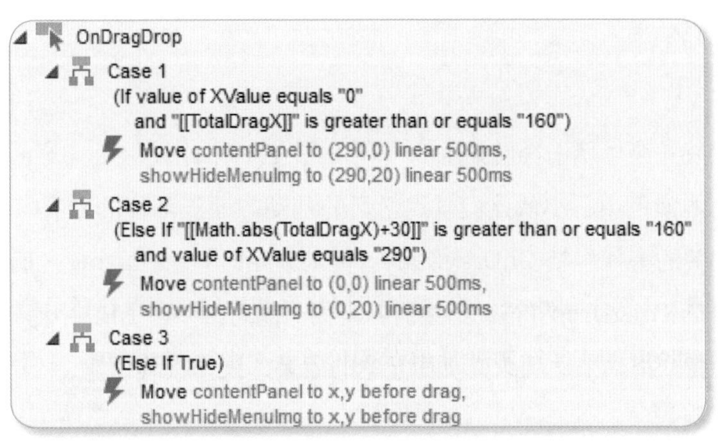

图 11-7 contentPanel 部件的 OnDragDrop 事件

该段设置的含义是，当 contentPanel 部件的拖动事件结束时：

① 如果在拖动开始时的 X 坐标等于 0px（在 OnDragStart 事件中记录到 XValue 全局变量）即内容区域位于 X0:Y0 的位置，并且拖动总距离 TotalDragX 大于等于 160px，即从屏幕最左侧移动到中线或中线偏右位置时：

- 移动 contentPanel 部件到右侧边缘位置，X 坐标等于 290px，Y 坐标等于当前坐标 0px，并且带有线性移动的效果。
- 移动 showHideMenuImg 部件到右侧边缘位置，X 坐标等于 290px，Y 坐标为当前坐标 20px，并且带有线性移动的效果。

② 如果在拖动开始时的 X 坐标等于 290px 即内容区域位于右侧边缘的位置，并且拖动总距离 TotalDragX 的绝对值 + 边缘的 30px 大于等于 160px，即从屏幕最右侧边缘移动到中线或中线偏左位置时：

- 移动 contentPanel 部件到屏幕最左侧位置，X 坐标等于 0px，Y 坐标保持不变，并且带有线性移动的效果。
- 移动 showHideMenuImg 部件到屏幕最左侧位置，X 坐标等于 0px，Y 坐标保持不变，并且带有线性移动的效果。

③ 不满足 Case 1 和 Case 2 用例时：

- 使用 move x,y beforedrag 将 contentPanel 部件回退到拖动开始前的位置。
- 使用 move x,y beforedrag 将 showHideMenuImg 部件回退到拖动开始前的位置。

11.3 小憩一下

抽屉式菜单属于导航菜单的一种，在 APP 中比较常用。

在本案例中，小伙伴们重点学习的是动态面板部件的专有事件，与拖动相关的事件包括 OnDragStart（拖动开始时）、OnDrag（正在拖动时）和 OnDragDrop（拖动结束时）事件。拖动事件在 APP 中比较常用，通过手指的拖动来达到改变页面元素的效果，操作极其便捷。

第12章

基础案例10：

数米基金宝的手势密码

- 案例步骤： 6
- 案例难度： 中等
- 案例重点：（1）使用动态面板部件的OnDrag（拖动时）和OnDragDrop（拖动结束时）事件。
  （2）使用cursor is over area of widget判断鼠标光标是否处于某个部件区域。
  （3）设置页面的OnPageLoad（页面加载时）事件和全局变量的初始值。

12.1 吐吐槽

12.1.1 案例描述

手势密码在手机或APP登录时非常常见，如数米基金宝的登录手势密码，未输入前和输入后分别如图12-1和图12-2所示。

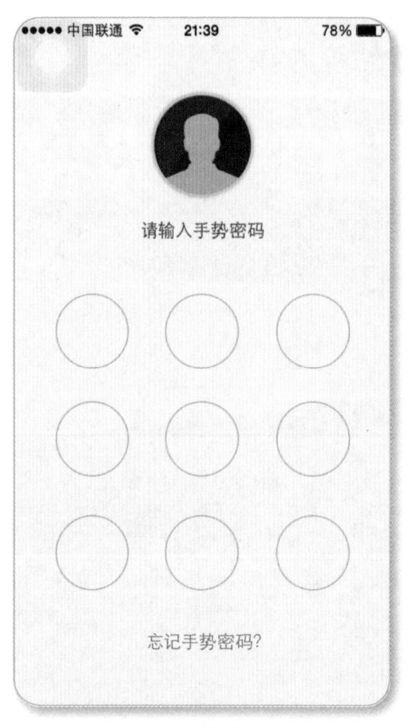

图12-1　手势密码未输入时

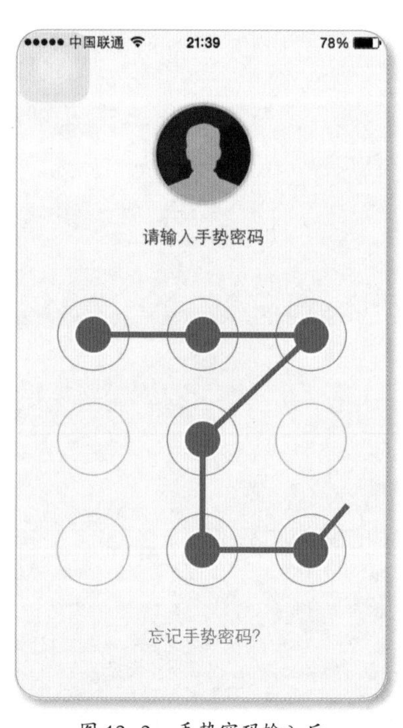

图12-2　手势密码输入后

主要需要完成以下功能：

① 在9个圆圈所在的正方形区域拖动过程中，被拖动到的圆圈会被设置为红色，而且使用红色的线条连接。

② 在9个圆圈所在的正方形区域拖动结束后，需要判断当前的图形是否为正确的图形，如果输入不正确，提示错误信息（最多只允许输入错误5次）。如果输入正确，进入APP的主页面。

12.1.2 案例分析

我们分析一下登录手势密码的功能。

① 9个圆圈以及被选中时内部的红色圆圈都采用矩形部件表示，并将形状设置为圆形。设置9个大一点的圆圈的交互样式，默认的边框颜色为灰色，Selected（选中）属性为true时的边框颜色为红色。默认9个小圆圈为隐藏状态。

② 将9个圆圈的相互连接线采用水平线或垂直线部件表示，并在“部件属性和样式”面板的Style选项卡中设置它的角度。默认这20个水平线部件为隐藏状态。

③ 为了响应拖动事件，在手势操作处的上方添加动态面板部件，因为只有动态面板部件才有OnDragStart（拖动开始时）、OnDrag（正在拖动时）和OnDrag（拖动结束时）事件。

④ 设置动态面板部件的OnDrag（正在拖动时）事件，在拖动时根据鼠标移动到哪个部件上确定哪个大圆圈需要将Selected（选中）属性设置为true、哪个小圆圈需要进行显示，以及哪些水平线需要显示，并且将所有已选择的圆圈序号依次存储到全局变量InputValue中，当前的圆圈序号设置为全局变量InputValue的最后一个字符。

⑤ 设置动态面板部件的OnDragDrop（拖动结束时）事件，判断当前手势密码正确与否（可将正确的手势密码设置为7的符号，对应12358，将InputValue全局变量的值与之进行比较），如果正确，进入主页面。当输入错误，并且错误次数已达到5次时，提示错误次数已达到5次，不能再输入；当输入错误，并且错误次数尚未达到5次时，清空输入的手势密码，提示“密码错误，还可以输入x次”，并且可以再次输入。

12.2 原型设计

■ 步骤1：添加Home页面基本部件

在Home页面中添加基本部件，主要包括：

◆ **矩形部件**：共19个矩形部件：背景部件（bgRect）、9个大圆圈的部件（rect1～rect9）和9个小圆圈的部件（smallRect1～smallRect9）。

◆ **标签部件**：1个标签部件（tipsLabel），用于表示等待输入手势密码时、输入错误但还可以输入时、错误次数达到5次时和输入正确时的提示信息。

◆ **水平线/垂直线部件**：20个水平线/垂直线部件，连接9个圆圈的水平线，根据连接的矩形部件不同角度各不一样。

◆ **动态面板部件：**1个动态面板部件（dragPanel），为了响应拖动事件，在矩形部件上方。

主要部件的属性和样式如下：

部件名称	部件种类	坐标	尺寸	字体 / 边框 / 填充颜色	可见性
bgRect	Rectangle	X0:Y0	W320:H568	000000/ 无 797979	Y
rect1	Rectangle	X20:Y205	W60:H60	000000/797979 /FFFFFF	Y
rect2	Rectangle	X130:Y205	W60:H60	000000/797979 /FFFFFF	Y
rect3	Rectangle	X240:Y205	W60:H60	000000/797979 /FFFFFF	Y
rect4	Rectangle	X20:Y307	W60:H60	000000/797979 /FFFFFF	Y
rect5	Rectangle	X130:Y307	W60:H60	000000/797979 /FFFFFF	Y
rect6	Rectangle	X240:Y307	W60:H60	000000/797979 /FFFFFF	Y
rect7	Rectangle	X20:Y413	W60:H60	000000/797979 /FFFFFF	Y
rect8	Rectangle	X130:Y413	W60:H60	000000/797979 /FFFFFF	Y
rect9	Rectangle	X240:Y413	W60:H60	000000/797979 /FFFFFF	Y
smallRect1	Rectangle	X35:Y220	W30:H30	000000/ 无 /FF0000	N
smallRect2	Rectangle	X145:Y220	W30:H30	000000/ 无 /FF0000	N
smallRect3	Rectangle	X255:Y220	W30:H30	000000/ 无 /FF0000	N
smallRect4	Rectangle	X35:Y322	W30:H30	000000/ 无 /FF0000	N
smallRect5	Rectangle	X145:Y332	W30:H30	000000/ 无 /FF0000	N
smallRect6	Rectangle	X255:Y332	W30:H30	000000/ 无 /F0000	N
smallRect7	Rectangle	X35:Y428	W30:H30	000000/ 无 /F0000	N
smallRect8	Rectangle	X145:Y428	W30:H30	000000/ 无 /F0000	N
smallRect9	Rectangle	X255:Y428	W30:H30	000000/ 无 /FF0000	N

部件名称	部件种类	坐标	尺寸	字体 / 边框 / 填充颜色	可见性
12	Horizontal Line	X50:Y229	W110:H10	无 / FF0000/ 无	N
14	Vertical Line	X44:Y234	H103	无 / FF0000/ 无	N
15	Horizontal Line	X29:Y280	W152	无 / FF0000/ 无	N
23	Horizontal Line	X160:Y229	W110:H10	无 / FF0000/ 无	N
24	Horizontal Line	X30:Y281	W151:H10	无 / FF0000/ 无	N
25	Vertical Line	X155:Y234	H108	无 / FF0000/ 无	N
26	Horizontal Line	X139:Y280	W152	无 / FF0000/ 无	N
35	Horizontal Line	X140:Y280	W152:H10	无 / FF0000/ 无	N
36	Vertical Line	X265:Y234	H108	无 / FF0000/ 无	N
45	Horizontal Line	X140:Y280	W152:H10	无 / FF0000/ 无	N
47	Vertical Line	X44:Y337	H107	无 / FF0000/ 无	N
48	Horizontal Line	X28:Y384	W154	无 / FF0000/ 无	N
56	Horizontal Line	X160:Y332	W110:H10	无 / FF0000/ 无	N
57	Horizontal Line	X27:Y385	W154:H10	无 / FF0000/ 无	N
58	Vertical Line	X155:Y340	H104	无 / FF0000/ 无	N
59	Horizontal Line	X140:Y385	W151	无 / FF0000/ 无	N
68	Horizontal Line	X141:Y385	W151:H10	无 / FF0000/ 无	N
69	Vertical Line	X265:Y340	H105	无 / FF0000/ 无	N
78	Horizontal Line	X50:Y438	W110	无 / FF0000/ 无	N
89	Horizontal Line	X160:Y438	W110:H10	无 / FF0000/ 无	N
dragPanel	Dynamic Panel	X10:Y193	W300:H292	无	Y

步骤 2：设置全局变量

在菜单栏中单击 Project → Global Variables 菜单项添加全局变量，如图 12-3 所示。

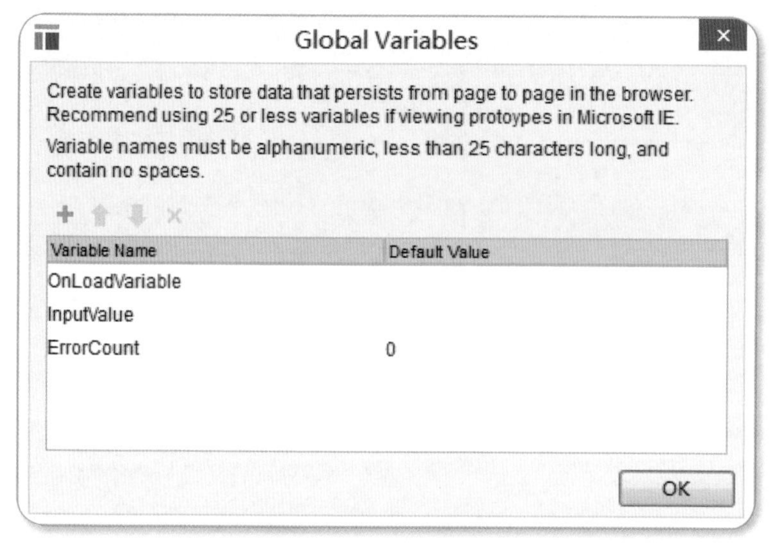

图 12-3　全局变量管理

各全局变量的含义如下：

◆ **InputValue**：拖动到的圆点的序号依次追加的值，如先后经过 rect1、rect2、rect3 和 rect5，则 InputValue 等于 1235。

◆ **ErrorCount**：手势密码输入错误的次数，最多能输入错误 5 次。

步骤 3：设置页面的 OnPageLoad 事件

设置页面的 OnPageLoad（页面加载时）事件，给全局变量赋初始值，如图 12-4 所示。

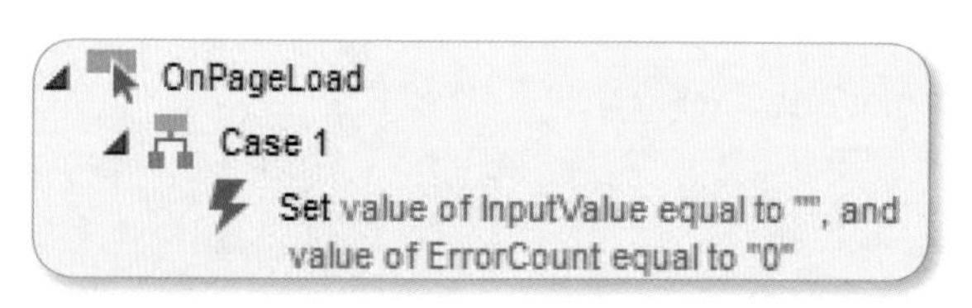

图 12-4　Home 页面的 OnPageLoad 事件

步骤 4：设置 dragPanel 的 OnDrag 事件

设置覆盖在矩形部件上的 dargPanel 部件的 OnDrag 事件，先看一下处理 rect1 ~ rect9、smallRect1 ~ smallRect9，以及给 InputValue 全局变量追加值的 9 个用例，如图 12-5 所示。

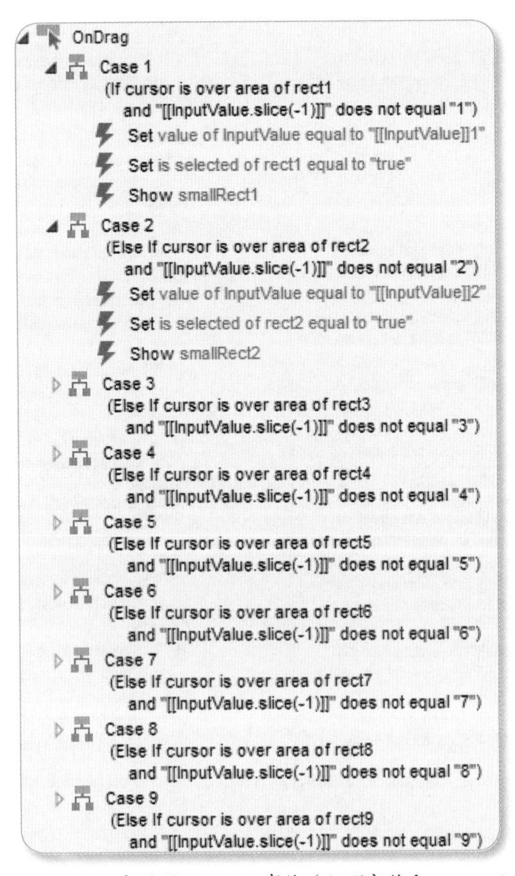

图 12-5　dargPanel 部件的 OnDrag 事件（矩形部件和 InputValue 变量）

该段设置的含义是，当在 dragPanel 部件中进行拖动时：如果鼠标移动到 rect1 部件区域（即第一个大圆圈），并且 InputValue 变量的最后一个值不是 1 时：

- 在 InputValue 全局变量后追加 1。
- 将 rect1 部件的 Selected（选中）属性设置为 true，即使第一个大圆圈变成红色边框。
- 将第一个小圆圈的矩形部件显示出来。

Case 2 和 Case 9 用例与 Case 1 用例类似，处理的分别是鼠标移动到 rect2 ～ rect9 区域的情况。

在 dragPanel 部件的 OnDrag 事件中添加 20 个用例处理 20 个水平线或垂直线的显示。这 20 个用例与其他用例是 if…if…的关系，如图 12-6 所示。

该段设置的含义是，当 InputValue 的值含有 12 或 21 时显示 12 这个水平线部件；当 InputValue 的值含有 14 或 41 时显示 14 这个水平线部件；Case 12 ～ Case 29 用例与此类似，不再赘述。

```
Case 10
  (If "[[InputValue.indexOf('12')]]" does not equal "-1"
    or "[[InputValue.indexOf('21')]]" does not equal "-1")
    Show 12
Case 11
  (If "[[InputValue.indexOf('14')]]" does not equal "-1"
    or "[[InputValue.indexOf('41')]]" does not equal "-1")
    Show 14
Case 12
  (If "[[InputValue.indexOf('15')]]" does not equal "-1"
    or "[[InputValue.indexOf('51')]]" does not equal "-1")
Case 13
  (If "[[InputValue.indexOf('23')]]" does not equal "-1"
    or "[[InputValue.indexOf('32')]]" does not equal "-1")
Case 14
  (If "[[InputValue.indexOf('24')]]" does not equal "-1"
    or "[[InputValue.indexOf('42')]]" does not equal "-1")
Case 15
  (If "[[InputValue.indexOf('25')]]" does not equal "-1"
    or "[[InputValue.indexOf('52')]]" does not equal "-1")
Case 16
  (If "[[InputValue.indexOf('26')]]" does not equal "-1"
    or "[[InputValue.indexOf('62')]]" does not equal "-1")
Case 17
  (If "[[InputValue.indexOf('35')]]" does not equal "-1"
    or "[[InputValue.indexOf('53')]]" does not equal "-1")
Case 18
  (If "[[InputValue.indexOf('36')]]" does not equal "-1"
    or "[[InputValue.indexOf('63')]]" does not equal "-1")
Case 19
  (If "[[InputValue.indexOf('45')]]" does not equal "-1"
    or "[[InputValue.indexOf('54')]]" does not equal "-1")
```

```
Case 20
  (If "[[InputValue.indexOf('47')]]" does not equal "-1"
    or "[[InputValue.indexOf('74')]]" does not equal "-1")
    Show 47
Case 21
  (If "[[InputValue.indexOf('48')]]" does not equal "-1"
    or "[[InputValue.indexOf('84')]]" does not equal "-1")
Case 22
  (If "[[InputValue.indexOf('56')]]" does not equal "-1"
    or "[[InputValue.indexOf('65')]]" does not equal "-1")
Case 23
  (If "[[InputValue.indexOf('57')]]" does not equal "-1"
    or "[[InputValue.indexOf('75')]]" does not equal "-1")
Case 24
  (If "[[InputValue.indexOf('58')]]" does not equal "-1"
    or "[[InputValue.indexOf('85')]]" does not equal "-1")
Case 25
  (If "[[InputValue.indexOf('59')]]" does not equal "-1"
    or "[[InputValue.indexOf('95')]]" does not equal "-1")
Case 26
  (If "[[InputValue.indexOf('68')]]" does not equal "-1"
    or "[[InputValue.indexOf('86')]]" does not equal "-1")
Case 27
  (If "[[InputValue.indexOf('69')]]" does not equal "-1"
    or "[[InputValue.indexOf('96')]]" does not equal "-1")
Case 28
  (If "[[InputValue.indexOf('78')]]" does not equal "-1"
    or "[[InputValue.indexOf('87')]]" does not equal "-1")
Case 29
  (If "[[InputValue.indexOf('89')]]" does not equal "-1"
    or "[[InputValue.indexOf('98')]]" does not equal "-1")
```

图 12-6　dargPanel 部件的 OnDrag 事件（水平线和垂直线）

步骤 5：设置 dragPanel 的 OnDragDrop 事件

设置覆盖在矩形部件上的 dargPanel 部件的 OnDragDrop（拖动结束时）事件。Case 1 和 Case 2 用例如图 12-7 所示。

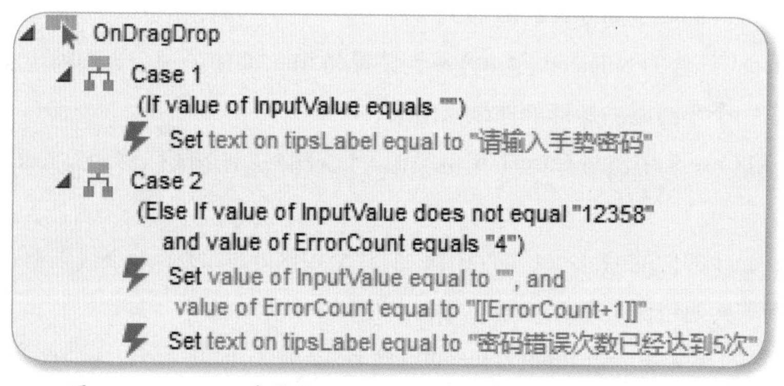

图 12-7　dragPanel 部件的 OnDragDrop 事件（Case 1 和 Case 2 用例）

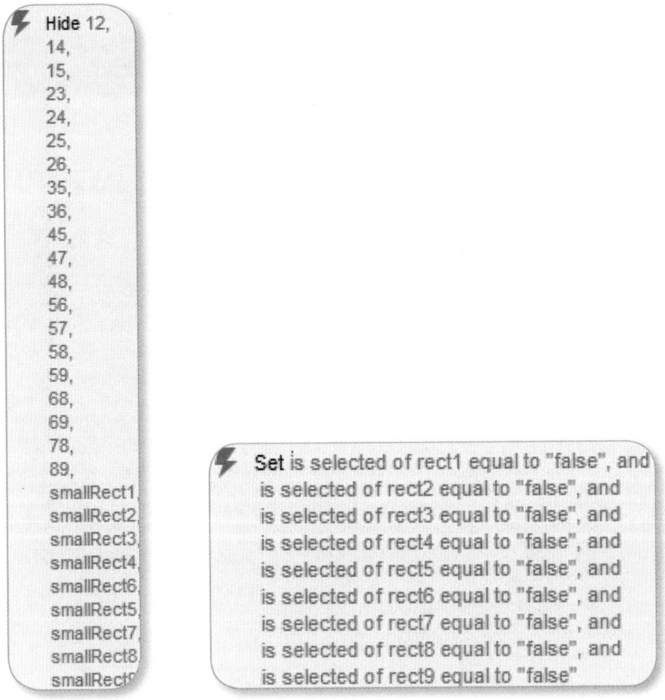

```
Hide 12,
14,
15,
23,
24,
25,
26,
35,
36,
45,
47,
48,
56,
57,
58,
59,
68,
69,
78,
89,
smallRect1,
smallRect2,
smallRect3,
smallRect4,
smallRect6,
smallRect5,
smallRect7,
smallRect8,
smallRect9
```

```
Set is selected of rect1 equal to "false", and
is selected of rect2 equal to "false", and
is selected of rect3 equal to "false", and
is selected of rect4 equal to "false", and
is selected of rect5 equal to "false", and
is selected of rect6 equal to "false", and
is selected of rect7 equal to "false", and
is selected of rect8 equal to "false", and
is selected of rect9 equal to "false"
```

图 12-7　dragPanel 部件的 OnDragDrop 事件（Case 1 和 Case 2 用例）（续图）

Case 3 用例如图 12-8 所示。

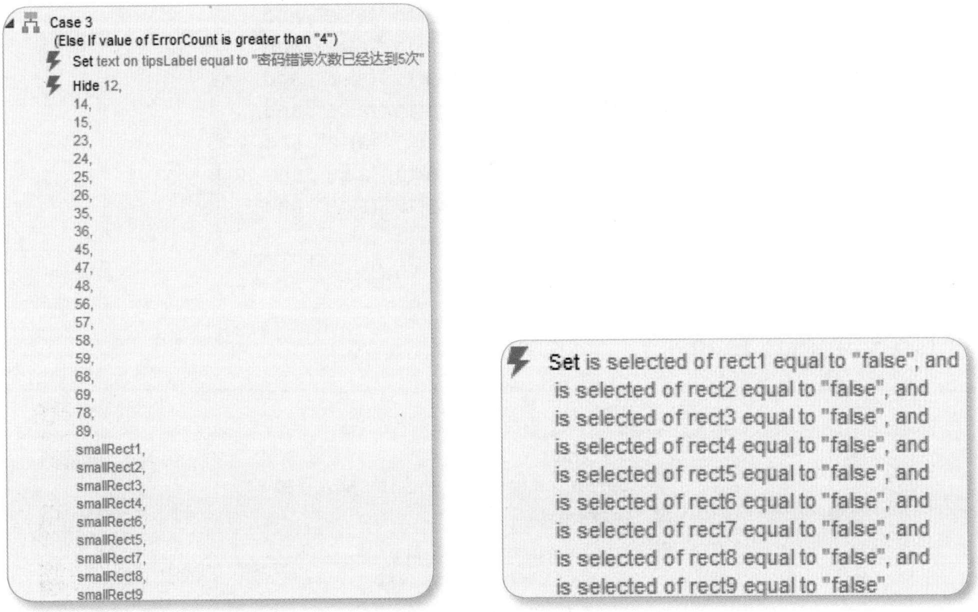

```
Case 3
(Else If value of ErrorCount is greater than "4")
Set text on tipsLabel equal to "密码错误次数已经达到5次"
Hide 12,
14,
15,
23,
24,
25,
26,
35,
36,
45,
47,
48,
56,
57,
58,
59,
68,
69,
78,
89,
smallRect1,
smallRect2,
smallRect3,
smallRect4,
smallRect6,
smallRect5,
smallRect7,
smallRect8,
smallRect9
```

```
Set is selected of rect1 equal to "false", and
is selected of rect2 equal to "false", and
is selected of rect3 equal to "false", and
is selected of rect4 equal to "false", and
is selected of rect5 equal to "false", and
is selected of rect6 equal to "false", and
is selected of rect7 equal to "false", and
is selected of rect8 equal to "false", and
is selected of rect9 equal to "false"
```

图 12-8　dragPanel 部件的 OnDragDrop 事件（Case 3 用例）

Case 4 用例如图 12-9 所示。

```
Case 4
(Else If value of InputValue does not equal "12358"
  and value of ErrorCount is less than "4")
  Set value of InputValue equal to "", and
   value of ErrorCount equal to "[[ErrorCount+1]]"
  Set text on tipsLabel equal to "密码错误，还有[[5-ErrorCount]]次机会！"
  Hide 12,
  14,
  15,
  23,
  24,
  25,
  26,
  35,
  36,
  45,
  47,
  48,
  56,
  57,
  58,
  59,
  68,
  69,
  78,
  89,
  smallRect1,
  smallRect2,
  smallRect3,
  smallRect4,
  smallRect6,
  smallRect5,
  smallRect7,
  smallRect8,
  smallRect9
```

```
Set is selected of rect1 equal to "false", and
 is selected of rect2 equal to "false", and
 is selected of rect3 equal to "false", and
 is selected of rect4 equal to "false", and
 is selected of rect5 equal to "false", and
 is selected of rect6 equal to "false", and
 is selected of rect7 equal to "false", and
 is selected of rect8 equal to "false", and
 is selected of rect9 equal to "false"
```

图 12-9　dragPanel 部件的 OnDragDrop 事件（Case 4 用例）

Case 5 用例如图 12-10 所示。

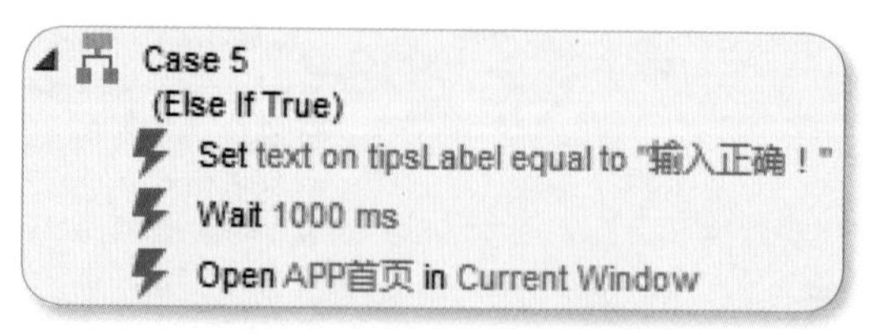

图 12-10　dragPanel 部件的 OnDragDrop 事件（Case 5 用例）

该段设置的含义是：

① 如果 InputValue 全局变量的值等于空，将 tipsPanel 标签部件设置为“请输入手势密码”。

② 如果 InputValue 全局变量的值不等于 12358（对应 7 的手势密码），并且当前错误次数已达到 4 次：

- 将 InputValue 全局变量的值设置为空，将 ErrorCount 全局变量的值设置为当前值 +1。
- 将 tipsPanel 标签部件设置为“密码错误次数已经达到 5 次”。
- 隐藏 12、14 等 12 个水平线或垂直线部件，并隐藏 smallRect1 ~ smallRect9 这 9 个矩形部件。
- 将 rect1 ~ rect9 部件的 Selected（选中）属性的值设置为 false。

③ 如果当前错误次数已大于 4 次：

- 将 tipsPanel 标签部件设置为“密码错误次数已经达到 5 次”。
- 隐藏 12、14 等 12 个水平线或垂直线部件，并隐藏 smallRect1 ~ smallRect9 这 9 个矩形部件。
- 将 rect1 ~ rect9 部件的 Selected（选中）属性的值设置为 false。

④ 如果 InputValue 全局变量的值不等于 12358，并且当前错误次数小于 4 次，即输入错误但还未到最大输入次数的情况：

- 将 InputValue 全局变量的值设置为空，将 ErrorCount 全局变量的值设置为当前值 +1。
- 将 tipsPanel 标签部件设置为“密码错误，还有 x 次机会”。
- 隐藏 12、14 等 12 个水平线或垂直线部件，并隐藏 smallRect1 ~ smallRect9 这 9 个矩形部件。
- 将 rect1 ~ rect9 部件的 Selected（选中）属性的值设置为 false。

⑤ 其余情况，即输入正确的情况：

- 将 tipsPanel 标签部件设置为“输入正确！”。
- 等待 1000ms，即 1 秒（模拟处理过程）。
- 打开 APP 首页。

■ 步骤 6：添加 APP 首页

在站点地图添加 APP 首页，截取截图。

12.3 小憩一下

手势密码在进入手机时和APP登录等场景都比较常见，与数字密码相比，它操作更为便捷。

我们可以利用动态面板部件的OnDrag和OnDragDrop事件，以及cursor is over area of widget的判断条件判断鼠标移动到的部件区域来确定哪些部件进行显示或隐藏操作。另外，通过全局变量记录移入过的矩形部件的序号，并与既定密码进行比较，判断输入是否正确。

第13章

基础案例 11：

天猫衣服详情页的图片效果

案例步骤：6

案例难度：难

案例重点：（1）重点讲解动态面板部件的 OnMouseMove（鼠标移动时）、OnMouseEnter（鼠标移入时）和 OnMouseOut（鼠标移出时）事件的使用。

（2）使用鼠标函数 Cursor.X 和 Cursor.Y 实现部件坐标的正确移动。

13.1 吐吐槽

13.1.1 案例描述

作为马云背后的女人之一，我在天猫每年也得砸不少银子，可怜我干瘪的钱包！本章案例以阿里系列的天猫平台为案例来一讲解衣服详情页的图片切换效果。

打开天猫，输入搜索条件进行搜索后打开某件衣服的详情页面，如 http://detail.tmall.com/item.htm?spm=a220m.1000858.1000725.137.NFz8pT&id=41212887769&skuId=64593606253&areaId=420100&cat_id=50048628&rn=9db826c378e1cd5e886a510ad6902dd5&user_id=1733198187&is_b=1。

在天猫商品详情页中，本案例关心的区域如图 13-1 所示。

图 13-1　天猫商品详情页的效果

本案例关注的交互事件包括：

① 单击“颜色分类”,选择不同的颜色图片时衣服大图片显示区会切换成不同的图片，并且尺码情况会做出对应改变。

② 单击左侧衣服图片展示区域下方的小图片时，图片展示区域的图片会变更。

③ 单击“数量”的向上和向下箭头，可以对购买的数量进行增加和减少操作。

④ 将鼠标移动到图片展示区域会出现一个不算很大的矩形遮盖层，接着会在右边显示该图片区域的放大效果，如图 13-2 所示。

在这 4 个交互事件中，④实现的难度比较大，而且也是本案例的重点。

图 13-2 图片部分区域放大显示效果

13.1.2 案例分析

这里梳理一下商品详情页的需求，从易到难实现本案例的效果。

◆ **大图**：将天猫商品详情页的图片展示区域设置为动态面板部件，因为对应下面的小图有5张图片，对应红色和黑色又有2张图片，所以该部件设置为7个状态。

◆ **小图**：下面的5张小图都设置Selected（选中）时的交互样式，并设置为同样的分组。当某个小图被选中时，将该小图设置为选中状态，其余4个小图自动被设置为未选中状态，并将图片展示区域的动态面板部件设置为对应的大图片。

◆ **颜色分类**：颜色分类的3个图片都设置Selected（选中）时的交互样式，并设置为同样的分组。当某个小图被选中时，将该小图设置为选中状态，其余4个小图自动被设置为未选中状态，并将图片展示区域的动态面板部件设置为对应的大图片。另外，将尺码也设置为动态面板部件，根据颜色的选择设置为不同状态。

◆ **数量**：数量可设置为输入框部件，两个图片部件，当向上箭头的OnClick事件被触发时，设置输入框的值等于当前值加1；当向下箭头的OnClick事件被触发时，如果当前值不为1时，设置输入框的值等于当前值减1。

◆ **大图放大预览效果**：添加一个透明背景，带有蓝色小点的遮盖层的图片部件默认隐藏。当鼠标移动到大图动态面板部件的内部时修改图片部件的坐标，使中间点的坐标等于当前鼠标光标坐标，并显示该部件。当鼠标移动时，该图片跟随鼠标移动。注意，作为遮盖层的图片不能移动到大图的动态面板部件区域外。

右侧显示放大效果的区域放置一个动态面板部件，大小为左侧区域的大小。默认将该动态面板部件设置为隐藏状态，当触发左侧大图的OnMouseEnter事件时进行显示，当触发左侧大图的OnMouseOut事件时隐藏该部件。

图片放大效果的动态面板部件内部放置的图片需要根据光标在左图区域的位置在右图显示遮盖层部分的内容，这里涉及到计算算法。

13.2 原型设计

为了简化，将本案例中除案例分析关注点之外的内容直接以截图方式拷贝到 Axure RP 7.0 中，并设置好部件坐标。为防止在操作其他部件时移动它们，可将这些部件先设置为锁定状态。

■ 步骤 1：设置尺码部件

尺码包括：1 个标签部件和 6 个动态面板部件（分别为 M、L、XL、XXL、XXXL 和 4XL 尺码），这 6 个动态面板部件中 M、L、XL 和 XXL 包括两种状态：selected 和 not_selected，而 XXXL 和 4XL 因为有些颜色没有这两个尺码，所以包括 3 个状态：selected、not_selected 和 none（没有该尺码）。

尺码相关的 7 个部件都为可见状态，部件的属性和样式如下：

部件名称	部件种类	坐标	尺寸	字体颜色
sizeLabel	Label	X491:Y240	W27:H16	838383
sizePanel1	Dynamic Panel	X550:Y230	W40:H40	无
sizePanel2	Dynamic Panel	X595:Y230	W40:H40	无
sizePanel3	Dynamic Panel	X639:Y230	W50:H40	无
sizePanel4	Dynamic Panel	X694:Y230	W50:H40	无
sizePanel5	Dynamic Panel	X744:Y230	W56:H40	无
sizePanel6	Dynamic Panel	X800:Y230	W58:H40	无

6 个尺码的动态面板的状态和默认状态设置如图 13-3 所示。

在 not_selected、selected 和 none 状态分别引入各种尺码在未选中、选中和没有该尺码时的图片。为了在单击时更改尺码选择，需要定义这 6 个尺码动态面板部件 not_selected 状态的图片的 OnClick 事件。

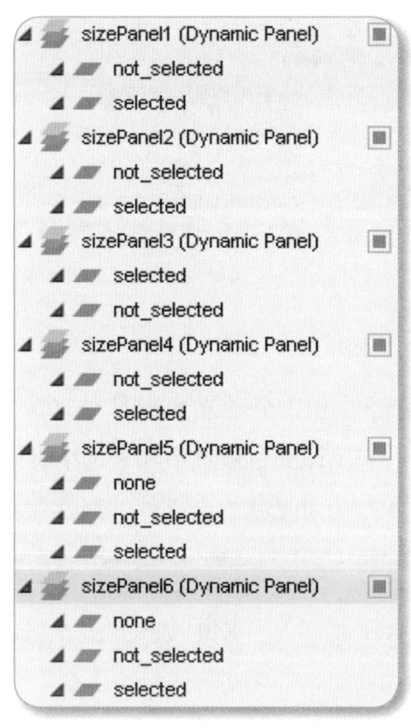

图 13-3　尺码动态面板部件状态

因为针对不同颜色分类，有颜色没有 XXXL 和 4XL 尺码，为了在单击 not_selected 状态的图片时能对 sizePanel5 和 sizePanel6 的状态做出处理，需要创建 XxxlStatus 和 XxxxlStatus 的全局变量，另外需要记录当前选择的尺码，创建变量 CurrentSize，可以选择 Project → Global Variables 菜单项对全局变量进行设置。

如 sizePanel1 的 not_selected 状态下图片的 OnClick 事件如图 13-4 所示。

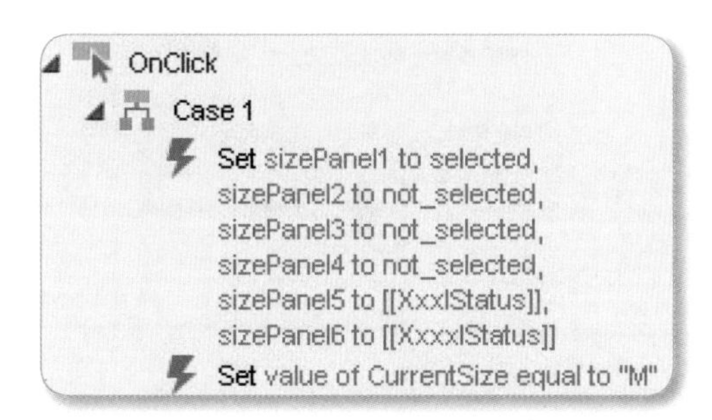

图 13-4　sizePanel1 的 not_selected 状态下图片的 OnClick 事件

sizePanel2 ~ sizePanel4 的 not_selected 状态下图片的 OnClick 事件与此类似，但是 sizePanel5 和 sizePanel6 的处理有所不同，这两者类似。如 sizePanel5 的 not_selected 状态下图片的 OnClick 事件如图 13-5 所示。

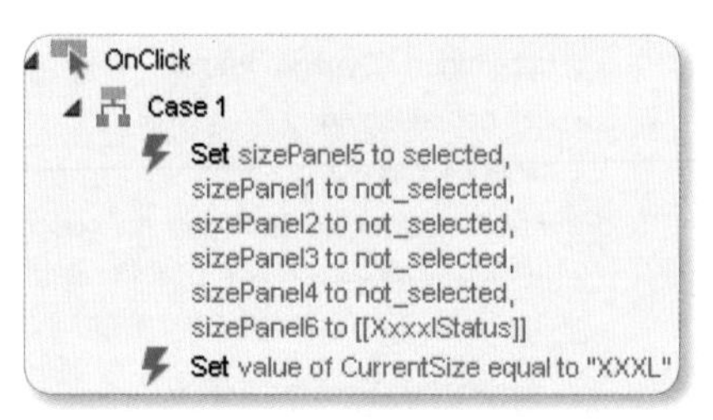

图 13-5 sizePanel5 的 not_selected 状态下图片的 OnClick 事件

■ 步骤 2：设置颜色分类部件

颜色分类包括 1 个标签部件和 3 个动态面板部件（分别设置 3 种颜色图片，包括 selected 和 not_selected 状态，表示该颜色被选中和未选中时的效果）。

颜色分类相关的 4 个部件都为可见状态，部件的属性和样式如下：

部件名称	部件种类	坐标	尺寸	字体颜色
colorLabel	Label	X491:Y290	W53:H16	838383
colorImg1	Image	X554:Y279	W47:H47	无
colorImg2	Image	X611:Y279	W47:H47	无
colorImg3	Image l	X668:Y279	W47:H47	无

设置 colorImg1 ~ colorImg3 三个部件的 Selected（选中）时交互样式，分别设置这三种颜色的图片被选中时的图片，可在添加图片后右击并选择 Interaction Styles 菜单项，单击 Selected 选项卡，设置选中时对应的图片，如图 13-6 所示。

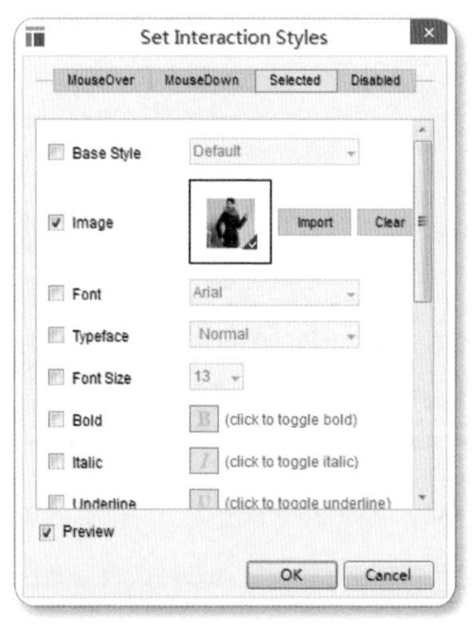

图 13-6 设置图片的选中时交互样式

另外，可同时选中这 3 个图片部件后右击并选择 Assign Selection Group 菜单项将这 3 个部件设置为同样的分组 colorGroup；也可以在选中某个部件后，在“部件属性和样式”面板的 Properties 选项卡中设置为同样的 Selection Group 属性。设置完成后，如果使用 Set Selected 动作设置某个部件的选中状态为 true，另外的同组部件的 Selected 属性将自动被设置为 false。

colorImg1 和 colorImg2 部件的 OnClick 事件类似，只是选中项为 true 的部件不同，这两者都是有 XXXL 和 4XL 尺码的，如图 13-7 所示。

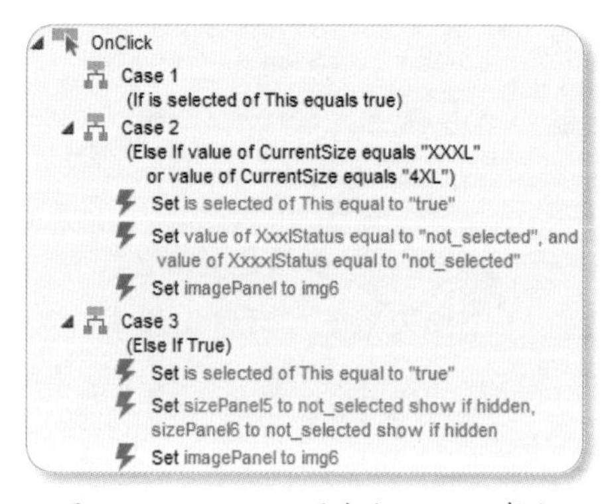

图 13-7 colorImg1 图片的 OnClick 事件

该段设置的含义是，当单击 colorImg1 图片时：

- 如果当前 colorImg1 图片部件的选中状态已经是 true，不进行任何操作。
- 当已选择的尺码为 XXXL 或 4XL 时（不满足 Case 1，所以当前选中状态为 false），只需要将当前图片的 Selected 属性设置为 true，其余图片的 Selected 属性将自动被设置为 false。另外，需要更改 XxxlStatus 和 XxxxlStatus 全局变量，因为这两个变量在尺码的相关部件事件处理中被用来判断当前颜色是否带有 XXXL 和 4XL 的尺码选项。如果有该尺码选项，则将变量值设置为 not_selected，否则设置为 none。
- 因为可能是从第三张颜色图片切换回来（该颜色没有这两个尺码），所以除了将当前图片的 Selected 属性设置为 true 外，其余图片都设置为 false。还需要设置 sizePanel5 和 sizePanel6 为 not_selected（选中，此时可单击）状态。

colorImg3 没有 XXXL 和 4XL 尺码，它的 OnClick 事件的处理有所不同，如图 13-8 所示。

该段设置的含义是，当单击 colorImg3 图片时：

- 如果当前 colorImg1 图片部件的选中状态已经是 true，不进行任何操作。
- 如果当前选择的尺码不是 XXXL 和 4XL，只需要将当前图片的 Selected 属性设置为 true，其余图片设置为 false。将 sizePanel5 和 sizePanel6 设置为 none 状态（不允许单击）。

设置 XxxlStatus 变量和 XxxxlStatus 变量为 none，以控制 M、L、XL 和 XXL 尺码选项被单击时能正确处理 XXXL 和 4XL 尺码的状态。

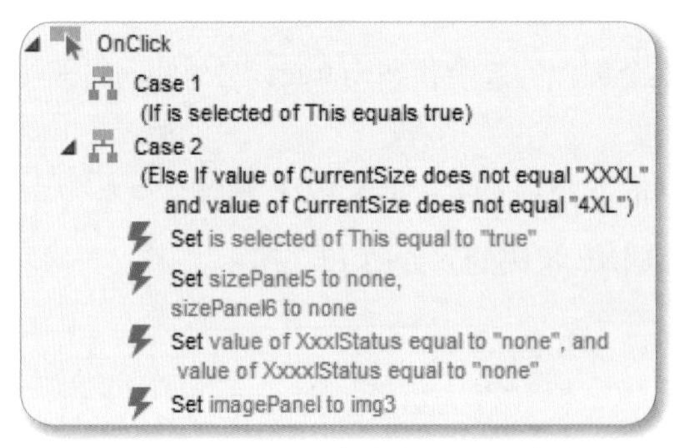

图 13-8 colorImg3 部件的 OnClick 事件

■ 步骤 3：设置数量部件

数量包括 3 个标签部件、1 个输入框部件（显示数字信息）、1 个矩形部件（输入框部件不采用默认边框）和 2 个图片部件（向上箭头和向下箭头图片）。

主要部件的属性和样式如下：

部件名称	部件种类	坐标	尺寸	字体颜色	边框颜色
countLabel1	Label	X491:Y360	W27:H16	838383	无
countTextfield	Text Field	X550:Y350	W40:H36	无	无
addImage	Image	X595:Y348	W22:H18	无	无
subImage	Image	X595:Y370	W22:H17	无	无

需要将 countTextfield 的默认值设置为 1 并居中对齐。将 countRect 矩形部件作为边框，可设置为透明背景。

设置向上箭头图片部件 addImage 的 OnClick 事件，在单击时采用局部变量 LVAR1 获得 countTextfield 输入框的值，然后将 countTextfield 的值实现加 1 操作，如图 13-9 所示。

图 13-9 addImage 部件的 OnClick 事件

设置向下箭头图片部件 subImage 的 OnClick 事件，如图 13-10 所示。在单击时采用局部变量 LVAR1 获得 countTextfield 输入框的值，然后将 countTextfield 的值实现减 1 操作。需要注意的是，只有在当前 countTextfield 输入框的值大于 1 时才这样做，否则不执行任何操作。

图 13-10　subImage 部件的 OnClick 事件

■ 步骤 4：设置图片区域部件

该步骤要设置的是最核心的区域“图片区域”，下面的 5 个小图使用图片部件实现，上面的大图使用动态面板部件实现。

6 个部件的属性和样式如下：

部件名称	部件种类	坐标	尺寸	可见性
imagePanel	Dynamic Panel	X0:Y0	W444:H444	Y
smallImg1	Image	X26:Y460	W60:H60	Y
smallImg2	Image	X107:Y460	W60:H60	Y
smallImg3	Image	X188:Y460	W60:H60	Y
smallImg4	Image	X269:Y460	W60:H60	Y
smallImg5	Image	X350:Y460	W60:H60	Y

imagePanel 动态面板部件有 7 个状态，分别对应小图单击后的 5 张大图和颜色分类中另外两种颜色的图，状态设置如图 13-11 所示。

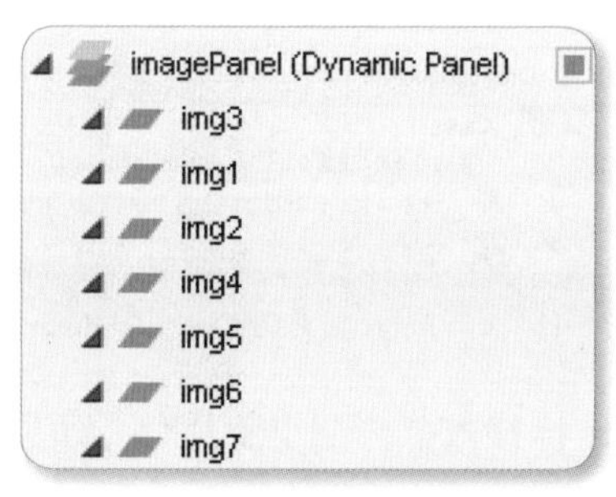

图 13-11　imagePanel 部件的状态

smallImg1 ～ smallImg5 都需要设置 Selected（选中）时交互样式，带有黑色边框。交互样式设置如图 13-12 所示。需要将这 5 个图片部件和 3 个颜色分类图片部件设置为同样的分组 colorGroup，并且选中 smallImg3 部件后右击并选择 Selected 菜单项，将其默认设置为 Selected 属性为 true，也可以在“部件属性和样式”面板的 Properties 选项卡中勾选 Selected（选中）属性。

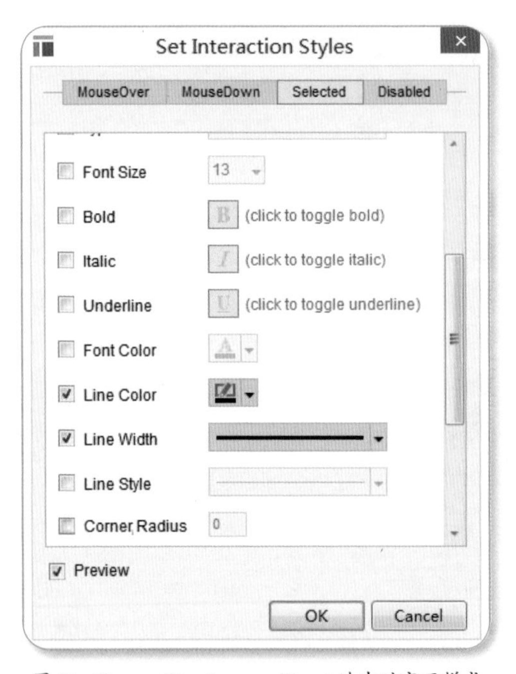

图 13-12　smallImg1 ～ smallImg5 选中时交互样式

当鼠标移入到某个小图片上时，对应的小图片的 Selected 属性为 true，其余小图片为 false，而且 imagePanel 部件需要切换状态来显示对应的图片。可以为 smallImg1 ～ smallImg5 部件增加 OnMouseEnter 事件，如 smallImg1 的 OnMouseEnter 事件如图 13-13 所示。

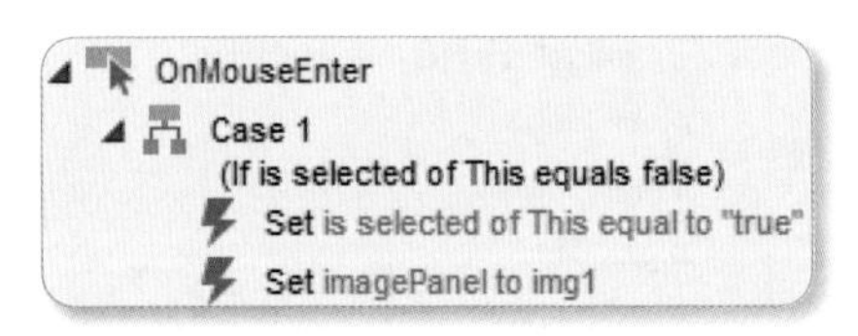

图 13-13　smallImg1 图片的 OnMouseEnter 事件

该段设置的含义是，但鼠标移入第一个小图片时，如果当前图片的 Selected（选中）属性为 false：

- 设置当前小图片的 Selected（选中）属性为 true。
- 切换 imagePanel 部件状态，将图片显示区域设置为对应大图。

smallImg2~ smallImg5 的 OnMouseEnter 事件设置与此类似，不再赘述。

步骤 5：设置遮盖层图片部件

准备遮盖层图片部件（透明背景，带有蓝色像素点），部件的属性和样式如下：

部件名称	部件种类	坐标	尺寸	可见性
coverImage	Image	X82:Y82	W280:H280	N

需要注意的是，该遮盖层图片默认设置为隐藏，当鼠标移动到大图区域时遮盖层才会跟着鼠标移动到指定坐标并显示出来。

因为鼠标移入大图区域时要得到当前鼠标的 X 坐标和 Y 坐标，所以我们首先定义 MouseX 和 MouseY 两个全局变量存储这两个坐标，默认值都设置为 0。

接着需要设置步骤 5 中添加的 imagePanel 部件的事件。

当 imagePanel 部件发生 OnMouseEnter（鼠标移入时）事件时将遮盖层图片移动到合适坐标，如图 13-14 所示。

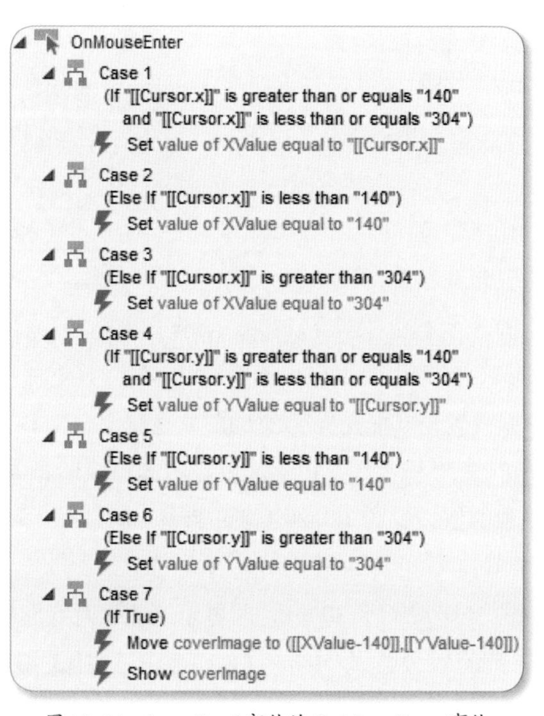

图 13-14 imagePanel 部件的 OnMouseEnter 事件

天猫详情页的效果中，当鼠标在图片区域移动时（宽度和高度均为444px），遮盖层不会移出图片区域。

在图13-14中，Case 2、Case 3、Case 5和Case 6这4个分支都是为了处理鼠标光标虽然在图片区域内，但是如果遮盖层动态面板部件（宽度和高度都为140px）以鼠标光标的点为中心点，遮盖层将会有部分内容在imagePanel区域之外的情况。

图13-14设置的含义是，当鼠标移入imagePanel部件区域内时：

① 如果鼠标光标的X坐标大于等于140px且小于等于304px，即显示遮盖层时左侧中间坐标不会小于0px，右侧中间坐标不会超过444px，此时将表示遮盖层中间点X坐标的XValue全局变量设置为鼠标光标所在处的X坐标。

② 如果鼠标光标的X坐标小于140px，即显示遮盖层时左侧中间坐标小于0px时，将XValue全局变量的值设置为140px（保证遮盖层时左侧中间坐标不会小于140-140=0px）。

③ 如果鼠标光标的X坐标大于304px，即显示遮盖层时右侧中间坐标大于444px时，将XValue全局变量的值设置为304px（保证遮盖层时右侧中间坐标不会小于304+140=444px）。

①、②和③条件分支是互斥执行的，使用的是默认的if…elseif…elseif…的关系，这3个条件分支中总有一个分支会被执行。

④、⑤和⑥用例作为一个整体（相互之间是if…elseif…elseif…的关系），与①、②和③用例是if…if…的关系，Case 1 ~ Case 3用例执行完毕后将继续执行Case 4 ~ Case 6中的用例。

可在“部件交互和注释”面板中选中Case 4分支，右击并选择Toggle if/elseif菜单项将其从默认的elseif设置为if语句。

④ 如果鼠标光标的Y坐标大于等于140px且小于等于304px，即显示遮盖层时顶端中间点坐标不会小于0px，底端中间点坐标不会超过444px，此时将表示遮盖层中间点Y坐标的YValue全局变量设置为鼠标光标所在处的Y坐标。

⑤ 如果鼠标光标的Y坐标小于140px，即显示遮盖层时顶端中间点坐标小于0px时，将YValue全局变量的值设置为140px（保证遮盖层时顶端中间点坐标不会小于140-140=0px）。

⑥ 如果鼠标光标的Y坐标大于304px，即显示遮盖层时底端中间点坐标大于444px时，将YValue全局变量的值设置为304px（保证遮盖层时底端中间点坐标不会小于304+140=444px）。

采取同样的方式将 Case 7 用例设置为 if…if…关系，即不管前面的用例执行如何，该用例都会执行。

⑦ 将遮盖层动态面板部件移动到 X:Y 坐标为 XValue-140:YValue-140，即设置该部件的左上角坐标，然后显示遮盖层部件。

举例来说，当鼠标移动到图片区域的正中间，即 X 坐标和 Y 坐标都为 222px 时，将依次执行①→④→⑦用例。

当 imagePanel 部件发生 OnMouseOut（鼠标移出时）事件时隐藏遮盖层部件和放大图片区域的图片，如图 13-15 所示。

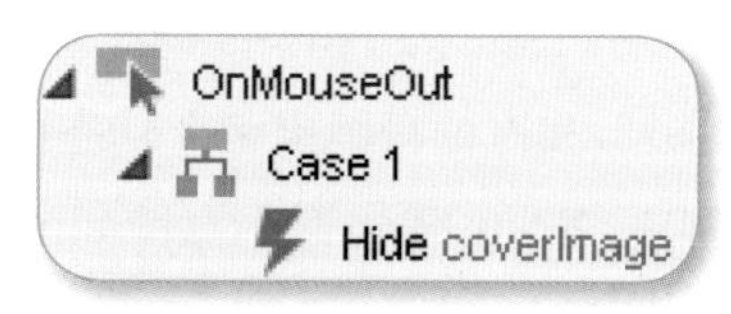

图 13-15　当 imagePanel 部件发生 OnMouseOut 事件时

imagePanel 部件的 OnMouseMove（鼠标移动时）事件与 OnMouseEnter（鼠标移入时）事件处理一致，不再赘述。

步骤 6：设置放大图片效果

当鼠标移动到图片区域时还有一个效果需要实现：在右侧区域显示遮盖层区域的放大效果。创建一个放大图片区域的动态面板部件，其属性和样式如下：

部件名称	部件种类	坐标	尺寸	可见性
largeImagePanel	Dynamic Panel	X444:Y0	W444:H444	N

因为默认情况下不显示放大效果，所以将该部件设置为隐藏状态。该部件与 imagePanel 部件一样，也有 img1 ～ img7 共 7 个状态，默认为 img3，分别对应 7 张图片的大图。里面的图片尺寸为 W798:H798，有一部分在 largeImagePanel 动态面板部件显示范围之外。

为了后面能更好地控制里面 7 张大图片的移动，我们在 largeImagePanel 中创建一个内部的动态面板部件 largeInnerPanel，尺寸为 W798:H798，在该动态面板中有 7 个状态。

在小图改变时，虽然此时放大图片的区域不显示，但也需要将其状态改变，如 smallImg1 的 OnClick 事件修改成如图 13-16 所示，smallImg2 ～ smallImg5 如法炮制。

修改 imagePanel 部件的 OnMouseEnter、OnMouseOut 和 OnMouseMove 事件，需要添加对 largeImagePanel 部件的处理。

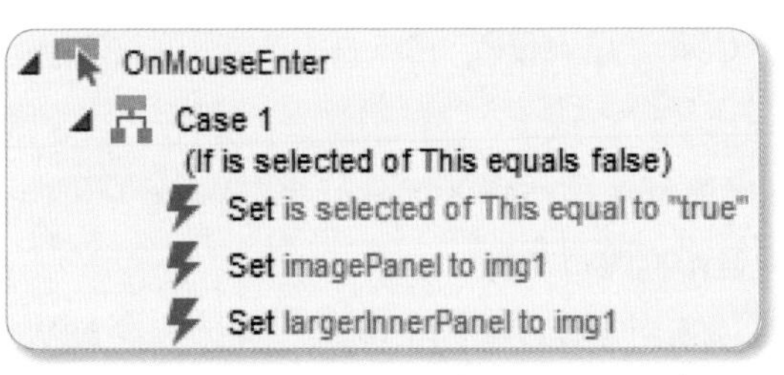

图 13-16 修改后的 smallImg1 部件的 OnClick 事件

这个是本案例的难点所在，需要计算 largeImagePanel 中应该显示的图片区域。imagePanel 的图片大小为 W444:H444，而 largeImagePanel 中图片的大小为 W798:H798，放大图片与左侧图片的长度和宽度比例都为 798 / 444 = 1.7973。

为了便于了解，我们使用矩形和占位符画出两个动态面板部件和遮盖层示意，例如当鼠标位置在左侧遮盖层中间坐标 X240:X240 时示意图如图 13-17 所示。

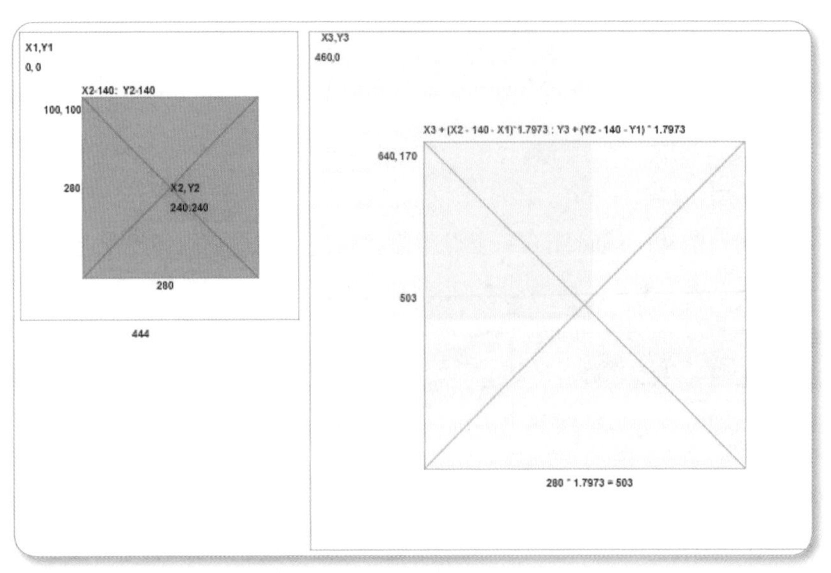

图 13-17 需要显示的放大区域示意图

图 13-17 中，淡黄色区域就是应该在 largeImagePanel 中显示的图片区域，但是淡蓝色才是我们实际的 largeImagePanel 的大小。我们还需要对 largeImagePanel 中的 largeInnerPanel 子动态面板部件中的图片进行移动。将黄色区域的左上角移动到 X3:Y3 处。

跟小伙伴们分析一下，橙色占位符区域左上角相对 X1:Y1 移动了 X2-140 和 Y2-140，在右边放大区域如果要从 X3:Y3 移动到黄色占位符区域左上角，只需要在 X 坐标和 Y 坐标方向分别移动 (X2-140)*798/444 和 (Y2-140)*798/444。而我们要呈现需要的效果，需要将 largeInnerPanel 子动态面板部件中的图片从黄色占位符区域左上角移动到 X3:Y3 处，所以是反方向，要加上负号：-(X2-140)*798/444 和 -(X2-140)*798/444。

imagePanel 部件的 OnMouseEnter（鼠标移入时）和 OnMouseOut（鼠标移出时）事件的 Case 1 ~ Case 6 条件分支保持不变，Case 7 事件修改为如图 13-18 所示。

```
Case 7
(If True)
  Move coverImage to ([[XValue-140]],[[YValue-140]])
  Show coverImage
  Move largerInnerPanel to ([[-(XValue-140)*798/444]],[[-(YValue-140)*798/444]])
  Show largeImagePanel
```

图 13-18　修改 imagePanel 部件的 OnMouseMove 和 OnMouseEnter 事件

其中，798 为右侧大图的尺寸，444 为左侧图片的尺寸，140 是当鼠标在某处时遮盖层左上角的坐标，相对于正中间所在坐标的相对 X 坐标和 Y 坐标，XValue 和 YValue 表示遮盖层正中间所在点的坐标。

还需要对 imagePanel 部件的 OnMouseOut（鼠标移出时）事件进行修改，修改后如图 13-19 所示。

在“设置颜色分类部件”步骤时，单击不同颜色时还应该改变图片区域中的图片，需要更改 colorImg1 ~ colorImg3 部件的 OnClick 事件的设置，添加对 largeInnerPanel 部件的处理。

colorImg1 图片的 OnClick 事件的设置如图 13-20 所示。在这个设置中，将 imagePanel 的状态设置为 img6 的图片，将 largeInnerPanel 也设置为 img6 状态下的大图片（此时该动态面板的父动态面板 largeImagePanel 是隐藏状态）。colorImg2 和 colorImg3 与此修改类似，不再赘述。

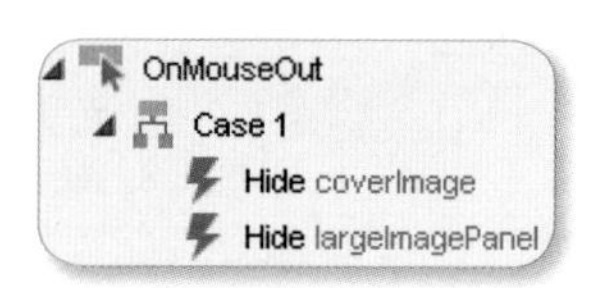

图 13-19　修改 imagePanel 部件的 OnMouseOut 事件

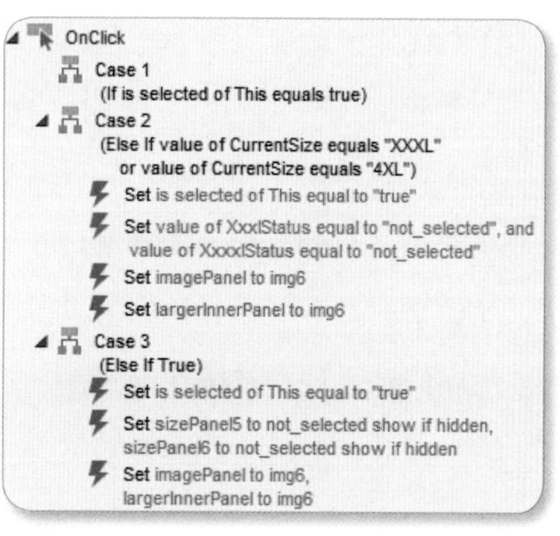

图 13-20　colorImg1 部件的 OnClick 事件

■ 案例运行效果

按 F5 快捷键进行预览，默认情况以及切换图片并将鼠标移动到左侧图片区域后的页面效果分别如图 13-21 和图 13-22 所示。

图 13-21　默认情况的运行效果

图 13-22　切换图片后的运行效果

13.3　小憩一下

通过本章案例，小伙伴们又接触了一些新的函数：Cursor.X 和 Cursor.Y 鼠标函数，这两个函数分别用于获取当前鼠标所在的 X 坐标和 Y 坐标，常被用于实现鼠标跟随的交互效果。

在本案例中，鼠标移动时的交互效果为：弹出一个遮盖层跟随鼠标移动，当鼠标在图片区域移动时遮盖层不能越过该图片区域，并且需要在右侧显示遮盖层所遮盖区域的图片的放大效果。

我们采用的方法是利用 Cursor.X 和 Cursor.Y 鼠标函数，结合动态面板部件的 OnMouseMove（鼠标移动时）事件实现遮盖层的鼠标跟随效果。另外，结合部件的 Move 动作实现正确显示图片放大区域的交互效果，对于 Move 动作移动的 X 坐标和 Y 坐标，涉及到计算方法，小伙伴们可通过示意图快速理解。

第14章

基础案例 12：

京东商城的购物车

案例步骤：7

案例难度：难

案例重点：（1）使用全局变量和局部变量。

（2）热区部件和动态面板部件的结合使用，完成对部分区域的鼠标单击交互效果。

14.1 吐吐槽

14.1.1 案例描述

购物车是电商网站的基本功能，如京东商城、淘宝、苏宁易购和当当网等网站都有购物车功能，本案例以京东商城的购物车功能为例来讲解购物车功能的原型设计。

在京东商城某个笔记本商品的详情页面有“加入购物车”按钮，如图 14-1 所示。

图 14-1　京东商城商品详情页

在该页面单击“加入购物车”按钮，提示成功加入购物车，如图 14-2 所示。

图 14-2　加入购物车成功界面

图中显示了当前购物车的商品数量、金额总计，以及商品图片、商品描述和商品价格，单击“去购物车结算”按钮进入购物车结算页面，如图 14-3 所示。

图 14-3　购物车结算页面

14.1.2　案例分析

为简单起见，我们只针对这两款商品实现购物车功能，去掉一些次要的功能，如将购物车中的商品移除到我的关注、购买该商品的用户还购买了哪些商品、首页导航效果、换购商品、直接结算、去活动凑单、购买礼品包装和购买京东服务等功能。

在本案例中，我们主要实现购物车的核心功能：

- 单击商品列表或详情页中的“加入购物车”按钮，将相应商品添加到购物车。
- 购物车中可显示商品数量、金额总计和具体的商品信息，单击商品图片或商品描述进入商品详情页面。
- 单击“去购物车结算”按钮进入购物车结算页面，显示购物车的所有商品信息，单击“删除”按钮后对应商品进入下方删除区域，单击删除区域中的“重新购买”按钮，对应商品又进入购物车内。

添加到购物车的商品和商品数量等都可以采用全局变量实现，购物车结算页面的“删除”和“重新购买”的动态删除和添加效果可以采用隐藏和显示部件动作实现，可结合 Move 动作实现部件的移动，使用 Bring to Front/Back 动作实现部件顺序的前置和后移。

14.2 原型设计

■ 步骤1：设置全局变量

在这个案例中需要用到全局变量，主要用在：

◆ ViewProductName：在商品展示页面记录需要查看商品详情的商品名称，以便在商品详情页面展示对应商品的详细信息。

◆ ThinkPadProdBuyFlag：ThinkPad笔记本电脑商品是否加入购物车标志，有0、1和2三个值，分别表示：未加入购物车、已加入购物车和加入购物车后进行了删除操作。该全局变量用在购物车和购物车结算页面ThinkPad笔记本电脑是否显示以及显示在什么区域（购买区域或删除区域）。

◆ ThinkPadProdBuyCount：ThinkPad笔记本电脑商品加入购物车的数量。

◆ ThinkPadProdUnitPrice：ThinkPad笔记本电脑商品的单价。

◆ LogitechProdBuyFlag：Logitech鼠标商品是否加入购物车标志，有0、1和2三个值，分别表示：未加入购物车、已加入购物车和加入购物车后进行了删除操作。该全局变量用在购物车和购物车结算页面Logitech鼠标是否显示以及显示在什么区域（购买区域或删除区域）。

◆ LogitechProdBuyCount：Logitech鼠标商品加入购物车的数量。

◆ LogitechProdUnitPrice：Logitech鼠标商品的单价。

◆ TotalCount：购买的商品总数量，等于ThinkPad笔记本电脑和Logitech鼠标商品的数量总和。

◆ TotalMoney：购买的商品总金额，等于ThinkPad笔记本电脑和Logitech鼠标商品的金额的总和。

◆ LastAddCartProdName：最后添加到购物车的商品，在加入购物车成功页面需要显示最后添加到购物车的商品，所以需要记录。

选择菜单栏中的Project → Global Variables菜单项可以查看和管理所有的全局变量，如图14-4所示。

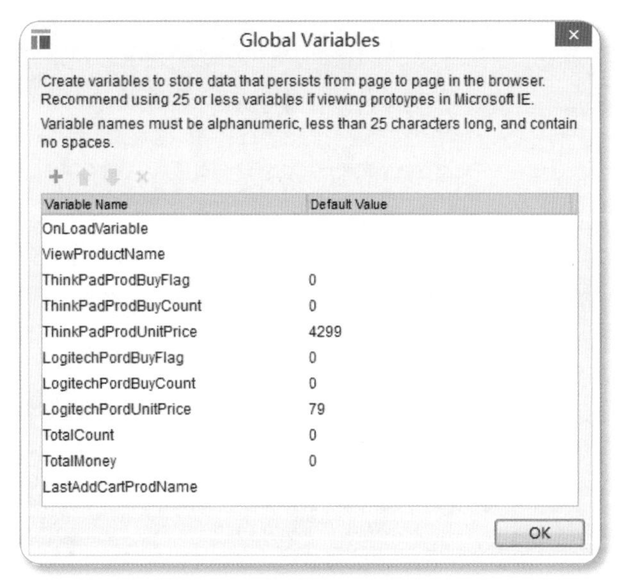

图 14-4　全局变量管理

步骤 2：管理站点地图

将 Page_1、Page_2 和 Page_3 分别重命名为：商品详情页面、将商品添加到购物车成功页面和去购物车结算页面，并添加“购物车为空页面”页面，如图 14-5 所示。

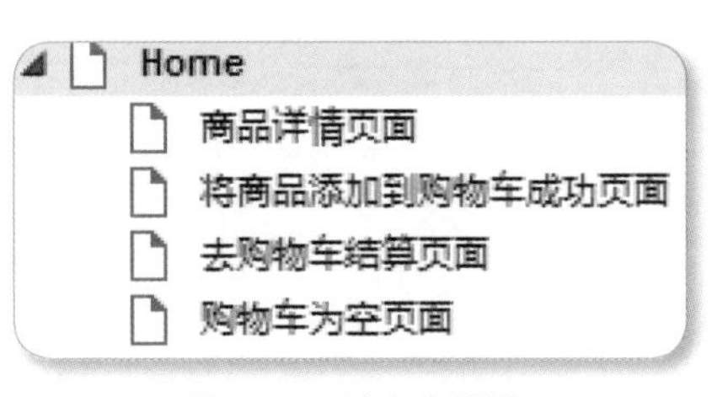

图 14-5　站点地图树

步骤 3：设计商品展示页面

将 Home 页面作为商品列表展示页面，为了简单起见，我们只是在该页面展示 ThinkPad 笔记本电脑和 Logitech 鼠标两种商品。

（1）添加和设置部件。

页头、二级菜单和星级评分等部件我们都可以通过截图实现，该页面带有交互效果的主要部件都为显示状态，部件的属性和样式如下：

部件名称	部件种类	坐标	尺寸	字体 / 边框颜色	填充颜色
thinkpadImg	Image	X277:Y175	W220:H220	无	无
thinkpadDesc	Label	X280:Y403	W200:H48	666666/ 无	无
Thinkpad -CommentLabel	Label	X370:Y484	W101:H16	005AA0/ 无	无
thinkpadInsert -CartRect	Rectangle	X277:Y525	W80:H30	464646/ E5E5E5	F7F7F7
logitechImg	Image	X620:Y175	W220:H220	无	无
logitechDesc	Label	X620:Y395	W240:H56	666666/ 无	无
Logitech -CommentLabel	Label	X703:Y484	W147:H16	005AA0/ 无	无
LogitechInsert -CartRect	Rectangle	X621:Y525	W80:H30	464646/ E5E5E5	F7F7F7

（2）设置查看商品详情交互事件。

部件设置完毕后，需要设置该页面的部件交互效果，鼠标单击商品图片、商品描述和商品评论后在新窗口中打开“商品详情页面”页面，thinkpadImg、thinkpadDesc 和 thinkpadCommentLabel 部件的 OnClick（鼠标单击时）事件如图 14-6 所示。

图 14-6　ThinkPad 笔记本电脑的图片、描述和评论的 OnClick 事件

该段设置的含义是，当鼠标单击 ThinkPad 笔记本电脑的图片、描述和评论时：

- 设置在详情页面要查看的产品名称为 thinkpad（设置全局变量 ViewProductName 为 thinkpad）。
- 在新窗口中打开商品详情页面显示 ThinkPad 笔记本电脑商品的详细信息。

按照同样的方法设置 logitechImg、logitechDesc 和 logitechCommentLabel 部件的 OnClick 事件，如图 14-7 所示。

图 14-7　Logitech 鼠标的图片、描述和评论的 OnClick 事件

（3）设置加入购物车交互事件。

设置 ThinkPad 笔记本电脑商品的“加入购物车”矩形部件的 OnClick 事件，如图 14-8 所示。

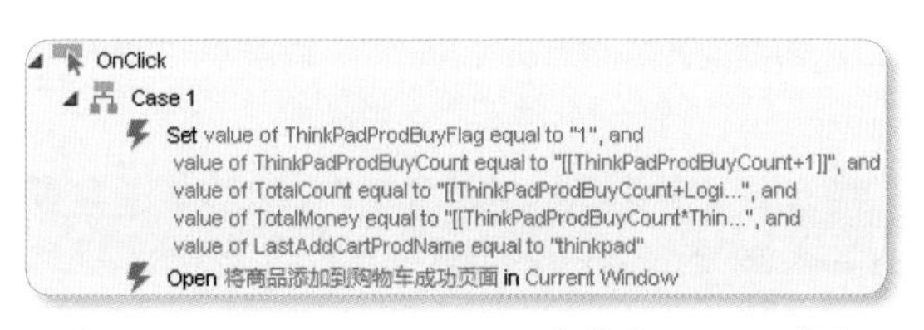

图 14-8 thinkpadInsertCartRect 部件的 OnClick 事件

该段设置的含义是，当单击 ThinkPad 笔记本电脑商品的“加入购物车”按钮时：

- 设置 ThinkPadBuyFlag 的值为 1，表示 ThinkPad 笔记本电脑加入了购物车。
- 设置 ThinkPadBuyCount 的值为 ThinkPadBuyCount+1，即在原来购买数量的基础上进行加 1 操作。
- 设置 TotalCount 的值等于 ThinkPadBuyCount + LogitechBuyCount，即 ThinkPad 笔记本电脑和 Logitech 鼠标商品数量的总和。
- 设置 TotalMoney 的值等于 ThinkPadBuyCount × ThinkPadUnitPrice + LogitechBuyCount × LogitechUnitPrice，即等于 ThinkPad 笔记本电脑的购买数量 × 单价 + Logitech 鼠标的购买数量 × 单价。
- 设置 LastAddCartProductName 的值等于 thinkpad，以便在加入购物车成功页面能将最后添加的商品显示在上面。
- 在当前窗口中打开“将商品添加到购物车成功页面”页面。

Logitech 鼠标商品的“加入购物车”矩形部件的 OnClick 事件的设置与此类似，如图 14-9 所示。

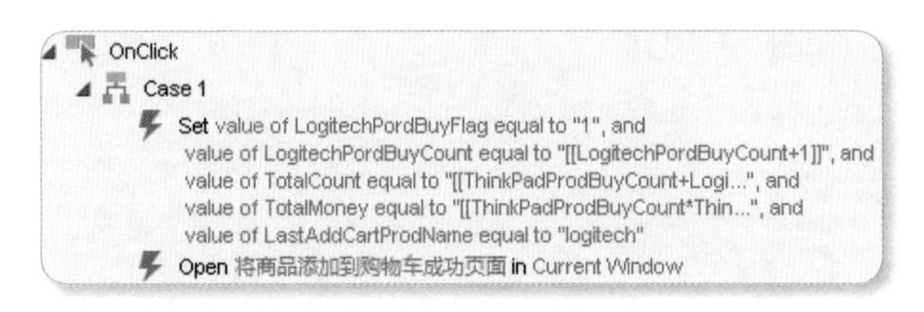

图 14-9 LogitechInsertCartRect 部件的 OnClick 事件

步骤 4：设计商品详情页面

双击站点导航面板中的商品详情页面，该页面在页面设计面板中进入编辑状态。

为了实现在 Home（商品展示）页面单击的不同商品展示不同的商品详细信息，我们可以使用动态面板部件的不同状态表示不同商品详情。

（1）添加和设置基本部件。

可以使用截图软件，如 SnagIt 截屏软件，对京东商城的这两个商品的详情页面进行截图。详情页面需要定义动态面板部件，它的尺寸需要等于商品详情页截图的大小，部件属性和样式如下：

部件名称	部件种类	坐标	尺寸	可见性
detailPanel	Dynamic Panel	X0:Y0	W1024:H1180	Y

为 detailPanel 部件添加 thinkpad 和 logitech 两个状态，分别将两个商品详情页的截图添加到其中。

（2）添加和设置交互事件部件。

在 detailPanel 部件的 thinkpad 状态的“加入购物车”按钮中添加一个热区部件，另外添加一个输入框部件记录 ThinkPad 笔记本电脑商品的数量，为表示数量的向上和向下箭头添加热区部件。部件的属性和样式如下：

部件名称	部件种类	坐标	尺寸	字体颜色	可见性
insertThinkpadHotspot	Hot Spot	X390:Y590	W110:H30	无	Y
addThinkpadHotspot	Hot Spot	X372:Y590	W13:H13	无	Y
subThinkpadHotspot	Hot Spot	X372:Y605	W13:H13	无	Y
thinkpadcountTextfield	Text Field	X348:Y592	W24:H24	000000/ 无	Y

为 ThinkPad 笔记本电脑商品详情的“加入购物车”按钮的 insertThinkpadHotspot 部件添加 OnClick 事件，如图 14-10 所示。

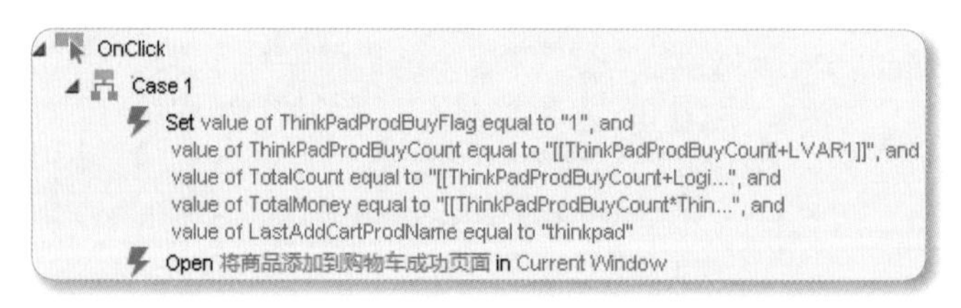

图 14-10　insertThinkpadHotspot 部件的 OnClick 事件

该段设置与步骤 3 中的“设置加入购物车交互事件”基本一致，不同之处在于此时的 ThinkPadBuyCount = 当前 ThinkPadBuyCount 的值 + 局部变量 LVAR1 的值，LVAR1

局部变量等于 thinkpadcountTextfield 输入框的值。

addThinkpadHotspot 部件用于增加 ThinkPad 笔记本电脑商品的数量，该部件的 OnClick（鼠标单击时）事件如图 14-11 所示。

图 14-11　addThinkpadHotspot 部件的 OnClick 事件

该段设置的含义是，当单击“添加数量”按钮时：获得 thinkpadcountTextfield 输入框的当前值并将其放到局部变量 LVAR1 中，然后为 thinkpadcountTextfield 输入框赋值为 LVAR1+1。

subThinkpadHotspot 部件用于减少 ThinkPad 笔记本电脑商品的数量，该部件的 OnClick（鼠标单击时）事件如图 14-12 所示。

图 14-12　subThinkpadHotspot 部件的 OnClick 事件

该段设置的含义是，当单击“减少数量”按钮时：如果 thinkpadcountTextfield 当前值大于 1，获得 thinkpadcountTextfield 输入框当前值并将其放到局部变量 LVAR1 中，然后为 thinkpadcount 输入框赋值为 LVAR1-1；否则，不进行任何操作。

使用同样的方法为 detailPanel 部件的 logitech 状态添加 Hot Spot 部件和 Text Field 部件并设置相应的 OnClick 事件，不再赘述。

（3）设置页面加载时事件。

在进入商品详情页面时，需要根据全局变量 ViewProductName 的值为 detailPanel 部件设置不同的状态，可通过 OnPageLoad（页面加载）事件实现，如图 14-13 所示。

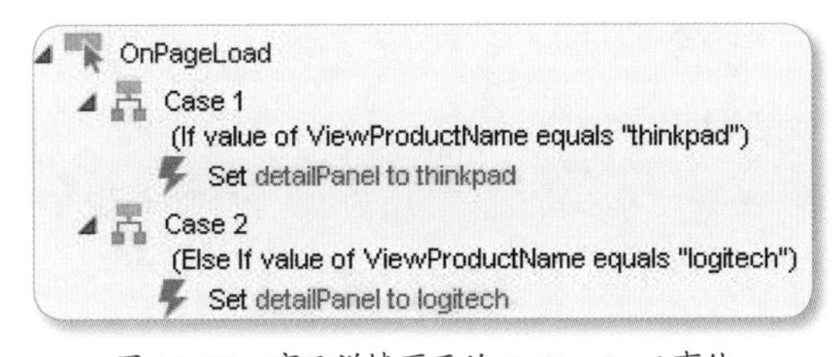

图 14-13　商品详情页面的 OnPageLoad 事件

该段设置的含义是，当页面加载时：

- 如果 ViewProductName 全局变量的值是 thinkpad，即查看的是 ThinkPad 笔记本电脑的详情，将 detailPanel 部件设置为 thinkpad 状态。
- 如果 ViewProductName 全局变量的值是 logitech，即查看的是 Logitech 鼠标商品的详情，将 detailPanel 动态面板部件设置为 logitech 状态。

■ 步骤 5：设计加入购物车成功页面

双击站点导航区域中的将商品添加到购物车成功页面，进入页面编辑状态。

（1）添加和设置基本部件。

涉及到交互事件的主要部件的属性和样式如下：

部件名称	部件种类	坐标	尺寸	字体颜色	填充颜色
accountRect	Rectangle	X573:Y189	W150:H35	FFFFFF	E2393C
tipsLabel2	Label	X806:Y198	W60:H16	005EA7	无
cartPanel	Dynamic Panel	X982:Y168	W220:H470	无	无

◆ **accountRect**：“去购物车结算”按钮，需要设置 OnClick 事件跳转到去购物车结算页面。

◆ **tipsLabel2**：“继续购物”链接，需要设置 OnClick 事件跳转到 Home 页面。

◆ **cartPanel**：动态面板部件，针对购物车内没有任何商品、有一种商品、有两种商品的情况采用不同状态表示。

（2）设置购物车动态面板部件。

cartPanel 部件有 3 个状态：没有任何商品、有一个商品（又分为只有 ThinkPad 笔记本电脑商品和只有 Logitech 鼠标商品两种情况，可在该状态内添加动态面板部件，为子动态面板部件添加两个状态）和有两种商品（又分为最后添加 ThinkPad 笔记本电脑商品，和最后添加 Logitech 鼠标商品两种情况，可在该状态内添加动态面板部件，为子动态面板部件添加两个状态）。

设置 cartPanel 部件的状态，如图 14-14 所示。

（3）设置页面加载时事件。

在“将商品添加到购物车成功页面”加载时，需要根据 ThinkPadProdBuyCount、LogitechProdBuyCount 和 LastAddCartProdName 全局变量的值为 cartPanel 动态面板部件设置不同的状态。该页面的 OnPageLoad（页面加载时）事件如图 14-15 所示。

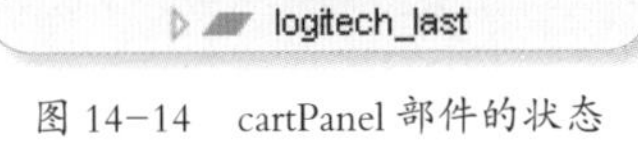

图 14-14　cartPanel 部件的状态

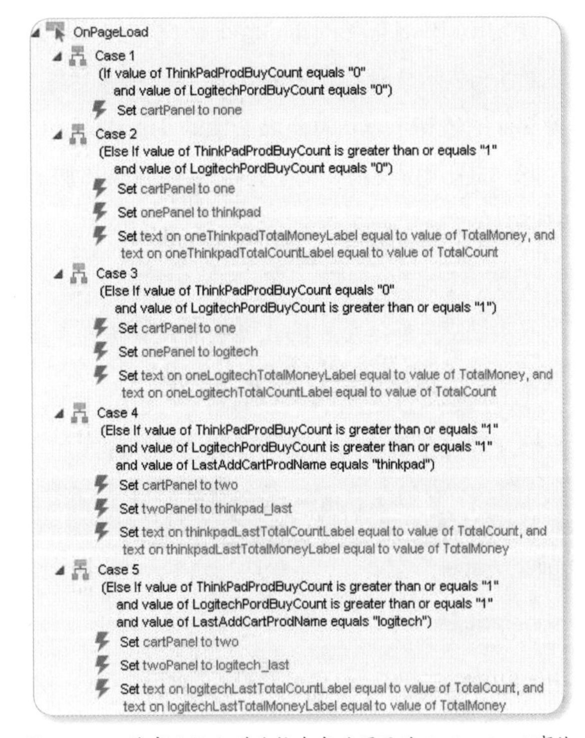

图 14-15　将商品添加到购物车成功页面的 OnPageLoad 事件

该段设置的含义是，将商品添加到购物车成功页面加载时：

① 如果 ThinkPadProdBuyCount 和 LogitechProdBuyCount 的值等于 0，即两种商品都未加入购物车或者已从购物车删除时，将 cartPanel 动态面板部件设置为 none 状态，即显示购物车内无商品。

② 如果 ThinkPadProdBuyCount 的值大于等于 1 且 LogitechProdBuyCount 的值等于 0，即只有 ThinkPad 笔记本商品加入了购物车，将 cartPanel 动态面板部件设置为 one 状态，并设置 one 状态内部的 onePanel 动态面板部件的状态为 thinkpad。

设置 onePanel 部件的 thinkpad 状态下显示商品总数量的 thinkpadTotalCountLabel 标签部件为表示总商品数量的 TotalCount 全局变量，设置显示商品总金额的 oneThinkpad TotalMoneyLabel 标签部件为表示总商品金额的 TotalMoney 全局变量。

③ 与②用例类似，对应的是只有 Logitech 鼠标商品加入了购物车的情况。

④ 如果 ThinkPadProdBuyCount 和 LogitechProdBuyCount 的值都大于等于 1 且 LastAddCartProdName 的值为 thinkpad，即两种商品加入了购物车，并且最后加入的商品是 ThinkPad 笔记本电脑商品，将 cartPanel 动态面板部件设置为 two 状态，并设置 two 状态内部的 twoPanel 动态面板部件的状态为 thinkpad_last。

设置 twoPanel 部件的 thinkpad_last 状态下显示商品总数量的 thinkpadLastTotalCountLabel 标签部件为表示总商品数量的 TotalCount 全局变量，设置表示商品总金额的 TotalMoneyLabel 标签部件的值等于表示总商品金额的 TotalMoney 全局变量。

⑤ 与④用例类似，对应的是两种商品都加入了购物车，但是最后加入的是 Logitech 鼠标商品的情况。

■ 步骤 6：设计去购物车结算页面

双击站点导航区域中的去购物车结算页面，进入编辑状态。

（1）添加和设置基本部件。

涉及到交互事件的主要部件的属性和样式如下：

部件名称	部件种类	坐标	尺寸	可见性
logitechPanel	Dynamic Panel	X134:Y247	W997:H153	N
thinkpadPanel	Dynamic Panel	X134:Y402	W997:H200	N
totalCountAndMoneyPanel	Dynamic Panel	X569:Y602	W562:H58	Y
deletePanel	Dynamic Panel	X134:Y670	W997:H80	N

logitechPanel、thinkpadPanel 和 deletePanel 这 3 个动态面板部件默认设置为隐藏，在 OnPageLoad（页面加载时）事件中，根据 ThinkPadProdBuyFlag 和 LogitechProdBuyFlag 全局变量的值确定部件的显示与否，并移动部件到合适位置。

（2）设置 logitechPanel 动态面板内部部件。

为简便起见，将京东商城去购物车结算页面的 Logitech 鼠标商品购买信息以截图方式拷贝到 logitechPanel 部件内部。

另外我们需要设置以下交互效果：

- 单击“+”箭头将输入框的 Logitech 鼠标商品数量加 1。
- 单击“-”箭头将输入框的 Logitech 鼠标商品数量减 1。
- 单击“删除”时，需要判断购物车内商品是否全部被删除，如果是，提示购物车为空，提醒用户进入商品展示页面去购物；如果还有商品，则将该删除商品放置到 deletePanel 区域显示。

为了实现这些交互效果，需要在“+”箭头、“-”箭头和“删除”处都添加热区部件，在显示商品数量的地方添加输入框部件。

logitechPanel 动态面板部件的内部部件属性和样式如下：

部件名称	部件种类	坐标	尺寸	可见性
logitechInfoImg	Image	X0:Y0	W997:H153	Y
SubLogitechCountHotspot	Hot Spot	X682:Y54	W20:H26	Y
AddLogitechCountHotspot	Hot Spot	X745:Y54	W20:H26	Y
DeleteLogitechHotspot	Hot Spot	X900:Y54	W30:H22	Y
LogitechCountTextfield	Text Field	X712:Y58	W23:H18	N

设置 subLogitechCountHotspot 部件的 OnClick（鼠标单击时）事件，如图 14-16 所示。

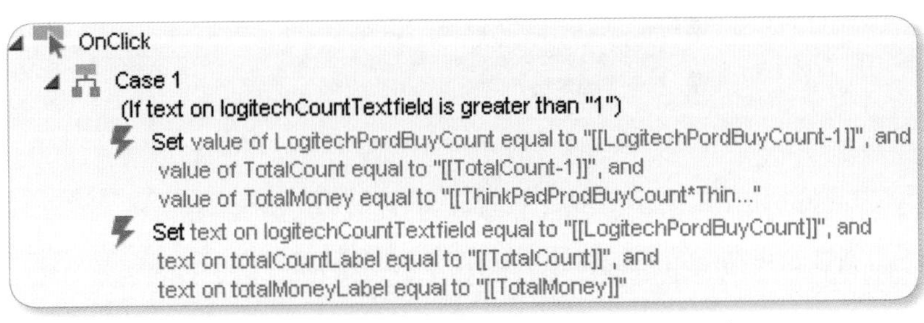

图 14-16　subLogitechCountHotspot 部件的 OnClick 事件

该段设置的含义是，当 Logitech 鼠标商品的“-”图标被单击时，如果输入框 logitechCountTextfield 当前值大于 1 时（等于或小于 1 时不能再递减）：

- 将表示 Logitech 鼠标商品购物车内数量的 LogitechProdBuyCount 和 TotalCount 全局变量进行减 1 操作，重新计算 TotalMoney 全局变量的值。
- 更新页面上表示购物车内 Logitech 鼠标商品数量的输入框部件的值，以及商品总数量的 totalCountLabel 和 totalMoneyLabel 标签部件的值。

设置 addLogitechCountHotspot 部件的 OnClick（鼠标单击时）事件，如图 14-17 所示。

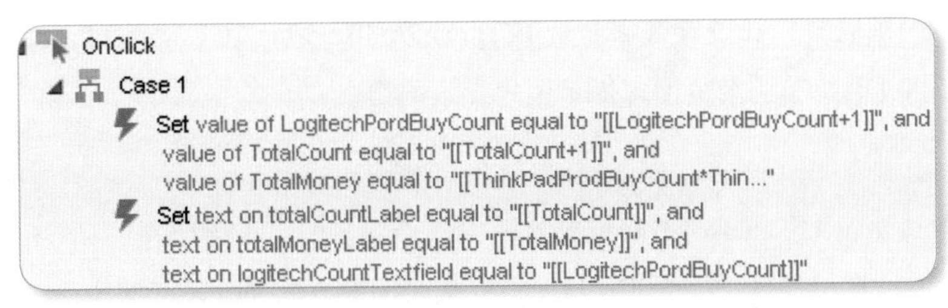

图 14-17　addLogitechCountHotspot 部件的 OnClick 事件

该段设置的含义与 subLogitechCount 部件的 OnClick 事件的设置有相似之处，但执行的是加 1 操作，不再赘述。

设置 deleteLogitechHotspot 部件的 OnClick 事件，如图 14-18 所示。

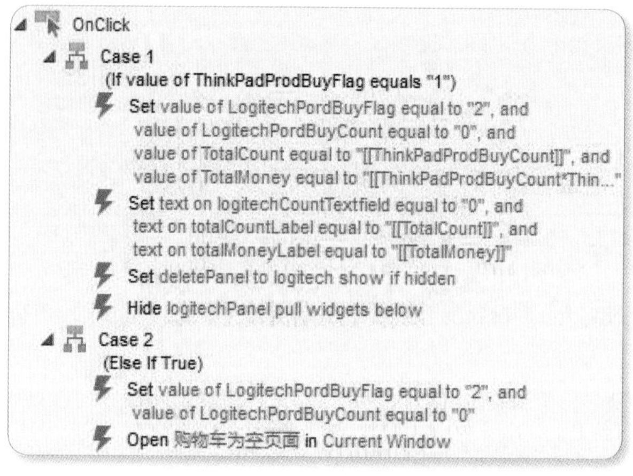

图 14-18　deleteLogitech 部件的 OnClick 事件

该段设置的含义是，当单击 Logitech 鼠标商品的“删除”按钮时：

① 若 ThinkPad 笔记本电脑商品还在购物车中，进行以下操作：

- 设置 LogitechProdBuyFlag 全局变量的值为 2，即 Logitech 鼠标商品已经从购物车中删除；设置 LogitechProdBuyCount 的值为 0，重新设置 TotalCount 的值并重新计算 TotalMoney 的值。
- 更新页面上的 Logitech 鼠标商品数量的 logitechCountTextfield 输入框部件，更新表示商品总数量的 totalCountLabel 标签部件的值和表示商品总金额的 totalMoneyLabel 标签部件的值。
- 将表示删除区域的 deletePanel 动态面板部件设置为显示。
- 隐藏 logitechPanel 动态面板部件，并带有拉部件的效果，将下方的部件上移。

② 若 ThinkPad 笔记本电脑商品不在购物车中，因为我们只是模拟两种商品，所以此时购物车内被清空，则设置全局变量 LogitechProdBuyFlag 和 LogitechProdBuyCount 为正确的值，打开购物车为空页面，提示用户继续购物。

(3) 设置 thinkpadPanel 动态面板内部部件。

该部件与 logitechPanel 动态面板部件的内部设置类似，也需要在“+”图标、“-”图标和“删除”处都添加热区部件，在显示商品数量的地方添加输入框部件。

设置“+”和“-”的热区部件的 OnClick 事件，与（2）类似，不再赘述。

“删除”的热区部件的 OnClick（鼠标单击时）事件如图 14-19 所示。

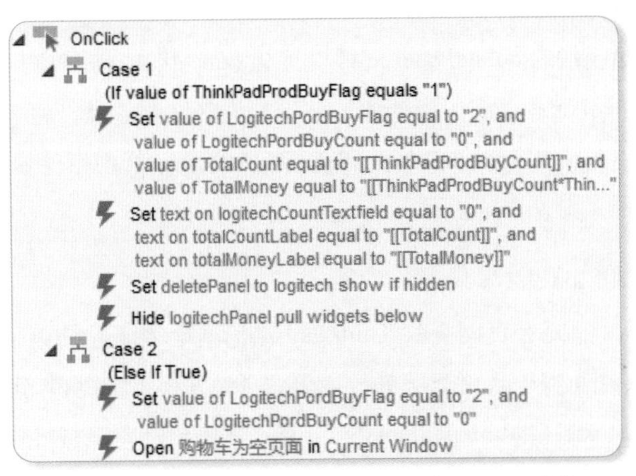

图 14-19　deleteThinkpadHotspot 部件的 OnClick 事件

需要注意的是，在 Case 1 用例中，当隐藏 thindpadPanel 部件时，需要带有拉部件的效果，将下方的部件上移。

（4）设置 deletePanel 动态面板内部部件。

在 deletePanel 动态面板内部，需要在“重新购买”链接处设置热区部件，为该部件添加 OnClick（鼠标单击时）事件。

编辑 deletePanel 部件的 thinkpad 状态和 logitech 状态，设置 thinkpad 状态下 rebuyThinkpadHotspot 热区部件的 OnClick 事件，如图 14-20 所示。

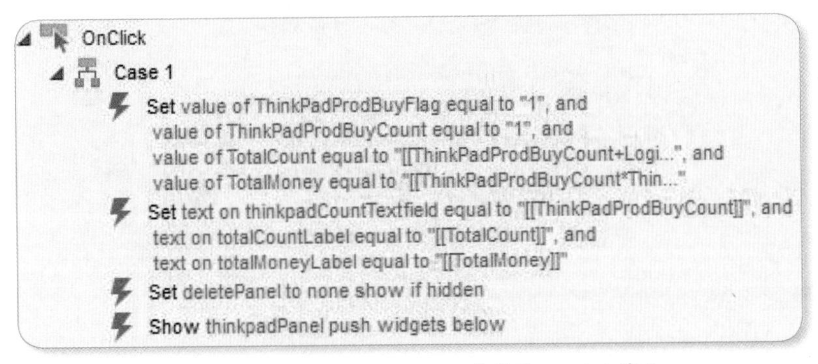

图 14-20　rebuyThinkpadHotspot 部件的 OnClick 事件

该段设置的含义是，当单击删除区域 ThinkPad 笔记本电脑商品的“重新购买”链接时：

- 重新设置全局变量 ThinkPadProdBuyFlag、ThinkPadProdBuyCount、TotalCount 和 TotalMoney 的值。

● 更新页面上表示 ThinkPad 笔记本电脑商品数量的输入框部件，以及表示商品总数量和商品总金额的标签部件。

● 将表示删除区域的 deletePanel 部件设置为 none 状态。

● 显示 thinkpadPanel 动态面板部件，并带有推部件的效果，将下方部件下移。

logitech 状态下 rebuyLogitechHotspot 热区部件的鼠标单击事件设置与此类似，不再赘述。

(5) 设置页面加载时事件。

在页面加载时，需要对页面上的 ThinkPad 笔记本电脑商品的数量、Logitech 鼠标商品的数量、商品总数量、商品总金额进行设置，并需要根据两种商品是否在购物车中确定是否显示 logitechPanel 和 thinkpadPanel，以及动态确定动态面板部件的位置。

去购物车结算页面的 OnPageLoad（页面加载时）事件如图 14-21 所示。

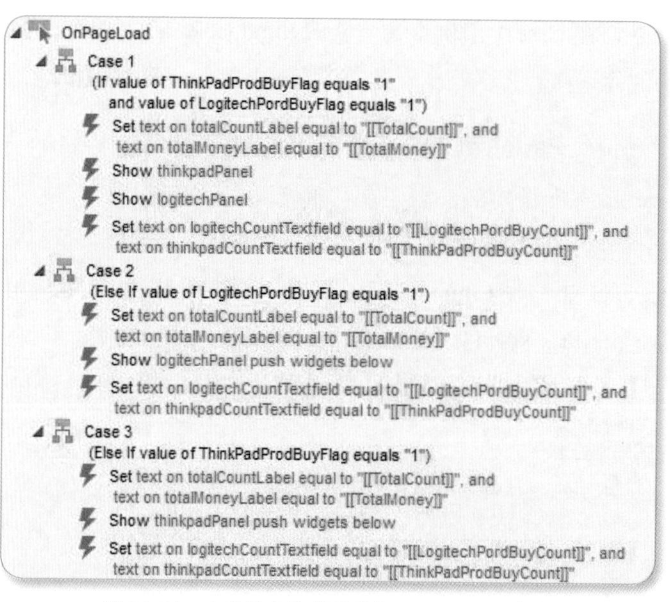

图 14-21　去购物车结算页面的 OnPageLoad 事件

该段设置的含义是，当去购物车结算页面加载时：

① 当两种商品都在购物车中时：

● 更新表示商品总数量的 totalCountLabel 标签部件的值和表示商品总金额的 totalMoney_label 文本部件的值。

● 显示 thinkpadPanel 部件，显示 ThinkPad 笔记本电脑的商品购买信息。

● 显示 logitechPanel 部件，显示 Logitech 鼠标商品的购买信息。

● 更新 logitechPanel 部件内部表示 Logitech 鼠标商品数量的 logitechCountTextfield 输入框部件的值。

● 更新 thinkpadPanel 部件内部表示 ThinkPad 笔记本电脑商品数量的 thinkpadCount Textfield 输入框部件的值。

② 当只有 Logitech 鼠标商品在购物车中时，与①的不同之处在于：只是显示 logitechPanel 部件，不显示 thinkpadPanel 部件，另外在显示 logitechPanel 部件时需要带有拉部件的效果，将下方的部件上移。

③ 当只有 ThinkPad 笔记本电脑商品在购物车中时，与①的不同之处在于：只是显示 thinkpadPanel 部件，不显示 logitechPanel 部件，另外在显示 thinkpadPanel 部件时需要带有拉部件的效果，将下方的部件上移。

■ 步骤 7：设计购物车为空页面

双击站点导航面板中的购物车为空页面，进入编辑状态。该页面非常简单，交互效果只是单击“去购物”时跳转到 Home 页面进行商品展示。

可拷贝京东的该页面截图到该页面中，并为“去购物”添加热区部件，设置 OnClick 事件跳转到 Home 页面，不再赘述。

■ 案例运行效果

使用 F5 快捷键对案例进行预览，商品展示页面如图 14-22 所示。

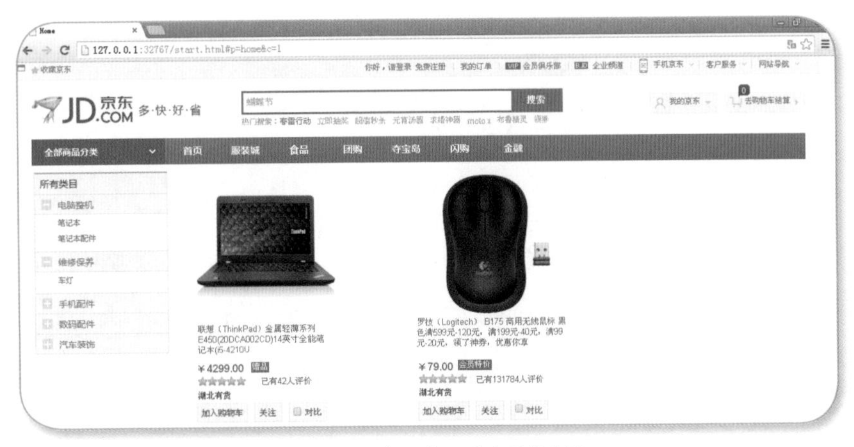

图 14-22 商品展示页面预览效果

单击图中 ThinkPad 笔记本电脑商品的“加入购物车”按钮进入加入购物车成功页面，如图 14-23 所示。

单击加入购物车成功页面中的“去购物车结算”按钮，如图 14-24 所示。

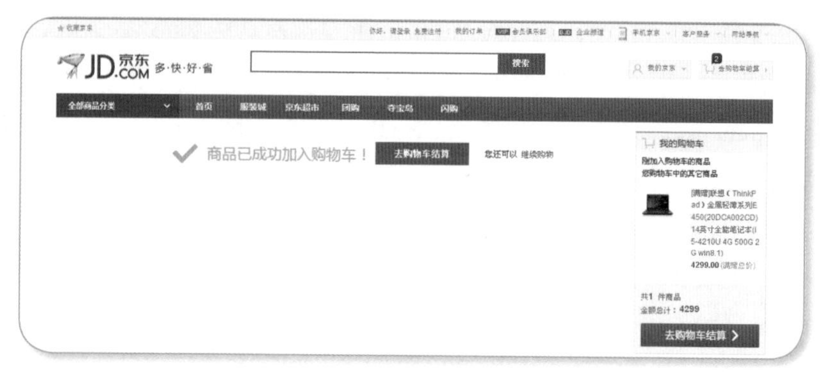

图 14-23　加入购物车成功页面预览效果

图 14-24　去购物车结算页面预览效果

14.3　小憩一下

本章案例大量使用全局变量和局部变量。小伙伴们可以看到，全局变量的典型应用场景是在不同页面中传递值；而局部变量常用于获取部件文本值后临时存储，进行计算（如增加 / 减少 1）后再赋值给某个部件的文本或全局变量。

本案例的另一个重点是热区部件和动态面板部件的结合使用，可实现在图片等部件的某一部分鼠标单击后完成动态面板部件的移动、面板状态切换和显示 / 隐藏等交互效果。

第15章

基础案例 13：

腾讯 QQ 空间快捷发布说说

案例步骤：8

案例难度：难

案例重点：（1）自行制作部件库并使用自制部件库。

（2）内部框架部件在移动 APP 中的使用。

（3）使用多行文本框部件的 OnFocus（获得焦点时）、OnLostFocus（失去焦点时）和 OnTextChange（文本值改变时）事件。

15.1 吐吐槽

15.1.1 案例描述

微信、微博和QQ空间等有发布信息的页面也是常用功能，本章以手机QQ空间的快捷发布说说为例来讲解各种APP中常用发布信息功能的设计和实现。进入手机QQ空间，动态页面如图15-1所示。

单击下方菜单中间区域的按钮，快捷发布消息界面如图15-2所示。单击后按钮会顺时针旋转为按钮，在图15-2中小伙伴们可以选择发布信息的类型，可以进行发布说说、照片和短视频等操作，单击相应菜单后进入相应的发布信息页面。

单击图15-2中的按钮进入发布说说页面，如图15-3所示。

图15-1 QQ空间动态

图15-2 快捷发布消息

图15-3 发布说说

在发布说说页面，用户可以设置说说的文字内容、图片信息（可添加0～N张图片）、地点、是否上传高清图片、权限设置（所有人可见/QQ好友可见/指定好友可见/仅自己可见）、是否发布到个人签名，以及说说和定时发布设置。

在发布说说页面中，将鼠标指针移动到输入说说内容的多行文本框部件时将弹出输入界面，如图15-4所示。当已输入文本或已选择图片后单击“取消”按钮时，将提示用户是否保存当前信息，如图15-5所示。

图 15-4　发布说说页编辑状态

图 15-5　是否保存发布说说

单击 🕒 按钮，打开定时发布选择界面，如图 15-6 所示。单击权限设置所在的行，显示权限设置界面，如图 15-7 所示。

单击地点所在的行，显示地点选择界面，如图 15-8 所示。

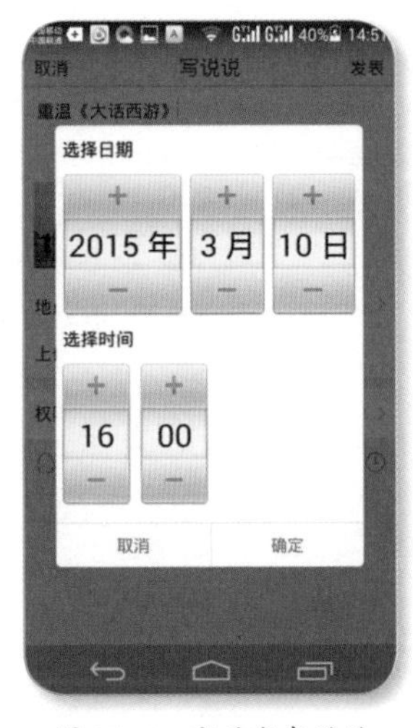

图 15-6　定时发布说说

图 15-7　权限设置

图 15-8　地点选择

单击图片选择的 [+] 按钮，弹出水印相机、从相册选择和取消的操作提示框，如图 15-9 所示。

图中的“水印相机”我们不实现，单击“取消”按钮后隐藏提示界面，单击“从相机选择”按钮进入如图 15-10 所示的图片选择页面，选择图片后返回发布说说界面。

图 15-9　添加说说图片提示框

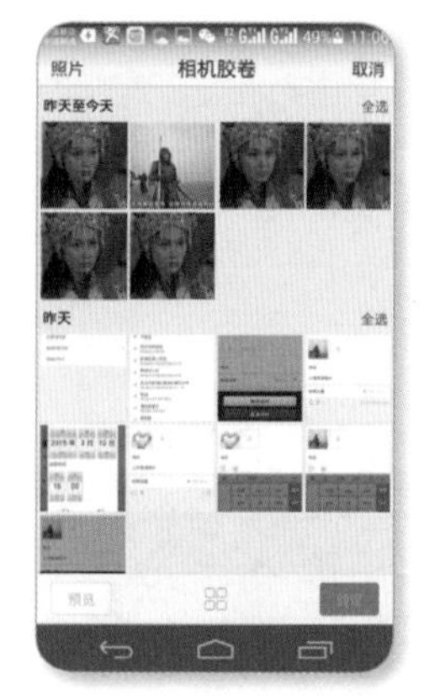

图 15-10　从相机选择说说图片

15.1.2　案例分析

智能手机上的高保真原型与网页的高保真原型原理一样，如链接、鼠标悬停、鼠标单击和窗口切换等的制作方式。

不同之处在于，智能手机使用的是特殊的 UI 部件，如输入框、下拉列表、输入方式和按钮等，与制作普通网页略有差异。另外，智能手机具有确定的屏幕尺寸和分辨率，如 iPhone 4 和 iPhone 5S 的屏幕尺寸为 3.5 英寸，屏幕分辨率为 W640:H1136，横屏尺寸为 320px，竖屏尺寸为 568px。

本例要讲的三星 S5 的屏幕尺寸为 5.1 英寸，屏幕分辨率为 W1080:H1920，横屏尺寸为 540px，竖屏尺寸为 960px。

15.2　原型设计

步骤 1：制作三星 S5 部件库

（1）准备手机图片。

准备三星 S5 手机的图片，在本章的目录中可以找到，如图 15-11 所示。

也可以从网上下载手机图片后将图片缩放到指定大小（缩放到中间内容显示区域横屏尺寸为 540px，竖屏尺寸为 960px），然后将中间的内容显示区域删除或使用白色矩形填充。

(2) 自制部件库。

下面学习如何在 Axure RP 中制作自己的 Library（部件库）。

创建一个 Axure RP 项目，在部件区域单击☰▾按钮，然后选择 Create Library 菜单项（如图 15-12 所示），打开保存部件库界面，如图 15-13 所示。

图 15-11　三星 S5 手机图片

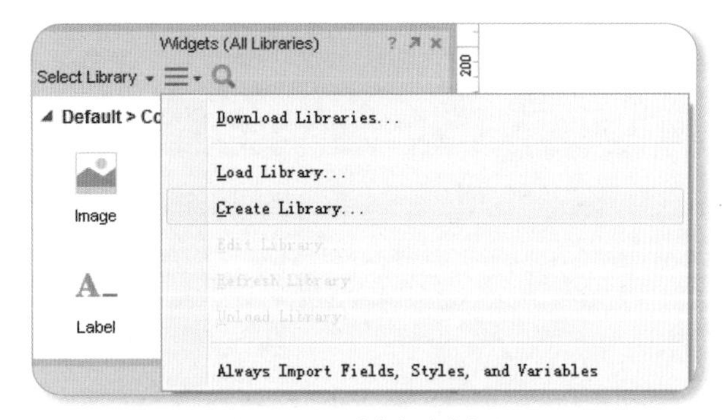

图 15-12　创建部件库按钮

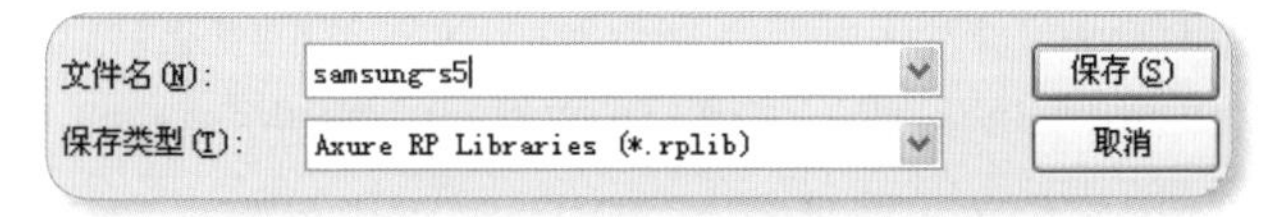

图 15-13　保存部件库界面

保存后的部件库可以在任何 Axure RP 项目中使用，部件库的文件后缀名为 .rplib，默认保存路径为 C:\Documents and Settings\ 用户名 \My Documents\Axure\Libraries。当其他项目想使用该部件库时，需要单击☰▾按钮，然后选择 Load Library（加载部件库）菜单项加载相应的部件库。

在保存部件库界面中输入部件库名称，如 samsung-s5，将其作为我们制作的新的部件库的名称。保存成功后部件区域可以看到新创建的 samsung-s5 部件库，如图 15-14 所示。还将打开一个新的 Axure RP 窗口，该窗口用于编辑 samsung-s5 部件库的内容，如图 15-15 所示。

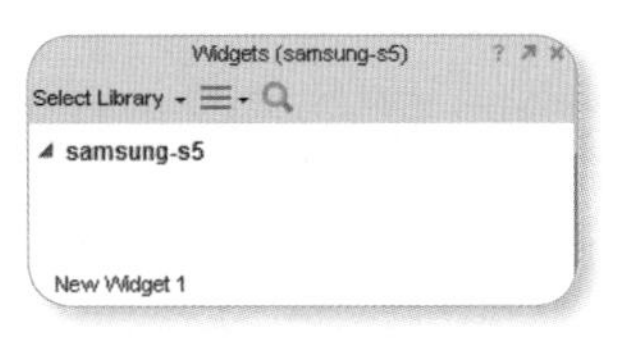

图 15-14　新创建的部件库

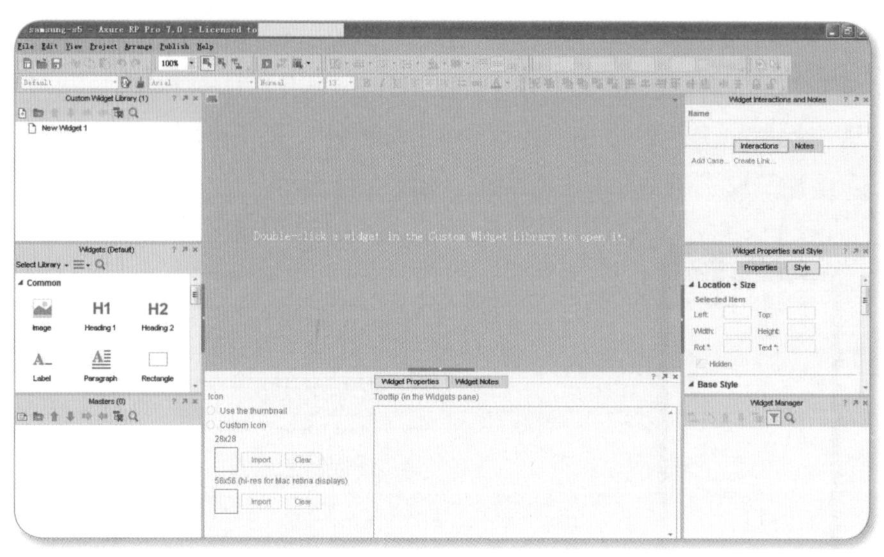

图 15-15　部件库的编辑界面

该界面不是普通的项目窗口，左上角显示了部件名称，站点地图面板变成了左边区域的 Custom Widget Library（自定义部件库）面板。

在部件库的编辑窗口的自定义部件库面板中将 New Widget 1 修改为 Background，然后双击该部件，可以在中间的编辑面板中对该部件的内容进行编辑。部件的编辑与页面的编辑方法类似，小伙伴们可将三星 S5 手机图片部件添加到该 Background 部件内，坐标设置为 X0:Y0，如图 15-16 所示。

图 15-16　编辑部件库中的 Background 部件

在部件库设置窗口的菜单栏中单击“保存”按钮 或者使用Ctrl+S快捷键可以保存当前部件库。

（3）使用自制部件库。

回到Axure RP项目窗口，小伙伴会发现还是看不到部件库中新增的部件，此时在部件区域单击按钮，然后选择Refresh Library（刷新部件库）菜单项，即可看到更新后的部件库，如图15-17所示。

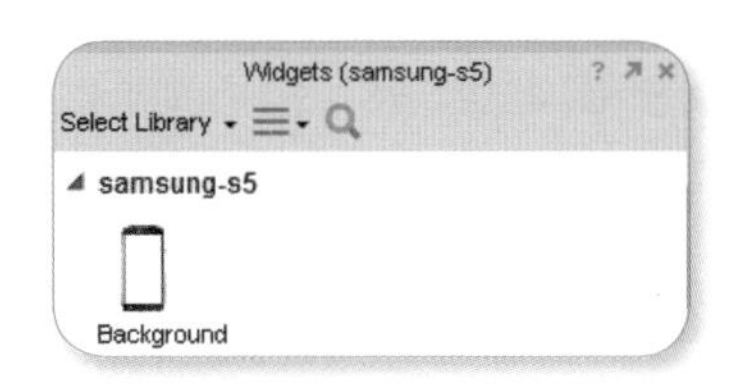

图15-17 添加Background部件的部件库

在Axure RP项目窗口中，在部件面板中单击Select Library（选择部件库）按钮后选择All Libraries（所有部件库）菜单项将加载所有的部件库，读者可以像使用通用部件和表单部件等一样使用自行制作的samsung-s5部件库。

按照同样的方法为samsung-s5部件库添加Status Bar（手机状态条）部件，在该部件中添加状态栏的图片部件（宽度540px，高度42px）。

步骤2：设置全局参考线

对于带有手机背景的页面，在部件面板中将自制部件库中的Background（手机背景）和Status Bar（手机状态条）分别拖动到X300:Y300和X348:Y430处，选中这两个部件后右击并选择Convert to Master（转换为母版）菜单项将其转换为母版SAMSUNG_S5_PHONE，并设置行为特性Lock to Master Location（锁定母版位置）。设置后不管该手机背景拖入哪个页面，手机背景都在X300:Y300坐标。

针对带有手机背景的页面，需要创建两条水平全局参考线和两条垂直全局参考线。可将鼠标移入坐标区域，如水平坐标区域，按住Ctrl键后往页面设计面板拖动，将创建一条红色水平全局参考线（如果不按Ctrl键，创建的是页面水平参考线）。将鼠标移入垂直坐标区域，按住Ctrl键后往页面设计面板拖动，将创建一条红色垂直全局参考线。

另外，针对不带手机背景的页面，内容编辑区域的起始坐标为X0:X0，显示区域也是W540:H918，需要创建一条垂直参考线和一条水平参考线。

3条水平全局参考线的坐标分别为Y349、Y540和Y889。

3条垂直全局参考线的坐标分别为X472、X918和X1390。

小伙伴们也可以选择 Grid and Guides → Create Guides 子菜单创建全局参考线，在前面章节中已有讲述，不再赘述。

■ 步骤 3：设置全局变量

需要使用全局变量记录是否设置了说说内容、权限设置和地点信息。

◆ **AddContentFlag**：单击“取消”按钮时，如果已选择照片或者已输入说说文字内容，将弹出提示框提示用户是否保存说说。设置 AddContentFlag 全局变量表示是否在页面中添加了内容，包括两个值：0（未添加内容）和 1（已添加内容）。

◆ **PermissionFlag**：记录权限设置结果，包括 4 个值：1（所有人可见）、2（QQ 好友可见）、3（指定好友可见）和 4（仅自己可见），默认值为 1（所有人可见）。

◆ **Address**：记录选择的地址信息，默认值为空。

◆ **PhotoCount**：在图片选择页面选择的图片数量。

◆ **OnePhoneName**：当在图片选择页面中只是选择一张图片时，记录选中的是 img1（第一张图片）还是 img2（第二张图片），其余情况该全局变量的值为空。

在菜单栏中单击 Project → Global Variables 菜单项打开管理全局变量界面，如图 15-18 所示。

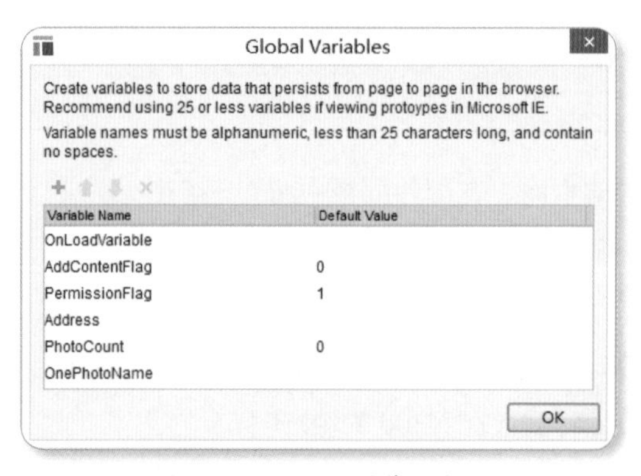

图 15-18　全局变量管理界面

■ 步骤 4：设置动态页及内部框架页

可以将 Home 页面作为我们默认显示的动态页面，另外为了在浏览器和手机上都能正常显示，我们添加“动态页 _frame”作为内部框架对应的页面。

（1）设置动态页。

在动态页中添加手机背景的母版 SAMSUNG_S5_PHONE，然后添加 contentPanel 动态面板部件，部件的属性和样式如下：

部件名称	部件种类	坐标	尺寸	可见性
contentPanel	Dynamic Panel	X349:Y472	W540:H918	Y

在 contentPanel 部件内部添加内部框架部件，部件的属性和样式如下 ：

部件名称	部件种类	坐标	尺寸	边框颜色	可见性
contentInlineFrame	Inline Fame	X0:Y0	W560:H940	无	Y

设置其链接地址为“动态页 _frame”页面。

（2）设置动态的内容页的部件。

在该页面中，将内容区域和下方的菜单都设置为动态面板部件，在 ⊕ 按钮上添加热区部件。该页面主要部件的属性和样式如下 ：

部件名称	部件种类	坐标	尺寸	可见性
contentPanel	Dynamic Panel	X0:Y0	W540:H831	Y
menuPanel	Dynamic Panel	X0:Y831	W540:H87	Y
addHotspot	Hot Spot	X230:Y831	W80:H87	Y

编辑 contentPanel 部件，勾选它的 Fit to content 属性，添加 normal 状态（默认状态）和 add 状态，分别对应未单击 ⊕ 按钮时的页面内容和单击 ⊕ 按钮后的页面内容。在 add 状态，拷贝 normal 状态同样的内容区域截图，然后添加不透明度为 90% 的无边白色矩形部件，并将 7 个操作按钮以小图方式拷贝到矩形下方，部件的属性和样式如下 ：

部件名称	部件种类	坐标	尺寸	可见性
contentImg	Image	X0:Y0	W540:H831	Y
contentRect	Rectangle	X0:Y0	W540:H831	Y
operationImg1	Image	X35:Y831	W95:H127	Y
operationImg2	Image	X165:Y831	W95:H127	Y
operationImg3	Image	X295:Y831	W95:H127	Y
operationImg4	Image	X425:Y831	W95:H127	Y
operationImg5	Image	X35:Y978	W95:H127	Y
operationImg6	Image	X165:Y978	W95:H127	Y
operationImg7	Image	X295:Y978	W95:H127	Y

编辑 menuPanel 部件，添加 normal 状态（默认状态）和 add 状态，分别对应未单击按钮时下方菜单区域的截图和单击按钮后下方菜单区域的截图。

（3）设置动态的内容页的交互效果。

设置 addHotspot 部件的 OnClick（鼠标单击时）事件，如图 15-19 所示。

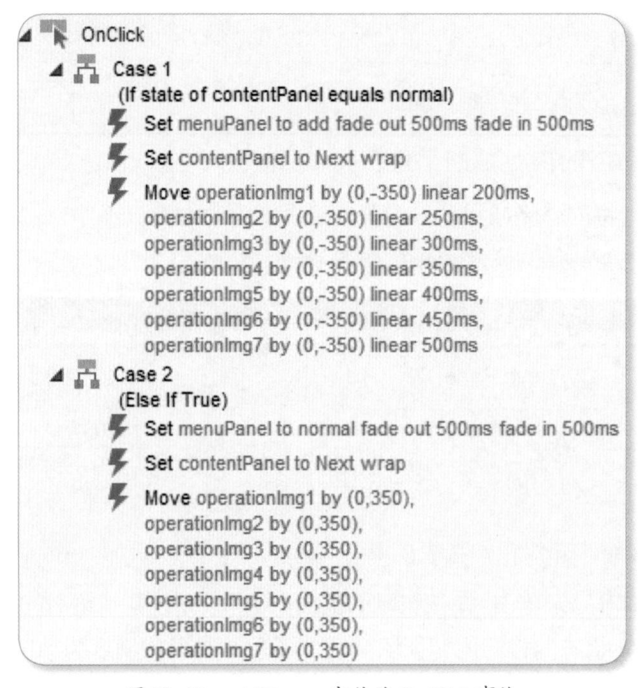

图 15-19　addHotspot 部件的 OnClick 事件

在移动 7 个操作按钮的图片部件时使用了 linear（线性）动画效果，设置的动画完成时间不同的原因是在模拟 QQ 空间的各个发布操作先后顺序进入内容区域的效果。另外，menuPanel 部件使用的是 fade（淡入淡出）动画效果。

在站点地图区域将 Page 1 重命名为“发布说说”。

在 contentPanel 部件的 add 状态为按钮添加 OnClick（鼠标单击时）事件跳转到发布说说页面，operationImg1 部件的 OnClick 事件如图 15-20 所示。

图 15-20　operationImg1 部件的 OnClick 事件

■ 步骤5：设置发布说说页

主要包括以下部件：

◆ **多行文本框部件**：用于输入说说的文本内容。

◆ **标签部件**：取消、写说说、发表、地点、上传高清图片、权限设置、权限设置的标签。

◆ **动态面板部件**："添加图片"按钮、"是否同步到个人签名"按钮、"是否同步到微博"按钮、"定时发布"按钮、"高清/标清选择"按钮、权限设置（所有人可见/QQ好友可见/指定好友可见/仅好友可见）部件、提示信息面板（当取消时提示用户保存/当输入时显示输入法的面板）部件。

◆ **水平线部件**：3条水平线。

◆ **图片部件**：地点和权限设置的 > 图片。

◆ **矩形部件**：灰色背景的矩形部件、两个白色背景的矩形部件。

（1）添加和设置部件。

该页面涉及到交互事件的部件的属性和样式如下：

部件名称	部件种类	坐标	尺寸	字体/填充颜色	可见性
addPhotoPanel	Dynamic Panel	X11:Y188	W127:H127	无	Y
pictureQualityPanel	Dynamic Panel	X471:Y398	W50:H50	无	Y
permissionSetPanel	Dynamic Panel	X289:Y484	W200:H30	无	Y
syncSignaturePanel	Dynamic Panel	X17:Y538	W35:H35	无	Y
syncMicroblogPanel	Dynamic Panel	X59:Y538	W35:H35	无	Y
timedReleasePanel	Dynamic Panel	X311:Y538	W210:H35	无	Y
promptPanel	Dynamic Panel	X0:Y0	W540:H918	无	N
openAddressImg	Image	X498:Y345	W23:H27	无	Y
openPermissionImg	Image	X498:Y484	W23:H27	无	Y
cancelLabel	Label	X27:Y16	W54:H29	000000/无	Y
publishLabel	Label	X467:Y16	W54:H29	000000/无	Y
messageTextarea	Text Area	X0:Y62	W558:H110	000000/无	Y

promptPanel 是提示信息面板（当取消时提示用户保存 / 当输入时显示输入法的面板 / 当选择定时发布时选择定时发布的日期和时间）部件，默认为隐藏状态。

（2）设置输入框部件交互效果。

在设置 messageTextarea 部件的 OnClick 事件前，需要先设置 promptPanel 部件的状态，为该部件添加 input_prompt 状态（当 messageTextarea 多行文本框获得焦点时显示输入法面板）。

在 input_prompt 状态内添加输入法的灰色截图区域的图片，并在该图片的 处添加名称为 hideInputHotspot 的热区部件，为该部件添加 OnClick（鼠标单击时）事件，如图 15-21 所示。

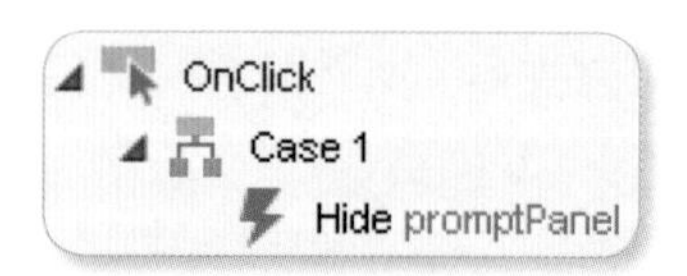

图 15-21　hideInputHotspot 部件的 OnClick 事件

该段设置的含义是，当单击 hideInputHotspot 热区部件时隐藏 promptPanel 部件，关闭输入法。

接着需要设置 messageTextarea 部件的 OnFocus（获得焦点时）、OnLostFocus（失去焦点时）和 OnTextChange（文本值改变时）事件。

设置 messageTextarea 部件的 OnFocus（获得焦点时）事件，如果 promptPanel 部件为隐藏状态，则将其设置为显示并设置到 input_prompt（输入状态，带输入法），如图 15-22 所示。

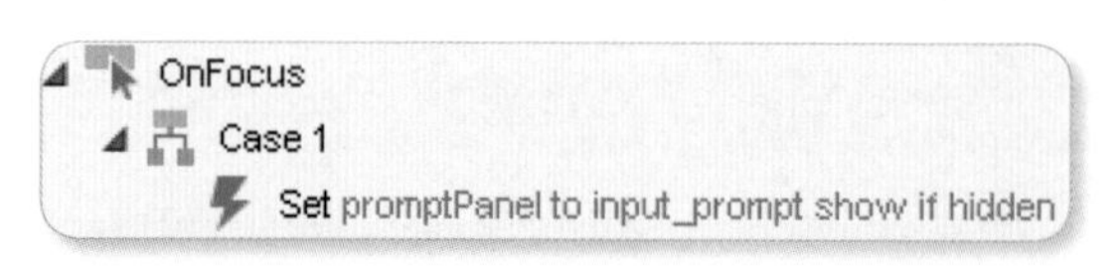

图 15-22　messageTextarea 部件的 OnFocus 事件

设置 messageTextarea 部件的 OnLostFocus（失去焦点时）事件将 promptPanel 部件隐藏，如图 15-23 所示。

图 15-23　messageTextarea 部件的 OnLostFocus 事件

设置 messageTextarea 部件的 OnTextChange（文本值改变时）事件，如图 15-24 所示。

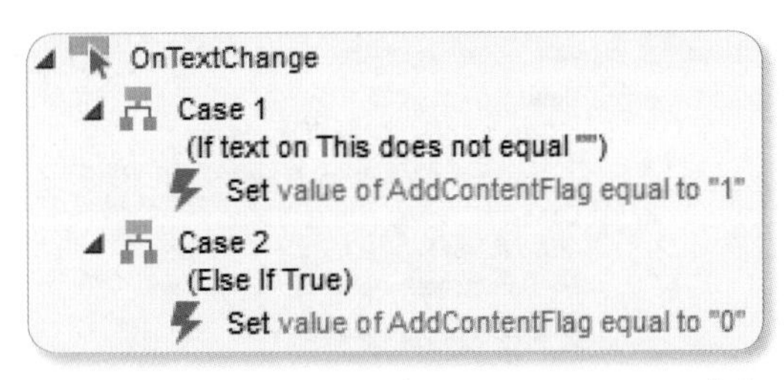

图 15-24 messageTextarea 部件的 OnTextChange 事件

该段设置的含义是，当 messageTextarea 多行文本框的内容发生改变时，若内容不为空，则将 AddContentFlag 全局变量设置为 1；否则设置为 0。

（3）设置“取消”标签交互效果。

在设置 cancelLabel 部件的 OnClick 事件前，需要先设置 promptPanel 部件的状态，为该部件添加 cancel_prompt 状态（当单击“取消”按钮时有说说或图片内容时的提示）。

在 cancel_prompt 状态内添加黑色小背景（不透明度为 70%）矩形部件，添加“保存”“不保存”和“取消”按钮的图片。

设置 saveImg 和 notSaveImg 按钮图片的 OnClick 事件，如图 15-25 所示。

图 15-25 “保存”和“不保存”图片的 OnClick 事件

该段设置的含义是，当单击“保存”或“不保存”按钮的图片时跳转到“动态页_frame”页面（该页面不带手机背景）。

在此不模拟单击“保存”按钮后，将输入的说说信息保存，然后跳转到动态页的效果。

设置 cancelImg 按钮图片的 OnClick 事件，如图 15-26 所示。该段设置的含义是当单击“取消”按钮时隐藏 promptPanel 部件。

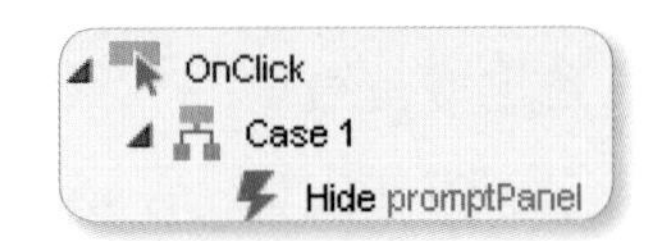

图 15-26 cancelImg 部件的 OnClick 事件

接着设置“取消”标签部件 cancelLabel 的 OnClick 事件，如图 15-27 所示。

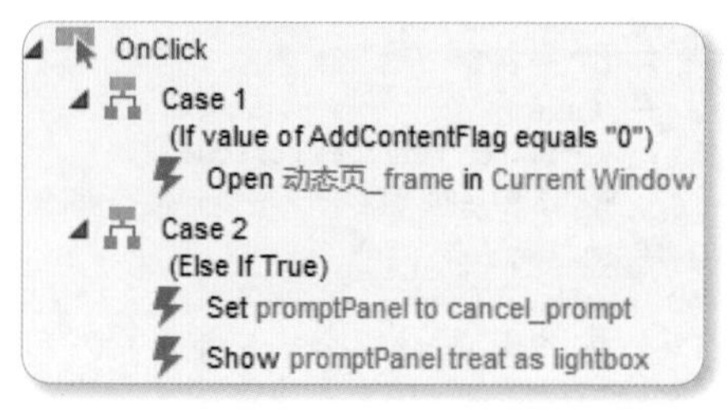

图 15-27　cancelLabel 部件的 OnClick 事件

该段设置的含义是，当 AddContentFlag 全局变量的值等于 0（没有输入说说内容，并且没有添加图片）时跳转到动态页面；否则将 promptPanel 面板设置为 cancel_prompt 状态并显示 promptPanel 部件（带有灯箱效果），提示用户是否保存说说。

（4）设置“发表”标签交互效果。

单击“发表”时，需要将说说信息提交后跳转到动态页面。设置 publishLabel 部件的 OnClick 事件，如图 15-28 所示。

图 15-28　publishLabel 部件的 OnClick 事件

（5）设置高清 / 标清选择交互效果。

为图片质量选择(高清 / 标清)的动态面板部件 pictureQualityPanel 设置 standard（默认）和 hd 两个状态，在这两个状态内分别添加标清和高清的按钮。设置 pictureQualityPanel 部件的 OnClick 事件切换部件状态，如图 15-29 所示。

图 15-29　pictureQualityPanel 部件的 OnClick 事件

（6）设置是否同步到个人签名交互效果。

为是否同步到个人签名选择（同步 / 不同步）的 syncSignaturePanel 动态面板部件设置 not_sync（默认状态）和 sync 两个状态，在这两个状态内分别添加不同步和同步的按钮。

设置 syncSignaturePanel 部件的 OnClick 事件切换部件状态，如图 15-30 所示。

图 15-30　syncSignaturePanel 部件的 OnClick 事件

（7）设置是否同步微博交互效果。

为是否同步到微博选择（同步 / 不同步）的 syncMicroblogPanel 动态面板部件设置 not_sync（默认状态）和 sync 两个状态，在这两个状态内分别添加不同步和同步的按钮。设置 syncMicroblogPanel 部件的 OnClick 事件切换部件状态，如图 15-31 所示。

图 15-31　syncMicroblogPanel 部件的 OnClick 事件

（8）设置定时发布部件交互效果。

1）添加定时发布部件状态。

为定时发布的 timedReleasePanel 动态面板部件设置 not_timed（默认状态）和 timed 两个状态，在 not_timed 状态添加 🕒 按钮图片，在 timed 状态添加定时发布的按钮和显示发布时间的标签部件。

2）添加提示信息部件的 timed_release_prompt 状态。

在提示信息部件 promptPanel 中添加 timed_release_prompt 状态（当单击 🕒 按钮时显示日期和时间选择界面）。

在 timed_release_prompt 状态内添加日期选择的截图，在“取消”（cancelTimedHotspot）和“确定”（saveTimedHotspot）按钮区域添加热区部件。

设置 cancelTimedHotspot 热区部件的 OnClick 事件隐藏 promptPanel 提示信息部件，如图 15-32 所示。

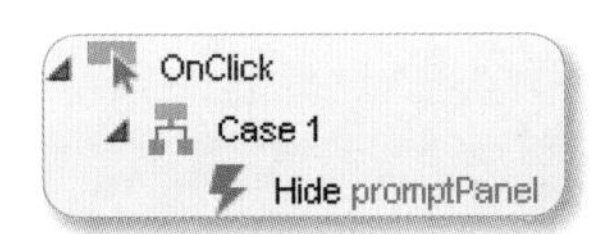

图 15-32　cancelTimedHotspot 部件的 OnClick 事件

设置 saveTimedHotspot 热区部件的 OnClick 事件，如图 15-33 所示。

图 15-33　saveTimedHotspot 部件的 OnClick 事件

该段设置的含义是，当单击“确定”按钮时：

- 将定时发布设置的 timedReleasePanel 面板设置为 timed 状态(显示定时的日期时间)。
- 将 timed 状态下显示日期和时间的标签部件的值设置为 2015-3-10 16:00（我们只是模拟，所以并没有实现真正的日期和时间选择效果）。
- 隐藏 promptPanel 信息提示部件。

3）设置定时发布部件的 not_timed 状态。

双击 timedReleasePanel 动态面板部件的 not_timed 状态，在该状态内添加 ⌚ 按钮图片，设置该图片的 OnClick 事件将 promptPanel 部件切换到 timed_released_prompt 状态，如图 15-34 所示。

图 15-34　displayDatetimeImg 部件的 OnClick 事件

4）添加提示信息部件的 update_del_timed_prompt 状态。

在设置 timedReleasePanel 部件 timed 状态的交互效果前，需要先为 promptPanel 部件添加 update_del_timed_prompt 状态（当单击 ⌚ 按钮时显示是修改定时还是删除定时的界面）。

在 update_del_timed_prompt 状态内添加黑色小背景（不透明度为 70%）的矩形部件，添加“修改定时”(updateTimedImg)、“取消定时”(deleteTimedImg) 和“取消”(cancelTimedImg) 按钮的图片，设置 updateTimedImg 按钮图片的 OnClick 事件如图 15-35 所示。

图 15-35　updateTimedImg 部件的 OnClick 事件

该段设置的含义是，当单击修改定时的时间按钮时将 promptPanel 信息提示部件的状态设置为 timed_release_prompt 状态，让用户选择日期和时间。

设置 deleteTimedImg 按钮图片的 OnClick 事件，如图 15-36 所示。

图 15-36 deleteTimedImg 部件的 OnClick 事件

该段设置的含义是，当单击删除定时时间，即取消定时的时间按钮时隐藏 promptPanel 信息提示部件，并将 timedReleasePanel 部件设置为 not_timed 状态。

设置 cancelTimedImg 按钮图片的 OnClick 事件隐藏 promptPanel 信息提示部件，如图 15-37 所示。

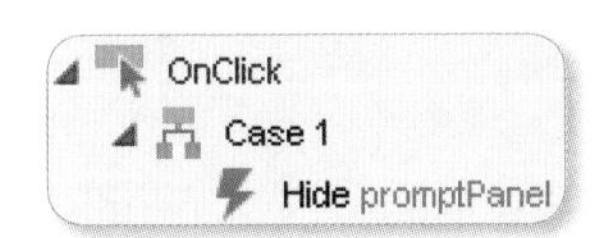

图 15-37 cancelTimedImg 部件的 OnClick 事件

5）设置定时发布部件的 timed 状态。

双击 timedReleasePanel 动态面板部件的 timed 状态，在该状态内添加 ◷ 按钮图片并添加显示日期和时间的文本部件。

设置 ◷ 按钮图片的 OnClick 事件，如图 15-38 所示。

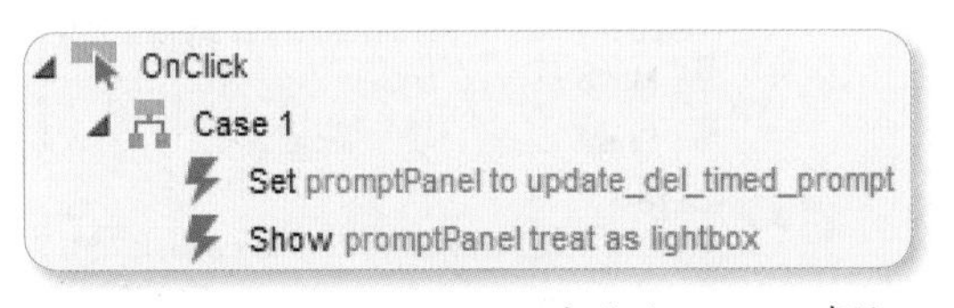

图 15-38 updateDelTimedImg 部件的 OnClick 事件

■ 步骤 6：设置权限设置页面

当单击权限设置行时，跳转到权限设置页面。

（1）添加和设置部件。

将权限设置页的截图添加到该页面中，添加 4 个权限行和“返回”按钮的热区部件，涉及交互事件的部件的属性和样式如下：

部件名称	部件种类	坐标	尺寸	可见性
backHotspot	Hot Spot	X0:Y0	W100:H50	Y
allHotspot	Hot Spot	X0:Y78	W540:H60	Y
friendsHotspot	Hot Spot	X0:Y148	W540:H60	Y
selectFriendsHotspot	Hot Spot	X0:Y218	W540:H60	Y
onlyMeHotspot	Hot Spot	X0:Y288	W540:H60	Y
permissionSelectImg	Image	X3:Y93	W30:H30	N

其中，permissionSelectImg 部件用于显示所选择项的 ✓ 图片，因为要根据当前的权限选择确定 ✓ 图片所在的行，默认为隐藏状态，在 OnPageLoad（页面加载时）事件中移动该部件的位置并将其设置为显示状态。

（2）设置页面加载时事件。

需要根据 PermissionFlag 全局变量的值设置 permissionSelectImg 部件（✓ 图片）的位置，设置权限设置页面的 OnPageLoad（页面加载时）事件，如图 15-39 所示。

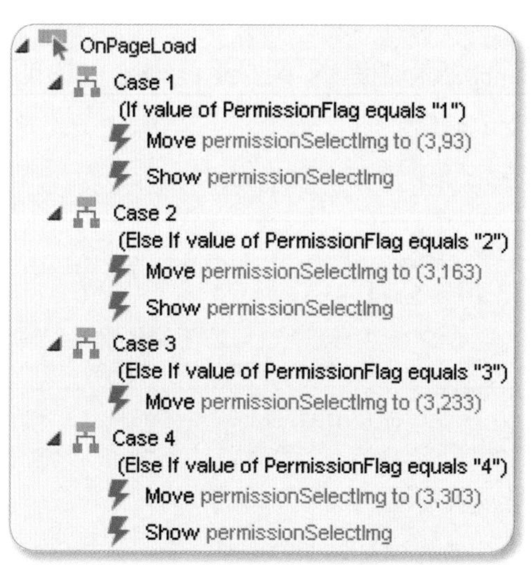

图 15-39　权限设置页面的 OnPageLoad 事件

该段设置的含义是，当页面加载完毕后若 PermissionFlag 全局变量的值为 1，则将 ✓ 图片移动到第一行的位置（X3:Y93）并将该图片设置为可见。

Case 2 ~ Case 4 用例与（1）用例类似，只是行所在的坐标不同，不再赘述。

（3）设置“返回”按钮交互效果。

设置“返回”热区部件的 OnClick 事件，如图 15-40 所示。

图 15-40 backHotspot 部件的 OnClick 事件

（4）设置权限设置行的部件交互效果。

设置 allHotspot 等 4 个热区部件的 OnClick 事件，除 ✓ 图片的位置和 PermissionFlag 全局变量的设置值不一样外，其余都相似。allHotspot 部件的 OnClick 事件如图 15-41 所示。

图 15-41 allHotspot 部件的 OnClick 事件

该段设置的含义是，当单击权限设置页面中的“所有人可见”时：

- 将 PermissionFlag 全局变量设置为 1（所有人可见）。
- 将 ✓ 图片的位置移动到 X3:Y93。
- 等待 1000ms，即 1 秒（模拟响应效果）。
- 将当前界面跳转到发布说说页面。

（5）设置发布说说页权限设置行的交互效果。

此时双击发布说说页面，在权限设置行添加 permissionSetHotspot 部件，部件名称为 permissionSetHotspot。设置 permissionSetHotspot 部件的 OnClick 事件，当单击时打开权限设置页面，如图 15-42 所示。

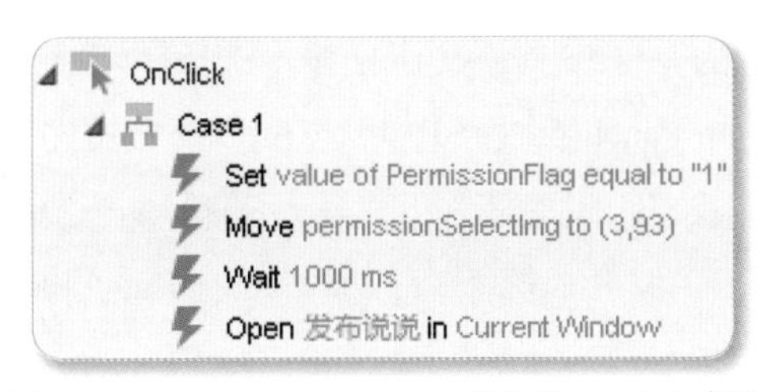

图 15-42 permissionSetHotspot 部件的 OnClick 事件

为发布说说页面的 permissionSetPanel 动态面板部件添加 4 个状态，分别对应不同的权限选择：all（所有人可见）、friends（QQ 好友可见）、select_friends（指定好友可见）和 only_me（仅自己可见），并将不同的截图放置到这 4 个状态中。

接着设置发布说说页面的 OnPageLoad（页面加载时）事件，根据 PermissionFlag 全局变量的值设置 permissionSetPanel 动态面板部件的状态，如图 15-43 所示。

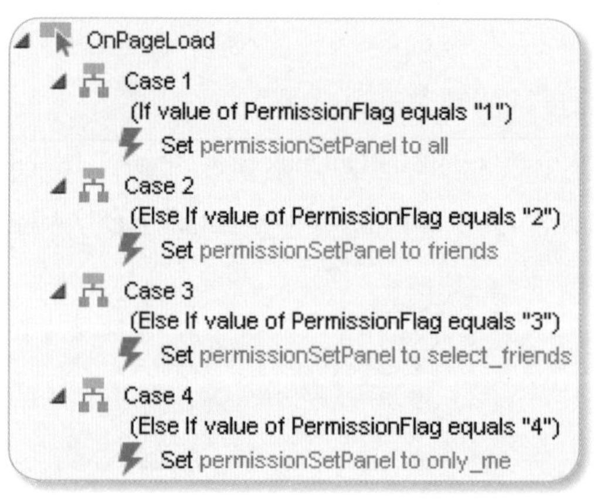

图 15-43　发布说说页面的 OnPageLoad 事件

■ 步骤 7：设置地点选择页面

当单击地点设置行时跳转到地点选择页面。该页面与权限设置页面类似，也是利用全局变量（这里的全局变量是 Address）、热区部件和页面的 OnPageLoad（页面加载时）事件，不再赘述。

■ 步骤 8：设置图片选择页面

在站点地图面板中新建图片选择页面。单击发布说说页面中的 [+] 按钮，然后在操作提示界面中单击“从相册选择”按钮时将跳转到图片选择页面。完成图片选择的功能需要经过以下步骤：

（1）设置发布说说页面添加图片按钮的交互效果。

单击发布说说页面中的 [+] 按钮时需要弹出操作选择提示框。

为提示信息部件 promptPanel 添加 add_photo_prompt 状态。

在 add_photo_prompt 状态内添加黑色小背景（不透明度为 70%）的矩形部件，添加“水印相机”（waterCameraImg）、“从相册选择”（photoCameraImg）和“取消”（cancelPhotoImg）按钮的图片。

设置 photoCameraImg 按钮图片的 OnClick 事件，如图 15-44 所示。

设置 cancelPhotoImg 按钮图片的 OnClick 事件，如图 15-45 所示。

图 15-44 photoCameraImg 部件的 OnClick 事件

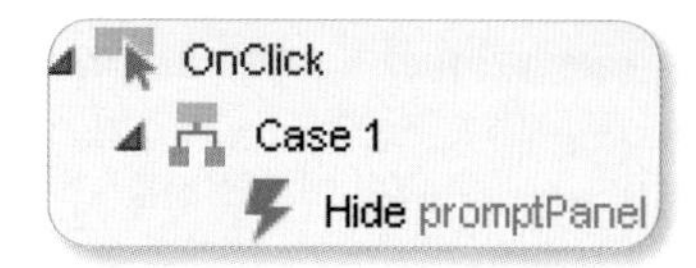

图 15-45 cancelPhotoImg 部件的 OnClick 事件

为发布说说页面中的 [+] 按钮添加 OnClick 事件，将 promptPanel 部件切换到 add_photo_prompt 状态，并且显示 promptPanel 部件时带有灯箱效果，如图 15-46 所示。

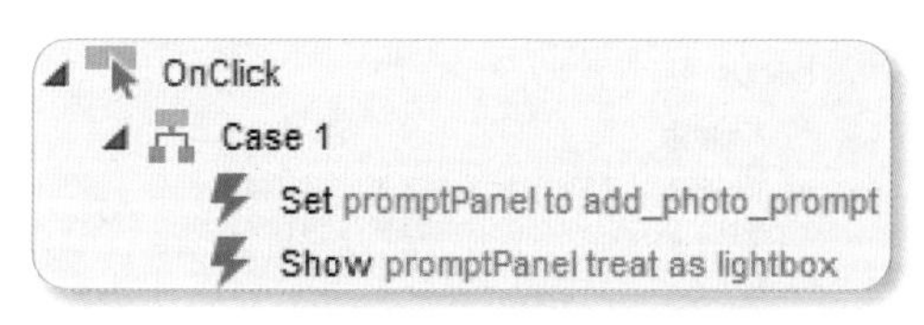

图 15-46 addPhotoPanel 部件的 OnClick 事件

（2）添加和设置部件。

双击图片选择页面，将图片选择页的截图添加到该页面中，添加“取消”按钮和“确定”按钮的热区部件，另外为了模拟图片的选择效果，将第一张和第二张图片添加到动态面板部件。

主要部件的属性和样式如下：

部件名称	部件种类	坐标	尺寸	可见性
cancelHotspot	Hot Spot	X460:Y0	W80:H60	Y
saveHotspot	Hot Spot	X424:Y790	W98:H50	Y
img1Panel	Dynamic Panel	X6:Y112	W130:H130	Y
img2Panel	Dynamic Panel	X138:Y112	W130:H130	Y

（3）设置部件交互效果。

为 img1Panel 和 img2Panel 动态面板部件添加 not_selected（未选择，默认）和 selected（已选择）状态。

在 img1Panel 部件的 not_selected 和 selected 状态内添加第一张图片，并在 selected 状态内添加形状按钮部件，创建后右击并选择 Select Shape → Ellipse 菜单项创建一个椭圆，并将长度和宽度都设置为 20px，部件的属性和样式如下：

部件名称	部件种类	坐标	尺寸	字体 / 边框颜色	填充颜色
img1	Image	X0:Y0	W128:H128	无	无
ellipse1	Button Shape	X102:Y6	W20:H20	无 /FFFFFF	0000FF
num1Label	Label	X110:Y8	W26:H16	FFFFFF/ 无	无

将 num1Label 的默认值设置为 0。

设置 img1Panel 部件的 not_selected 状态图片的 OnClick 事件，如图 15-47 所示。

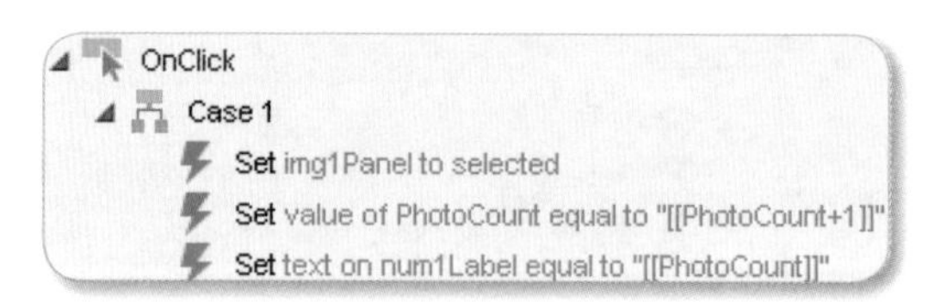

图 15-47　img1Panel 部件的 not_selected 状态图片的 OnClick 事件

该段设置的含义是，当在第一张图片未选中状态触发鼠标单击事件时：

- 将第一张图片的动态面板部件设置为 selected 状态。
- 将 PhoneCount 全局变量的值自增 1。
- 将最新的 PhoneCount 全局变量的值赋值给 num1Label 标签部件。

设置 img1Panel 部件的 selected 状态图片的 OnClick 事件，如图 15-48 所示。

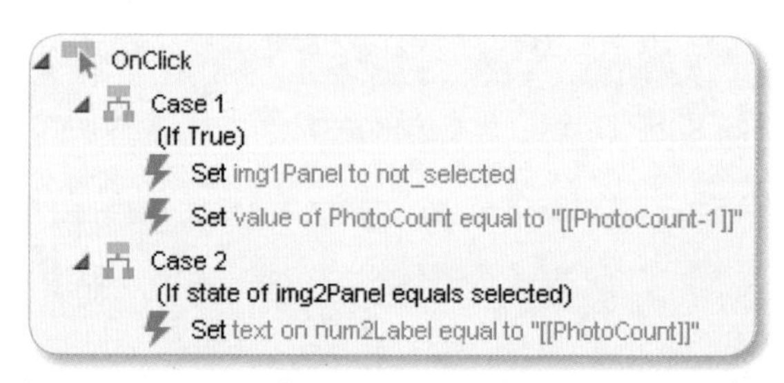

图 15-48　img1Panel 部件的 selected 状态图片的 OnClick 事件

该段设置的含义是，当在第一张图片选中状态触发鼠标单击事件时：

① Case 1（该分支肯定会被执行）。

- 将第一张图片所在动态面板部件的状态设置为 not_selected 状态。
- 将 PhoneCount 全局变量的值进行减 1 操作。

② Case 2（与 Case 1 不是 if…elseif…关系，而是 if…if…关系，在第二张图片是 selected 状态时执行）。

将第一张图片上显示数字部件的值设置为最新的 PhotoCount（减少 1）。

默认各个用例之间是 if…elseif…else…的关系，若要将某个用例由 elseif 变成 if，可选中该条件分支后右击并选择 Toggle if/elseif 菜单项进行切换。

img2Panel 部件 not_selected 和 selectd 状态的内部部件与 img1Panel 部件类似，两种状态下图片的 OnClick（鼠标单击时）事件也类似，不再赘述。

设置“确定”按钮的 OnClick（鼠标单击时）事件，如图 15-49 所示。

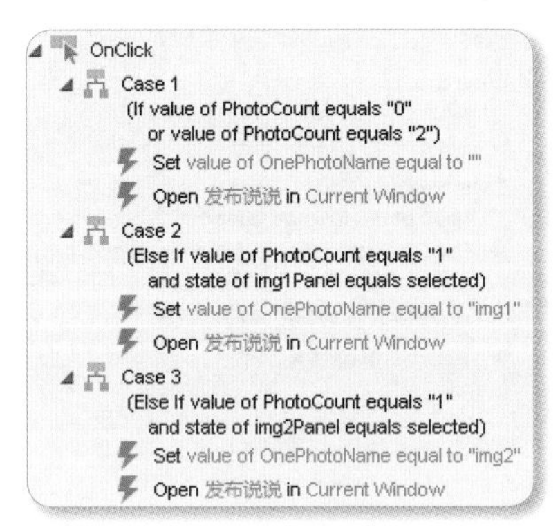

图 15-49　saveHotspot 部件的 OnClick 事件

（4）修改发布说说页面的 addPhotoPanel 部件。

修改添加图片的动态面板部件 addPhotoPanel 的状态，设置 4 个状态：none（默认，只有“添加”按钮）、img1（第一张图片被选中）、img2（第二张图片被选中）和 two（两张图片都被选中），并在这 4 个状态中添加对应的图片。

将之前 addPhotoPanel 部件的 OnClick 事件拷贝到这 4 个状态的“添加”图片的 OnClick 事件中。

为了这 4 种状态下内容的自适应，选中 addPhotoPanel 部件，在“部件属性和样式”面板中勾选 Fit to content（使得部件大小自适应内部的内容）复选项。

（5）修改发布说说页面的 OnPageLoad 事件。

双击发布说说页面，在 OnPageLoad（页面加载时）事件中添加对 PhoneCount 的处理。修改后的 OnPageLoad（页面加载时）事件如图 15-50 所示。

添加的是 Case 6 和 Case 7 用例，需要注意的是需要将 Case 5 设置为 if 而不是 elseif，不管 Case 1 ～ Case 5 用例如何执行，Case 6 都会被执行。Case 6 用例是当只选择一张图片时根据 onePhotoName 的名称将 addPhotoPanel 部件设置为对应值，Case 7 用例是当选择两张图片时将 addPhotoPanel 的状态设置为 two。

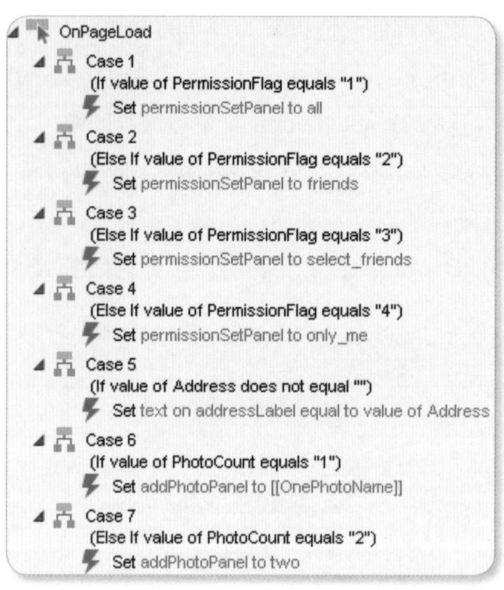

图 15-50　修改后的发布说说页面的 OnPageLoad 事件

15.3　小憩一下

本章案例通过腾讯 QQ 空间快捷发布说说的功能给小伙伴们讲解了如何创建和使用自定义部件库，如手机背景、自定义按钮和状态条等。

为了便于在浏览器中演示移动 APP（带手机背景）和在手机上直接演示移动 APP，我们一般将首页设置为带手机背景，其余页面都通过动态面板部件 + 内部框架部件引入，解决两种方式浏览的问题。

本章继续对动态面板部件和热区部件等温故而知新，需要掌握的小知识点是如何设置动态面板部件尺寸与内容自适应，以及如何切换用例之间的 if/elseif 关系。

第16章

基础案例14：

微信一级菜单切换效果

- 案例步骤：6
- 案例难度：难
- 案例重点：使用动态面板部件的OnDrag（鼠标拖动时）、OnDragDrop（鼠标拖动结束时）和Move（部件移动时）事件。

16.1　吐吐槽

16.1.1　案例描述

现在很多 APP 都带一级菜单移动切换效果，如用户量超过 7 亿的火爆微信 APP，它的“发现”菜单如图 16-1 所示。

单击“我”一级菜单，如图 16-2 所示。

当在“发现”一级菜单时单击“我”后可以切换到“我”一级菜单，也可将鼠标指针放到图 16-1 上，然后将鼠标往左边滑动，当拖动到屏幕中线往右时页面变成如图 16-3 所示的酷炫切换效果。

图 16-1　“发现”一级菜单

图 16-2　“我”一级菜单

图 16-3　一级菜单移动切换效果

仔细观察图 16-3，可以看到当鼠标向左移动时页面发生以下变化：

- 内容显示区域变成类似被半透明遮盖层遮盖的状态。
- 内容显示区域跟随鼠标向左移动。
- 下方区域的一级菜单变成两个一级菜单都是绿色选中的状态，而且随着移动的范围不同，绿色深浅不一。往某一个菜单的内容显示区域移动时，该菜单的颜色加深，对应另一个菜单的颜色变浅。

● 当向左拖动到当前窗口中线偏左区域时，松开鼠标时内容显示区域显示右侧菜单的内容，右侧一级菜单变成选中状态，之前选中的菜单变成未选中状态；当鼠标向右拖动时，页面发生的变化与向左拖动类似，只是完成的是与左侧菜单的切换。需要注意的是，在当前显示的是最左侧菜单时不能再向左拖动，在当前显示的是最右侧菜单时不能再向右拖动。

16.1.2 案例分析

可在内容显示区域添加一个 contentPanel 动态面板部件，内容的变化可以使用 Move 动作实现。

当 contentPanel 部件发生 OnDrag（鼠标拖动时）事件时，内容显示区域和一级菜单区域都将发生变化，主要体现在：

- 让 contentPanel 部件跟随鼠标在 X 坐标进行拖动。
- 根据是向左还是向右拖动将当前一级菜单和向左或向右菜单设置为拖动的中间状态。

当拖动结束时，即 contentPanel 部件发生 OnDragDrop（鼠标拖动结束时）事件，需要根据当前的菜单，以及向左或向右拖动的 X 坐标的距离是否超过中线的距离来决定是将移动进行回退（当本次 X 坐标移动总距离没有超过 270px 时）还是移动到左侧的一级菜单（左侧有一级菜单，并且向右移动的总距离超过 270px）或者移动到右侧的一级菜单（右边有一级菜单，并且向左移动的总距离超过 270px）。

16.2 原型设计

■ 步骤 1：设置 Home 页面

按照上章案例的方法加载自定义部件库，并在 Home 页面添加手机背景和状态条，然后将其设置为母版，母版名称为 SAMSUNG_S5_PHONE。

在手机背景的内容区域添加 W540:H918 的动态面板部件，并在 State1 状态内添加内部框架部件 contentInlineFrame，设置部件尺寸为 W560:H940，将该部件设置为隐藏边框，并将地址指向“首页 _frame”页面，该页面才是首页的真实内容区域。

按照上一章的方法创建 6 条全局参考线。

步骤 2：设置全局变量

为了记录当前选择的菜单，可以添加 SelectMenu 全局变量。在该案例中，全局变量的设置如图 16-4 所示。

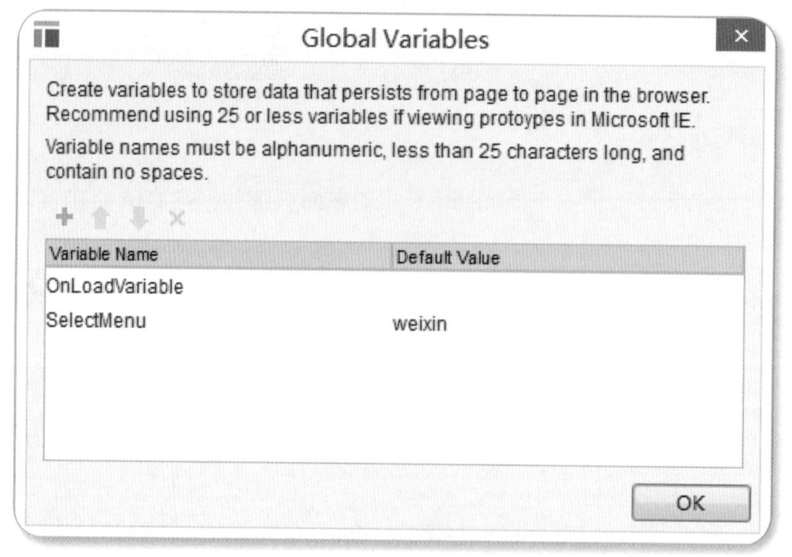

图 16-4　全局变量设置

步骤 3：设置内容显示区域

在站点地图面板打开“首页 _frame”页面，在该页面中添加表示内容显示区域的 contentPanel 部件，部件的属性和样式如下：

部件名称	部件种类	坐标	尺寸	填充颜色	可见性
contentPanel	Dynamic Panel	X0:Y0	W2160:H836	无	Y
contentRect	Rectangle	X0:Y0	W540:H836	EBEBEB	N

我们在 contentPanel 部件的 State1 状态内添加 4 个菜单的图片，注意“微信”和“通讯录”菜单，因为信息比较多，内容需要垂直滚动，但是页头需要固定位置。将页头和内容区域设置为两个动态面板部件，并为页头动态面板部件设置 Pin to browser 属性，让它固定在浏览器指定位置。设置内容区域动态面板部件的滚动条属性为 Vertical as Needed（在需要时添加垂直滚动条）。

步骤 4：设置一级菜单区域

在下方一级菜单区域创建 4 个一级菜单动态面板部件，部件的属性和样式如下：

部件名称	部件种类	坐标	尺寸	可见性
weixinButtonPanel	Dynamic Panel	X28:Y842	W70:H70	Y
friendsButtonPanel	Dynamic Panel	X164:Y842	W70:H70	Y
applicationButtonPanel	Dynamic Panel	X300:Y842	W70:H70	Y
personButtonPanel	Dynamic Panel	X436:Y842	W70:H70	Y

这4个部件都包括3个状态：selected（选中状态）、middle（拖动内容区域时的中间状态）和not_selected（未选中状态）。除weixinButtonPanel部件的默认状态为selected外，其余3个一级菜单部件都为not_selected状态。

4个一级菜单显示部件的状态如图16-5所示。

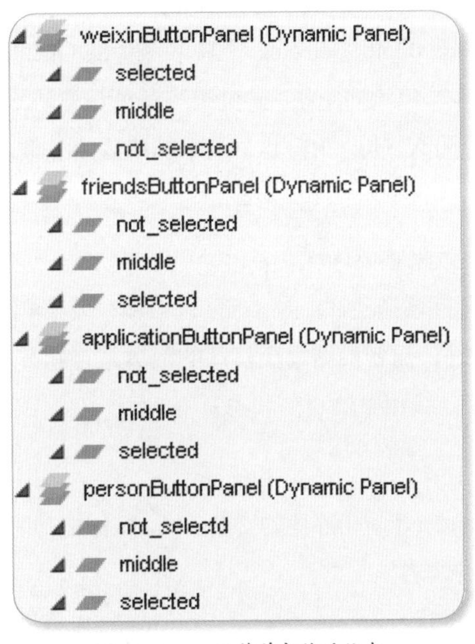

图16-5　一级菜单部件的状态

在不同状态下拷贝不同一级菜单的3种不同状态的图片，不再赘述。

■ 步骤5：设置单击一级菜单交互效果

当单击某个一级菜单时，被单击的菜单变成selected状态，其余3个菜单的部件变成not_selected状态，内容显示区域显示该菜单对应显示的区域。

设置4个一级菜单的not_selected状态内部图片的OnClick事件，如“微信”一级菜单的weixinButtonPanel部件的not_selected状态图片的OnClick事件如图16-6所示。

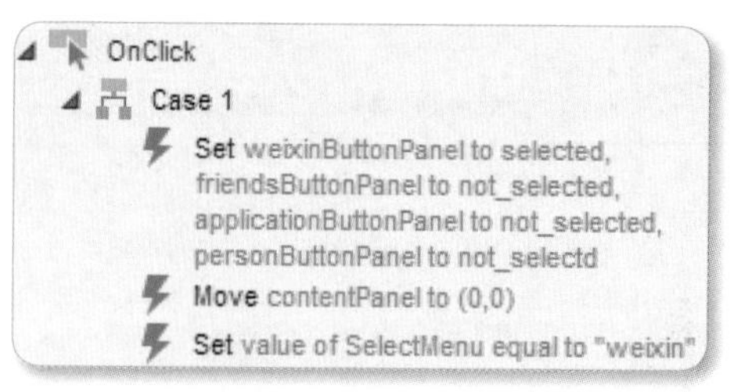

图 16-6　weixinButtonPanel 部件的 not_selected 状态图片的 OnClick 事件

该段设置的含义是，当单击“微信”菜单时：

- 将“微信”一级菜单部件设置为 selected（选中）状态；将另外 3 个一级菜单部件（“通讯录”“发现”和“我”部件）设置为 not_selected（未选中）状态。
- 移动内容区域的 contentPanel 动态面板部件 X0:Y0 坐标。
- 将全局变量 SelectMenu 的值设置为 weixin。

其余 3 个一级菜单部件的 not_selected 状态下图片的 OnClick 事件的设置与此类似，坐标设置和变量值设置略有不同。因为“通讯录”菜单是要将 contentPanel 动态面板部件向左移动，所以相对坐标为 X-540:Y:0，其余两个部件依此类推。

■ 步骤 6：设置移动内容区域交互效果

内容显示区域的交互效果主要体现在：

- 当鼠标在内容显示区域拖动时，内容显示区域和一级菜单区域都要显示 middle 状态。
- 当鼠标拖动结束时，需要根据本次移动的距离是否超过中线来决定是回到之前的页面状态还是进入另一个一级菜单的页面状态。

（1）设置 OnDrag 事件。

设置内容显示区域 contentPanel 部件的 OnDrag（鼠标拖动时）事件，如图 16-7 所示。

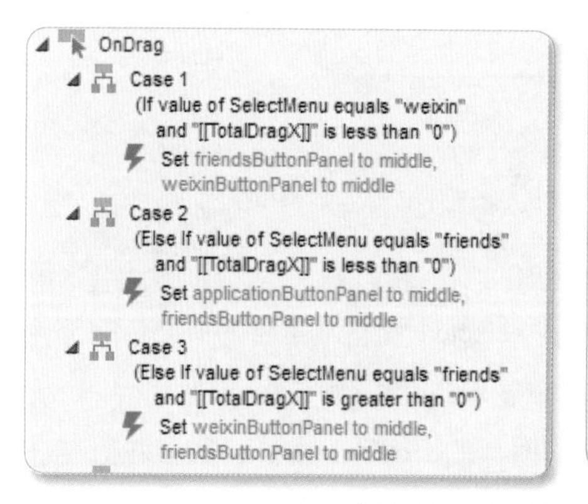

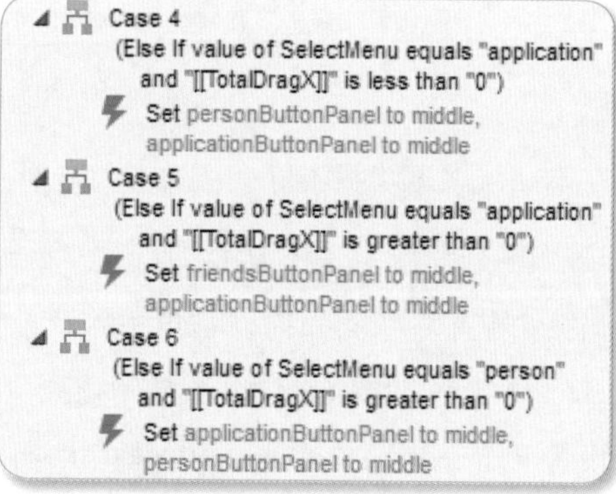

图 16-7　contentPanel 部件的 OnDrag 事件

该段设置的含义是，当 contentPanel 部件发生鼠标拖动事件时，根据当前选中的菜单和本次拖动的总距离设置将哪两个一级菜单设置为 middle（拖动时的中间状态）。

如当前菜单是朋友圈（selectMenu 等于 friends），而且本次拖动的总距离大于 0，即向右移动时，将“微信”和“朋友圈”二级菜单设置为拖动时的中间状态。

（2）设置 OnDragDrop 事件。

当鼠标拖动结束时，即 OnDragDrop 事件发生时，表示本次移动结束，此时需要根据移动的距离来确定页面回到哪个菜单的显示状态。

设置内容显示区域 contentPanel 部件的 OnMouseUp（鼠标释放时）事件，当 SelectMenu 全局变量的值等于 weixin，即选中的是“微信”一级菜单时，因为是最左边的菜单，所以有两个分支，如图 16-8 所示。

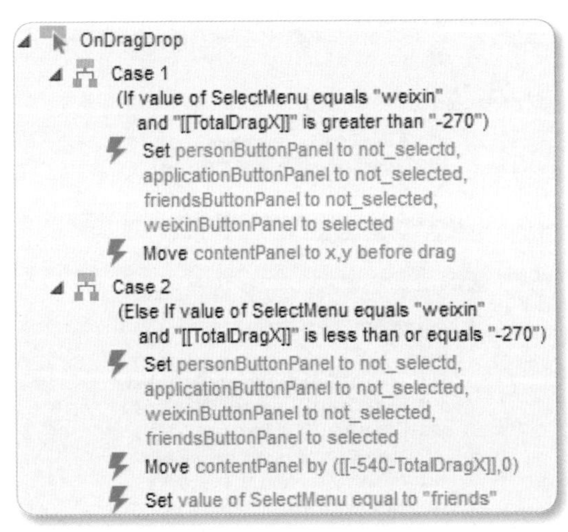

图 16-8　contentPanel 部件的 OnDragDrop 事件（当 SelectMenu 为 weixin 时）

该段设置的含义是，当在内容显示区域发生 OnDragDrop（鼠标拖动结束时）事件时：

① 当选中的菜单是微信，并且本次拖动累积在 X 轴移动的距离大于 -270px，即向左移动的距离小于 270px，即在向左移动没有移动屏幕一半的宽度时：

- 将“微信”一级菜单设置为 selected（选中）状态，另外 3 个一级菜单设置为 not_selected 状态。
- 将内容区域的 contentPanel 部件回退到拖动之前的坐标（move…to x,y before drag）。

② 当选中的菜单是微信，并且本次拖动累积在 X 轴移动的距离小于 -270px，即向左移动的距离超过屏幕一半的宽度时：

● 将“微信”右侧的“通讯录”一级菜单设置为 selected（选中）状态，另外 3 个一级菜单设置为 not_selected 状态。

● 继续向左移动内容区域的 contentPanel 部件，移动的 X 坐标为 [[-540-TotalDragX)]]，即向左移动（540+ TotalDragX）像素，此时 TotalDragX 为负数。

● 将表示选中菜单的 SelectMenu 全局变量设置为 friends。

当 SelectMenu 全局变量的值等于 friends，即选中的是“通讯录”一级菜单时，因为是中间的菜单，所以有 3 个用例，如图 16-9 所示。

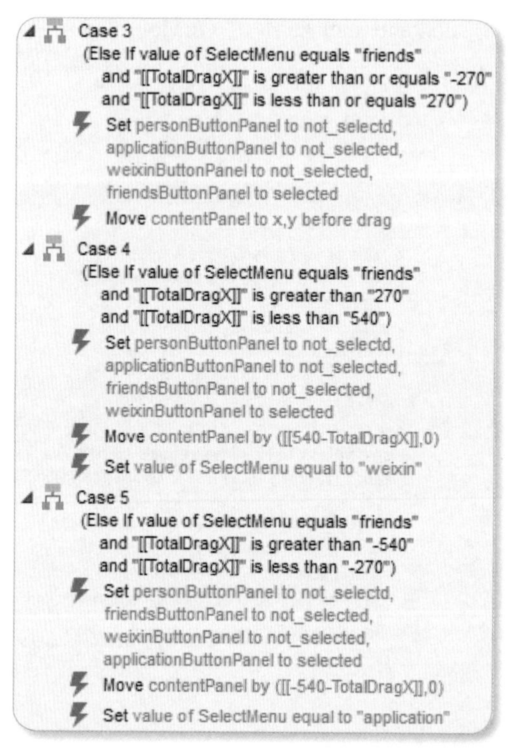

图 16-9 contentPanel 部件的 OnDragDrop 事件（当 SelectMenu 为 friends 时）

该段设置的含义是，当在内容显示区域发生 OnDragDrop（鼠标拖动结束时）事件时：

① 当选中的菜单是通讯录，并且本次拖动累积在 X 轴移动的距离大于 -270px 小于 270px，即向左或向右移动的距离少于 270px，即在向左或向右移动时没有移动屏幕一半的宽度时：

● 将“通讯录”一级菜单设置为 selected（选中）状态，另外 3 个一级菜单设置为 not_selected 状态。

● 将内容区域 contentPanel 部件回退到拖动之前的位置。

② 当选中的菜单是通讯录，并且本次拖动累积在 X 轴移动的距离大于 270px 小于 540px 即在向右移动的总距离超过屏幕一半的宽度时：

- 将“通讯录”左侧的“微信”一级菜单设置为 selected（选中）状态，另外 3 个一级菜单设置为 not_selected 状态。
- 继续向右移动内容区域的 contentPanel 部件，移动的 X 坐标为 [[540-TotalDragX)]]，此时的 TotalDragX 为正数。
- 将表示选中菜单的 SelectMenu 全局变量设置为 weixin。

③ 当选中的菜单是通讯录，并且本次拖动累积在 X 轴移动的距离大于 -540px 小于 -270px，即向左移动的距离大于 270px，即在向左移动的 X 坐标超过屏幕一半的宽度时：

- 将“通讯录”右侧的“发现”一级菜单设置为 selected（选中）状态，另外 3 个一级菜单设置为 not_selected 状态。
- 继续向左移动内容区域的 contentPanel 部件，移动的 X 坐标为 [[-540-TotalDragX)]]，即向左移动（540+TotalDragX）像素，此时的 TotalDragX 为负数。
- 将表示选中菜单的 SelectMenu 全局变量设置为 application。

当 SelectMenu 全局变量的值等于 application，即选中的是“发现”一级菜单时，因为是中间的菜单，所以有 3 个用例，与当 SelectMenu 全局变量的值等于 friends 时类似，不再赘述。

当 SelectMenu 全局变量的值等于 person，即选中的是“我”一级菜单时，因为是最右侧的菜单，所以有两个用例，如图 16-10 所示。

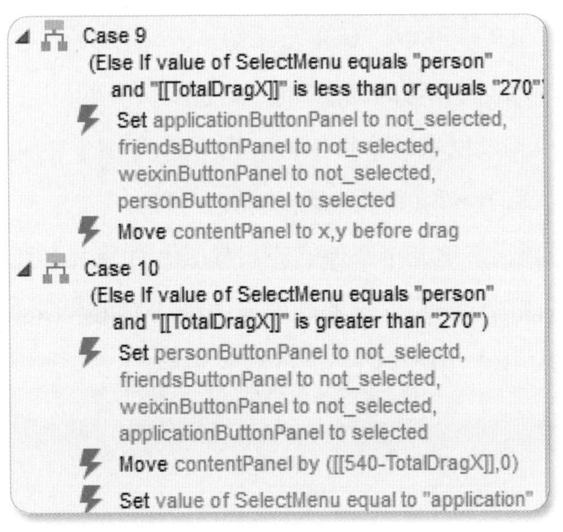

图 16-10　contentPanel 部件的 OnDragDrop 事件（当 SelectMenu 为 person 时）

该段设置的含义是，当在内容显示区域发生 OnDragDrop（鼠标拖动结束时）事件时：

① 当选中的菜单是“我”，并且本次拖动累积在 X 轴移动的距离小于 270px，即向右移动的距离少于 270px，即在向右移动没有移动屏幕一半的宽度时：

- 将“我”一级菜单设置为 selected（选中）状态，另外 3 个一级菜单设置为 not_selected 状态。
- 将内容区域的 contentPanel 部件回退到拖动之前的坐标（move…to x,y before drag）。

② 当选中的菜单是“我”，并且本次拖动累积在 X 轴移动的距离大于 270px，即向右移动的距离大于 270px，即在向右移动的总距离超过屏幕一半宽度时：

- 将“我”左侧的“发现”一级菜单设置为 selected（选中）状态，另外 3 个一级菜单设置为 not_selected 状态。
- 继续向左移动内容区域的 contentPanel 部件，移动的 X 坐标为 [[540-TotalDragX)]]，此时的 TotalDragX 为正数。
- 将表示选中菜单的 SelectMenu 全局变量设置为 application。

16.3 小憩一下

在 Axure RP 7.0 中，对开发移动 APP 提供了良好的支持，而本章案例中给小伙伴们介绍的动态面板部件的 OnDrag（正在拖动时）和 OnDragDrop（拖动结束时）事件常被用于完成 APP 的交互，与它合作的事件还包括 OnDragStart（开始拖动时）事件。

我们能想到很多这几个事件的应用场景，如将某个图标拖动到卸载按钮区域后将该图标删除，或者通过拖动将某个元素移动到指定位置。所以，本章的知识点小伙伴们一定要牢牢掌握哦！

第17章

基础案例 15：

美图秀秀的拼图效果

案例步骤： 6

案例难度： 难

案例重点：（1）重点掌握 SetImage 动作，该动作可用于动态设置图片。

（2）熟悉动态面板部件的 OnDrag（鼠标拖动时）事件，并懂得利用动态面板部件的 OnPanelStateChange（面板状态变化时）事件实现其他编程语言中类似函数或方法的效果，将一些通用用例封装起来，从而达到减少用例的目标。

17.1 吐吐槽

17.1.1 案例描述

在 P 图软件盛行的当下，用于 P 图的 APP 也泛滥成灾，几乎成为女士手机必备的热门软件，美图秀秀更是享誉全国。

本章案例讲解的是美图秀秀的拼图效果，它能将多张图片按照指定模板和边框合成为一张图片，为用户提供预览和保存功能。在本章案例中，我们并不实现真正的合成和保存功能，只是展示预览效果。

美图秀秀的首页如图 17-1 所示。

单击美图秀秀首页的“拼图”图标 ，在手机相册中选择某个相册，可以选择将相册中的图片添加到下方的拼图图片列表中，也可以单击下方拼图图片列表中的某个图片进行删除操作，如图 17-2 所示。

图 17-1 美图秀秀首页

图 17-2 选择拼图图片

单击“开始拼图”按钮打开拼图效果预览页面，如图 17-3 所示。

单击“选边框”按钮打开选择边框页面，如图 17-4 所示。该页面默认显示当前的拼图边框，勾选该页面的某个边框后跳转到拼图效果页面，并修改为设置的新边框。

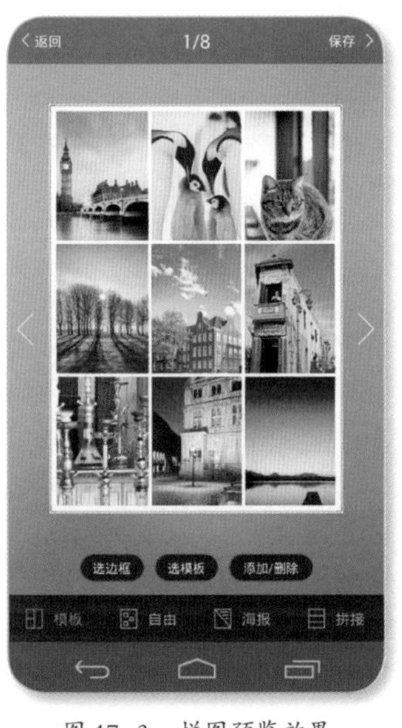

图 17-3 拼图预览效果

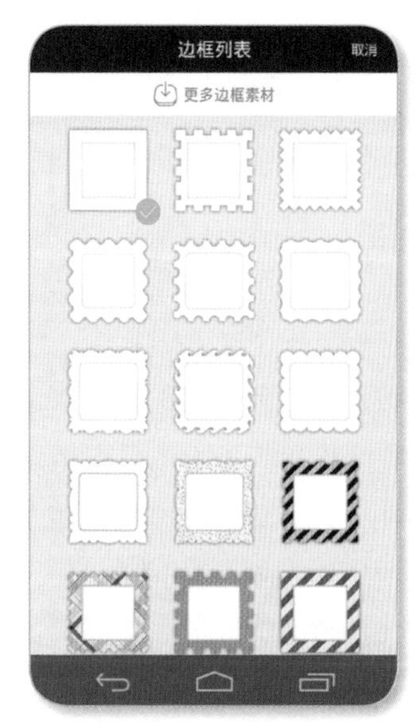

图 17-4 选择拼图边框

美图秀秀的拼图功能还包括“选模板”“自由”“海报”和“拼接”效果，在本案例中暂不实现，只实现基本功能。

17.1.2 案例分析

本案例的重点和难点如下：

（1）根据所选中的图片动态设置预览区域中的图片。

Axure RP 7.0 中提供了 SetImage 事件动态设置某个图片部件的显示图片。

（2）已选择图片显示区域发生鼠标拖动事件。

在“拼图的图片选择”页面，当选择的图片超过 4 张时，可在 X 轴方向对“选择图片显示区域”的动态面板部件进行拖曳操作。

可利用动态面板部件的 OnDrag（鼠标拖动时）事件，另外需要根据当前选中的图片数量和当前在 X 轴拖动的距离计算当前可向左或向右移动的距离。

（3）已选择图片显示区域删除图片的交互效果。

当删除图片时，除了删除单击的图片外，还需要将该图片右侧的图片向左移动。

（4）所选择图片显示在图片预览页面

可将“拼图的图片选择”页面中所选择的图片记录在全局变量中，使用“拼图的图片预览”页面的 OnPageLoad（页面加载时）事件，使用 SetImage（动态设置图片）动作将“拼图的图片预览”页面中的图片设置为已选择的图片。

17.2 原型设计

■ 步骤 1：准备工作

按照上一章案例的方法加载自定义部件库，并在 Home 页面添加手机背景和状态条，然后将其设置为母版，母版名称为 SAMSUNG_S5_PHONE。

在手机背景的内容区域添加 W540:H918 的动态面板部件，并在 State1 状态内添加内部框架部件 contentInlineFrame，设置部件尺寸为 W560:H:940，将该部件设置为隐藏边框，并将地址指向“首页 _frame”页面，该页面才是首页的真实内容区域。

按照上一章的方法创建 6 条全局参考线。

■ 步骤 2：设置全局变量

该项目全局变量的设置如图 17-5 所示。

图 17-5　全局变量管理

全局变量的含义如下：

◆ **SelectPhotoCount**：在“拼图的图片选择”页面已经选择的图片数量。

◆ **MoveXValue**：ninePhotoPanel 部件相对 X0:Y0 坐标移动的 X 坐标值。

◆ **ImgSelect1 ~ ImgSelect9**：表示已选择的图片区域的图片（拼图时，最多可选择 9 张图片）部件对应内容显示区域的哪一张图片。我们的原型有 12 张可选择图片，所以 ImgSelect1 ~ ImgSelect9 全局变量的值可为 img1 ~ img12。

◆ **BorderSelect**：边框的选择，默认值等于 border1，即默认选择的是边框 1。

步骤 3：设计首页

按照前面各章移动 APP 案例的方法添加带有手机背景和状态条的母版，然后添加尺寸为 W540:H918 的动态面板部件，在该部件的 State1 状态中添加内部框架部件，并指向"首页 _frame"页面，该页面才是首页真实内容的页面。

双击"首页 _frame"页面，在页面设计面板中添加美图秀秀首页的截图，并在"拼图"按钮处添加热区部件，部件的属性和样式如下：

部件名称	部件种类	坐标	尺寸	可见性
contentImg	Image	X0:Y0	W540:H918	Y
buttonHotspot	Hot Spot	X90:Y360	W165:H165	Y

在站点地图面板中创建拼图的图片选择页面，然后设置 buttonHotspot 部件的 OnClick（鼠标单击时）事件，如图 17-6 所示。

图 17-6　buttonHotspot 部件的 OnClick 事件

步骤 4：设计图片选择页面

双击图片选择页面，该页面用于进行拼图的图片选择。

（1）添加和设置部件。

该页面涉及交互的部件包括：

- 模拟 12 张待选择图片的图片部件：img1 ~ img12。
- 头部的"返回"按钮的图片：backButtonImg。
- 中下方操作区域显示已选择多少张图片的标签部件：selectcountLabel。
- 中下方操作区域"开始拼图"按钮的图片：photoOperationButton。
- 下方选择图片显示区域的动态面板部件：selectPanel。

涉及交互效果的部件的属性和样式如下：

部件名称	部件种类	坐标	尺寸	字体颜色	可见性
img1	Image	X0:Y68	W134:H134	无	Y
img2	Image	X135:Y68	W134:H134	无	Y
img3	Image	X271:Y68	W134:H134	无	Y
img4	Image	X406:Y68	W134:H134	无	Y
img5	Image	X0:Y203	W134:H134	无	Y
img6	Image	X135:Y203	W134:H134	无	Y
img7	Image	X271:Y203	W134:H134	无	Y
img8	Image	X406:Y203	W134:H134	无	Y
img9	Image	X0:Y338	W134:H134	无	Y
img10	Image	X135:Y338	W134:H134	无	Y
img11	Image	X271:Y338	W134:H134	无	Y
img12	Image	X406:Y338	W134:H134	无	Y
selectcountLabel	Label	X15:Y741	W177:H18	FFFFFF	Y
photoOperationButton	Image	X400:Y728	W117:H44	无	Y
selectPanel	Dynamic Panel	X0:Y784	W540:H134	无	Y

（2）设置动态面板内的部件。

因为最多只能选择 9 张图片（每张图片宽度 134px，间隔 1px），在 selectPanel 动态面板部件的 State1 状态中添加一个更宽的动态面板部件 ninePhotoPanel，尺寸为 W1216:H134。

在 ninePhotoPanel 部件的 State1 状态中添加尺寸为 W134:H134 的 9 个图片部件，分别表示 9 张选择的图片，默认都为隐藏状态，部件的属性和样式如下：

部件名称	部件种类	坐标	尺寸	可见性
imgSelect1	Image	X0:Y0	W134:H134	N
imgSelect2	Image	X135:Y0	W134:H134	N
imgSelect3	Image	X271:Y0	W134:H134	N
imgSelect4	Image	X406:Y0	W134:H134	N

部件名称	部件种类	坐标	尺寸	可见性
imgSelect5	Image	X541:Y0	W134:H134	N
imgSelect6	Image	X676:Y0	W134:H134	N
imgSelect7	Image	X811:Y0	W134:H134	N
imgSelect8	Image	X946:Y0	W134:H134	N
imgSelect9	Image	X1081:Y0	W134:H134	N

需要注意的是，使用部件区域的 在页面设计区域添加图片部件并设置好图片尺寸后暂时不用设置图片，我们将在上方图片选择区域的图片发生 OnClick 事件时动态进行设置。

（3）设置图片选择区域部件交互效果。

当单击图片选择区域的 12 张图片时，如果当前选择的图片数量没有达到 9 张，需要在下方选择图片显示区域中显示所选择的图片，需要根据已经选择的图片数量动态设置 imgSelect1 ～ imgSelect9 部件的图片。

img1 ～ img12 图片部件的 OnClick 事件类似，以 img1 部件为例讲解如何设置 OnClick 事件，如图 17-7 所示。

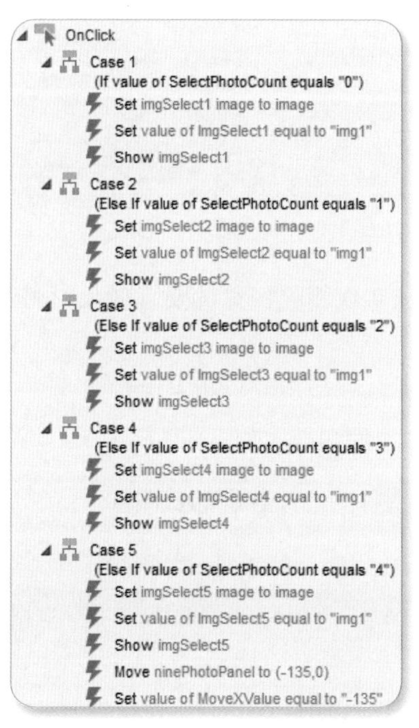

图 17-7　img1 部件的 OnClick 事件

该段设置的含义是，当单击选择第一张图片时：

① 如果已选择的图片数量(对应 SelectPhotoCount) 等于 0(即之前未选择任何图片)：

● 将下方图片显示区域动态面板部件内部 imgSelect1 图片部件的图片设置成第一张图片已选择状态的截图。可以在用例编辑器中选择 Widgets → Set Image 动作，然后在 Configure actions（配置动作）区域的 Default 中单击 Import 下拉列表选择我们的截图（尺寸为 W134:H134），如图 17-8 所示。

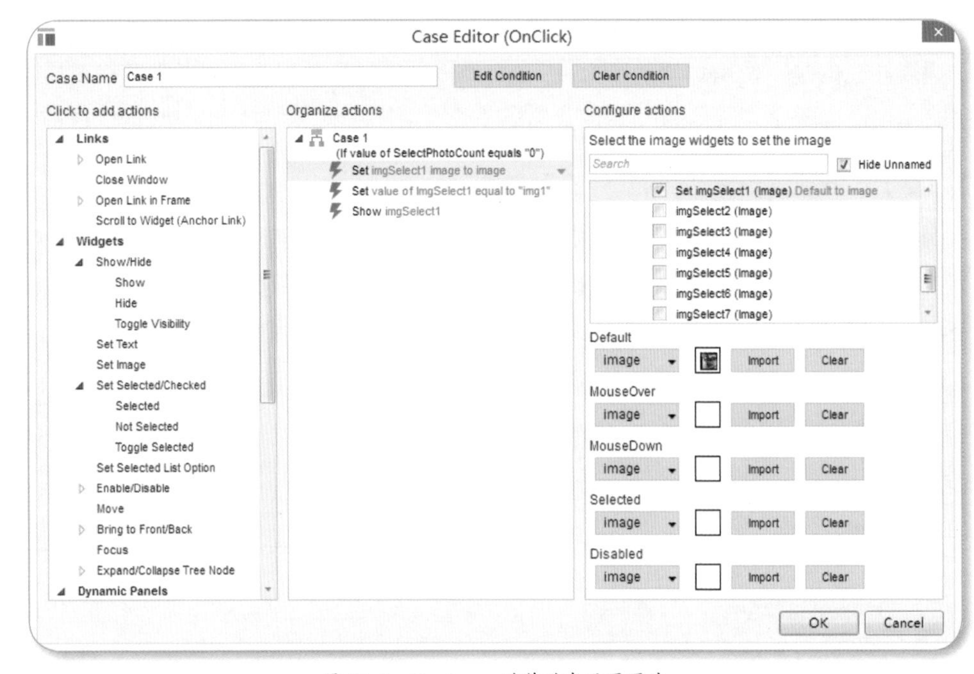

图 17-8 Set Image 动作动态设置图片

● 将 ImgSelect1 全局变量的值设置为 img1（在实现删除图片的交互效果时将利用该值）。

● 显示 imgSelect1 图片部件。

② 如果已选择的图片数量等于 1（即之前已选择一张图片）：

● 将 imgSelect2 图片部件的图片设置成第一张图片的选择状态的截图。

● 将 ImgSelect2 全局变量的值设置为 img1。

● 显示 imgSelect2 图片部件。

Case 3 和 Case 4 依此类推。

③ 如果已选择的图片数量等于 4（即之前已选择 4 张图片）：

● 将 imgSelect5 图片部件的图片设置成第一张图片的选择状态的截图。

- 将 ImgSelect5 的值设置为 img1（在实现删除图片的交互效果时将利用该值）。
- 显示 imgSelect5 图片部件。
- 将显示已选择图片的 ninePhotoPanel 动态面板部件移动到 X-135:Y0 的位置，向左移动 135px，即移动一张图片的距离，使得第 5 张图片在显示区域中。
- 将 MoveXValue 全局变量（用于表示 ninePhotoPanel 部件在 X 轴方向移动的距离）的值设置为 -135。

Case 6 ～ Case 9 用例除设置图片、显示的图片部件序号不同和移动的位置更多外，其余与 Case 5 类似，不再赘述。

需要注意的是 Case 10，该分支与之前的 9 个用例不是 if…else…关系，而是 if…if…关系，即不管前面 9 个用例执行情况如何，该用例的条件都会被判断。如果已选择的图片数量小于 9，则对 SelectPhotoCount 全局变量执行减 1 操作，接着更新 selectcountLabel 标签部件的文本为“当前选中 [[SelectPhotoCount]] 张（最多 9 张）”。

img2 ～ img12 部件的 OnClick 事件与 img1 类似，只是在图 17-8 所示的用例编辑器中需要将 9 个用例的截图都设置为第 2 张至第 12 张图片选择状态的截图，并且 ImgSelect1 ～ ImgSelect9 等全局变量的值设置为 img2。

（4）设置选择图片区域鼠标拖动交互效果。

在选中的图片超过 4 张时，选择图片的显示区域会移动 ninePhotoPanel 部件，以便将最后一张图片显示在屏幕最右侧，ninePhotoPanel 部件相对 X0:Y0 已经移动的 X 坐标距离记录在 MoveXValue 全局变量中。

定义 ninePhotoPanel 部件的 OnDrag（鼠标拖动时）事件，如图 17-9 所示。

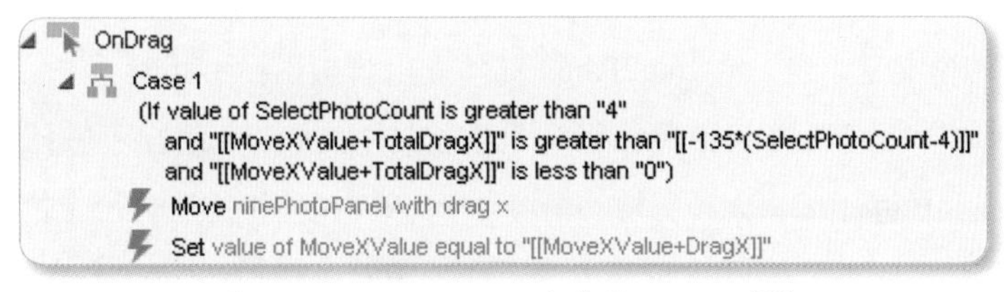

图 17-9 ninePhotoPanel 部件的 OnDrag 事件

该段设置的含义是，当拖动图片选择区域时，如果当前已选择的图片数量大于 4，即超过 4 张图片，并且该动态面板部件已在 X 轴移动的距离（MoveXValue 全局变量）+ 本次拖动事件拖动的总距离（TotalDragX 函数）小于 0 大于 [[-135*(SelectPhotoCount-4)]]（如当前为 5 张图片则该值为 -135，为 6 张图片则该值为 -270，分别表示该图片可向左移动 135px 和 270px）时：

● 将部件跟随鼠标在 X 轴方向移动。

● 将该动态面板部件已在 X 坐标移动的距离（MoveXValue 全局变量）设置为当前 MoveXValue 的值 + 本次拖动的距离（DragX 的值）。

（5）设置删除图片交互效果。

在已选择的拼图图片列表区域删除图片时需要进行以下操作：

1）将该图片右边的所有图片依次左移一个位置，可通过使用 Set Image 动作重新设置图片来达到目的。如已选择 5 张图片，此时删除第 3 张图片，需要将第 3 张图片设置为当前的第 4 张图片，将第 4 张图片设置为第 5 张图片。

2）将表示已选择图片数量的 SelectPhotoCount 全局变量进行减 1 操作。

3）对最后一张图片进行隐藏操作。

4）将表示当前已选择图片数量的 selectcountLabel 标签部件重新设置文本值。

5）将 ninePhotoPanel 部件移动到正确位置。

依次重新设置 8 张图片可以使用 8 个动态面板部件 copyImg2Panel ~ copyImg9Panel 实现，这 8 个动态面板部件分别表示将 imgSelect2 部件中的图片设置到 imgSelect1 部件……将 imgSelect9 部件中的图片设置到 imgSelect8 部件。

这 8 个动态面板部件都包括 State1 和 State2 两个状态，我们只需要使用这 8 个部件的 OnPanelStateChange（面板状态发生变化时）事件，所以 State1 和 State2 状态的内容为空即可。

6）设置 copyImg2Panel 等部件的 OnPanelStateChange 事件。

设置 copyImg2Panel ~ copyImg9Panel 部件的 OnPanelStateChange（动态面板状态发生变化时）事件，如 copyImg2Panel 部件的 OnPanelStateChange 事件如图 17-10 所示。

该段设置的含义是，当 copyImg2Panel 部件发生状态切换事件时：

● 如果 imgSelect2 部件为隐藏状态，即选择图片数量为 1 时，不做任何操作。

● 如果表示 ImgSelect2 全局变量的值等于 img1，并且 imgSelect2 部件为显示状态（因为不满足 Case 1），即第二张选中的图片是图片 1，执行 Set Image 动作将 imgSelect1 部件更换为图片，并将 ImgSelect1 全局变量的值设置为 ImgSelect2。

Case 3 ~ Case 13 和 Case 1 的设置语句类似，只是设置 SetImage 动作时所选择的图片有所区别。

copyImg3Panel ~ copyImg9Panel 部件的 OnPanelStateChange 事件的设置与 copyImg2Panel 部件类似，不再赘述。

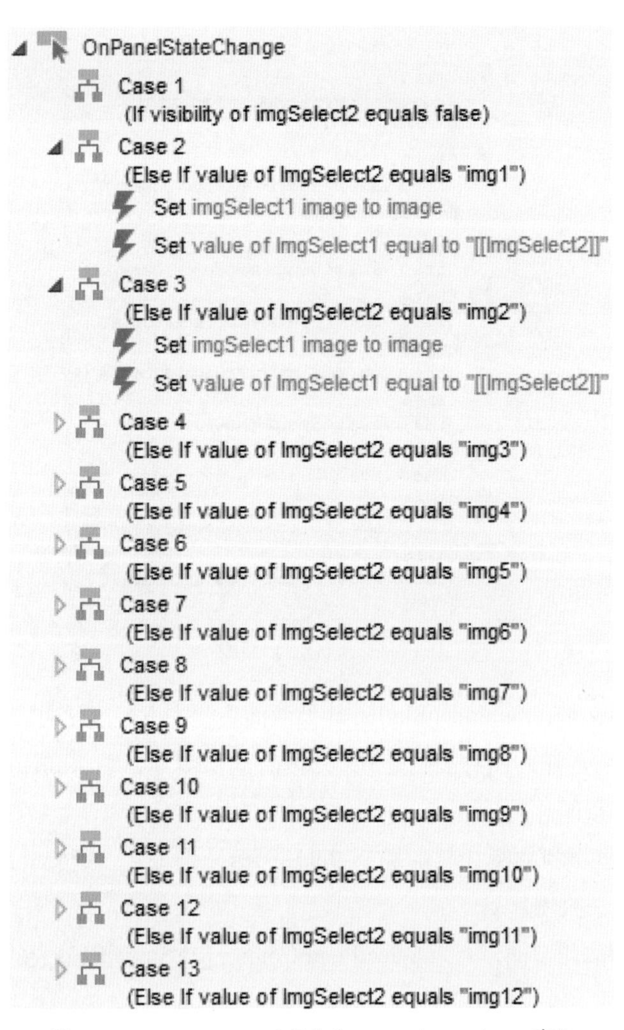

图 17-10 copyImg2Panel 部件的 OnPanelStateChange 事件

7）设置 hiddenImgPanel 部件的 OnPanelStateChange 事件。

执行完 copyImg2Panel 等部件的 OnPanelStateChange 事件后，此时表示已选择图片的图片部件都被设置为正确的图片，接着将 PhotoSelectCount 的值减 1，然后需要将当前最后一个图片隐藏，因为每次单击都执行了一次删除图片操作，相当于减少一张图片。

实现隐藏功能，因为隐藏功能被多张图片调用，我们可以添加一个 hiddenImgPanel 部件来实现类似函数的效果。为 hiddenImgPanel 部件设置 State1 和 State2 两个状态，因为我们只是想利用这个部件的 OnPanelStateChange 事件，所以不需要在两个状态中添加内容。

设置 hiddenImgPanel 部件的 OnPanelStateChange 事件，如图 17-11 所示。

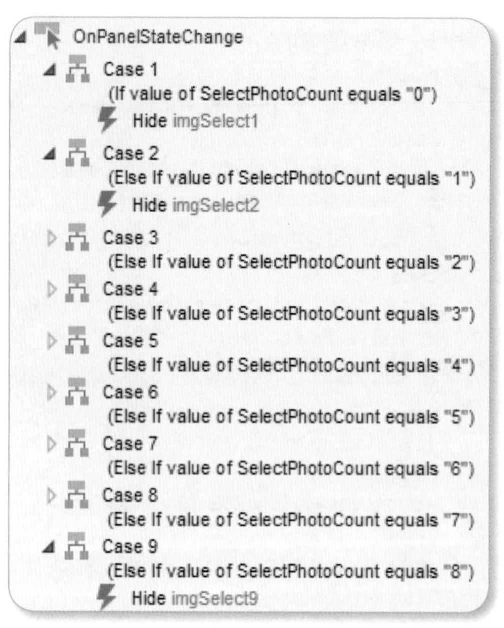

图 17-11　hiddenImgPanel 部件的 OnPanelStateChange 事件

该段设置的含义是，当 hiddenImgPanel 部件面板状态发生变化时：

- 如果当前已选择的图片数量是 0，即没有选择图片，则将 imgSelect1 图片部件隐藏（当前的最后一张图片）。
- 如果当前已选择的图片数量是 1，即只选择一张图片，则将 imgSelect2 图片部件隐藏（当前的最后一张图片）。

其余 7 个用例依此类推，因为 SelectPhotoCount 已减 1，所以最大的 SelectPhotoCount 的值为 8。

8）设置 imgSelect1 等部件的 OnClick 事件。

设置 imgSelect1 ～ imgSelect9 部件的 OnClick 事件。这 9 个表示已选择图片的图片部件发生 OnClick（鼠标单击时）事件时需要将本图片和其后的图片都被右侧图片替换的交互效果，并将最后一张图片隐藏。

设置 imgSelect1 部件的 OnClick（鼠标单击）事件，如图 17-12 所示。

该段设置的含义是，当单击选中的第一张图片时：

- 将 copyImg2Panel 部件切换面板状态，此时将触发该部件的 OnPanelStateChange 事件，如果第 2 张选中图片存在，则将其设置到 imgSelect1 部件中。
- 将 copyImg3Panel 部件切换面板状态，此时如果第 3 张选中图片存在，则将其设置到 imgSelect2 部件中。

```
OnClick
  Case 1
    Set copyImg2Panel to Next wrap
    Set copyImg3Panel to Next wrap
    Set copyImg4Panel to Next wrap
    Set copyImg5Panel to Next wrap
    Set copyImg6Panel to Next wrap
    Set copyImg7Panel to Next wrap
    Set copyImg8Panel to Next wrap
    Set copyImg9Panel to Next wrap
    Set value of SelectPhotoCount equal to "[[SelectPhotoCount-1]]"
    Set hiddenImgPanel to Next wrap
    Set text on selectcountLabel equal to "当前选中[[SelectPhotoCount]]张（最...
```

图 17-12　imgSelect1 部件的 OnClick 事件

- 依此类推，将 copyImg9Panel 部件切换面板状态，此时如果第 9 张选中图片存在，则将其设置到 imgSelect8 部件中。
- 将 SelectPhotoCount 全局变量进行减 1 操作。
- 将 hiddenImgPanel 部件切换面板状态，此时将触发该部件的 OnPanelStateChange 事件，将最右边处于显示状态的图片部件隐藏。
- 更新 selectcountLabel 文本部件的文本内容。

imgSelect2 ～ imgSelect8 部件的 OnClick（鼠标单击时）事件的设置与 imgSelect1 部件类似，如 imgSelect8 部件的 OnClick 事件如图 17-13 所示。

图 17-13　imgSelect8 部件的 OnClick 事件

该段设置的含义是，当单击已选择区域的第 8 张图片时：

Case 1 用例（一定执行）：

- 因为 imgSelect8 部件右边只有 imgSelect9 部件，所以切换 copyImg9Panel 部件状态，

如果 imgSelect9 部件为显示状态，则将其设置到 imgSelect8 中。

- 将 SelectPhotoCount 全局变量的值减 1。
- 将 hiddenImgPanel 部件切换状态，此时将触发该部件的 OnPanelStateChange 事件，将最右边处于显示状态的图片部件隐藏。
- 更新 selectcountLabel 标签部件的文本内容。

Case 2 用例和 Case 3 用例（满足条件时执行。如果删除后仅有 7 张图片，即删除第 8 张图片时；或者删除后仅有 8 张图片，并且第 7 张图片在手机屏幕上的位置不是第 4 张时）：

- 向右移动 ninePhotoPanel 动态面板部件，移动的距离为 135px，即一张图片所占用的宽度。
- 将 ninePhotoPanel 部件相对 X0:Y0 坐标移动的 X 坐标值 MoveXValue 设置为正确的值。

imgSelect9 部件因为右边没有图片部件，所以设置比较简单，它与前面的 8 个部件有所不同，OnClick 事件设置如图 17-14 所示。

图 17-14　imgSelect9 部件的 OnClick 事件

9）设置“开始拼图”按钮的 OnClick 事件。

创建拼图图片预览页面，设置“开始拼图”按钮的 OnClick 事件，单击时跳转到图片预览页面。

■ 步骤 5：设置图片预览页面

双击图片预览页面，该页面进入编辑状态。

（1）添加和设置部件。

该页面涉及交互的部件包括：

- 头部的“返回”按钮和“保存”按钮：backButtonImg 和 saveButtonImg。
- 中间图片预览区域的动态面板部件：previewPanel。
- 中间图片预览区域的 9 张已选择图片的图片部件：imgSelect1 ～ imgSelect9。

- 中间图片区域的向左和向右按钮的图片：beforeImg 和 nextImg。
- 中间图片预览区域的“选边框”按钮的图片：selectBorderImg。

部件的属性和样式如下：

部件名称	部件种类	坐标	尺寸	可见性
backButtonImg	Image	X20:Y17	W65:H34	Y
saveButtonImg	Image	X445:Y17	W65:H34	Y
previewPanel	Dynamic Panel	X58:Y168	W424:H582	Y
imgSelect1	Image	X76:Y190	W122:H170	Y
imgSelect2	Image	X206:Y190	W122:H170	Y
imgSelect3	Image	X336:Y190	W122:H170	Y
imgSelect4	Image	X76:Y366	W122:H170	Y
imgSelect5	Image	X206:Y366	W122:H170	Y
imgSelect6	Image	X336:Y366	W122:H170	Y
imgSelect7	Image	X76:Y550	W122:H170	Y
imgSelect8	Image	X206:Y550	W122:H170	Y
imgSelect9	Image	X336:Y550	W122:H170	Y
beforeImg	Image	X10:Y432	W35:H54	Y
nextImg	Image	X488:Y432	W35:H54	Y
selectBordeImg	Image	X76:Y790	W92:H39	Y

（2）添加不同边框的交互效果。

可以利用 previewPanel 动态面板部件模拟 3 种边框的不同显示效果，为该部件添加 border1（默认状态）、border2 和 border3 三个状态，分别对应图 17-4 所示“选择拼图边框”页面中的第一种至第三种边框，在这 3 种状态中添加尺寸为 W424:H582 的这 3 种边框（去掉里面的图片）。

（3）设置 setImg1Panel 等部件的 OnPanelStateChange 事件。

为了将 imgSelect1 ~ imgSelect9 部件设置为正确的图片，可以参考“步骤 4：设计图片选择页面”中的方法添加 9 个动态面板部件 setImg1Panel ~ setImg9Panel，这 9 个部件都包括 State1 和 State2 两个状态，内容都为空，这 9 个部件分别用于对本页面中的 9 个已选择图片进行设置。

我们需要利用的是该部件的 OnPanelStateChange（面板状态变化时）事件，设置 setImg1Panel 部件的 OnPanelStateChange 事件如图 17-15 所示。

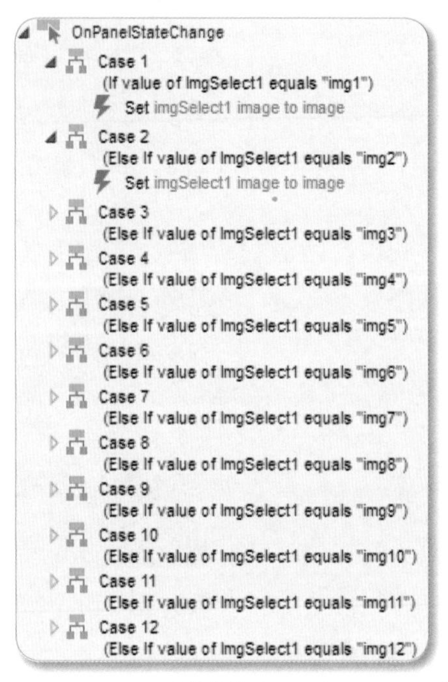

图 17-15　setImg1Panel 部件的 OnPanelStateChange 事件

该段设置的含义是，当 setImg1Panel 部件的面板状态发生变化时将根据 ImgSelect1 全局变量的值将 imgSelect1 图片部件设置为不同的图片。

（4）设置页面加载时事件。

在页面加载完毕后，需要根据 SelectBorder 的值将 previewPanel 部件设置为不同的状态，另外需要触发 setImg1Panel ~ setImg9Panel 部件的 OnPageLoad 事件将 imgSelect1 ~ imgSelect9 图片部件设置为正确的图片，如图 17-16 所示。

（5）设置其他图片的响应事件。

设置“返回”按钮的 OnClick（鼠标单击时）事件，如图 17-17 所示。

在站点地图面板中创建选择边框页面，然后设置拼图图片预览区域的“选边框”按钮的 OnClick 事件，如图 17-18 所示。

图 17-16　图片预览页面的 OnPageLoad 事件

图 17-17　“返回”按钮的 OnClick 事件

图 17-18　“选边框”按钮的 OnClick 事件

步骤 6：设置选择边框页面

双击选择边框页面，该页面进入编辑状态。

（1）添加和设置部件。

在页面中主要包括以下部件：

- 选择边框页面的截图的图片部件。
- 模板 1 至模板 3 图片部件上添加的热区部件 border1Hotspot ～ border3Hotspot。
- “取消”按钮的图片部件。
- 显示当前所选择的边框的✓图片部件。

（2）添加边框热区部件的 OnClick 事件。

设置这 3 个热区部件的 OnClick（鼠标单击时）事件，设置 SelectBorder 全局变量的值并跳转到图片预览页面。

如 border2Hotspot 的 OnClick 事件如图 17-19 所示。

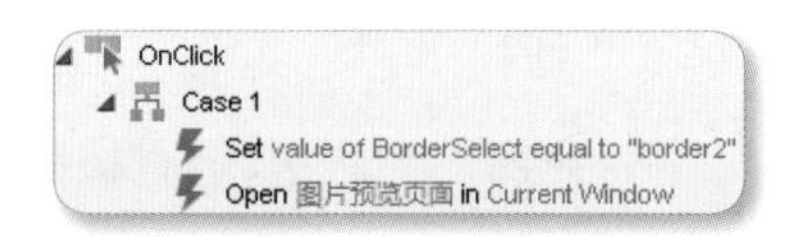

图 17-19　border2Hotspot 部件的 OnClick 事件

border1Hotspot 和 border3Hotspot 部件的 OnClick 事件与此类似，不再赘述。

(3)添加“取消”图片部件的OnClick事件。

设置“取消”按钮cancelButtonImg部件的OnClick事件，如图17-20所示。

图17-20 cancelButtonImg部件的OnClick事件

(4)添加页面加载事件。

设置选择边框页面的OnPageLoad（页面加载时）事件，根据BorderSelect全局变量的取值移动✓图片部件的位置到正确的边框所在的位置，如图17-21所示。

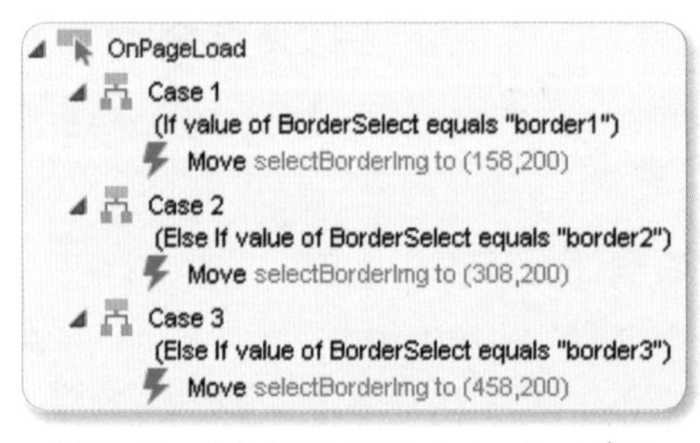

图17-21 选择边框页面的OnPageLoad事件

17.3 小憩一下

在本章案例中，讲解了如何通过SetImage动作实现动态设置图片部件的图片，另外我还在不遗余力地继续给小伙伴们讲解如何使用动态面板部件。

本案例重点用到了动态面板部件的OnPanelStateChange（面板状态变化时）和OnDrag（鼠标拖动时）事件。其中，OnPanelStateChange（面板状态变化时）给小伙伴们讲到一个妙用，将其作为其他编程语言中类似函数的效果，可以将经常调用或通用的功能放到某个动态面板部件的OnPanelStateChange事件中。

第18章

网站综合案例 1：

百度糯米——团购网站

- 网 站 名 称：百度糯米
- 网 站 描 述：近几年，团购网站如雨后春笋般冒出来，如美团、大众点评网、团 800 和百度糯米等。本案例实现百度糯米网的主要功能，包括首页、精选推荐、今日新单、美食、电影、酒店和旅游一级菜单，并实现团购产品详情等基本功能。
- 网站演示图片：

18.1 需求概述

团购是一种团体购物行为，团购网站平台商与各种商家商谈，加大与商家的谈判能力，取得最优价格后，通过团购网站将团购商品通过在线销售方式提供给广大互联网用户。

2010 年是团购网站的兴起年，各大团购网站如雨后春笋般林立，打了一场“千团大战”后，目前拥有比较大用户量的有美团、团 800、大众点评网、百度糯米、拉手网和聚划算等。

团购网站的功能都大同小异，本章以百度糯米网站为蓝图，提供美食、电影、酒店和旅游类的团购信息，实现团购网站的主要功能，包括：

◆ **首页**：提供本周精选、精选商品、每日新单的商品，并在下方区域展示所有商品信息，能根据默认、销量、价格、折扣和最新发布进行排序。

◆ **精选推荐**：平台根据分类和团购数量进行综合的精选推荐。

◆ **今日新单**：展示今日上线的团购商品。

◆ **分类查询**：将 4 类团购商品：“美食”“电影”“酒店”和“旅游”分散到特定一级菜单，方便用户快速查找。

◆ **团购商品详情**：在首页、精选推荐、每日新单和分类查询等页面，鼠标单击某个团购商品后进入团购商品详情页面，在该页面能查看该团购商品的详细信息以及相关团购商品的基本信息，并能对当前团购商品进行订购、收藏和评价等操作。

18.1.1 首页

团购网站→“首页”功能模块的子需求列表如下：

需求名称	需求描述
广告幻灯区域	多张广告图片形成幻灯效果，在指定间隔进行轮播，单击右上角的“关闭”按钮关闭广告促销区域
全部团购分类	首页的“全部团购分类”为打开状态，鼠标移动到某个一级团购分类所在的行将打开该一级团购分类的所有二级分类
本周精选	多张本周精选商品的图片形成幻灯片效果，与广告幻灯区域有类似的效果
精选推荐	显示 4 个精选推荐的团购商品，鼠标单击“更多”链接进入“精选推荐”一级菜单对应的页面，鼠标单击某个精选推荐商品图片则进入团购商品详情页面
今日新单	显示 4 个今日上线的团购商品，鼠标单击“更多”链接进入“今日新单”一级菜单对应的页面，鼠标单击某个今日新单商品图片则进入团购商品详情页面
所有团购商品排序	提供所有团购商品列表，可按照“默认”（综合排名）“销量”“价格”“折扣”和“最新发布”排序，可分页查看

18.1.2 精选推荐

团购网站→“精选推荐”功能模块的子需求列表如下：

需求名称	需求描述
推荐区域	显示促销的倒计时牌，如果促销尚未开始，显示还差多少时间（时分秒）开始促销；如果当前正处在促销状态，显示还差多少时间（时分秒）结束促销。有两个促销时间段：10:00 ~ 13:00 和 17:00 ~ 20:00
精选推荐列表	显示所有精选推荐团购商品，鼠标单击某个团购商品的内容区域后进入“团购商品详情”页面

18.1.3 今日新单

团购网站→“今日新单”功能模块的子需求列表如下：

需求名称	需求描述
搜索区域	提供“分类”（默认选择“今日新单”）“区域”（默认显示“全部”）和“价格”（默认显示“全部”）搜索条件，并显示搜索到的记录条数
今日新单列表	显示所有今日上线的团购商品，鼠标单击某个团购商品的内容区域后进入“团购商品详情”页面

18.1.4 美食 / 电影 / 酒店 / 旅游分类查询

团购网站→“分类查询”功能模块的子需求列表如下：

需求名称	需求描述
搜索区域	搜索区域包括“搜索条件”和“查询结果数量” 针对美食、电影、酒店和旅游，搜索条件略有区别： ◆ **美食**：包括“分类”（全部中餐、甜点饮品、粤菜、蛋糕等）“区域”（地铁附近、天河区、海珠区、白云区、番禺区、越秀区等）“价格”（0 ~ 50 元、50 ~ 100 元、100 ~ 200 元等）和“人数”（单人餐、双人餐、3 ~ 4 人餐等）搜索条件 ◆ **电影**：包括“区域”（地铁附近、天河区、海珠区、白云区、番禺区、越秀区和花都区等）搜索条件 ◆ **酒店**：包括“分类”（经济型酒店、商务酒店、快捷酒店和豪华酒店等）“类别”（经济型和豪华型等）“区域”（地铁附近、天河区、海珠区、白云区、番禺区、越秀区等）和“价格”（0 ~ 50 元、50 ~ 100 元、100 ~ 200 元等）搜索条件 ◆ **旅游**：包括“分类”（景点旅游、温泉洗浴和本地游等）“区域”（地铁附近、天河区、海珠区、白云区、番禺区和越秀区等）和“价格”（0 ~ 50 元、50 ~ 100 元和 100 ~ 200 元等）搜索条件
排序区域	对搜索结果提供“默认”（综合排序）“销量”“价格”“折扣”和“最新发布”排序
美食	提供“搜索区域”“排序区域”和“团购商品查找结果列表”3 个区域
电影	提供“搜索区域”“排序区域”“团购商品查找结果列表”“正在热映 / 即将上映影片区域”和“电影票排行榜区域”
酒店	与“美食”一级菜单类似，提供“搜索区域”“排序区域”和“团购商品查找结果列表”3 个区域
旅游	与“美食”一级菜单类似，提供“搜索区域”“排序区域”和“团购商品查找结果列表”3 个区域

18.1.5 团购商品详情

团购网站→“团购商品详情”功能模块的子需求列表如下：

需求名称	需求描述
团购商品基本信息	显示查看详情的团购商品的基本信息：团购商品名称、描述、价格、折扣、价值、团购数量、平均评分的分值、评分星级、评论数量和有效期，并且可以在选择“购买数量”后单击“立即抢购”按钮购买该团购商品
看了又看	显示看过该团购商品的用户还看过的团购商品，最多显示 5 个推荐商品
买了又买	显示买过该团购商品的用户还买过的团购商品，最多显示 4 个推荐商品
会员评分	显示平均评分的分值，以及评分星级、评分次数和满意率
团购商品详细信息	包括 4 个选项卡：本单详情、消费提示、商家介绍和会员评价。对于已购买的产品，用户还能进行商品评价操作
根据浏览历史推荐	根据登录用户的浏览历史推荐团购商品，最多显示 4 个团购商品
最近浏览商品	按照时间倒序显示登录用户最近浏览的商品，最多显示 7 个团购商品

18.2 线框图

页面区域的宽度为 1260px，页头和页尾区域的宽度都为 1260px，中间内容区域的宽度中需要去除左侧 140px 和右侧 140px，实际为 980px。

18.2.1 设置全局参考线

在X140、X1120和X1260处创建3条垂直全局参考线，比较便捷的方法是，按住Ctrl键，从 Y 轴拖动 3 根全局参考线到页面设计面板，拖动到的 X 坐标分别为 140px、1120px 和 1260px。

也可以采用如下方法：在任意页面右击并选择Grid and Guides→Create Guides菜单项，3 条垂直全局参考线的设置如图 18-1 所示。

Create Guides

Presets:

Columns

# of Columns: 2

Column Width: 980

Gutter Width: 0

Margin: 140

Rows

# of Rows: 0

Row Height: 40

Gutter Height: 20

Margin: 0

Create as Global Guides

OK Cancel

图 18-1 设置垂直全局参考线

18.2.2 页头

编辑页头区域，设置完成后如图 18-2 所示。

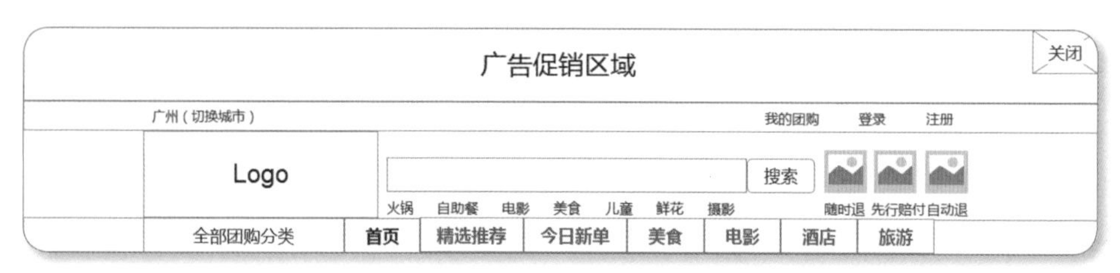

图 18-2 页头区域

为了在所有页面都能使用该页头，可在全选页头区域后右击并选择 Convert to Master 菜单项将其设置为母版，母版名称为 header。

18.2.3 页尾

编辑页尾区域，设置完成后如图 18-3 所示。

图 18-3 页尾区域

为了在所有页面都能使用该页尾，可在全选页尾区域的所有部件后右击并选择Convert to Master菜单项将其设置为母版，母版名称为footer。

18.2.4 首页

在首页中添加页头母版并设置坐标为X0:Y0，接着编辑中间内容区域，然后添加页尾母版，设置完成后如图18-4所示。

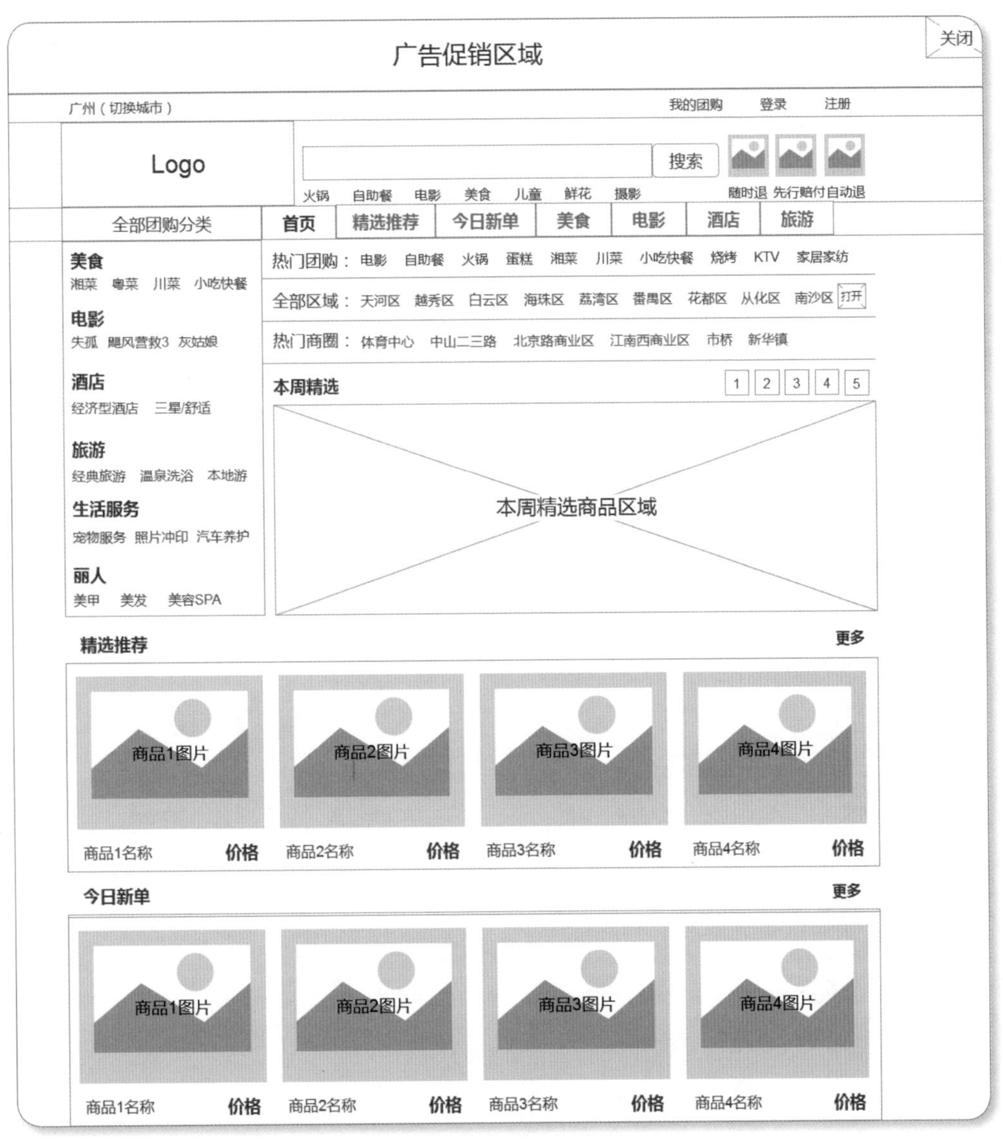

图18-4 团购网站首页

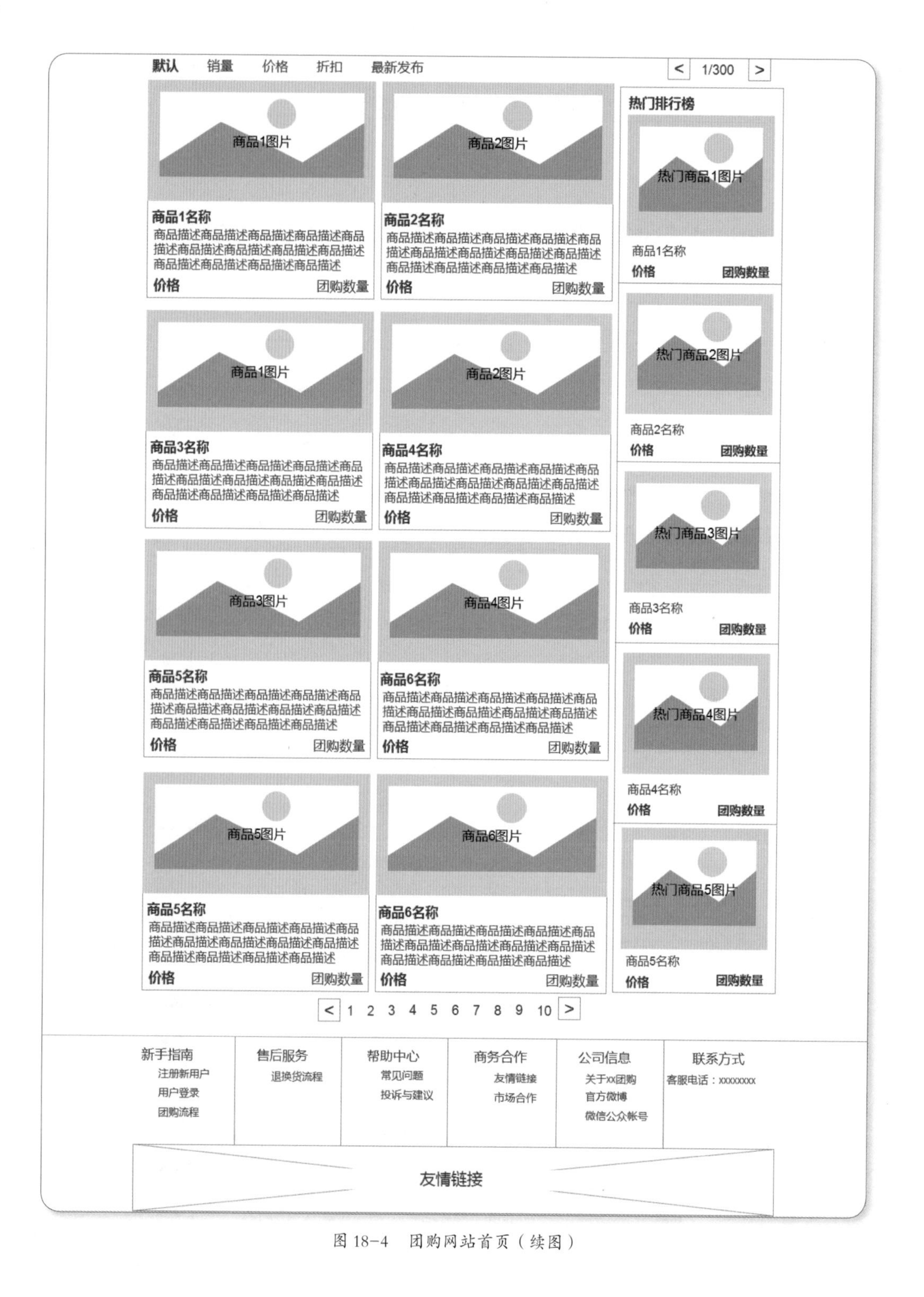

图 18-4　团购网站首页（续图）

18.2.5 精选推荐

“精选推荐”页面的页头和页尾与首页相同，中间内容区域如图 18-5 所示。

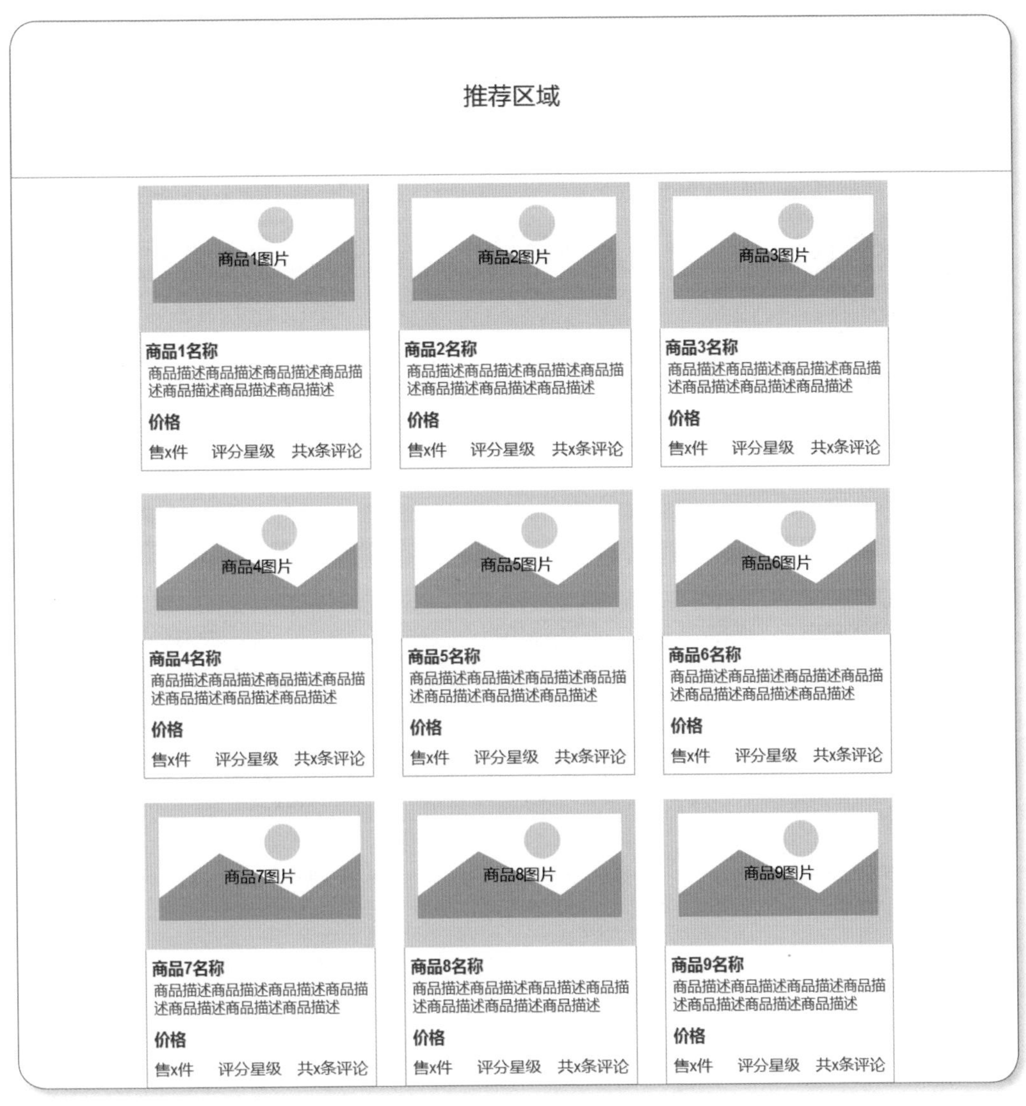

图 18-5 “精选推荐”页面的中间内容区域

18.2.6 今日新单

“今日新单”页面的中间内容区域如图 18-6 所示。

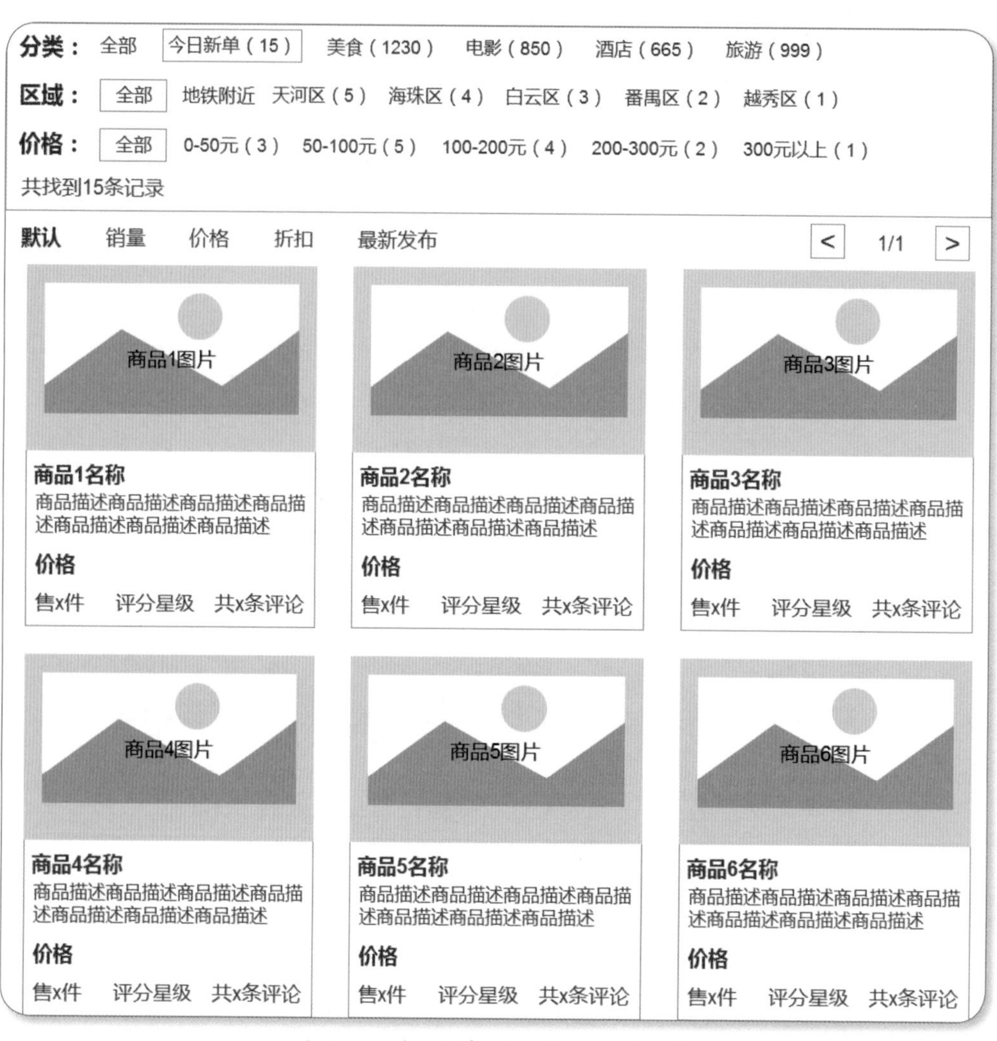

图 18-6 “今日新单”页面的中间内容区域

18.2.7 美食 / 电影 / 酒店 / 旅游分类查询

美食、酒店和旅游一级菜单页面除查询条件有所不同外，其余都与“今日新单”页面类似。“电影”页面会推荐即将上映和正在上映的电影以及电影票排行榜，“电影”页面的中间内容区域如图 18-7 所示。

图 18-7 “电影”页面的中间内容区域

18.2.8 团购商品详情

鼠标单击首页、精选推荐、今日新单，以及美食、电影、酒店和旅游等分类一级菜单页面的某个团购商品可进入团购商品详情页面。

“团购商品详情”页面的中间内容区域如图 18-8 所示。

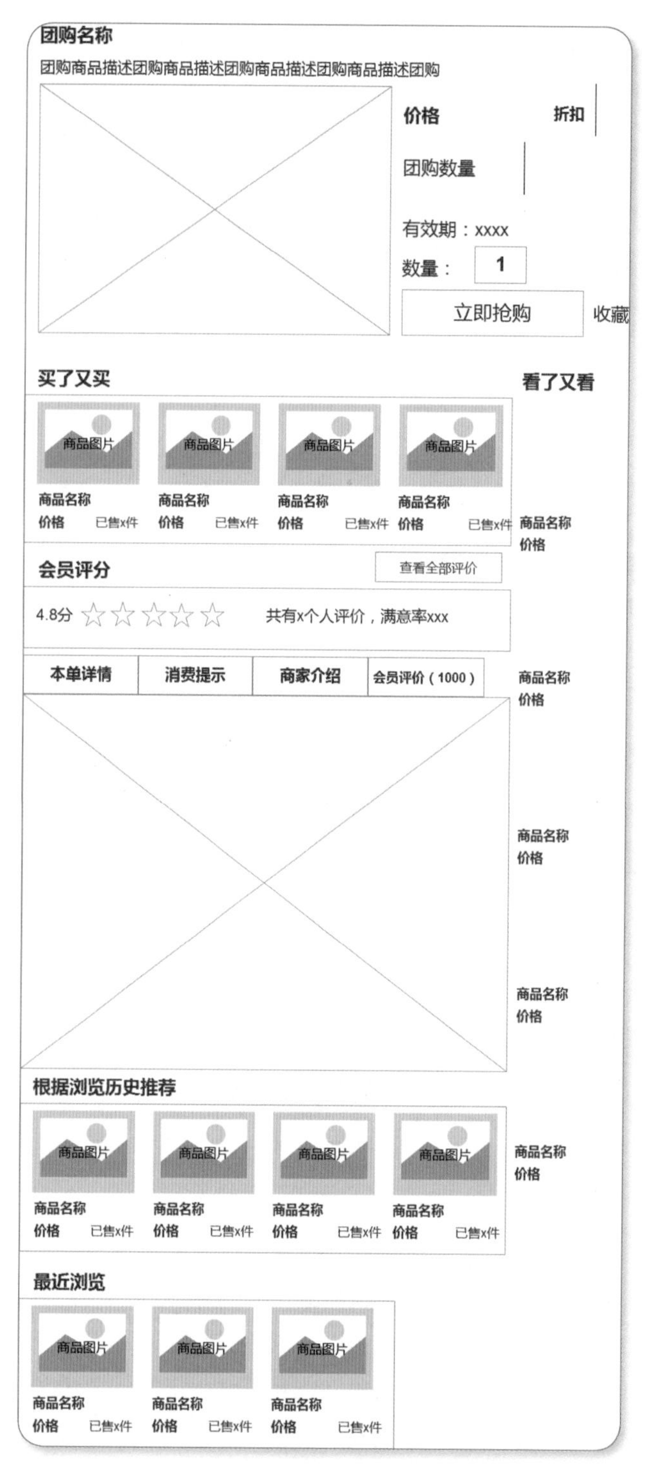

图 18-8 “团购商品详情”页面的中间内容区域

18.3 设计图

设计师拿到已经确认的需求、线框图，以及客户喜好的视觉效果等要求后，可以开始着手进行设计图的设计。设计图是静态设计，优秀的设计图不但包括美观的视觉效果，还需要包括良好的用户体验，但是设计图无法体现交互效果，交互效果是高保真线框图需要重点完成的内容。

18.3.1 首页

首页的设计图如图 18-9 所示。

图 18-9　首页的设计图

图 18-9　首页的设计图（续图）

18.3.2 精选推荐

精选推荐的设计图如图 18-10 所示。

图 18-10 精选推荐的设计图

18.3.3 今日新单

“今日新单”内容区域的设计图如图 18-11 所示。

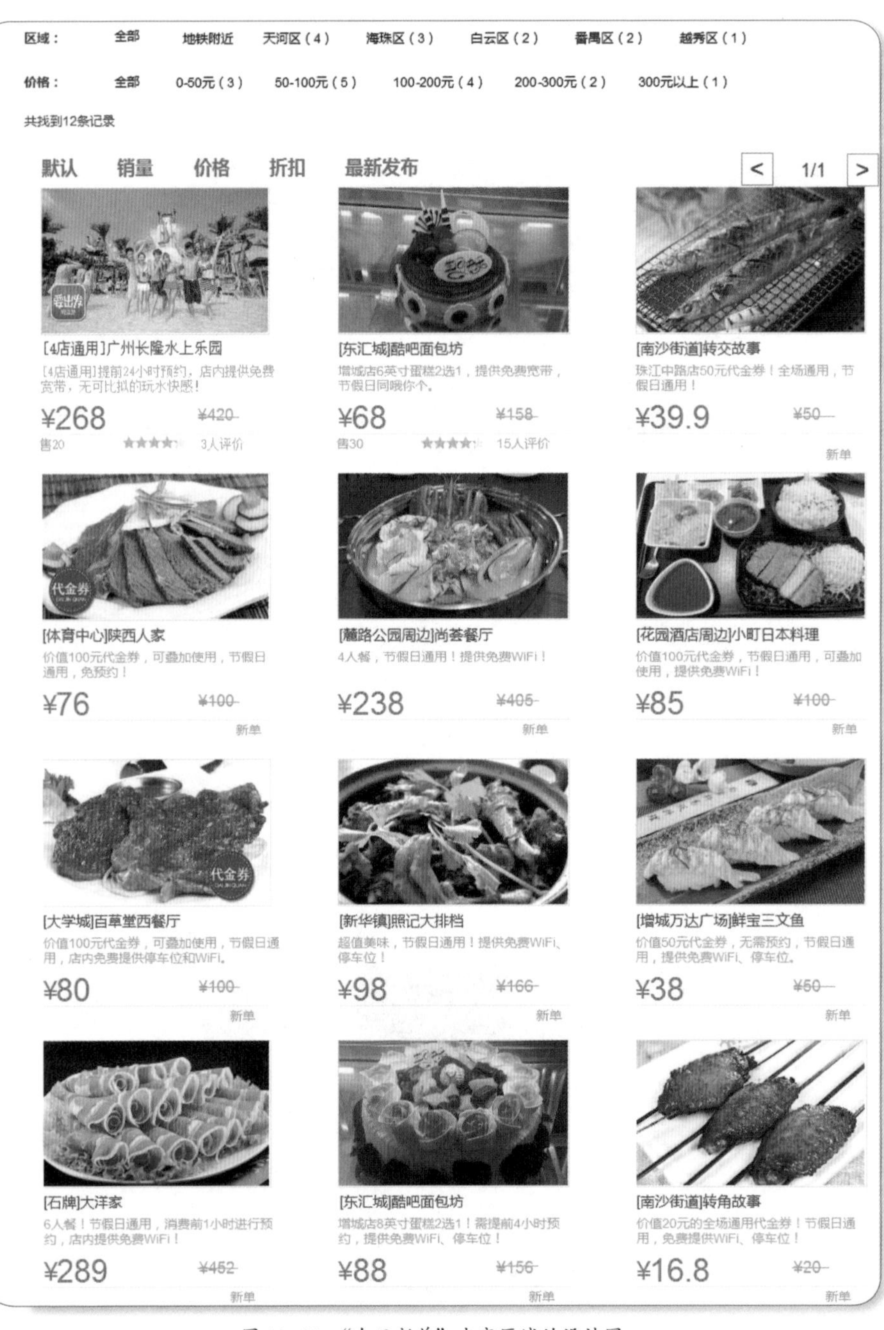

图 18-11 “今日新单”内容区域的设计图

18.3.4 美食 / 电影 / 酒店 / 旅游分类查询

美食、酒店和旅游的页面设计图与“今日新单”大同小异，只有“电影”一级菜单的设计图差异比较大。“电影”内容区域的设计图如图 18-12 所示。

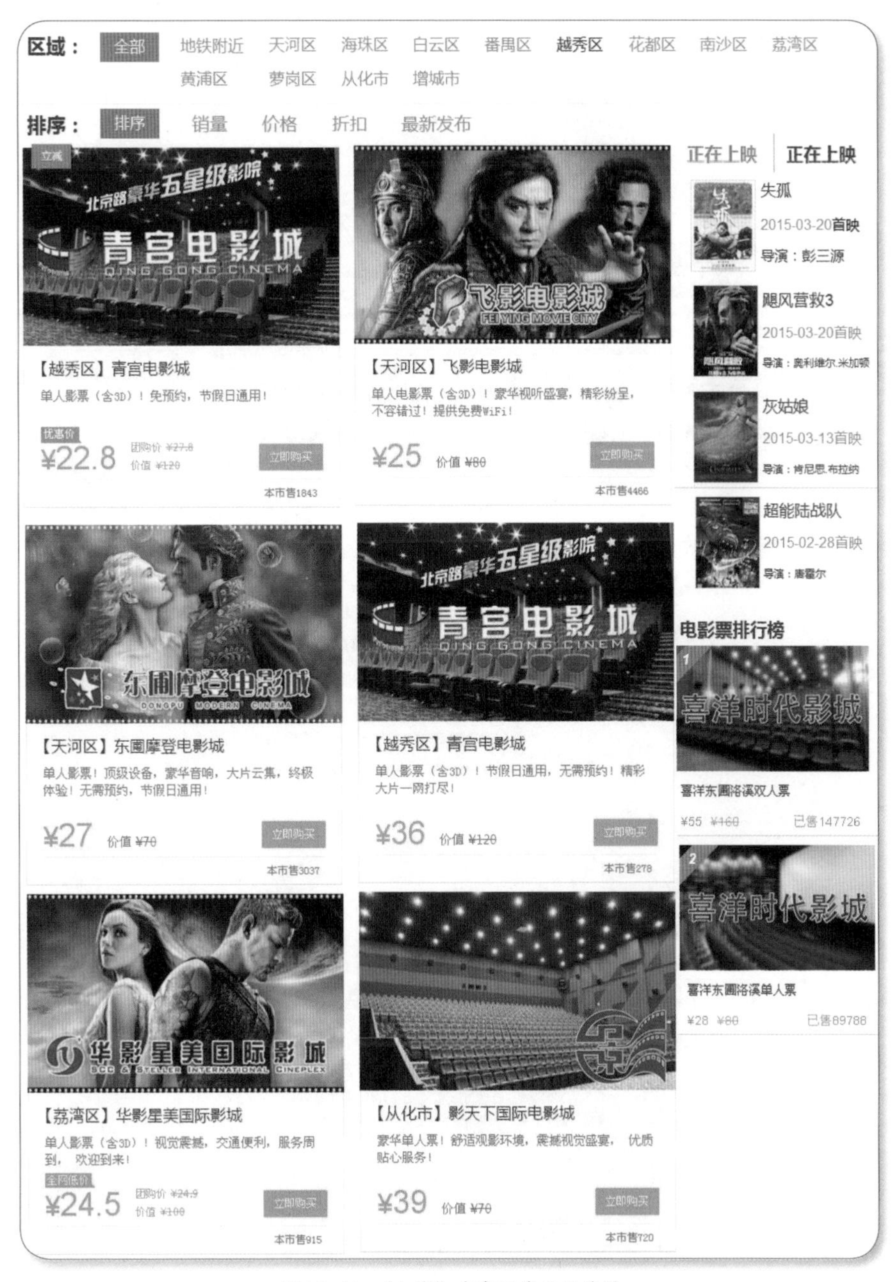

图 18-12 “电影”内容区域的设计图

18.3.5 团购商品详情

“团购商品详情”内容区域的设计图如图 18-13 所示。

图 18-13 “团购商品详情”内容区域的设计图

18.4 高保真线框图

高保真线框图的页面设计、位置和尺寸等需要严格遵循设计图，它的重点在于实现各个页面的交互效果。

18.4.1 创建全局参考线

参考线框图设计，在X140、X1020和X1260处创建3条垂直全局参考线。

18.4.2 设置全局变量

设置本项目的全局变量，如图18-14所示。

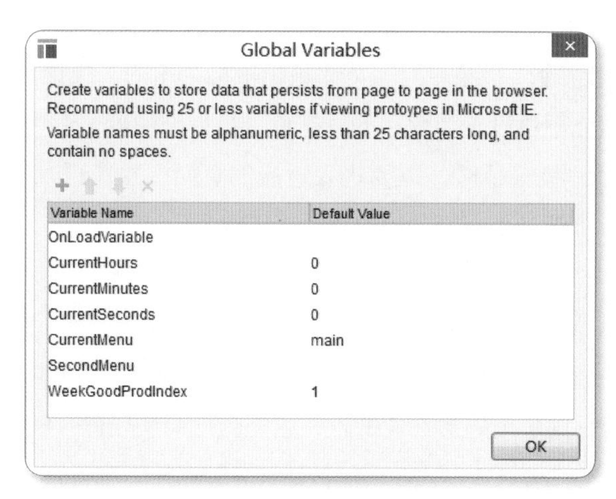

图18-14　全局变量管理

各全局变量的含义如下：

◆ **CurrentHours**：当前时间的小时数，值为0～23，在“精选推荐”页面的倒计时功能中需要用到该全局变量。

◆ **CurrentMinutes**：当前时间的分钟数，值为0～59，在“精选推荐”页面的倒计时功能中需要用到该全局变量。

◆ **CurrentSeconds**：当前时间的秒数，值为 0 ~ 59，在“精选推荐”页面的倒计时功能中需要用到该全局变量。

◆ **CurrentMenu**：当前选择的一级菜单项名称，可取值为：main（首页）、good（精选推荐）、new（今日新单）、food（美食）、film（电影）、hotel（酒店）和 travel（旅游）。在页头母版中，需要以此判断哪个一级菜单处于选择状态，以及全局导航是否默认显示。

◆ **SecondMenu**：最后选择的二级菜单项名称，可取值为：food（美食）、film（电影）、hotel（酒店）、travel（旅游）、life（生活服务）和 woman（丽人）。在页头母版的三级菜单区域，需要以此判断在鼠标移入或移出三级菜单部件时针对哪个二级菜单项进行状态变更操作。

◆ **WeekGoodProdIndex**：表示在首页的“本周精选”区域中最后鼠标移入的是第几个圆点，在“本周精选”区域中需要根据该变量确定要显示哪一屏精选商品。

18.4.3 页头

下面介绍页头区域需要实现的具体交互效果。

1. 一级菜单区域

当鼠标移入到某个一级菜单时，将该一级菜单的填充颜色加深（矩形部件填充色为 EE3968）；当鼠标移出某个一级菜单时，如果最后鼠标单击的一级菜单不是所移出的菜单，则将该一级菜单的填充颜色设置为默认的浅红色（矩形部件填充色为 FF658E）。

当鼠标单击某个一级菜单时，需要进入对应的页面，并在进入后在一级菜单区域将该一级菜单背景颜色加深（矩形部件填充色为 EE3968）。

一级菜单区域的实现可参考“京东商城的全局导航”案例中一级菜单的实现内容。将 7 个一级菜单都设置为矩形部件，部件名称依次为：mainRect（首页）、goodRect（精选推荐）、newRect（今日新单）、foodRect（美食）、filmRect（电影）、hotelRect（酒店）和 travelRect（旅游）。这 7 个矩形部件的默认填充颜色为淡红色（FF658E）。

需要设置这 7 个部件的交互样式。选中某个矩形部件，如 mainRect 后，右击并选择 Interaction Styles 菜单项，打开交互样式设置界面，选中 MouseOver（鼠标移入时样式）和 Selected（部件选中时样式），都设置 Fill Color（填充颜色）为深红色（矩形部件填充色为 EE3968）。

设置这 7 个部件的 OnMouseOut（鼠标移出时）事件，如 mainRect 部件的 OnMouseOut 事件如图 18-15 所示。

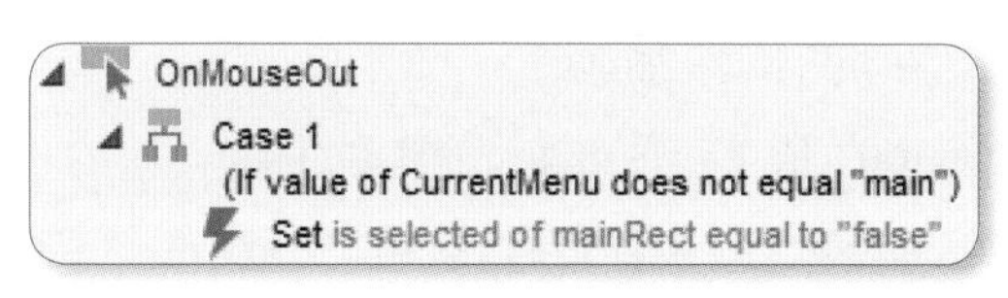

图 18-15　mainRect 部件的 OnMouseOut 事件

该段设置的含义是，当鼠标移出“首页”一级菜单时，如果最后鼠标单击的一级菜单不是“首页”而是其他一级菜单，则将“首页”一级菜单部件的 selected 属性设置为 false，显示默认的矩形填充色 FF658E。

设置这 7 个矩形部件的 OnClick（鼠标单击时）事件，如 mainRect 部件的 OnClick 事件如图 18-16 所示。

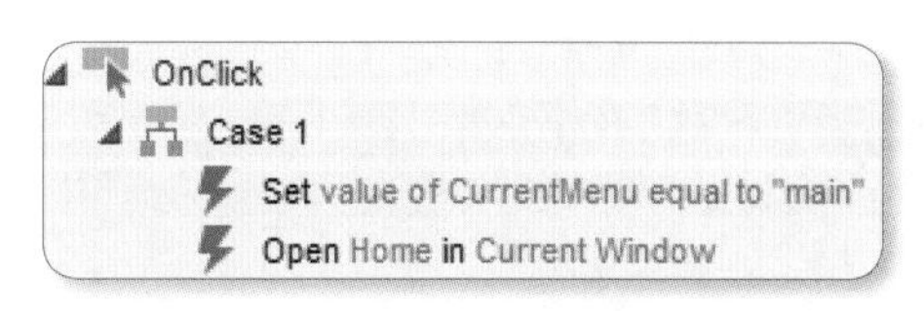

图 18-16　mainRect 部件的 OnClick 事件

该段设置的含义是，当鼠标单击“首页”一级菜单时：

- 将 CurrentMenu 全局变量的值设置为 main。
- 跳转到“首页”一级菜单对应的 Home 页面。

为了在不同的一级菜单页面中引入 header 母版时将对应的一级菜单矩形部件的 selected（选中）属性设置为 true，需要设置“页头”母版的 OnPageLoad（页面加载时）事件，如图 18-17 所示。

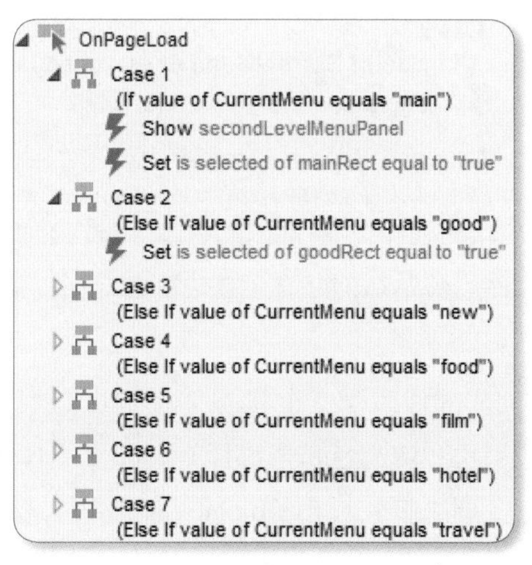

图 18-17　页头母版的 OnPageLoad 事件

该段设置的含义是，在页头母版加载时：

- 如果 CurrentMenu 的值等于 main，即鼠标单击的是“首页”，则显示 secondLevelMenu（默认为隐藏，只在首页时默认打开显示）二级菜单部件，将 mainRect 矩形部件的 selected（选中）属性设置为 true。
- 如果 CurrentMenu 的值等于 good，即鼠标单击的是“精选推荐”一级菜单，则将 goodRect 矩形部件的 selected（选中）属性设置为 true。

其余 5 个用例与 Case 2 用例类似，不再赘述。

2. 全局导航菜单区域

参考“京东商城的全局导航”案例中二级菜单和三级菜单的实现方法。设置二级菜单和三级菜单的动态面板部件，部件的属性和样式如下：

部件名称	部件种类	坐标	尺寸	可见性
secondLevelMenuPanel	Dynamic Panel	X140:Y258	W240:H428	N
threeLevelMenuPanel	Dynamic Panel	X380:Y268	W490:H272	N

这两个部件默认都隐藏。因为 threeLevelMenuPanel 部件针对不同的状态显示的内容高度不同，所以需要在“部件属性和样式”面板中勾选 Fit to Content（自适应内容）复选项。

设置“全部团购分类”的 allTypesRect 矩形部件的 OnClick（鼠标单击时）事件，由它控制 secondLevelMenuPanel 部件的隐藏和显示，如图 18-18 所示。

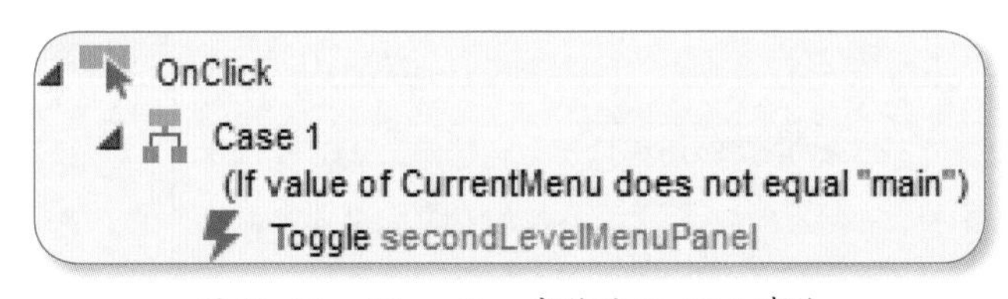

图 18-18　allTypesRect 部件的 OnClick 事件

该段设置的含义是，当鼠标单击“全部团购分类”时，如果进入的不是“首页”一级菜单，则每次单击操作切换二级菜单的隐藏 / 显示状态（如果是“首页”，二级菜单需要强制显示）。

为 threeLevelMenuPanel 部件添加 7 个状态：default（默认，为了事件响应，在左侧添加有一定高度的无边框白色填充色矩形部件）、food（美食）、film（电影）、hotel（酒店）、travel（旅游）、life（生活服务）和 woman（丽人），并添加三级菜单分类的标签部件等信息。

将 secondLevelMenuPanel 部件中的 6 个分类的每行都设置到 6 个动态面板部件中，部件名称分别为 secondMenu1Panel ～ secondMenu6Panel。为这 6 个动态面板部件添加 not_selected（未选择）和 selected（已选择）状态。

设置 secondMenu1Panel ～ secondMenu6Panel 部件的 OnMouseEnter（鼠标移入时）事件，如 secondMenu1Panel 部件的 OnMouseEnter 事件如图 18-19 所示。

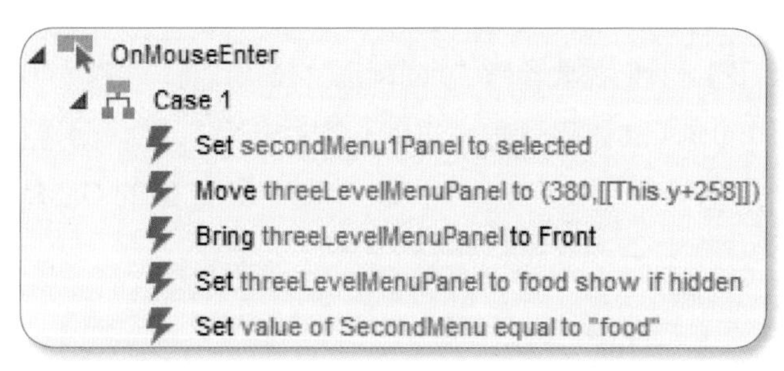

图 18-19　secondMenu1Panel 部件的 OnMouseEnter 事件

该段设置的含义是，当鼠标移入“美食”二级菜单区域时：

- 将 secondMenu1Panel 切换到 selected（已选择）状态。
- 将三级菜单的动态面板部件移动到坐标 X380:Y（This.y + 258），其中 X 坐标为 380，即 secondLevelMenuPanel 的坐标 140 + secondMenu1Panel 宽度 240，This.y 获得的是 secondMenu1Panel 部件在 secondLevelMenuPanel 动态面板部件内部的相对坐标，258 是 secondLevelMenuPanel 部件在页面中的 Y 坐标。此时，三级菜单的动态面板部件紧邻二级菜单“美食”的右侧。
- 将三级菜单的动态面板部件移动到最前端。
- 将三级菜单的动态面板部件切换到 food（对应显示“美食”的三级菜单）状态，如果当前隐藏，则设置为显示。
- 将 SecondMenu 全局变量的值设置为 food。

设置 secondMenu1Panel ～ secondMenu6Panel 部件的 OnMouseOut(鼠标移出时)事件，如 secondMenu1Panel 部件的 OnMouseOut 事件如图 18-20 所示。

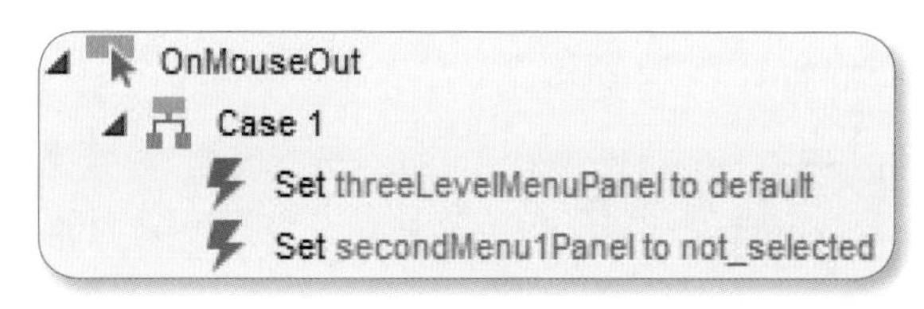

图 18-20　secondMenu1Panel 部件的 OnMouseOut 事件

该段设置的含义是，当鼠标移出“美食”二级菜单区域时：

- 将三级菜单动态面板设置为 default 状态，不显示任何内容。
- 将 secondMenu1Panel 切换到 not_selected（未选择）状态。

现在已经实现当鼠标移入和移出某个二级菜单项时三级菜单能在正确位置显示，但是当鼠标从二级菜单区域移动到该菜单的三级菜单区域时，因为发生了 OnMouseOut 事件，所以三级菜单区域被设置为 default 状态。

为了解决这个问题，我们需要参考“京东商城的全局导航”案例为 threeLevelMenuPanel 部件添加 OnMouseEnter（鼠标移入时）事件，在鼠标移入时根据选择的二级菜单进行如图 18-20 所示的回退操作。设置 threeLevelMenuPanel 部件的 OnMouseEnter 事件如图 18-21 所示。

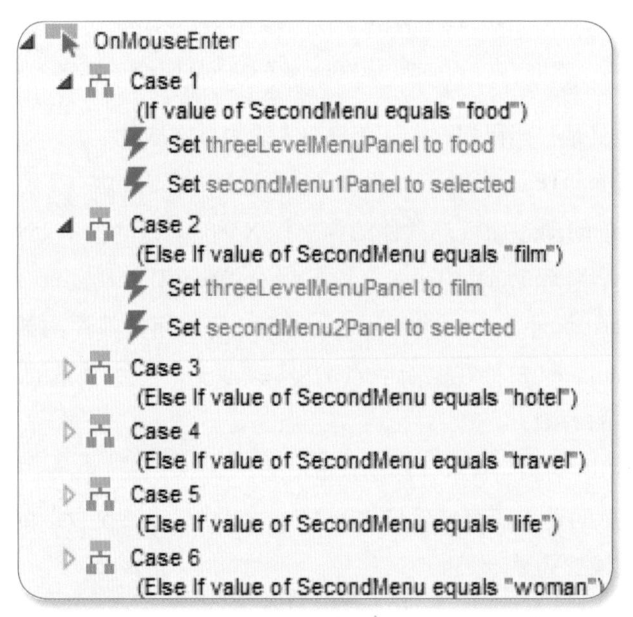

图 18-21　threeLevelMenuPanel 部件的 OnMouseEnter 事件

另外，在鼠标从三级菜单区域移出时，需要将三级菜单部件设置为 default 状态，而且需要将对应的二级菜单设置为 not_selected（未选择）状态。设置 threeLevelMenuPanel 部件的 OnMouseOut 事件如图 18-22 所示。

3. 广告幻灯片区域

在百度糯米的首页可以看到顶部的广告幻灯片区域，需要设置幻灯片的定时轮播效果，可将幻灯片图片设置为 adPanel 动态面板部件，包括 img1 和 img2 两个状态。

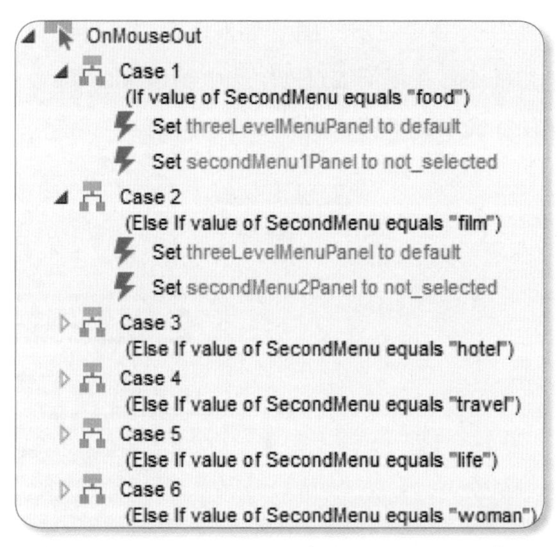

图 18-22 threeLevelMenuPanel 部件的 OnMouseOut 事件

adPanel 部件的属性和样式如下：

部件名称	部件种类	坐标	尺寸	可见性
adPanel	Dynamic Panel	X0:Y0	W1260:H84	Y

修改 header 母版的 OnPageLoad 事件，添加用例触发 adPanel 部件的图片轮播，如图 18-23 所示。

图 18-23 header 母版的 OnPageLoad 事件（Case 8 用例）

Case 8 用例用于处理广告幻灯片的定时轮播，该段设置的含义是，当 header 母版页面加载时：

- 等待 5 秒。
- 将广告幻灯片部件设置为下一个状态，并且如果是最后一个状态，则从第一个状态开始每 5 秒循环一次。

因为只需要在首页显示图片幻灯片，而且在鼠标单击幻灯片区域的关闭按钮时需要将 header 母版中的图片幻灯片区域隐藏，并将 header 母版图片幻灯片下的部件全部上移，将首页中 header 母版下的内容区域和页尾区域的部件也上移。

可以在 header 母版中选中“关闭”图片部件，在“部件交互和注释”面板中双击 OnClick（鼠标单击时）事件，在用例编辑器中选中 Miscellaneous → RaiseEvent 动作，配置 hiddenAd 自定义事件并选中该事件，如图 18-24 所示。

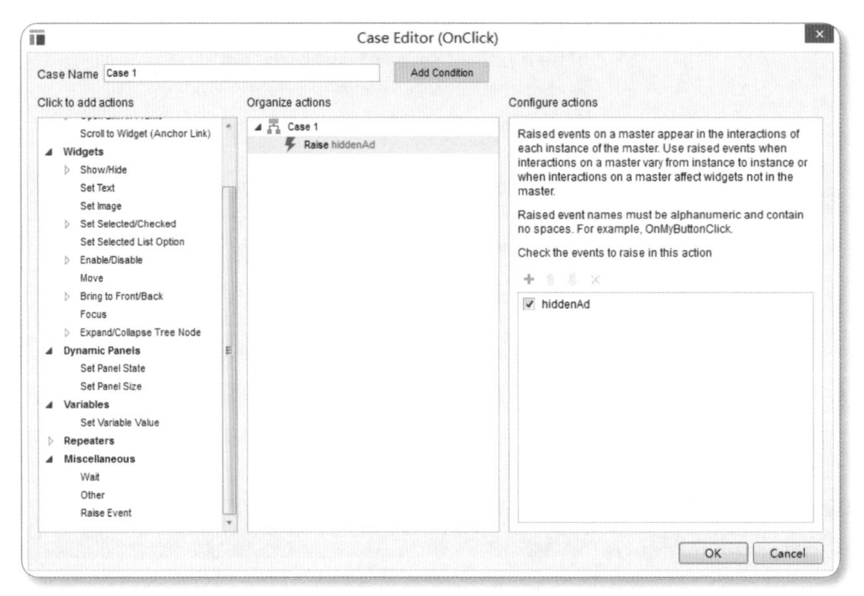

图 18-24　header 母版“关闭”按钮的 RaiseEvent 动作

设置完成后，在引入该母版的页面中可对 hiddenAd 事件进行不同的实现，hiddenAd 事件的用例编辑器与 OnClick 等部件事件的用例编辑器一样。

18.4.4　首页

下面介绍首页除显示精选推荐、今日新单和按照一定排序的团购产品外需要实现的主要交互效果。

1．隐藏广告图片幻灯片

为了实现鼠标单击 header 母版中的“关闭”按钮后其后所有部件往上移动 84px（广告图片的高度）的效果，可在首页中将 header 母版转换为动态面板部件 headerPanel，将页头下方二级菜单右侧的所有部件转换为动态面板部件 contentPanel1，将其余所有部件转换为动态面板部件 contentPanel2。

进入 headerPanel 部件的 State1 状态，选中 header 母版，可以在“部件交互和注释”面板中看到我们在上一节中定义的 hiddenAd 事件，设置 hiddenAd 事件，将首页的 headerPanel、contentPanel1 和 contentPanel2 部件都往上移动 84px，如图 18-25 所示。

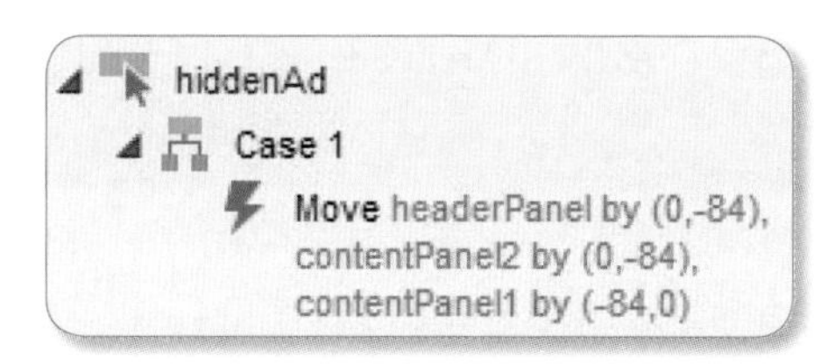

图 18-25　首页中 header 母版的 hiddenAd 事件

2. 全部区域的搜索项

当鼠标移入到全部区域的搜索项时，“打开”图标 ▼ 变成“关闭”图标 ▲，并将展示所有区域。当鼠标移出全部区域的搜索项时，“关闭”图标 ▲ 变成“打开”图标 ▼，只展示部分区域。

将全部区域搜索项所在的行设置为动态面板部件，该部件的属性和样式如下：

部件名称	部件种类	坐标	尺寸	可见性
allAreaPanel	Dynamic Panel	X380:Y304	W740:H102	Y

勾选 allAreaPanel 部件的 Fit to Content 属性，使得对各个状态的内容进行自适应。

为 allAreaPanel 部件设置 not_selected（默认，未移入状态）和 selected（鼠标移入状态），not_selected 状态只包含一个区域行并带有“打开”图标 ▼。

设置 allAreaPanel 部件的 OnMouseEnter（鼠标移入时）事件，如图 18-26 所示。

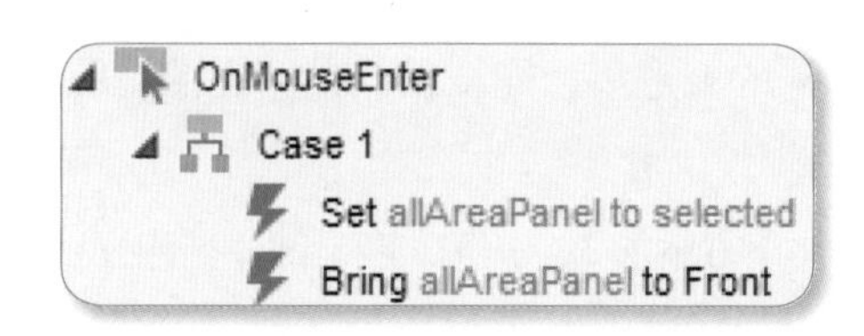

图 18-26　allAreaPanel 部件的 OnMouseEnter 事件

该段设置的含义是，当鼠标移入 allAreaPanel 部件时：

- 将 allAreaPanel 部件设置为 selected 状态。
- 将 allAreaPanel 部件放置在最前端。

设置 allAreaPanel 部件的 OnMouseOut（鼠标移出时）事件，如图 18-27 所示。

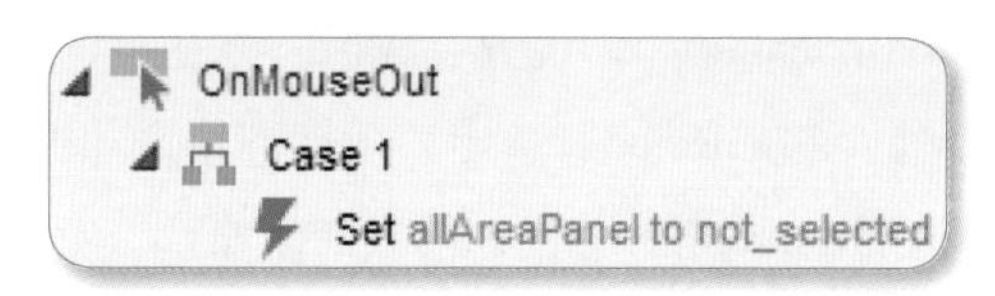

图 18-27　allAreaPanel 部件的 OnMouseOut 事件

该段设置的含义是，当鼠标移出 allAreaPanel 部件时将 allAreaPanel 部件设置为 not_selected 状态。

3. 本周精选区域

三屏本周精选团购商品（6 个团购商品）5 秒定时切换。当移入到某屏的选择项时，根据之前选择的是它之前还是之后的选择项选择向左还是向右滑动。

我们可以将本周精选区域设置为动态面板部件，利用动态面板部件可以设置只是显示尺寸范围里内容的特点达到遮盖层的效果。该部件的属性和样式如下：

部件名称	部件种类	坐标	尺寸	可见性
goodProductPanel	Dynamic Panel	X392:Y439	W718:H290	Y

为 goodProductPanel 部件添加 State1、State2 和 State3 三个状态，各包括第 1 屏、第 2 屏和第 3 屏的两个本周精选商品。

我们分析一下第 1 屏、第 2 屏和第 3 屏图片的前后顺序，如图 18-28 所示。

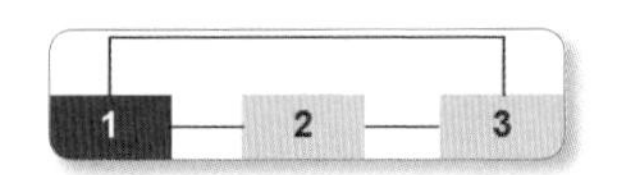

图 18-28　三屏精选团购商品的前后顺序

小伙伴们可以认为，第 1 屏右侧是第 2 屏，左侧是第 3 屏；第 2 屏右侧是第 3 屏，左侧是第 1 屏；第 3 屏右侧是第 1 屏，左侧是第 2 屏。了解这个后，我们可以在用户鼠标移入表示第 1 屏至第 3 屏的圆点后，能根据当前所在的是第几屏确定动画效果是向左滑动还是向右滑动。

在 goodProductPanel 部件上方添加 3 个矩形部件，部件名称分别为 weekGoodProdIndexRect1 ~ weekGoodProdIndexRect3，然后在“部件属性和样式”面板中将这 3 个部件设置为圆形，设置尺寸为 W10:H10，设置默认填充色 CCCCCC（灰色）。

设置这 3 个矩形部件的交互样式，可在选中部件后右击并选择 Interaction Styles 菜单项，在打开的交互样式设置界面选中 Selected 选项卡，设置 Fill Color（填充色）为 F07CA7（粉色）。

交互样式设置完成后，同时选中这 3 个矩形部件，在“部件属性和样式”面板中设置三者的组属性为 goodProdIndexGroup。设置完成后，当设置其中一个的 selected（选中）属性为 true 时，其于两个部件的 selected（选中）属性都将自动被设置成 false。

为这 3 个部件都设置 OnMouseEnter（鼠标移入时）事件，如 weekGoodProdIndexRect1 部件的 OnMouseEnter 事件如图 18-29 所示。

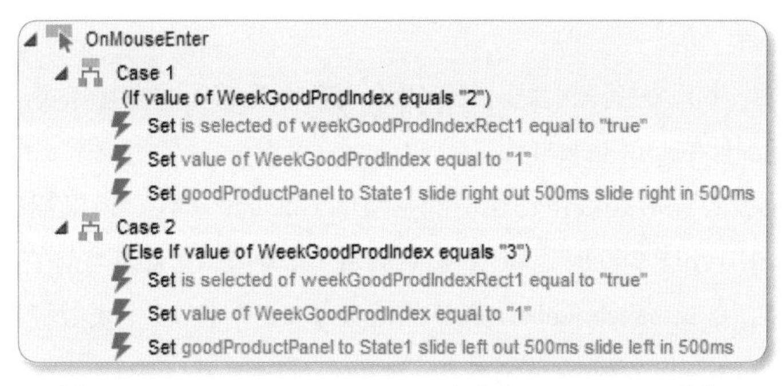

图 18-29　weekGoodProdIndexRect1 部件的 OnMouseEnter 事件

该段设置的含义是，当鼠标移动到第一个圆点即选择查看第 1 屏时：

① 如果此时 WeekGoodProdIndex 全局变量等于 2，即当前在显示的是第 2 屏本周精选团购商品时：

- 将 weekGoodProdIndexRect1 部件的 selected（选中）属性设置为 true，weekGood-ProdIndexRect2 和 weekGoodProdIndexRect3 部件的 selected（选中）属性自动设置为 false。
- 将 WeekGoodProdIndex 全局变量更新为 1。
- 将 goodProductPanel 切换到 State1 状态，显示第 1 屏的内容。采用的动画效果是入和出都是往右移动（第 1 屏在第 2 屏的左边）。

② 如果此时 WeekGoodProdIndex 全局变量等于 3，即当前在显示的是第 3 屏本周精选团购商品时：

- 将 weekGoodProdIndexRect1 部件的 selected（选中）属性设置为 true。
- 将 WeekGoodProdIndex 全局变量更新为 1。
- 将 goodProductPanel 切换到 State1 状态，显示第 1 屏的内容。采用的动画效果是入和出都是往左移动（第 1 屏在第 3 屏的右边）。

weekGoodProdIndexRect2 和 weekGoodProdIndexRect3 部件的 OnMouseEnter 事件与此类似，不再赘述。

4. 排序区域

该区域比较简单，设置“默认”“销售”“价格”“折扣”和“最新发布”标签部件的交互样式，设置 Selected 选项卡的字体颜色为粉红色（FF6699）。

同时选中这 5 个部件后右击并选择 Select Group 菜单项或者在“部件属性和样式”面板中设置该属性，指定排序的 5 个标签部件的组为 orderGroup。

设置这 5 个部件的 OnClick（鼠标单击时）事件，将对应标签部件的 selected（选中）属性设置为 true。

5. 分页区域

分页区域与排序区域一样，需要设置 10 个页数标签部件的交互样式，设置相同的组，并设置页数标签部件的 OnClick 事件。

另外还需要设置往后翻按钮和往前翻按钮的 OnClick 事件。当鼠标单击往后翻按钮并且 pagenoLabel10 小于 300 时，将 10 个页数标签部件都设置为当前值加 5；当鼠标单击往后翻按钮时，如果 pagenoLabel1 标签的值大于 1，则将 10 个页数标签部件都设置为当前值减 5。

往后翻按钮图片 nextButtonImg 的 OnClick（鼠标单击时）事件如图 18-30 所示。

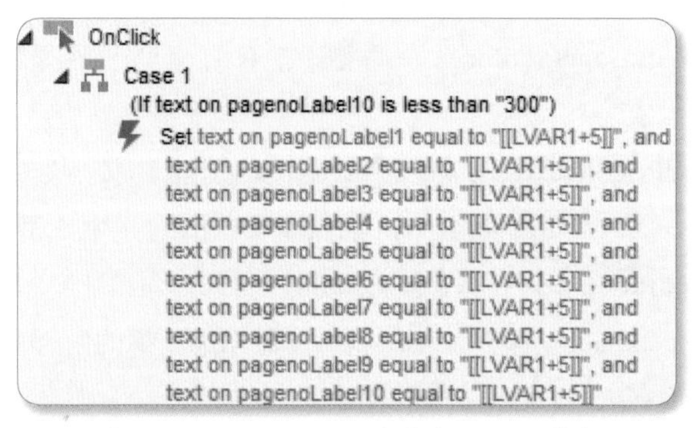

图 18-30　nextButtonImg 部件的 OnClick 事件

往前翻按钮图片 prevButtonImg 的 OnClick（鼠标单击时）事件如图 18-31 所示。

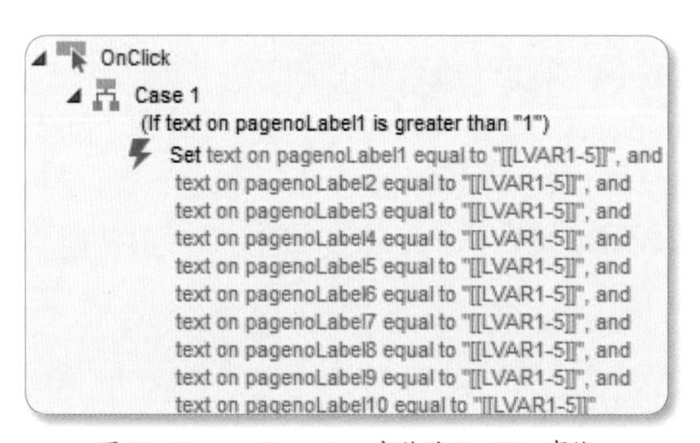

图 18-31　prevButtonImg 部件的 OnClick 事件

18.4.5　精选推荐

在精选推荐页面拖入 header 母版，因为该页面不需要显示广告幻灯片，所以可将 header 母版的坐标设置为 X0:Y-84。

下面介绍该页重点需要实现的交互效果。

1. 限时抢

有两个抢购时间段：10:00 ~ 13:00 和 17:00 ~ 20:00，当在这两个限时抢时间段内时，以“时 : 分 : 秒”方式提示用户离本轮抢购结束还有多长时间，并进入倒计时状态。当在非限时抢时间段内时，以“时 : 分 : 秒”方式提示用户离下轮抢购开始还有多长时间，并进入倒计时状态。

限时抢功能可分解为两个交互效果来实现：

（1）进入页面时显示正确的“时 : 分 : 秒”。

需要判断当前的时间段是处于抢购时间还是非抢购时间。如果是抢购时间，可将本轮结束时间的小时数与当前时间比较，得到还剩下的小时数，剩下的分钟数 = 59 - 当前的分钟数，剩下的秒数 = 59 - 当前的秒数。

需要注意的是，虽然抢购时间是 10:00 ~ 13:00 和 17:00 ~ 20:00，看似只需要分为四段时间：10:00 ~ 13:00（不包含 13:00）、13:00 ~ 17:00（不包含 17:00）、17:00 ~ 20:00（不包含 20:00）和 20:00 ~ 次日 10:00（不包含 10:00），但因为 20:00 ~ 次日 10:00（不包含 10:00）时间段比较特殊，跨越了一天，所以可以分解成两段处理。

可将上方显示限时抢的大图片设置为动态面板部件，该部件的属性和样式如下：

部件名称	部件种类	坐标	尺寸	可见性
largeImgPanel	Dynamic Panel	X0:Y174	W1260:H258	Y

该部件包括 ing 和 end 两个状态，分别表示“正在进行抢购”和“抢购结束，等待下次抢购”，将对应大图片拷贝到这两个状态中。

在显示“时 : 分 : 秒”区域添加 3 个输入框部件。为进入页面时设置输入框部件的功能添加一个动态面板部件，我们需要用到的只是它的 OnPanelStateChange 事件，部件属性和样式如下：

部件名称	部件种类	坐标	尺寸	填充颜色	字体颜色	可见性
hourTextfield	Text Field	X484:Y373	W62:H52	透明	FFFFFF	Y
minuteTextfield	Text Field	X590:Y373	W42:H51	透明	FFFFFF	Y
secondTextfield	Text Field	X698:Y373	W42:H51	透明	FFFFFF	Y
setTimePanel	Dynamic Panel	X1280:Y336	W100:H100	无	无	Y

默认情况下，这 3 个输入框部件都没有内容，需要通过后面的交互事件进行设置。另外，因为需要用到 setTimePanel 部件的 OnPanelStateChange 事件，所以需要为该部件设置 State1 和 State2 两个状态，内容为空。

设置精选推荐页面的 OnPageLoad（页面加载时）事件，如图 18-32 所示。

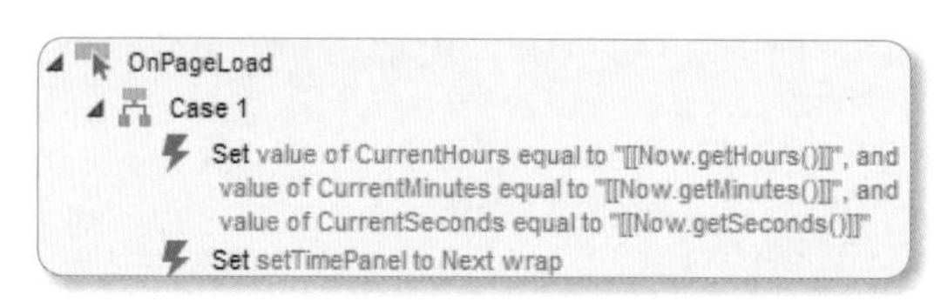

图 18-32　精选推荐页面的 OnPageLoad 事件

该段设置的含义是，当精选推荐页面加载时：

- 通过 Now.getHours() 函数获得当前时间的小时数并赋值给 CurrentHours 全局变量，通过 Now.getMinutes() 函数获得当前时间的分钟数并赋值给 CurrentMinutes 全局变量，通过 Now.getSeconds() 函数获得当前时间的秒数并赋值给 CurrentSeconds 全局变量。
- 将 setTimePanel 动态面板部件设置为下一个状态，触发该部件的 OnPanelStateChange 事件。

设置 setTimePanel 部件的 OnPanelStateChange（面板状态改变时）事件，如图 18-33 所示。

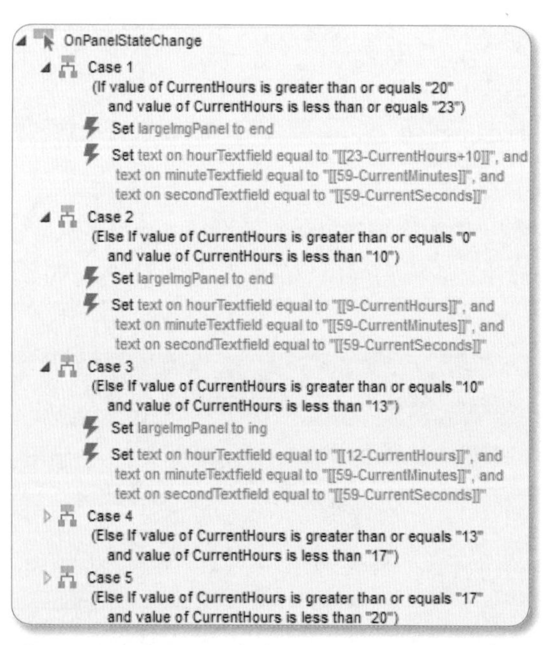

图 18-33　setTimePanel 部件的 OnPanelStateChange 事件

该段设置的含义是，当 setTimePanel 动态面板部件的状态发生变化时：

① 如果当前小时数在 20 ~ 23 点，即在 20:00:00 和 23:59:59 之间，因为不在限时抢购时间段内，所以：

- 将 largeImgPanel 部件设置为 end 状态。
- 将 hourTextfield 输入框部件设置为 23-currentHours+10，因为次日 10 点才开抢，而不是 00:00:00 开抢，所以还要加上这 10 小时。
- 将 minuteTextfield 输入框部件设置为 59- currentMinutes，因为开抢时间段都是整点开抢，即 59 分 59 秒结束。
- 将 secondTextfield 输入框部件设置为 59- currentSeconds。

② 如果当前小时数在 0 ~ 9 点，即在 00:00:00 和 09:59:59 之间，因为不在限时抢购时间段内，所以：

- 将 largeImgPanel 部件设置为 end 状态。
- 将 hourTextfield 输入框部件设置为 9 – currentHours。
- 将 minuteTextfield 输入框部件设置为 59 – currentMinutes。
- 将 secondTextfield 输入框部件设置为 59 – currentSeconds。

③ 如果当前小时数在 10 ~ 12 点，即在 10:00:00 和 12:59:59 之间，因为在限时抢购时间段内，所以：

- 将 largeImgPanel 部件设置为 ing 状态。
- 将 hourTextfield 输入框部件设置为 12 – currentHours。
- 将 minuteTextfield 输入框部件设置为 59 – currentMinutes。
- 将 secondTextfield 输入框部件设置为 59 – currentSeconds。

Case 4 和 Case 5 用例与 Case 2 和 Case 3 用例类似，不再赘述。

（2）倒计时功能实现。

每秒需要更改 secondTextfield（秒）输入框部件的值，每 60 秒需要更改 minuteTextfield（分）输入框部件的值，每 3600 秒需要更改 hourTextfield（小时）输入框部件的值，直到 3 个输入框部件都变成 0:0:0 时，表示本轮倒计时结束。

我们可以设置 secondTextfield 输入框部件的 OnTextChange（文本值改变时）事件，如图 18-34 所示。

该段设置的含义是，当“秒”的输入框部件的值发生变化时：

- 等待 1000ms，即 1 秒。
- 重新设置 CurrentHours 全局变量的值，更新为 Now.getHours() 函数的值，即当前的小时数；重新设置 CurrentMinutes 全局变量的值，更新为 Now.getMinutes() 函数的值，即当前的分钟数；重新设置 CurrentSeconds 全局变量的值，更新为 Now.getSeconds() 函数的值，即当前的秒数。

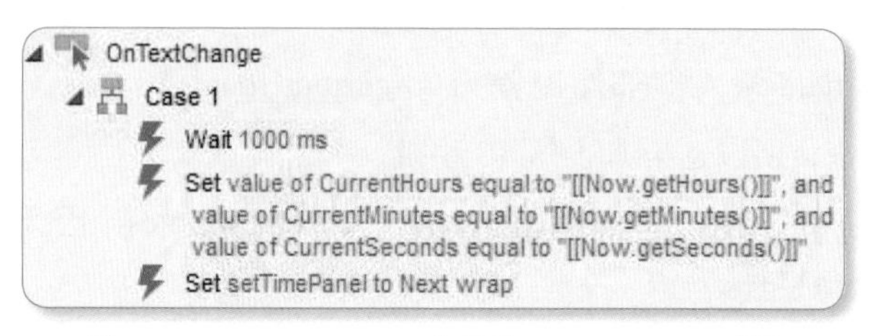

图 18-34 secondTextfield 部件的 OnTextChange 事件

- 将 setTimePanel 设置为下一个状态，触发该部件的 OnPanelStateChange 事件，重新设置时、分和秒的输入框部件的值。

2. 选中 / 取消选中团购商品

当鼠标移入某团购商品区域时，通过更改水平线部件颜色、更改团购商品名称字体颜色的方式突出显示所选择的团购商品。当鼠标移出该团购商品时，恢复初始状态。

将每一个团购商品的图片、名称、价格等部件全部选中后右击并选择 Convert to Dynamic Panel 菜单项，将其设置为动态面板部件，12 个团购商品的动态面板部件分别命名为 productPanel1 ～ productPanel12。

为这 12 个部件分别设置 not_selected 和 selected 状态，表示“未选中该团购商品”和“选中该团购商品”，内容一样，只是商品名称字体颜色和水平线颜色不同。

设置 productPanel1 ～ product_panel12 部件的 OnMouseEnter、OnMouseOut 和 OnClick 事件，如 productPanel1 部件的这 3 个事件如图 18-35 所示。

图 18-35 productPanel1 部件的 OnClick、OnMouseEnter、OnMouseOut 事件

在鼠标单击 productPanel1 部件时，在新窗口中打开“团购商品详情”页面。

当鼠标移入 productPanel1 部件时，将 productPanel1 部件设置为 selected 状态，切换

为红色水平线和红色商品名称。

当鼠标移出 productPanel1 部件区域时，将 productPanel1 部件设置为 not_selected 状态，切换为灰色水平线和黑色商品名称。

18.4.6 今日新单 / 美食 / 电影 / 酒店 / 旅游一级菜单页

这 5 个一级菜单页面的交互效果类似，基本都体现在：

（1）搜索区域。

在选择“分类”“区域”“价格”和“人数”等搜索项的某一个选择项后，所选择的选择项使用粉红色填充色、白色字体的矩形部件表示，而其他选择项都使用透明填充色、黑色字体的矩形部件表示。

将每个搜索项的所有选择项都设置矩形部件，如在“今日新单”页面，为“分类”的 6 个选择项设置 6 个矩形部件，部件名称为 typeRect1 ～ typeRect6。

typeRect1 ～ typeRect6 部件默认为无边框、透明背景和黑色字体，选中某个部件后右击并选择 Interaction Styles 菜单项，在交互样式设置界面中单击 Selected 选项卡，设置 Selected（选中）属性为 true 时的交互样式、白色字体（FFFFFF）和粉色填充色（FF6699）。

接着需要设置默认选择项，选中 typeRect1（“今日新单”选择项），右击并选择 Selected，将该选项设置为“分类”的默认选项。

同时选中这 6 个部件，右击并选择 Select Group 菜单项，设置组属性都为 typeGroup。设置后，当 typeRect1 ～ typeRect6 部件中有一个的 Selected（选中）属性设置为 true 时，其余 5 个将自动设置为 false。

设置每个选择项的 OnClick（鼠标单击时）事件，将当前部件的 Selected（选中）属性设置为 true。如 typeRect1 部件的 OnClick 事件如图 18-36 所示。

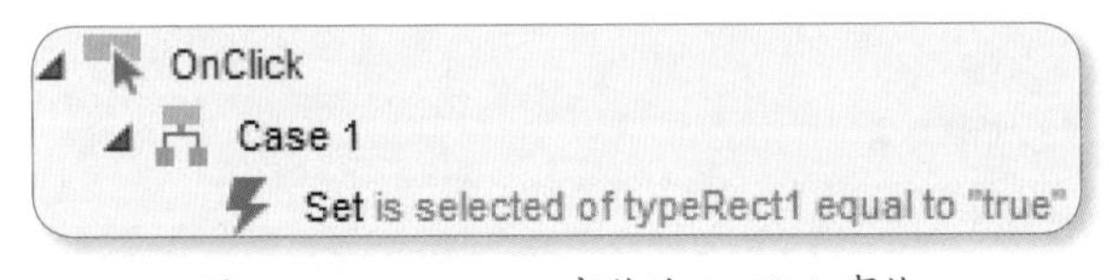

图 18-36　typeRect1 部件的 OnClick 事件

（2）排序区域。

参考首页排序区域的实现方式，不再赘述。

（3）团购商品交互事件。

鼠标单击某个团购商品区域的图片、名称、描述等信息时，在新窗口中打开“团购商品详情”页面。

该功能可参考“精选推荐”页面的团购商品实现，将某一个团购商品的所有项都添加到一个动态面板部件中，为该部件添加not_selected（未选择）和selected（已选择）状态，接着设置如下事件：

- **OnClick**：鼠标单击该部件时，在新窗口中打开“团购商品详情”页面。
- **OnMouseEnter**：当鼠标移入该部件时，设置为selected（已选择）状态。
- **OnMouseOut**：当鼠标移出该部件时，设置为not_selected（未选择）状态。

18.4.7 团购商品详情

下面介绍“团购商品详情”页面的具体交互效果。

1. 团购商品数量的增/减

当单击数量行的 ⊞ 按钮时，团购商品的数量需要增加1；当单击数量行的 ⊟ 按钮时，如果当前的数量大于1，则将团购的数量减少1。将显示数量的部件设置为输入框部件，部件名称为amountTextfield，默认值等于1。

设置 ⊞ 图片部件的OnClick（鼠标单击时）事件，如图18-37所示。

图18-37 addAmountImg部件的OnClick事件

该段设置的含义是，当鼠标单击 ⊞ 按钮时，将当前amountTextfield输入框部件的值赋值给局部变量LVAR1，然后设置amountTextfield部件文本值 = LVAR1 + 1。

设置 ⊟ 图片部件的OnClick事件，如图18-38所示。

图18-38 subAmountImg部件的OnClick事件

该段设置的含义是，当鼠标单击 ⊟ 按钮时，如果当前amountTextfield输入框部件的值大于1（等于1时不能再进行减操作），将当前amountTextfield输入框部件的值赋值给局部变量LVAR1，然后设置amountTextfield部件文本值 = LVAR1 - 1。

2. 选项卡切换

当鼠标单击详细信息区域的“本单详情”“消费提示”“商家介绍”和“会员评价”选项卡时，下方的详细信息内容区域显示不同的内容。

可将“本单详情”“消费提示”“商家介绍”和“会员评价”选项卡下的区域设置为动态面板部件，设置 detailInfoPanel 部件的状态，如图 18-39 所示。

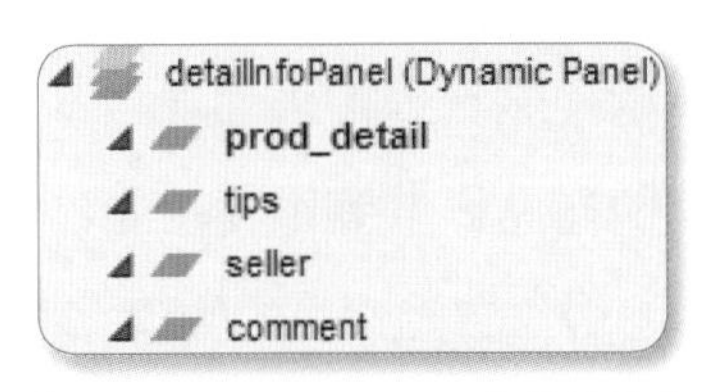

图 18-39 detailInfoPanel 部件的状态

4 个状态分别表示选中“本单详情”“消费提示”“商家介绍”和“会员评价”时的状态，可在这 4 个状态下添加相应的内容。

为“本单详情”“消费提示”“商家介绍”和“会员评价”选项卡设置 4 个动态面板部件，部件名称分别为 detailOptionPanel、tipsOptionPanel、sellerOptionPanel 和 commentOptionPanel，4 个部件都包括 not_selected（未选择，无矩形部件，黑色字体标签部件）和 selected（已选择，有粉色矩形部件，字体颜色为白色）状态。

设置这 4 个部件 not_selected 状态文本的 OnClick 事件。如 detailOptionPanel 的 not_selected 状态的“本单详情”标签部件的 OnClick 事件如图 18-40 所示。

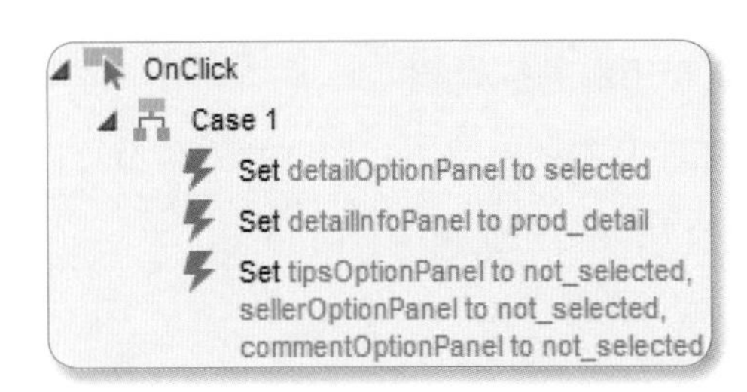

图 18-40 detailOptionPanel 的 not_selected 状态标签部件的 OnClick 事件

该段设置的含义是，当前选择不是“本单详情”时（此时才会显示 detailOptionPanel 的 not_selected 状态），单击“本单详情”选项卡：

- 将 detailOptionPanel 部件设置为 selected（已选择）状态。
- 将 detailInfoPanel 部件设置为 prod_detail（显示本单的详细信息）。
- 将其余 3 个选项卡:“消费提示”“商家介绍”和“会员评价”设置为 not_selected（未选择）状态。

18.5 小憩一下

本案例参考热门团购网站百度糯米实现“首页”“精选推荐”“今日新单”和分类查询、团购商品详情等主要功能，不但让小伙伴们巩固了常用部件的使用知识，还将基础案例中的知识点串联起来并得以深化。

本章综合案例需要小伙伴们重点掌握的知识点有：

◆ 参考“京东商城的全局导航”基础案例实现一级、二级和三级导航。

◆ 利用母版的 RaiseEvent 动作实现母版的自定义事件，将部分功能留待引用页面实现，如鼠标单击 header 母版广告幻灯片区域的“关闭”按钮时的响应事件可在“首页”的 header 母版的 hiddenAd 自定义事件中实现。

◆ 设置部件的交互样式，可以设置移入（MouseOver）、移出（MouseDown）、选择（Selected）和禁用（Disabled）时的交互样式。

◆ 利用动态面板部件的 OnPanelStateChange（面板状态改变时）事件对多次调用的多个用例进行封装。

◆ 将输入框部件的 OnTextChange（文本值改变时）事件与 Axure RP 的日期函数结合起来实现促销倒计时功能。

第19章

网站综合案例2：

轻衣橱网——电商网站

网 站 名 称：轻衣橱网

网 站 描 述：面向的用户群体是爱臭美的小伙伴，它不但包括“我的衣橱”等个人色彩浓厚的功能，还提供“搭配问问”普及时尚知识。同时，它又是一个电商网站，提供服饰浏览和shopping功能，提供众多电商网站提供的购物车和订单管理等功能。

网站演示图片：

19.1　需求概述

轻衣橱网是广大臭美小伙伴的个性衣橱，它不但能上传和展示个性搭配，打造个人网上衣橱，还可以订阅多个频道的搭配知识，提升个人着装品位，追赶时尚潮流。

轻衣橱网是一个电商网站，它提供各种风格的服饰，用户可以选择感兴趣的服饰加入购物车或立即订购，并能对订单进行管理。

轻衣橱网主要包括以下功能：

◆ **首页**：提供广告促销区域，展示精选服饰商品；提供精选搭配知识展示区域，展示用户订阅频道的人气搭配知识；可按照各种排序展示所有服饰商品，鼠标单击后进入服饰商品详情页面。

◆ **我的衣橱**：显示用户上传的所有个性搭配；提供风格和服饰分类搜索条件，默认按照购买时间倒序排序，提供购买时间和价格两种排序方式；用户可选择将某次搭配分享给其他用户，并且可以查看已分享个性搭配的点赞和评论。

◆ **搭配问问**：按照时间倒序展示所订阅的所有频道（清新风、职业装、森女系和橱友共享等频道）发布的文章，并能进行点赞、分享和评论操作。

◆ **服饰搜搜**：提供服饰商品流行推荐区域、搜索条件区域和查询结果内容区域；提供风格和服饰分类搜索条件，提供默认、销量、好评和发布时间4种排序方式，更改搜索条件和排序方式后内容区域刷新；鼠标单击某个商品后进入服饰商品详情页面，可进行立即购买、加入购物车、点赞、分享和评论操作。

◆ **个人中心**：提供修改个人资料、修改密码、订单管理、我的收藏、我的积分和最新消息功能。

19.1.1 首页

轻衣橱网→“首页”功能模块的子需求列表如下：

需求名称	需求描述
广告促销区域	多张广告图片形成幻灯片效果，在指定间隔进行轮播，并能单击每张广告图浏览图标浏览指定图片
人气搭配知识	对于已登录用户，该区域按照用户订阅的频道显示一则人气最高的搭配知识；对于未登录用户，随机选取各频道的一则人气搭配知识展示
所有服饰商品	默认按照销量＋好评＋发布时间进行综合排序显示所有的服饰商品，还提供按照销量、好评和发布时间进行排序。每个商品显示商品名称、图片、点赞数量、价格、销量和最近的一条评论

19.1.2 我的衣橱

轻衣橱网→“我的衣橱”功能模块的子需求列表如下：

需求名称	需求描述
搜索区域	提供发布风格（甜美、森女、小清新和学院风等）和分类（开衫、薄毛衣、T恤、小西装和风衣等）搜索条件
排序区域	默认按照购买时间排序，还可按照价格排序
我的服饰	展示上传的所有服饰搭配，默认显示3行图片，随着鼠标往下滚动或鼠标单击“加载更多”按钮显示更多图片。鼠标单击某个服饰搭配图片，则以灯箱效果展示这次搭配的标题、描述、上传时间、购买时间、价格、该搭配的所有图片
我分享的搭配	展示用户分享到“橱友共享”频道的服饰搭配，默认显示3行图片，随着鼠标往下滚动或鼠标单击“加载更多”按钮显示更多图片。鼠标单击某个服饰搭配图片，则以灯箱效果展示这次搭配的标题、描述、分享时间、该搭配的所有图片，以及点赞数量和评论

19.1.3 搭配问问

轻衣橱网→“搭配问问”功能模块的子需求列表如下：

需求名称	需求描述
搭配知识列表	按照时间倒序展示登录用户订阅的所有风格频道（明星穿着、每日搭配榜样和橱友共享等）发布的文章，文章显示标题、图片、所属频道、描述、点赞数量和评论数量，并能进行点赞、评论和分享操作

需求名称	需求描述
订阅	包括“我的订阅”“热门推荐”和“订阅管理”3个选项卡： ◆ **我的订阅**：显示所有已订阅频道，能查看该频道下的所有搭配知识文章 ◆ **热门推荐**：显示网站推荐的热门频道，能查看该频道下的所有搭配知识文章，并可进行订阅操作 ◆ **订阅管理**：显示“我的订阅”，并按照“排行”“最新”和分类等展示所有频道，用户可进行订阅和取消订阅操作

19.1.4 服饰搜搜

轻衣橱网→“服饰搜搜”功能模块的子需求列表如下：

需求名称	需求描述
流行推荐	显示流行推荐的服饰商品
搜索区域	提供风格和分类搜索条件
排序区域	可按照默认、销量、好评和发布时间等进行排序
服饰商品列表区域	显示服饰商品列表，每个商品显示商品名称、图片、点赞数量、价格、销量和最近的一条评论
服饰商品详情页面	显示商品的所有信息，包括： ◆ **服饰商品基本信息**：包括商品名称、图片、简介、价格、原价、折扣、销量、评论数量、颜色、尺码、运费、数量等 ◆ **商品详细信息**：包括商品详情、商品评价、用户晒单和成交记录等 ◆ **商品推荐**：根据购买过该商品的用户也购买过的产品将其根据推荐算法推荐给用户

19.1.5 个人中心

轻衣橱网→“个人中心”功能模块的子需求列表如下：

需求名称	需求描述
修改个人资料	可修改如下个人资料： ◆ **基本资料**：包括姓名、性别、生日、移动电话、固定电话、所在地地址和邮箱信息 ◆ **尺码信息**：身高、体重、三围（上胸围、下胸围、腰围、臀围和脚长）
修改密码	修改用户的密码信息

需求名称	需求描述
我的收藏	用户点赞的所有服饰商品列表
我的订单	显示已购买的服饰订单列表，包括：订单编号、服饰商品名称、图片、单价、数量、金额、状态和订单时间
我的评价	显示已评价和待评价的订单列表，包括：订单编号、服饰商品名称、图片、评价状态（待评价/已评价）、评价内容、评价时间。对于待评价的订单，单击“我要评价”按钮可以进行评价
我的积分	显示当前登录用户的积分总体情况和所有的积分获取记录，积分获取记录包括：积分日期、获得积分和详细说明
最新消息	包括：发布日期、发布时间、标题、内容、未读/已读状态，并能进行删除操作

19.2 线框图

页面区域的页面宽度为1260px，页头和页尾区域的宽度都为1260px，中间内容区域的宽度中需要去除左侧140px和右侧140px，共计980px。

19.2.1 设置全局参考线

按照前一章所说的创建全局参考线的方法在X140、X1120和X1260处创建3条全局垂直参考线。

设置完成后的3条全局垂直参考线如图19-1所示。

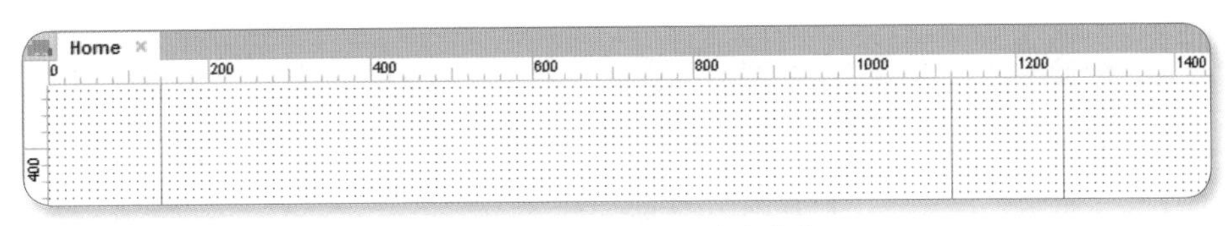

图19-1 设置的全局垂直参考线

19.2.2 页头

编辑页头区域，设置完成后如图 19-2 所示。

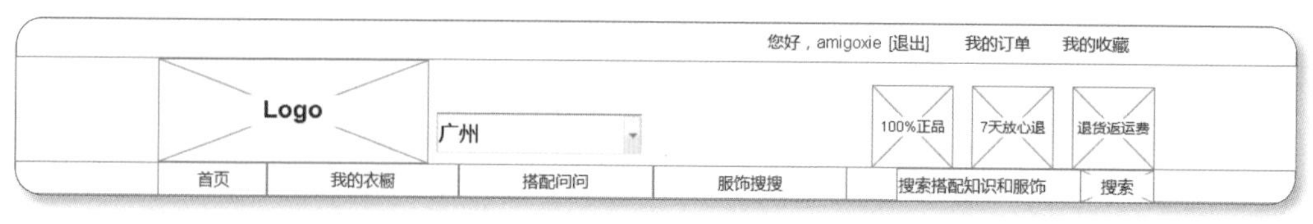

图 19-2 页头区域

为了在所有页面都能使用该页头，可全选页头区域后右击并选择 Convert to Master 菜单项将其设置为母版，母版名称为 header。

19.2.3 页尾

编辑页尾区域，设置完成后如图 19-3 所示。

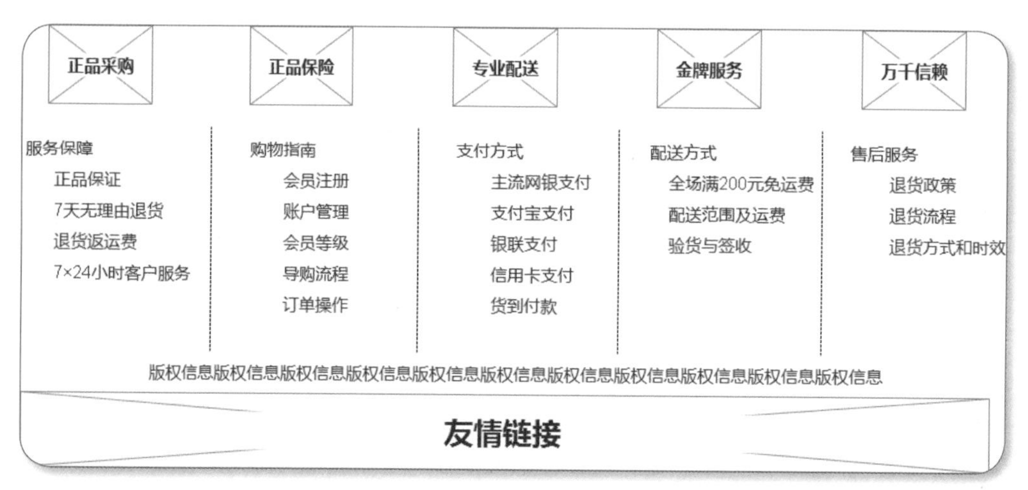

图 19-3 页尾区域

为了在所有页面都能使用该页尾，可全选页尾区域后右击并选择 Convert to Master 菜单项将其设置为母版，母版名称为 footer。

19.2.4 首页

在首页中添加页头 header 母版并设置坐标为 X0:Y0，再编辑中间内容区域，然后添加页尾 footer 母版，设置完成后如图 19-4 所示。

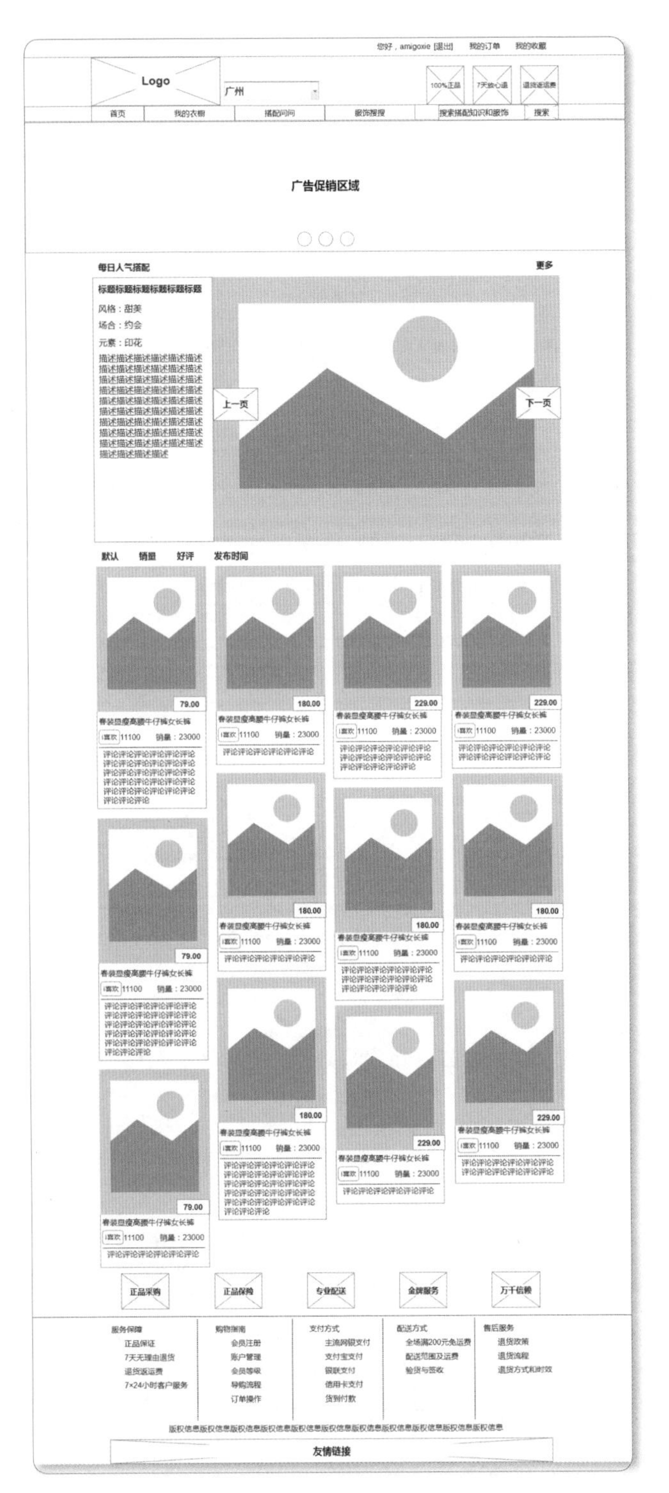
您好，amigoxie [退出]
我的订单
我的收藏
Logo
广州
100%正品
7天放心退
退货返运费
首页
我的衣橱
搭配问问
服饰搜搜
搜索搭配知识和服饰
搜索
广告促销区域
每日人气搭配
更多
标题标题标题标题标题标题
风格：甜美
场合：约会
元素：印花
描述描述描述描述描述描述
上一页
下一页
默认
销量
好评
发布时间
79.00
180.00
229.00
春装显瘦高腰牛仔裤女长裤
喜欢 11100
销量：23000
评论评论评论评论评论评论
正品采购
正品保障
专业配送
金牌服务
万千信赖
服务保障
正品保证
7天无理由退货
退货返运费
7×24小时客户服务
购物指南
会员注册
账户管理
会员等级
导购流程
订单操作
支付方式
主流网银支付
支付宝支付
银联支付
信用卡支付
货到付款
配送方式
全场满200元免运费
配送范围及运费
验货与签收
售后服务
退货政策
退货流程
退货方式和时效
版权信息版权信息版权信息版权信息版权信息版权信息版权信息版权信息版权信息版权信息版权信息
友情链接

图 19-4 首页线框图

19.2.5 我的衣橱

“我的衣橱”页面的中间内容区域如图 19-5 所示。

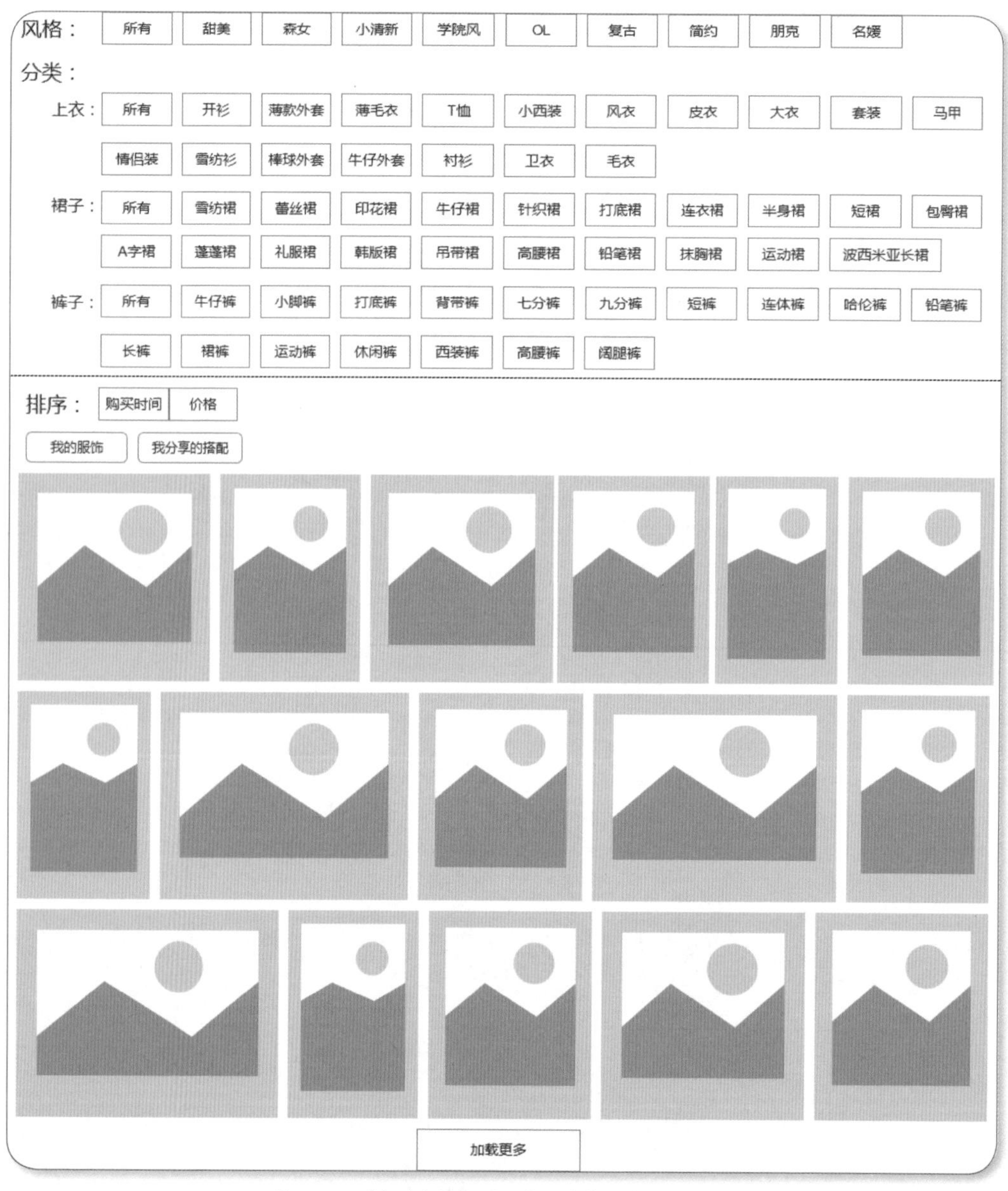

图 19-5 “我的衣橱”页面中间内容区域的线框图

19.2.6 搭配问问

“搭配问问”的默认页面（搭配知识列表）的中间内容区域如图 19-6 所示。

图 19-6　搭配问问→搭配知识列表内容区域的线框图

单击“订阅”按钮后进入有关订阅的页面，可单击“热门推荐”选项，“热门推荐”页面的线框图如图 19-7 所示。

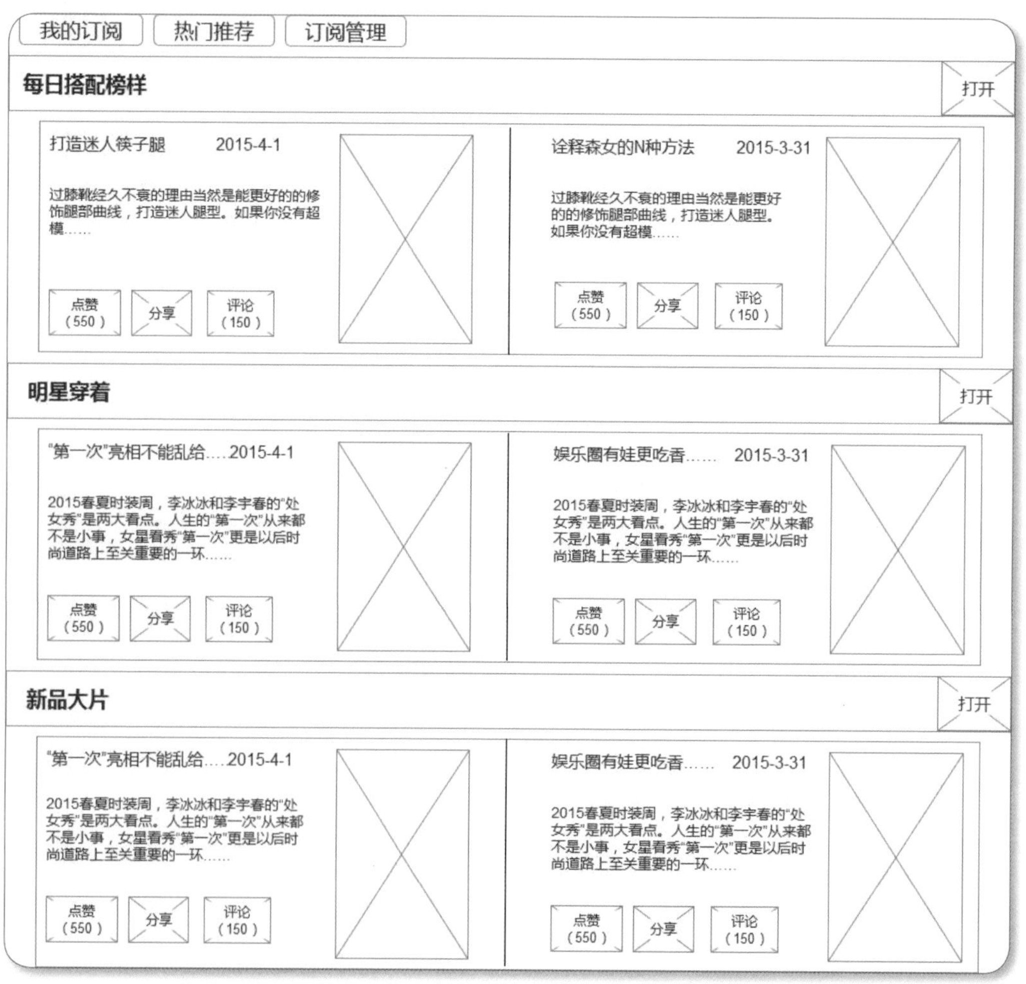

图 19-7　搭配问问→热门推荐内容区域的线框图

19.2.7　服饰搜搜

“服饰搜搜”页面中间内容区域的线框图如图 19-8 所示。

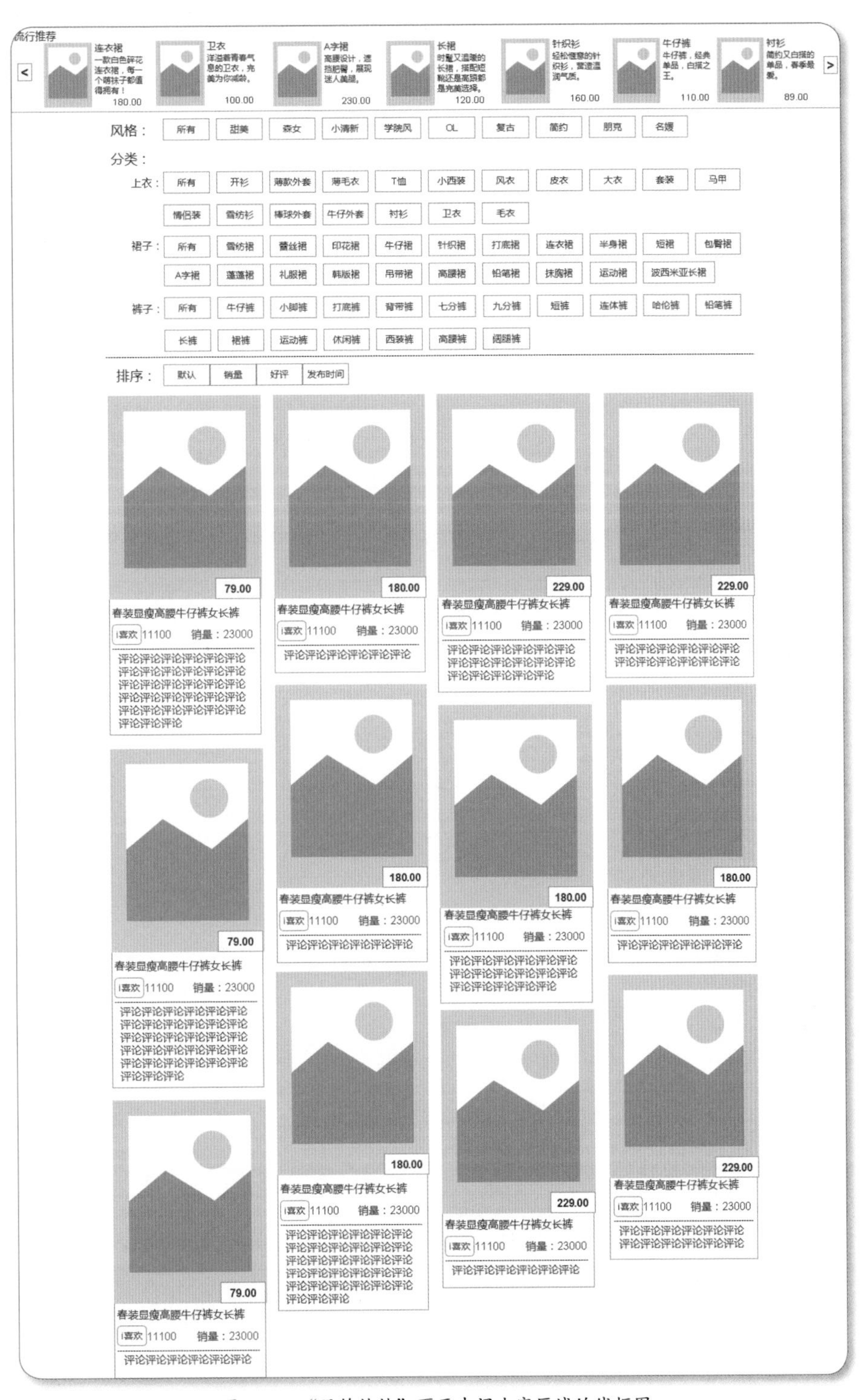

图 19-8 “服饰搜搜”页面中间内容区域的线框图

单击某个服饰商品进入商品详情页面，如图 19-9 所示。

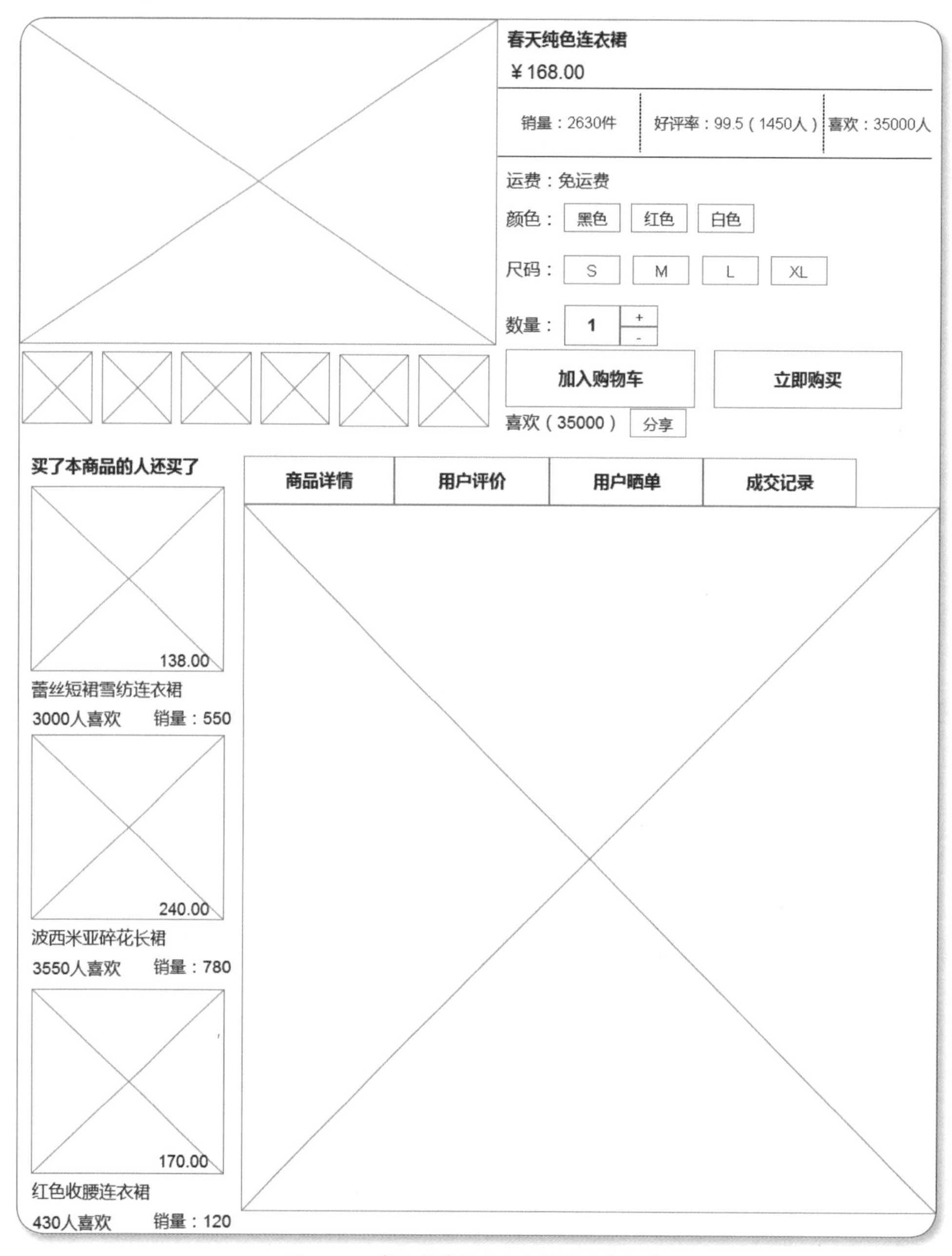

图 19-9　商品详情页面内容区域的线框图

单击“加入购物车”按钮可将商品加入购物车，购物车中可以有 1 到多个商品。“加入购物车”页面的线框图如图 19-10 所示。

已成功将1件商品加入购物车
一字领毛衣套装
颜色：黑色
尺码：M
198.00
去购物车结算
你可能对以下商品感兴趣
138.00
蕾丝短裙雪纺连衣裙
3000人喜欢 销量：550

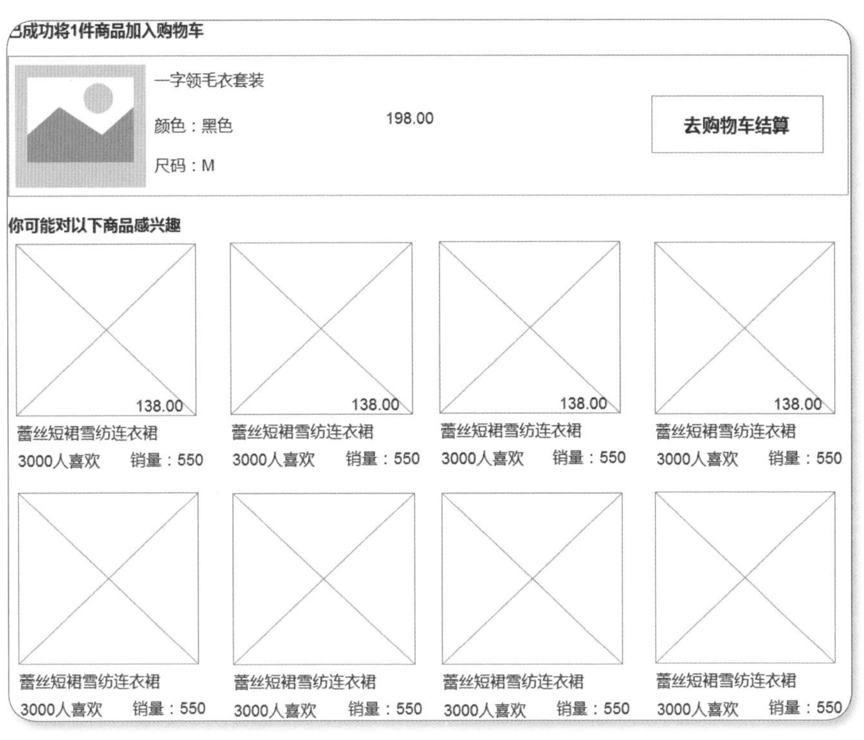

图 19-10 “加入购物车”页面内容区域的线框图

单击“加入购物车”页面中的“去购物车结算”按钮进入购物车结算页面，线框图如图 19-11 所示。

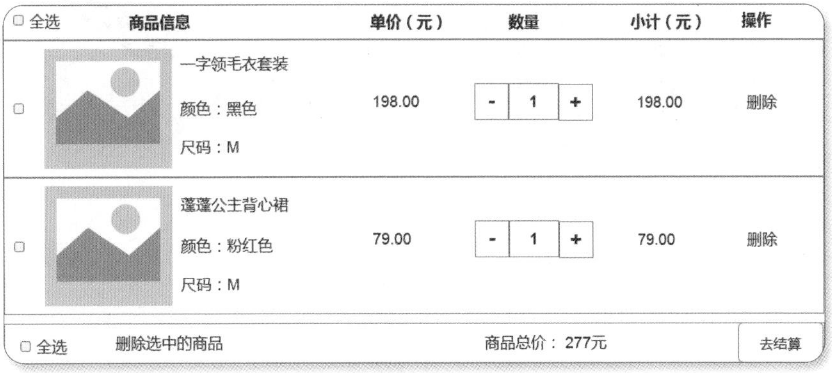

全选
商品信息
单价（元）
数量
小计（元）
操作
一字领毛衣套装
颜色：黑色
尺码：M
198.00
- 1 +
198.00
删除
蓬蓬公主背心裙
颜色：粉红色
尺码：M
79.00
- 1 +
79.00
删除
全选
删除选中的商品
商品总价：277元
去结算

图 19-11 “去购物车结算”页面的线框图

19.2.8 个人中心

“个人中心”页面中间内容区域的线框图如图 19-12 所示。

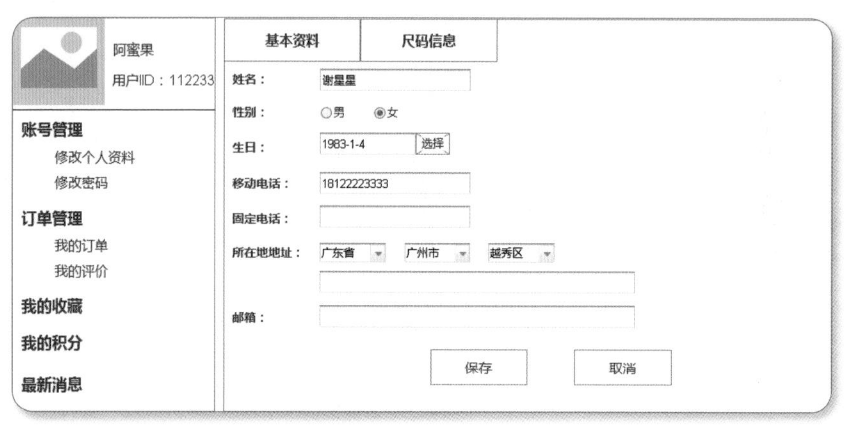

图 19-12　个人中心→修改个人资料内容区域的线框图

19.3　设计图

19.3.1　首页

首页的设计图如图 19-13 所示。

图 19-13　首页的设计图

图 19-13　首页的设计图（续图）

19.3.2 我的衣橱

“我的衣橱”页面内容区域的设计图如图 19-14 所示。

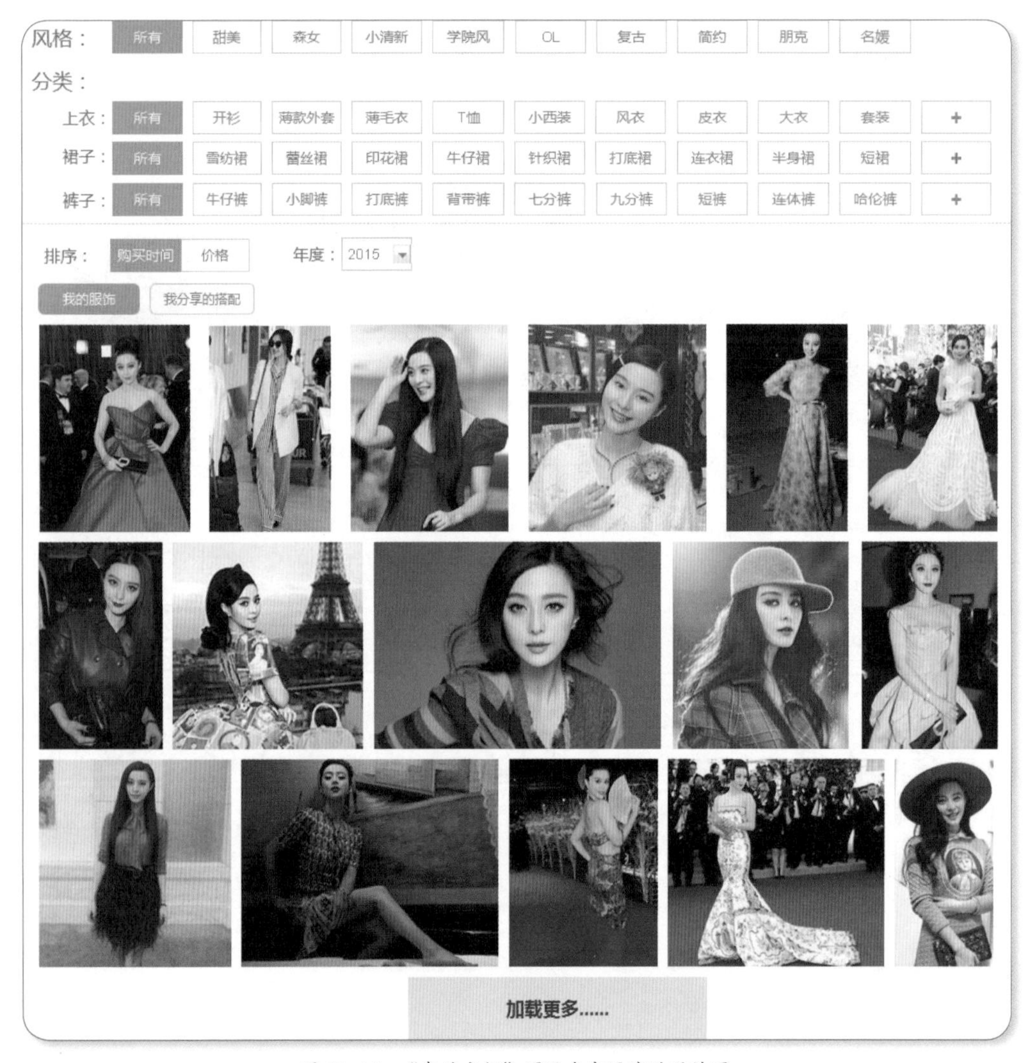

图 19-14 “我的衣橱”页面内容区域的设计图

19.3.3 搭配问问

“搭配问问”页面内容区域的设计图如图 19-15 所示。

订阅

《

》

“第一次”亮相不能乱给，女星时装周“处女秀”背后有玄机 2015-4-1

2015春夏时装周，李冰冰和李宇春的“处女秀”是两大看点。人生的“第一次”从来都不是小事，女星看秀“第一次”更是以后时尚道路上至关重要的一环。因此，看谁家的秀，以什么身份受邀请，看专场还是赶秀，内中文章别有洞天。“第一次”背后，“玄机”何在？

喜欢（35000） 分享 评论（2200） 频道：明星穿着

打造迷人筷子腿 2015-4-1

过膝靴经久不衰的理由当然是能更好的的修饰腿部曲线，打造迷人腿型。如果你没有超模、明星那般大长腿也不要紧，较为宽松靴筒的款式也同样可以打造出亮丽的形象。

喜欢（3333） 分享 评论（450） 频道：每日搭配榜样

点击加载更多......

图 19-15 “搭配问问”页面内容区域的设计图

单击“订阅”按钮后进入有关订阅的页面，单击“热门推荐”选项，“热门推荐”页面的设计图如图 19-16 所示。

图 19-16　搭配问问→订阅推荐内容区域的设计图

19.3.4　服饰搜搜

“服饰搜搜”页面内容区域的设计图如图 19-17 所示。

图 19-17　“服饰搜搜”页面内容区域的设计图

图 19-17 “服饰搜搜”页面内容区域的设计图（续图）

单击某个商品后进入商品详情页面，页面设计图如图 19-18 所示。

图 19-18 “商品详情页”内容区域的设计图

19.3.5 个人中心

“个人中心”页面的设计图如图 19-19 所示。

图 19-19 “个人中心”页面的设计图

19.4 高保真线框图

高保真线框图的页面设计、位置和尺寸等需要严格遵循设计图，它的重点在于实现各个页面的交互事件。

19.4.1　创建全局参考线

参考线框图设计在 X140、X1020 和 X1260 处创建 3 条全局垂直参考线。

19.4.2　设置全局变量

本案例的全局变量设置如图 19-20 所示。

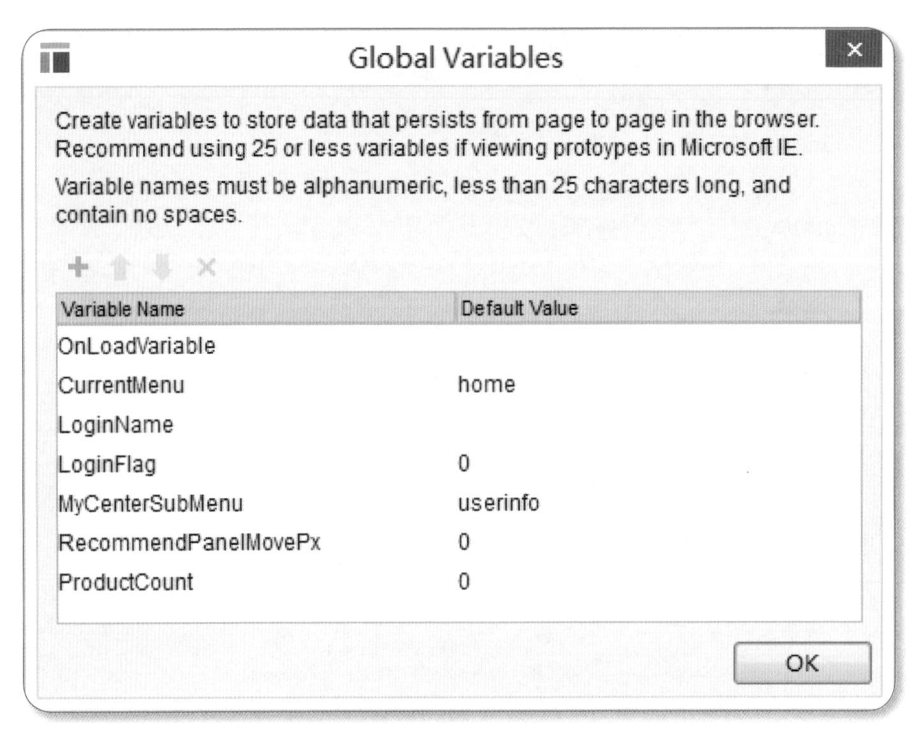

图 19-20　全局变量管理

各全局变量的含义如下：

◆ **CurrentMenu**：当前选择的一级菜单项名称，可取值为：home（首页）、mywardrobe（我的衣橱）、decoration（搭配问问）和 dress（服饰搜搜），在页头中需要以此判断哪个一级菜单处于选择状态。

◆ **LoginName**：登录用户的名称。

◆ **LoginFlag**：是否已登录的标志，可取值为 0 和 1，0 表示“未登录”，1 表示“已登录”。

◆ **MyCenterSubMenu**：所选择的个人中心的子菜单，可取值为：userinfo（修改用户资料）、userpassword（修改密码）、order（我的订单）、comment（我的评价）、collector（我的收藏）、integral（我的积分）和 message（最新消息）。

◆ **RecommendPanelMovePx**：“服饰搜搜”模块的“流行推荐”区域需要用到该全局变量来完成向左移动和向右移动的功能。

◆ **ProductCount**：“商品详情”页面需要用到该变量来记录购买的服饰商品的数量。

19.4.3 页头

下面介绍页头区域的具体交互效果。

1. 一级菜单区域

当鼠标移入到某个一级菜单时，将该一级菜单的填充颜色加深（矩形部件填充色为ED3577）；鼠标移出某个一级菜单时，如果最后鼠标单击的一级菜单不是所移出的菜单，则将该一级菜单的填充色设置为默认的浅红色（矩形部件填充色为FF6599）。当单击某个一级菜单时需要进入对应的页面，并在进入后在一级菜单区域将该一级菜单背景设置为深颜色（ED3577）。

一级菜单区域的实现可参考“京东商城的全局导航”中一级菜单的实现内容。将4个一级菜单都设置为矩形部件，部件名称依次为：homeRect（首页）、mywardrobeRect（我的衣橱）、decorationRect（搭配问问）和dressRect（服饰搜搜）。

设置这4个矩形部件的交互样式，可选中某个矩形部件后右击并选择Interaction Styles菜单项，打开交互样式设置界面，有MouseOver（鼠标移入时样式）和Selected（选中属性为true时的样式），将填充颜色都设置为ED3577。

设置这4个矩形部件的OnClick（鼠标单击时）事件，如homeRect部件的OnClick事件如图19-21所示。

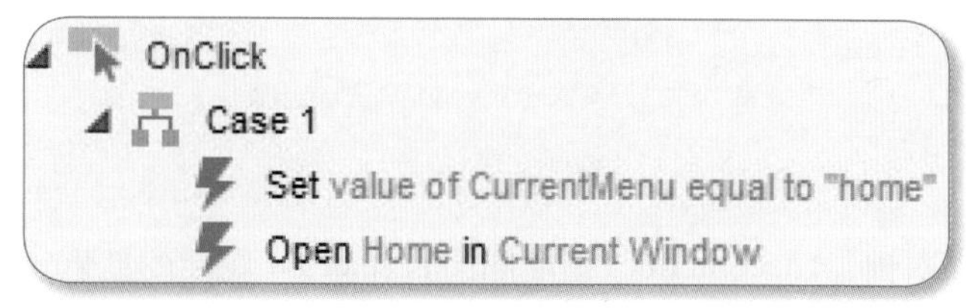

图19-21　homeRect部件的OnClick事件

该段设置的含义是，当单击“首页”矩形部件时：

- 设置CurrentMenu全局变量的值为home。
- 打开Home页面，展示首页内容。

设置这4个矩形部件的OnMouseOut（鼠标移出时）事件，如homeRect部件的OnMouseOut事件如图19-22所示。

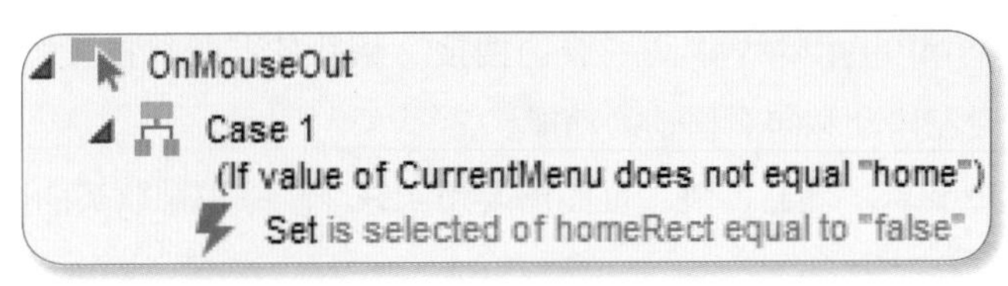

图 19-22　homeRect 部件的 OnMouseOut 事件

该段设置的含义是，当鼠标移出“首页”的矩形部件时，如果 CurrentMenu 全局变量的值不是 home（即最后鼠标单击的不是“首页”一级菜单），则将 homeRect 矩形部件的 selected 属性设置为 false，显示默认样式，此时矩形填充色为浅红色。

为了在不同一级菜单页面中引入 header 母版后能在进入页面时将选择的菜单项矩形部件的 selected 属性设置为 true，需要设置页头母版的 OnPageLoad（页面加载时）事件，如图 19-23 所示。

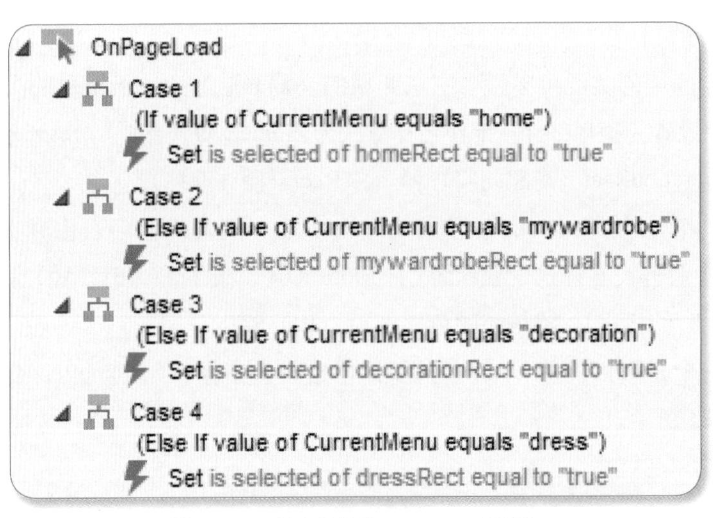

图 19-23　页头母版的 OnPageLoad 事件

该段设置的含义是，在 header 母版页面加载时，如果 CurrentMenu 的值等于 home，即单击的是“首页”时，将 homeRect 矩形部件的 selected 属性设置为 true。

其余 3 个用例与 Case 1 用例类似，不再赘述。

2. 鼠标移入到用户昵称

当用户已登录并且鼠标移动到用户昵称上时，显示“个人中心”的主要子菜单，并可在鼠标单击某个子菜单后进入“个人中心”页面且选中对应的子菜单。

可采用动态面板部件表示“个人中心”主要子菜单的面板和显示登录注册情况的面板。部件的属性和样式如下：

部件名称	部件种类	坐标	尺寸	可见性
loginRegPanel	Dynamic Panel	X603:Y0	W142:H38	Y
mycenterSubmenuPanel	Dynamic Panel	X645:Y38	W100:H132	Y

为 loginRegPanel 部件设置 State0 和 State1 两个状态，分别表示“未登录”和“已登录”的情况，前者带有“登录”按钮和“注册”按钮的标签部件，后者带有登录用户名称和“退出”按钮的标签部件。

修改 header 母版的 OnPageLoad 事件，添加 Case 5 用例将 loginRegPanel 部件设置为正确的状态，如图 19-24 所示。

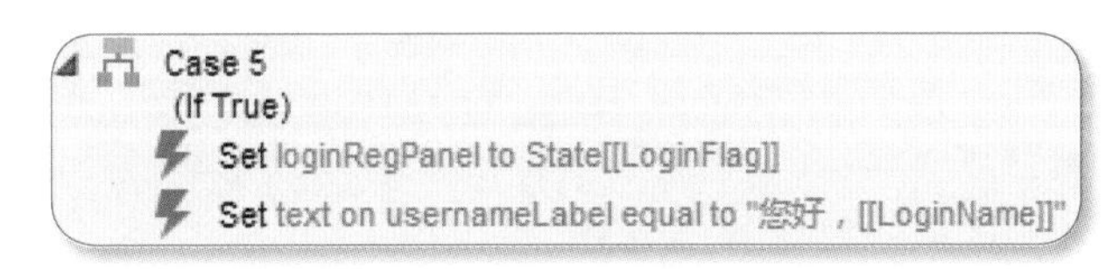

图 19-24　header 母版的 OnPageLoad 事件（对 loginRegPanel 部件的处理）

根据 LoginFlag 全局变量的值将 loginRegPanel 部件设置为正确状态，为 0 表示设置为 State0，即“未登录”状态；为 1 表示设置为 State1，即“已登录”状态。

设置 loginRegPanel 部件的 State0 状态的“登录”标签部件的 OnClick 事件，跳转到“用户登录”页面，输入用户名和密码进行登录，并重新设置 LoginName 和 LoginFlag 的值。

为 mycenterSubmenuPanel 部件设置两个状态：default（默认，可巧妙地添加一个 W100:H16 的空标签部件）和 content（真实菜单内容）状态。

设置“您好，用户名”的 usernameLabel 标签部件的 OnMouseEnter（鼠标移入时）事件，如图 19-25 所示。

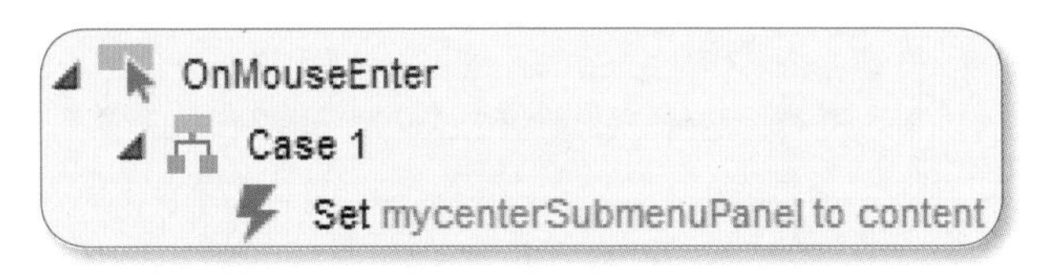

图 19-25　usernameLabel 部件的 OnMouseEnter 事件

该段设置的含义是，当鼠标移入到“您好，用户名”标签部件时将 mycenterSubmenuPanel 部件设置为 content 状态，显示子菜单。

设置“您好，用户名”的 usernameLabel 标签部件的 OnMouseOut（鼠标移出时）事件，如图 19-26 所示。

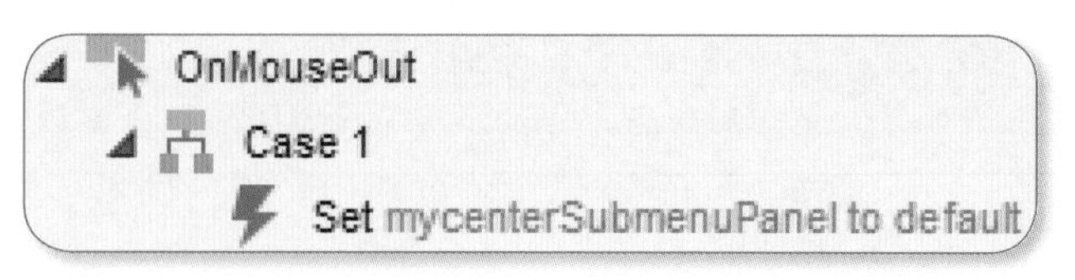

图 19-26　usernameLabel 部件的 OnMouseOut 事件

该段设置的含义是，当鼠标移出“您好，用户名”标签部件时将 mycenterSubmenuPanel 部件设置为 default 状态，取消显示子菜单。

设置“您好,用户名”的 usernameLabel 标签部件的 OnClick 事件,跳转到“个人中心”页面。

设置 mycenterSubmenuPanel 部件的 content 状态下各子菜单部件的 OnClick（鼠标单击时）事件，如“我的订单”标签部件的 OnClick 事件如图 19-27 所示。

图 19-27　“我的订单”部件的 OnClick 事件

该段设置的含义是，当鼠标单击“我的订单”标签部件时：

- 将 MyCenterSubMenu 全局变量的值设置为 order，个人中心页面以此判断显示哪个子菜单和内容区域显示的内容。
- 跳转到“个人中心”页面。

设置“退出”标签部件的 OnClick 事件，如图 19-28 所示。

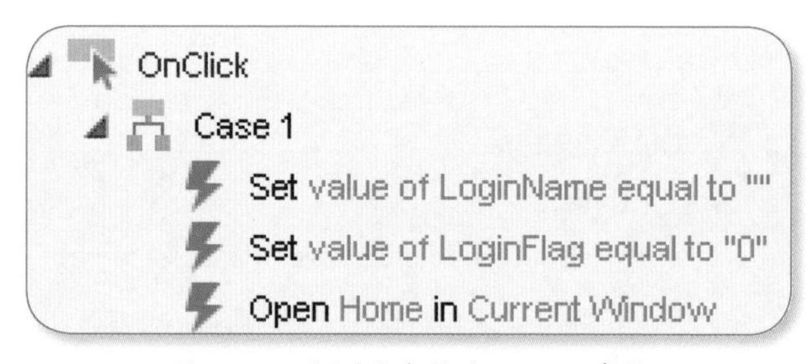

图 19-28　“退出”部件的 OnClick 事件

该段设置的含义是，当鼠标单击“退出”按钮时：

- 将表示登录名称的 LoginName 全局变量设置为空字符串。
- 将表示登录标志的 LoginFlag 全局变量设置为 0，表示未登录。

● 跳转到 Home 页面，此时因为 LoginName 被设置为空，所以不再显示登录名，而只显示“登录”按钮和“注册”按钮。

19.4.4 首页

下面介绍首页的具体交互效果。

1. 广告幻灯区域

在首页广告幻灯区域，当单击表示某个图片的圆点时，需要将该圆点的填充色设置为粉红色（FF6699），其余圆点部件的填充色设置为淡粉色（FFE1EA）。另外，需要在选中某个圆点时将大图片区域设置为相应序号的图片。

可参考“京东商城的首页幻灯效果”案例将大图片区域设置为动态面板部件，将圆点设置为矩形部件，部件的属性和样式如下：

部件名称	部件种类	坐标	尺寸	可见性
largeImagePanel	Dynamic Panel	X0:Y170	W1260:Y276	Y
num1Rect	Rectangle	X590:Y414	W25:Y25	Y
num2Rect	Rectangle	X630:Y414	W25:Y25	Y
num3Rect	Rectangle	X670:Y414	W25:Y25	Y

为 largeImagePanel 部件添加 img1、img2 和 img3 三个状态并添加相应图片，分别表示鼠标单击第 1、2 和 3 个圆点时显示的大图片。

num1Rect ~ num3Rect 部件的默认填充色为浅粉色（FFE1EA），选择某个矩形部件后右击并选择 Interaction Styles 菜单项，打开交互样式设置界面，选择 Selected 选项卡，设置选中时的填充色为粉红色（FF6699）。

选中 num1Rect 部件后右击并选择 Selected 菜单项，将该部件默认的 Selected 属性设置为 true。

同时选中 num1Rect ~ num3Rect 部件后右击并选择 Selection Group 菜单项，设置共同的组为 largeImgGroup。设置完成后，如果将这 3 个部件中的一个部件的 Selected 属性设置为 true，则另两个将自动将 Selected 属性变为 false。

设置 num1Rect ~ num3Rect 部件的 OnClick（鼠标单击时）事件，如 num1Rect 部件的 OnClick 事件如图 19-29 所示。

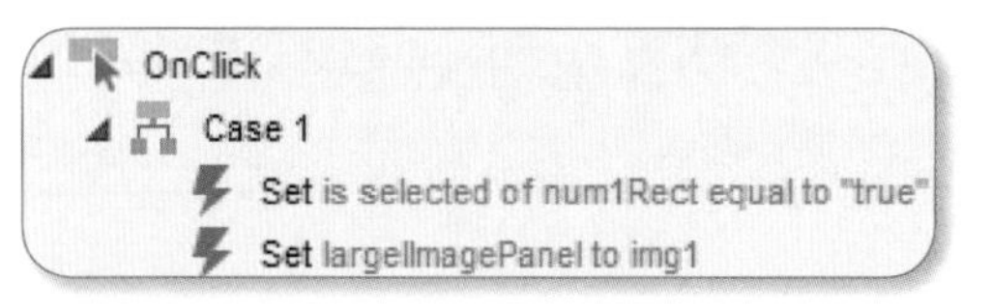

图 19-29　num1Rect 部件的 OnClick 事件

该段设置的含义是，当单击表示第一个图片的圆点时：

- 将 num1Rect 部件的 Selected 属性设置为 true。
- 将 largeImagePanel 设置为 img1 状态，即显示第一张大图片。

2. 每日人气搭配

该区域展示推荐的一则每日人气搭配，该篇搭配文章的三张图片每隔 5 秒轮播。另外，可以单击《按钮查看前一张照片，单击》按钮查看后一张照片。

将每日人气搭配图片设置为动态面板部件，为“上一张”按钮和“下一张”按钮添加图片部件，部件的属性和样式如下：

部件名称	部件种类	坐标	尺寸	可见性
decorationImgPanel	Dynamic Panel	X451:Y488	W460:Y580	Y
prevImg	Image	X323:Y761	W23:Y42	Y
nextImg	Image	X1015:Y749	W27:Y48	Y

为实现“上一张”按钮的交互效果，需要设置 prevImg 部件的 OnClick（鼠标单击时）事件，如图 19-30 所示。

图 19-30　prevImg 部件的 OnClick 事件

该段设置的含义是，当单击《按钮时：

- 停止当前 decorationImgPanel 部件的轮播。
- 将 decorationImgPanel 部件设置为前一个状态，并且进入每 5 秒轮播状态，当前为第 1 张图片时单击后显示第 3 张图片。

为实现“下一张”按钮的交互效果，需要设置 nextImg 部件的 OnClick（鼠标单击时）

事件，如图 19-31 所示。

图 19-31　nextImg 部件的 OnClick 事件

该段设置的含义是，当单击》按钮时：

- 停止当前 decorationImgPanel 部件的轮播。
- 将 decorationImgPanel 部件设置为后一个状态，并且进入每 5 秒轮播状态，当前为第 3 张图片时单击后显示第 1 张图片。

为了在页面加载时触发人气搭配图片轮播，需要设置首页的 OnPageLoad（页面加载时）事件，如图 19-32 所示。

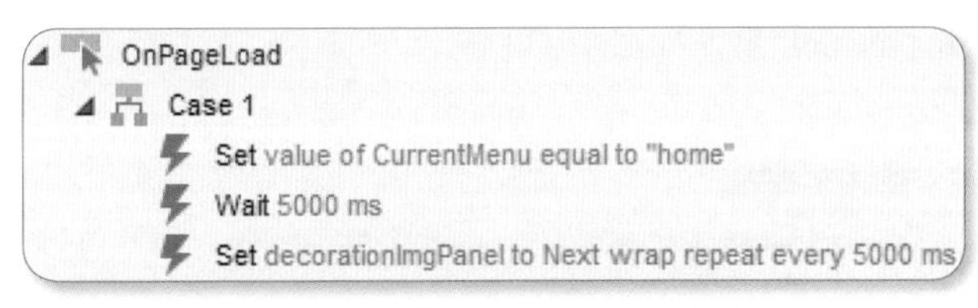

图 19-32　首页的 OnPageLoad 事件

该段设置的含义是，当首页加载时：

- 将 CurrentMenu 全局变量设置为 home。
- 等待 5 秒。
- 将 decorationImgPanel 部件设置为后一个状态，并且进入每 5 秒轮播状态，当前为第 3 张图片时单击后显示第 1 张图片。

3. 服饰商品区域

该区域的交互事件比较简单，主要包括：

- 将该页面一个服饰商品的所有信息都转换为动态面板部件，并设置动态面板部件的 OnClick（鼠标单击时）事件，在新窗口或新选项卡中跳转到商品详情页面。
- 单击某个排序条件时该排序项变成已选择（粉红色字体）状态，其余排序项变为未选择（黑色字体）状态。可为“默认”“销量”“好评”和“发布时间”创建 4 个标签部件，并设置 Selected 属性为 true 时的交互样式，将字体设置为粉红色（FF6699），默认将“默认”标签部件的 Selected 属性设置为 true。

将这 4 个部件设置到一个组中，然后设置这 4 个部件的 OnClick（鼠标单击时）事件，使用 Set Selected/Checked 动作将所选择部件的 Selected 属性设置为 true。

19.4.5 我的衣橱

下面介绍“我的衣橱”页面的具体交互效果。

1. 搜索区域

单击“风格”“上衣”“裙子”和“裤子”分类中的某一个子类，所选择的子类变成已选择状态。

可将这 4 个分类中的所有子类都设置为矩形部件，如“风格”添加 styleRetc1 ~ styleRetc10 共 10 个矩形部件，默认粉红色边框、白色背景和粉红色字体，设置交互样式，在 Selected 属性为 true 时设置矩形填充色为 FF8CB5，字体颜色为白色。

因为允许多选，所以当单击某个部件时需要切换所选择矩形部件的 Selected 属性。如 styleRetc1 部件的 OnClick 事件如图 19-33 所示。

图 19-33 styleRetc1 部件的 OnClick 事件

“上衣”“裙子”和“裤子”交互效果的实现与此类似，不再赘述。

2. 排序区域

当单击“购买时间”按照购买时间排序时，“购买时间”变为已选择状态，“价格”变为未选择状态；当单击“价格”按照价格排序时，“价格”变为已选择状态，“购买时间”变为未选择状态。

与搜索区域不同的是排序区域只允许单选，因此需要将两个矩形部件设置为同一个组。

3. 我的服饰 / 我分享的搭配

当单击“我的服饰”时，“我的服饰”变为 Selected（选中）时的样式，“我分享的搭配”变为未选中样式。当单击“我分享的搭配”时，“我分享的搭配”变为 Selected（选中）时的样式，“我的服饰”变为未选中样式。实现方法参考“排序区域”，不再赘述。

4. 加载更多内容

当单击“加载更多”时，隐藏“加载更多”矩形部件，显示剩余的两行图片并带有向下推动的效果，自动将下方部件下移。

相关部件的属性和样式如下：

部件名称	部件种类	坐标	尺寸	填充 / 字体颜色	可见性
moreImgRect	Rectangle	X525:Y1108	W295:H60	E1E2E5/333333	Y
moreImgPanel	Dynamic Panel	X140:Y1108	W980:H420	无	N

moreImgPanel 默认为隐藏状态，单击“加载更多”时才显示。设置 moreImgRect 部件的 OnClick 事件，如图 19-34 所示。

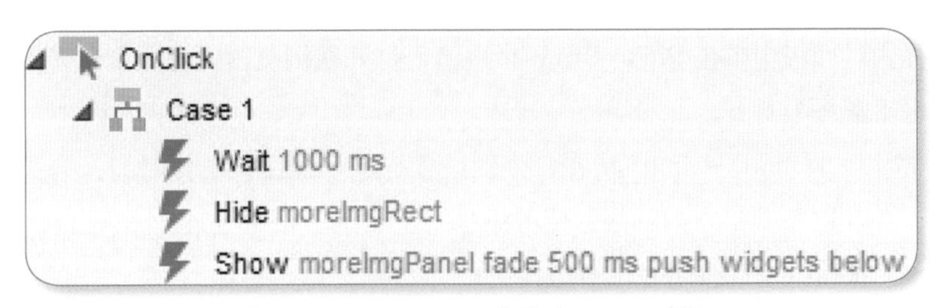

图 19-34　moreImgRect 部件的 OnClick 事件

该段设置的含义是，当单击“加载更多”按钮时：

- 等待 1000 毫秒（模拟查询过程）。
- 隐藏“加载更多”部件。
- 显示 moreImgPanel 部件，显示更多的图片并带有推动下方组件的效果。

当滚动到该页面的最底端时，再继续滚动，也将达到显示更多内容的效果，设置页面的 OnWindowScroll（浏览器窗口滚动时）事件，如图 19-35 所示。

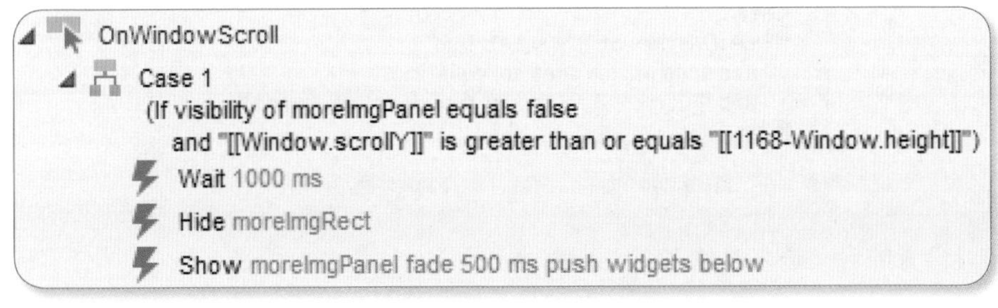

图 19-35　“我的衣橱”页面的 OnWindowScroll 事件

当在“我的衣橱”页面滚动时，如果当前包含更多个人服饰内容的 moreImgPanel 当前为不可见状态，并且窗口滚动的坐标距离 Y0 点的像素大于等于 1168- 窗口的高度，则表示已滚动到“加载更多”矩形部件处，执行与单击“加载更多”按钮同样的操作，显示更多的内容。其中 1168 = 加载更多按钮的 Y 坐标 + 高度。

5. 单击某个图片

当单击某个图片时，需要以灯箱效果展示上传的该条搭配的详情，当该条搭配消息有多张图片时，可单击“前一张”按钮和“后一张”按钮进行查看。也可以在图片区域单击，如果单击位置在页面中线往左且不是第一张图片时，将图片更换为前一张图片；如果单击位置在页面中线往右，且不是第 5 张图片时，将图片更换为后一张图片。

可以将大图显示区域设置为动态面板部件，部件名称为 largeImgPanel，该部件默认隐藏，在“部件属性和样式”面板中勾选 Fit to Content（自适应内容）复选项，再在“部件属性和样式”面板中单击 Pin to Browser 按钮，打开在浏览器的位置设置界面，使该部件垂直和水平都居中对齐。

为该部件添加 img1 ～ img5 状态，分别设置标题、描述、上传时间、购买时间、价格和大图，并在这 5 个状态内部根据情况添加“上一张”按钮（第一张图片没有该按钮）和“下一张”按钮（第 5 张图片没有该按钮）。

设置“上一张”按钮和“下一张”按钮的 OnClick（鼠标单击时）事件，使用 Set Panel State 设置 largeImgPanel 为上一个状态和下一个状态。

设置 largeImgPanel 部件的 OnClick（鼠标单击时）事件，如图 19-36 所示。

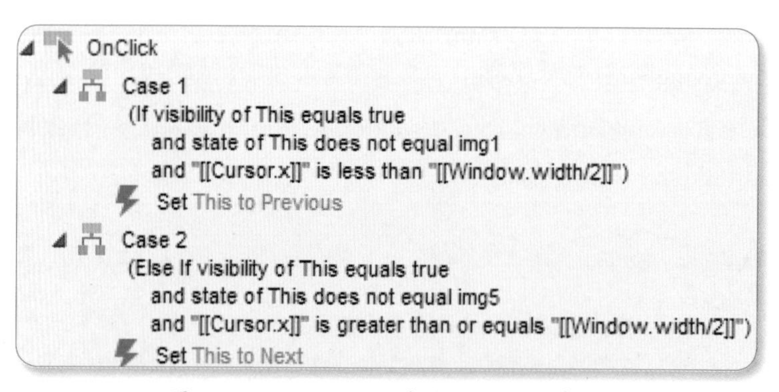

图 19-36　largeImgPanel 部件的 OnClick 事件

该段设置的含义是，当单击大图区域时：

- 如果当前 largeImgPanel 部件可见并且不是第 1 张图片，而且鼠标单击位置小于窗口屏幕的一半，即在中线左边单击时，将当前部件设置为前一个状态。

- 如果当前 largeImgPanel 部件可见并且不是最后一张图片，而且鼠标单击位置大于等于窗口屏幕的一半，即在中线右边单击时，将当前部件设置为前一个状态。

设置页面小图的 OnClick 事件，设置以灯箱效果打开 largeImgPanel 大图区域部件，如 smallImg1 部件的 OnClick 事件如图 19-37 所示。

图 19-37 smallImg1 部件的 OnClick 事件

19.4.6 搭配问问

下面介绍“搭配问问”页面的具体交互效果。

1. 搭配列表页

搭配列表页的主要交互事件包括：

（1）鼠标移入 / 移出某条搭配日志。

当鼠标移入某条搭配日志所在的区域时，该条日志的边框变成粉红色（FF6699）；当鼠标移出该区域时，该条日志的边框变成灰色（EEEEEE）。

可将两条搭配日志区域内的所有部件都分别设置到 news1Panel 和 news2Panel 动态面板部件，在第一条搭配日志 news1Panel 部件内，为用作边框的 news1Rect 矩形部件设置 Selected（选中）时的交互样式，设置 Line Color（边框颜色）为粉红色（FF6699）。

设置 news1Panel 和 news2Panel 部件的 OnMouseEnter（鼠标移入时）事件，如 news1Panel 部件的 OnMouseEnter 事件如图 19-38 所示，将 news1Rect 部件的 Selected（选中）属性设置为 true。

图 19-38 news1Panel 部件的 OnMouseEnter 事件

设置 news1Panel 和 news2Panel 部件的 OnMouseOut（鼠标移出时）事件，如 news1Panel 部件的 OnMouseOut 事件如图 19-39 所示，将 news1Rect 部件的 Selected(选中) 属性设置为 false。

图 19-39　news1Panel 部件的 OnMouseOut 事件

（2）单击上一张 / 下一张图片。

若某条搭配日志包括多张图片，则可单击《按钮查看上一张图片（当前不是第一张图片时），单击》按钮查看下一张图片（当前不是最后一张图片时）。

可将图片显示区域部件设置为动态面板部件，如第一条搭配日志的图片区域设置为 news1ImgPanel 部件，并为其添加 img1 ～ img4 四个状态，添加 4 张搭配图片。

设置《按钮 prevImg 部件的 OnClick 事件，如图 19-40 所示。

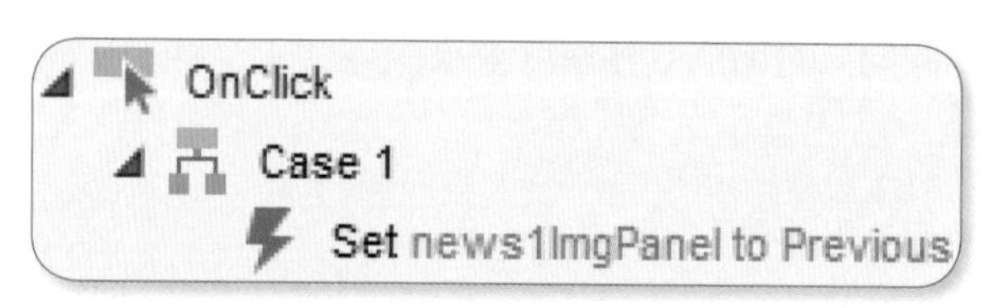

图 19-40　prevImg 部件的 OnClick 事件

设置》按钮 nextImg 部件的 OnClick 事件，如图 19-41 所示。

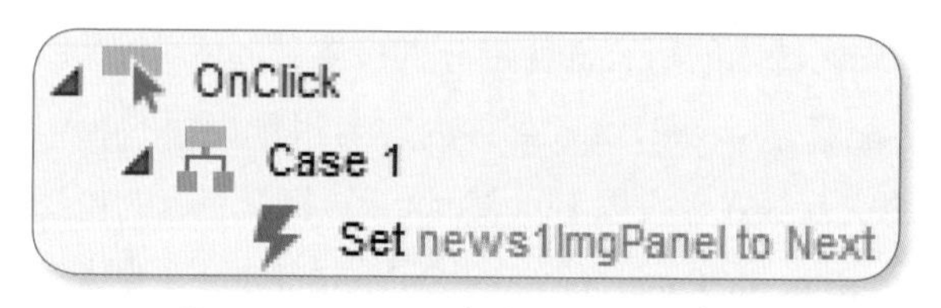

图 19-41　nextImg 部件的 OnClick 事件

这两段设置的含义参考“首页”每日人气搭配中“上一张”按钮和“下一张”按钮的设置，只是没有勾选到第一张时从最后一张开始循环，到最后一张时从第一张开始循环，不再赘述。

2. 订阅相关页

订阅相关页的主要交互事件包括 ：

（1）单击子选择项。

订阅页面包括“我的订阅”“热门推荐”和“订阅管理”3 个选项卡，当单击某一个选择项时，该选择项变成选中时的样式，另外两个选择项变成未选中时的样式。

可参考“我的衣橱”排序区域的方法，采用部件交互样式、设置组属性和设置 OnClick 事件实现。

（2）单击某个栏目。

单击某个频道行，如“每日搭配榜样”时，显示该频道下的所有搭配知识列表，因为该列表页与“搭配列表”页类似，我们可以将频道行的矩形部件和 More>> 标签部件选中后右击并选择 Convert to Dynamic Panel 菜单项，将其设置为动态面板部件后设置该部件的 OnClick 事件，跳转到“搭配问问”页面。

（3）单击某条搭配知识。

单击任何一条搭配知识区域的部件即可跳转到搭配详情页面。可选中某条搭配知识的所有部件后右击并选择 Convert to Dynamic Panel 菜单项，将其设置为动态面板部件后设置该部件的 OnClick 事件，跳转到“搭配详情”页面。

3. 搭配详情

“搭配详情”页面的主要交互事件包括：

（1）单击图片数字。

单击详情页面下方的数字时，需要将单击的数字设置为已选择状态，将其余 3 个图片数字设置为未选择状态，另外还需要将图片区域的图片设置为该数字对应的图片。

可将图片区域设置为动态面板部件，部件名称为 newsImgPanel。可将 1 ～ 4 的图片数字设置为矩形部件，部件名称为 numRect1 ～ numRect4，采用前面介绍的方法设置其 Selected（选中）时的交互样式，并且设置为共同的组，设置 numRect1 的 Selectd 属性默认为 true。

为 newsImgPanel 部件添加 img1 ～ img4 四个状态，分别表示第一页至第四页的搭配图片和文字信息。

设置 numRect1 ～ numRect4 部件的 OnClick（鼠标单击时）事件，将 newsImgPanel 设置为对应图片的状态，并将 numRect1 的 Selected（选中）属性的值设置为 true。

（2）单击上一页 / 下一页。

当单击“上一页”按钮时，如果当前不是第一张图片，则将图片区域设置为上一张图片的状态，并将对应图片数字的 Selected（选中）属性的值设置为 true。

“上一页”按钮 prevRect 部件的 OnClick 事件如图 19-42 所示。

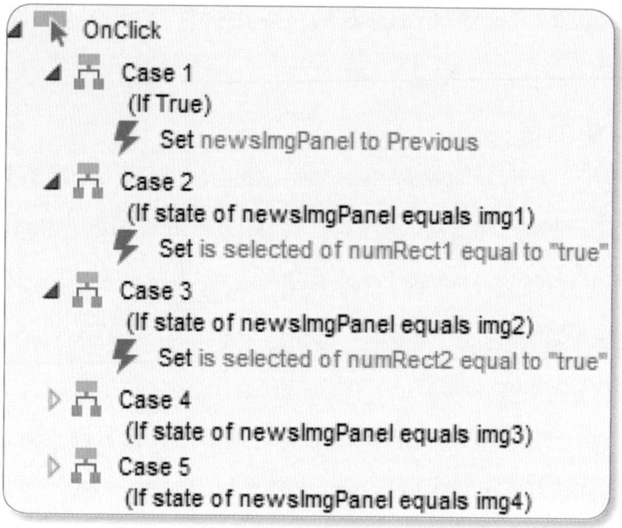

OnClick
Case 1
(If True)
Set newsImgPanel to Previous
Case 2
(If state of newsImgPanel equals img1)
Set is selected of numRect1 equal to "true"
Case 3
(If state of newsImgPanel equals img2)
Set is selected of numRect2 equal to "true"
Case 4
(If state of newsImgPanel equals img3)
Case 5
(If state of newsImgPanel equals img4)

图 19-42　prevRect 部件的 OnClick 事件

该段设置的含义是，当单击“上一页”按钮时：

- 将 newsImgPanel 部件设置为上一个状态（不要勾选 Wrap，当到第一个状态时单击无效果）。
- 如果当前 newsImgPanel 部件为 img1 状态，将第一个图片数字的 Selected（选中）属性的值设置为 true。

Case 3 ～ Case 5 用例与 Case 2 用例类似，不再赘述。

当单击“下一页”按钮时，nextRect 部件的 OnClick 事件与 prevRect 部件类似，只是在 Case 1 中需要将 newsImgPanel 设置为下一个状态（不要勾选 Wrap，当到最后一个状态时单击无效果）。

（3）单击图片区域的左 / 右侧区域。

请小伙伴们参考“我的衣橱”大图区域的单击效果，不再赘述。

19.4.7　服饰搜搜

下面介绍“服饰搜搜”页面的具体交互效果。

1. 服饰列表页

（1）流行推荐区域。

单击该区域的 》按钮可以查看后面的服饰图片，单击《 按钮可以查看前面的服饰图片。添加“前一张”按钮和“后一张”按钮的图片部件，将流行推荐服饰图片区域设置为动态面板部件，部件的属性和样式如下：

部件名称	部件种类	坐标	尺寸	可见性
prevImg	Image	X10:Y226	W14:Y31	Y
nextImg	Image	X1229:Y226	W18:Y32	Y
recommendPanel	Dynamic Panel	X30:Y189	W1191:Y100	Y

在这里，不要勾选 recommendPanel 部件的 Fit to Content 属性，这样就可以利用动态面板部件可以只显示尺寸范围内容的特点将其巧妙地作为遮盖层。

在 recommendPanel 部件的 State1 状态内添加动态面板部件，该部件比 recommendPanel 部件更宽，因为它包含 11 个服饰商品，而 recommendPanel 只是显示 7 个服饰商品。该部件的属性和样式如下：

部件名称	部件种类	坐标	尺寸	可见性
recommendInnerPanel	Dynamic Panel	X3:Y0	W1872:Y98	Y

在 recommendInnerPanel 部件的 State1 状态内添加 11 个服饰商品。

设置 nextImg 部件的 OnClick 事件，如图 19-43 所示。

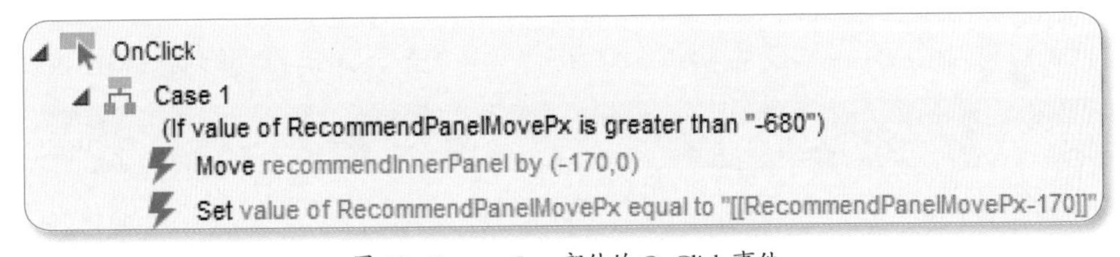

图 19-43 nextImg 部件的 OnClick 事件

该段设置的含义是，当单击 》时，先判断是否已到最后一个服饰商品（1872/11=170px，等于一个服饰商品的宽度，170×4=680px，即 4 个服饰商品的宽度），如果不是最后一个服饰商品：

- 将 recommandInnerPanel 向左移动一个服饰商品的宽度（1872/11=170px），将当前未显示的一张右边的服饰商品显示出来。
- 将 RecommendPanelMovePx 全局变量设置为当前值减 170，该全局变量表示 recommandInnerPanel 部件相对初始位置在 X 轴上移动的总距离。

设置 prevImg 部件的 OnClick 事件，如图 19-44 所示。

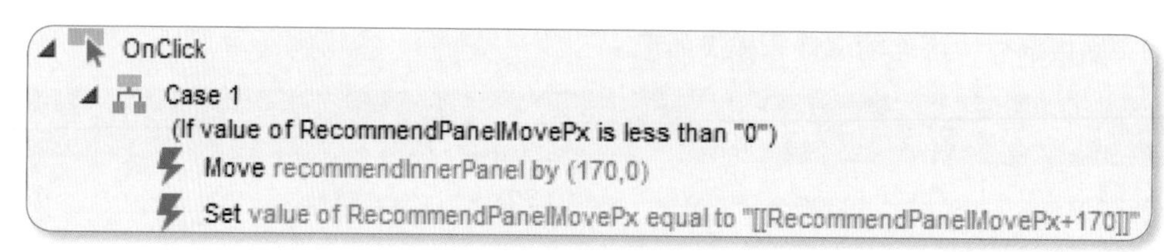

图 19-44 prevImg 部件的 OnClick 事件

该段设置是 nextImg 部件的 OnClick 事件的反向操作，不再赘述。

（2）搜索区域。

请小伙伴们参考“我的衣橱”页面的搜索区域，不再赘述。

（3）排序区域。

请小伙伴们参考“我的衣橱”页面的排序区域，不再赘述。

（4）服饰商品区域。

将每一个服饰商品都放到一个动态面板部件中，并设置动态面板部件的 OnClick 事件，跳转到“商品详情”页面。

2. 商品详情页面

（1）大图展示区域。

左上方是大图展示区域，当将鼠标移入下方某一个小图中的区域时，该小图变成已择状态（带有粉红色边框），大图展示区域的图片切换为对应的大图。

我们可将大图展示区域设置为动态面板部件并添加 5 个小图，部件的属性和样式如下：

部件名称	部件种类	坐标	尺寸	可见性
largeImgPanel	Dynamic Panel	X176:Y173	W450:Y632	Y
img1	Image	X190:Y805	W74:Y74	Y
img2	Image	X277:Y805	W74:Y74	Y
img3	Image	X365:Y805	W74:Y74	Y
img4	Image	X453:Y805	W74:Y74	Y
img5	Image	X540:Y805	W74:Y74	Y

为 largeImgPanel 部件添加 img1 ～ img5 状态，并在这 5 个状态内添加相应的大图，分别表示将鼠标移动到第 1 ～ 5 个小图时显示的大图。

为 img1 ～ img5 部件都添加 Selected（选中）属性为 true 时的交互样式，带粉色边框，边框颜色为 FF6699。同时选中这 5 个图片部件后右击并选择 Assign Selection Group（分配组）菜单项，将这 5 个图片部件设置为同样的分组 smallImgGroup。选择 img1 图片后右击并选择 Selected 菜单项，将其默认的 Selected（选中）属性设置为 true。

设置 img1 ～ img5 部件的 OnMouseEnter（鼠标移入时）事件，如 img1 部件的 OnMouseEnter 事件如图 19-45 所示。

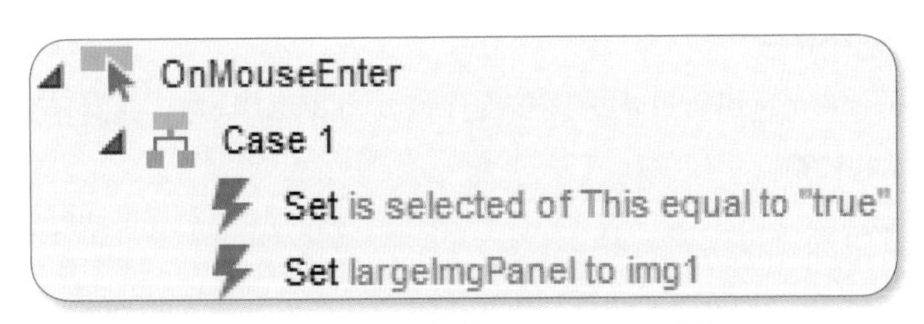

图 19-45 img1 部件的 OnMouseEnter 事件

该段设置的含义是，当鼠标移入到第一个小图时：

- 将第一个小图的 Selected（选中）属性设置为 true，其余 4 个小图的 Selected 属性自动设置为 false。
- 将大图展示的部件 largeImgPanel 设置为 img1 状态，显示第一个大图。

（2）商品详情子项。

商品详情包括“商品详情”“用户评价”“用户晒单”和“成交记录”4 个选项卡，当单击某个选项卡时，该项突出显示，并在下方详情显示区域切换为相应内容。

可将“商品详情”“用户评价”“用户晒单”和“成交记录”子菜单设置到一个动态面板部件中，部件名称为 submenuPanel，该部件包括 4 个状态，分别表示 4 个子选项选择时的状态。

将内容区域设置为动态面板部件，相应也包括 4 个状态，分别表示“商品详情”“用户评价”“用户晒单”和“成交记录”选择时显示的内容。

在 submenuPanel 部件的“商品详情”“用户评价”“用户晒单”和“成交记录”4 个选择项文字的上方添加 4 个热区部件，名称分别为：detailHotspot（商品详情）、commentHotspot（用户评论）、shareHotspot（用户晒单）和 buyRecordHotspot（成交记录）。设置这 4 个部件的 OnClick 事件，如 detailHotspot 部件的 OnClick 事件如图 19-46 所示。

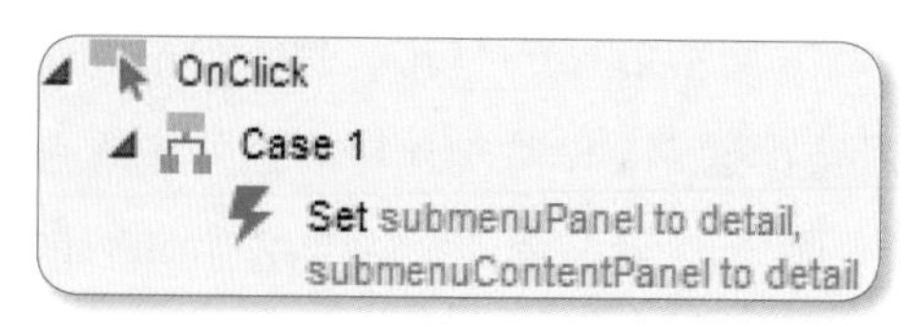

图 19-46 detailHotspot 部件的 OnClick 事件

该段设置的含义是，当单击“商品详情”时：

- 将 submenuPanel 子菜单部件设置为 detail 状态，此时“商品详情”被选中，其余 3 个选择卡为未选择状态。
- 将 submenuContentPanel 内容区域部件设置为 detail 状态，此时子菜单下方的内容显示是对应商品的详情。

3. 购物车页面

“加入购物车”和“去购物车结算”功能请参考“京东商城的购物车”案例，不再赘述。

19.4.8 个人中心

1. 设置子菜单部件

将“个人中心”左侧菜单的部件都设置到动态面板部件中，该部件的属性和样式如下：

部件名称	部件种类	坐标	尺寸	可见性
submenuPanel	Dynamic Panel	X150:Y180	W240:H450	Y

为 submenuPanel 部件设置 7 个状态：userinfo（修改个人资料）、userpassword（修改密码）、order（我的订单）、comment（我的评论）、collector（我的收藏）、integral（我的积分）和 message（最新消息）。

分别设置这 7 个子菜单为选中状态时的内容，如在 userinfo 状态，只有“修改个人资料”菜单为粉红色字体（字体颜色为 FF6699），其余都为灰色字体（字体颜色为 666666）。

2. 设置内容区域部件

将右侧的内容区域设置为动态面板部件，该部件的属性和样式如下：

部件名称	部件种类	坐标	尺寸	可见性
contentPanel	Dynamic Panel	X400:Y180	Fit to Content（自适应内容）	Y

在该部件中添加 submenuPanel 部件对应的 7 个状态，并添加对应的内容。

3. 单击左侧菜单

当单击左侧菜单时，需要将当前子菜单设置为已选择状态（粉红色字体，字体颜色为FF6699），其余6个菜单设置为未选择状态（灰色字体，字体颜色为666666），并将右侧内容区域的内容设置为对应子菜单的内容。

在subPanel部件上方的7个菜单中分别添加热区部件并设置OnClick事件，如userinfoHotspot（修改个人资料）热区部件的OnClick事件如图19-47所示。

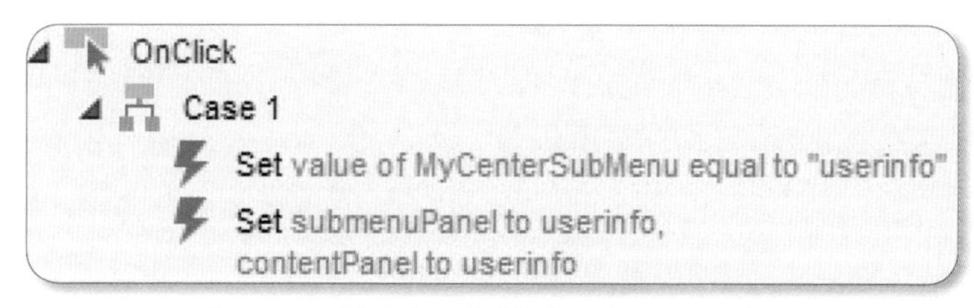

图19-47 “修改个人资料”部件的OnClick事件

该段设置的含义是，当单击“修改个人资料”时：

- 将MyCenterSubMenu全局变量设置为userinfo。
- 将submenuPanel和contentPanel动态面板部件都设置为userinfo状态。

4. 设置OnPageLoad事件

当“个人中心”页面加载时，即从header母版的“我的订单”“我的收藏”等进入“个人中心”页面时，需要将对应的子菜单设置为已选择状态，并将内容区域的内容设置为对应子菜单的内容。

设置“个人中心”页面的OnPageLoad（页面加载时）事件，如图19-48所示。

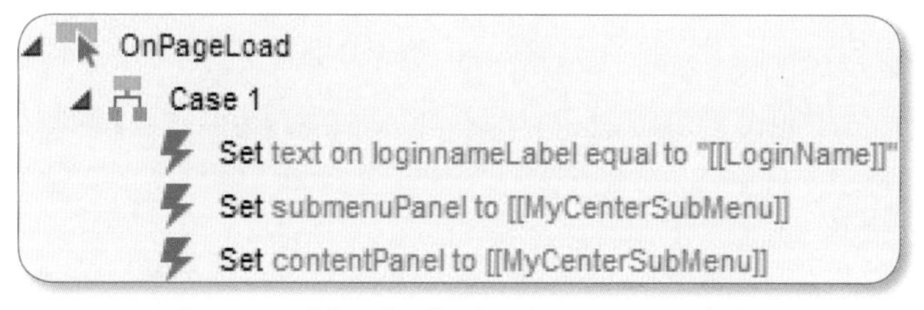

图19-48 “个人中心”页面的OnPageLoad事件

该段设置的含义是，当“个人中心”页面加载时：

- 将loginnameLabel标签部件设置为LoginName全局变量的值。
- 将submenuPanel部件的状态值设置为MyCenterSubMenu全局变量的值。
- 将contentPanel部件的状态值设置为MyCenterSubMenu全局变量的值。

19.5 小憩一下

本章综合案例给小伙伴们讲解的是一个服饰类的电商网站，涵盖Axure RP的若干个知识点，需要小伙伴们重点掌握的知识点包括：

◆ 熟悉Axure RP的常用函数，如Window.height（窗口高度）、Window.ScrollY（窗口在Y轴滚动的距离）、Window.width（获得窗口宽度）和Cursor.x（当前鼠标的x坐标）等函数。

◆ 掌握动态面板部件的OnMouseEnter（鼠标移入时）、OnMouseOut（鼠标移出时）、OnClick（鼠标单击时）等事件和Set Panel State（设置面板状态）、Move（移动部件）等动作，以及Fit to Content（部件尺寸自适应内容大小）和Pin to Browser（可设定部件在浏览中的位置，如垂直居中/水平居中）等属性的设置。

◆ 设置部件的交互样式，可设置移入（MouseOver）、移出（MouseDown）、选择（Selected）和禁用（Disabled）时的交互样式。可设置部件的组属性，同组属性的Selected（选中）属性只能有一个为true。

◆ 在Show（显示部件）、Move（移动部件）等动作中，可以设置动画效果，并能设置灯箱效果，或往下、往右推动下方或右侧部件等交互效果。

第20章

APP 案例 1：

随手记——记账理财APP

APP 名　称：随手记

APP 描　述：随手记是为理财族提供的一款便捷易用的记账理财APP，主要用于月度消费预算、快速记录个人收支，并生成收支报表。

APP 演示图片：

本案例参考挖财记账理财 APP，实现它的主要功能。

20.1 需求概述

“随手记 APP”用于广大移动互联网用户随手进行记账理财，主要需求包括：

◆ **首页**：设置个人封面、本月收入总额、本月支出总额和本月差额。

◆ **记账明细**：对用户收入、支出、借贷（借入 / 借出）情况进行明细记录，并能定义个性化模板，通过模板批量记录；提供根据类别（明细 / 支出 / 账户）和明细进行查看功能，能根据搜索关键字、记账时间范围等搜索满足条件的记账信息。

◆ **收支报表**：可查看各类支出报表、收入报表和对比统计报表，提供表格方式或报表方式呈现。

◆ **支出预算**：对月度的各大类支出进行预算，并在设置后根据当月的记账明细显示实际情况是否超出预算及与预算的差额。

◆ **个人账户**：显示个人账户的资金情况，包括现金余额情况和借贷情况等。

◆ **我**：包括支出类别个性化设置和收入类别个性化设置。

20.1.1 首页

随手记 APP →“首页”功能模块的子需求列表如下：

需求名称	需求描述
本月收支情况	显示个人封面、本月收入总额、本月支出总额和本月差额，本月差额为正数表示收入大于支出，为负数表示支出大于收入
设置个人封面	设置个人账户封面，暂只支持从相册中选择照片

20.1.2 记账明细

随手记 APP →“记账明细”功能模块的子需求列表如下：

需求名称	需求描述
速记	用户选择分类（支出/收入/借贷）后显示不同的输入内容： ◆ 支出：支出金额、支出类别（如餐饮–早餐、餐饮–午餐、餐饮–晚餐的多功能）、支出方式（暂时只支持现金、信用卡、储蓄卡，以后可考虑支持网络账户） ◆ 收入：金额、收入类别（如工资薪水、奖金、兼职外快、福利补贴等）和收入方式（现金/信用卡/储蓄卡） ◆ 借贷：金额、借贷类型（借入/借出）、债务人/债权人、借出账户
批量记	根据定义的记账模板进行批量记账
按照类别查看明细	按照明细、支出和账户类别分月查看记账明细列表；每项明细信息包括：收入或支出类别、记账时间、金额；记账明细列表按天显示支出和收入总额，并显示该天的所有记账明细
搜索记账明细	根据搜索关键字、时间范围（开始时间至结束时间）和金额范围（最小金额至最大金额）等查询条件进行搜索

20.1.3 收支报表

随手记 APP →“收支报表”功能模块的子需求列表如下：

需求名称	需求描述
支出报表	支出报表包括： ◆ 大类支出报表：大类包括居家、餐饮、购物、娱乐、投资和人情 ◆ 小类支出报表：用户产生支出的所有小类，因用户记账情况而异 ◆ 账户支出报表：现金、信用卡、储蓄卡的支出报表
收入报表	收入报表包括： ◆ 类别收入报表：用户产生了收入的所有类别，因用户记账情况而异 ◆ 账户收入报表：现金、信用卡、储蓄卡的收入报表
对比统计	暂时只提供月收支差报表：逐月显示收入总额、支出总额和结余金额，以形成对比，可使用表格方式或折线图方式展示

20.1.4 支出预算

随手记 APP →“支出预算”功能模块的子需求列表如下：

需求名称	需求描述
设置支出大类预算金额	设置月度总预算金额、各支出大类的预算金额，支出大类包括：居家、餐饮、购物、娱乐、投资和人情

20.1.5 个人账户

随手记 APP →“个人账户”功能模块的子需求列表如下：

需求名称	需求描述
个人账户概览	个人账户概览信息主要包括： ◆ **账户总体情况：**账户总额（净资产）、余额、借贷金额（为负数时表示借入） ◆ **现金总额** ◆ **信用卡总额** ◆ **储蓄卡总额** ◆ **借贷情况表，**包括债权/债务人、借入/借出、金额

20.1.6 我

随手记 APP →“我”功能模块的子需求列表如下：

需求名称	需求描述
支出类别管理	可对支出大类和支出小类进行管理： ◆ **支出大类管理：**大类默认包括餐饮、交通、购物、娱乐、医教、居家、投资、人情和生意，包括新增和删除大类功能 ◆ **支出小类管理：**单击某个支出大类后进入该支出大类下的所有支出子类类表，可进行新增、删除和收藏/取消收藏子类功能
收入类别管理	可对收入类别进行管理，包括新增和删除收入类别功能，默认包括：工资薪水、奖金、兼职外快、福利补贴、生活费、公积金、退款返款、礼金、红包、赔付款、漏记款、报销款、利息、余额宝、基金、分红、租金、股票、销售款、应收款、营业收入、工程款和其他

20.2 线框图

20.2.1 首页

首页主要包括个人主页展示、设置个人封面 - 从相册选择、设置个人封面 - 选择照片，如图 20-1 至图 20-3 所示。

图 20-1　首页

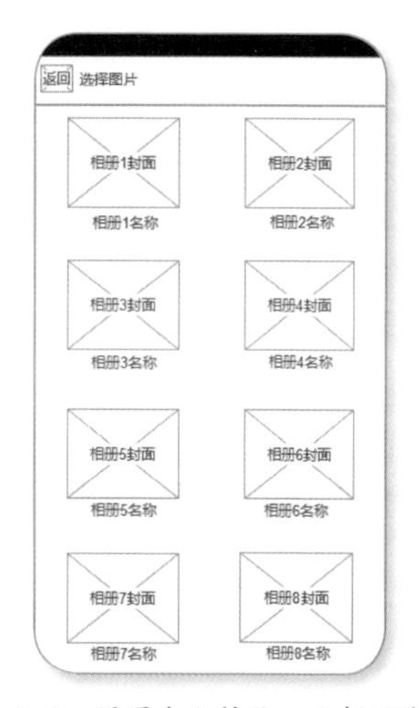

图 20-2　设置个人封面 – 从相册选择

图 20-3　设置个人封面 – 选择照片

20.2.2 记账明细

速记、批量记账、按照类别查看记账明细、搜索记账明细的线框图如图 20-4 至图 20-7 所示。

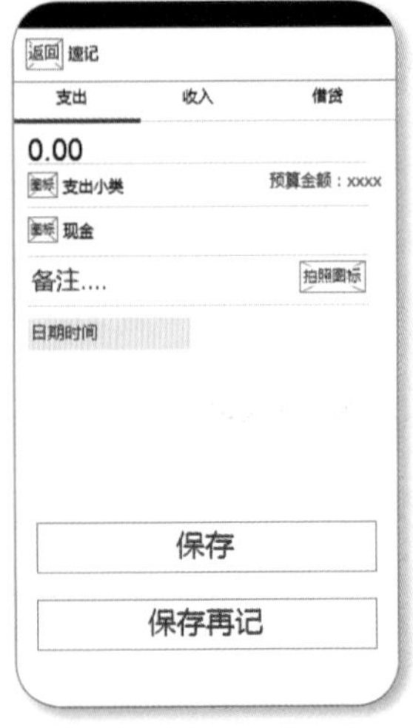

图 20-4 “速记”页面

图 20-5 “批量记账”页面

图 20-6 “按照类别查看记账明细”页面

图 20-7 “搜索记账明细”页面

20.2.3 收支报表

在收支报表中，小类支出和账户支出页面，以及收入报表中，类别收入和账户收入

都与支出报表 - 大类支出页面类似，都提供列表和饼图两种展现方式。另外，查询条件也基本一致，包括时间范围（今日 / 昨日 / 本周 / 上周 / 本月 / 上月 / 本季 / 上季）、开始日期、结束日期、账户（全部 / 现金 / 信用卡 / 储蓄卡）。

支出报表 - 大类支出（默认列表）、支出报表 - 大类支出 - 饼图、收支报表 - 大类支出 - 搜索条件页面的线框图如图 20-8 至图 20-10 所示。

图 20-8　支出报表 - 大类支出（列表）页

图 20-9　支出报表 - 大类支出（饼图）页

图 20-10　支出报表 - 大类支出 - 搜索

“对比统计 - 月收支差”页面提供列表和折线图两种展现方式，线框图如图 20-11 和图 20-12 所示。

图 20-11　对比统计 - 月收支差（列表）

图 20-12　对比统计 - 月收支差（折线图）

20.2.4　支出预算

支出预算用于设置本月度的支出总预算以及各个大类支出的预算，并且在设置预算后，在该页面将显示当前各大类支出与预算的对比情况，提供预算设置和删除功能。“本月支出预算情况”页面和“设置支出预算”页面的线框图如图 20-13 和图 20-14 所示。

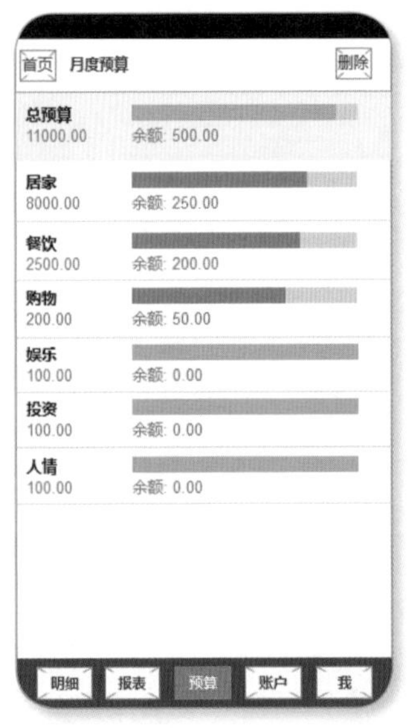

图 20-13　“本月支出预算情况”页面

图 20-14　“设置支出预算”页面

20.2.5 个人账户

“个人账户”页面的线框图如图 20-15 所示。

图 20-15 “个人账户”页面

20.2.6 我

“我”功能模块中包括“我”模块的首页、设置收入类别（设置支出大类与此类似）、管理支出子类和管理记账模板列表、编辑记账模板功能，线框图如图 20-16 至图 20-20 所示。

图 20-16 我模块的首页

图 20-17 设置收入类别

图 20-18 管理支出子类

图 20-19　管理记账模板列表

图 20-20　编辑支出模板

20.3　设计图

20.3.1　首页

“APP 首页”“设置个人封面 - 从相册选择”“设置个人封面 - 选择照片”和图片选取页面的设计如图 20-21 至图 20-24 所示。

图 20-21　APP 首页设计图

图 20-22　从相册选择设计图

图 20-23 选择照片设计图

图 20-24 封面图片选取设计图

20.3.2 记账明细

按照类别查看记账明细、搜索记账明细、速记和批量记账页面的设计如图 20-25 至图 20-28 所示。

图 20-25 查看记账明细

图 20-26 搜索记账明细

图 20-27　速记

图 20-28　批量记账

20.3.3　收支报表

支出报表 - 大类支出（默认列表）、支出报表 - 大类支出 - 饼图、收支报表 - 大类支出 - 搜索条件页面的设计如图 20-29 至图 20-31 所示。

图 20-29　大类支出报表（列表）

图 20-30　大类支出报表（饼图）

图 20-31　大类支出 - 搜索

对比统计 - 月收支差 - 列表和饼图页面的设计如图 20-32 和图 20-33 所示。

图 20-32　月收支差报表（列表）

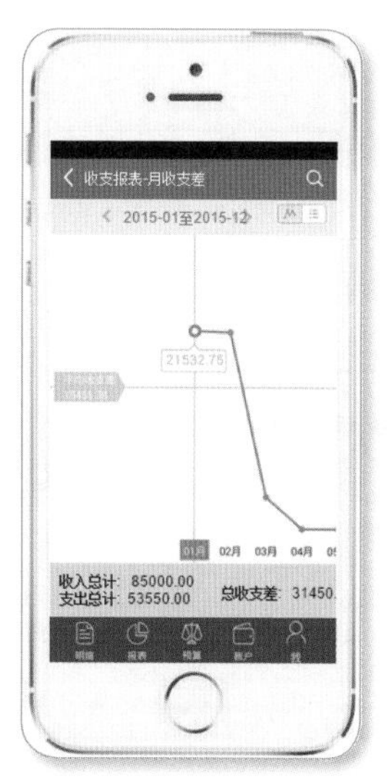

图 20-33　月收支差报表（折线）

20.3.4　支出预算

本月支出预算情况和设置支出预算页面的设计如图 20-34 和图 20-35 所示。

20.3.5　个人账户

“个人账户”页面的设计如图 20-36 示。

图 20-34　本月支出预算情况

图 20-35　设置支出预算

图 20-36　个人账户

20.3.6　我

“我”功能模块中的“设置支出大类”“管理支出子类”和“管理记账模板列表”页面的设计如图 20-37 至图 20-39 所示。

图 20-37　设置支出大类

图 20-38　管理支出子类

图 20-39　管理记账模板列表

20.4　高保真线框图

随手记 APP 采用 iPhone 5S 作为手机背景。

20.4.1　手机背景

我们可以在原型设计时添加手机背景，使得在网页浏览器中跟在手机上浏览看似一样。iPhone 5S 屏幕显示部分尺寸为：宽度 640 像素，高度 1136 像素，其中状态栏部分的尺寸为：宽度 640 像素，高度 40 像素，所以 iPhone 5S 实际内容区域的尺寸为：宽度 640 像素，高度 1096 像素，示意图如图 20-40 所示。

在计算机屏幕中浏览 W640:H1096 的内容区域显得过大，iPhone 5S 之所以能在巴掌大的屏幕区域显示，是因为 iPhone 的分辨率达到了视网膜级别。我们在进行原型设计时可以适当缩小图片，将内容区域缩小为 1/4，即 W320:H548。

图 20-40　iPhone 5S 手机示意图

在 Axure RP 中添加手机背景图片，然后将 W320:H548 的内容区域使用白色填充的矩形部件表示，为了在手机上真实模拟，以及在浏览器上进行场景模拟时，只需要更改访问页面，不需要更改页面内容，我们添加高度为 20px 的黑色矩形作为状态栏。

20.4.2　创建全局参考线

按照“腾讯 QQ 空间快捷发布说说”案例中的方法创建 1 条全局垂直参考线和 1 条全局水平参考线，将不带有手机背景页面（非 Home 页面）的 W320:H568 状态栏和内容区域标识出来。

1 条全局垂直参考线的 X 坐标为 320px，1 条全局水平参考线的 X 坐标为 568px。

20.4.3　设置全局变量

在菜单栏中单击 Project → Global Variables 菜单项，设置该项目的全局变量，如图 20-41 所示。

各全局变量的含义如下：

- **MyImage**：个人封面照片，值可为 img1 ～ img12。
- **PreviewImage**：正在浏览的图片，值可为 img1 ～ img12。
- **PreviewAlbum**：正在浏览的相册，值可为 album1 ～ album6。
- **TotalBudget**：“支出预算”页面中的总预算的值。
- **HomeBudget**：“支出预算”页面中的居家预算的值。

图 20-41　全局变量管理

◆ CateringBudget：“支出预算”页面中的餐饮预算的值。

◆ ShoppingBudget：“支出预算”页面中的购物预算的值。

◆ EntertainmentBudget：“支出预算”页面中的娱乐预算的值。

◆ InvestmentBudget：“支出预算”页面中的投资预算的值。

◆ HumanBudget：“支出预算”页面中的人情预算的值。

◆ BudgetType：支出类别名称。

◆ IncomeTypeName：新增或输入的收入类别名称。

◆ IncomeTypeOperation：收入类别操作，可取值为 0、1（删除）或 2（新增）。

20.4.4　主页

1. 首页

该页面的交互效果如下：

◆ 需要根据用户已设置的个人封面图片将首页的个人封面图片（对应 myImage 部件）设置为不同图片，可通过设置 OnPageLoad（页面加载时）事件实现。

◆ 在单击个人封面图片时进入“设置个人封面 - 从相册选择”页面，可通过为该图片部件设置 OnClick 事件实现。

◆ 在单击“速记”形状按钮部件时跳转到“记账明细”→“速记”页面，可通过为该部件设置 OnClick 事件实现；同样的方法，设置“批量记”形状按钮部件的 OnClick 事件。

◆ 一级菜单“明细”“报表”“预算”“账户”和“我”图片部件的 OnClick 事件，实现单击跳转的功能。

为了在计算机上可以通过浏览器浏览带有手机背景的原型，并能通过 iPhone 5S 手机正常浏览，我们只将 Home 设置为带有手机背景的页面，并在该页面中添加动态面板部件 contentPanel（尺寸为 W320:H568），在该部件的 State1 状态中添加内部框架部件 contentInlineFrame（尺寸为 W340:H580），并将内部框架部件的边框去掉，将其目标链接地址设置为“首页 _frame”。

“首页 _frame”页面的 OnPageLoad（页面加载时）事件，需要根据 MyImage 全局变量的不同取值将 myImage 图片部件通过 Set Image 动作设置为不同的图片，如图 20-42 所示。

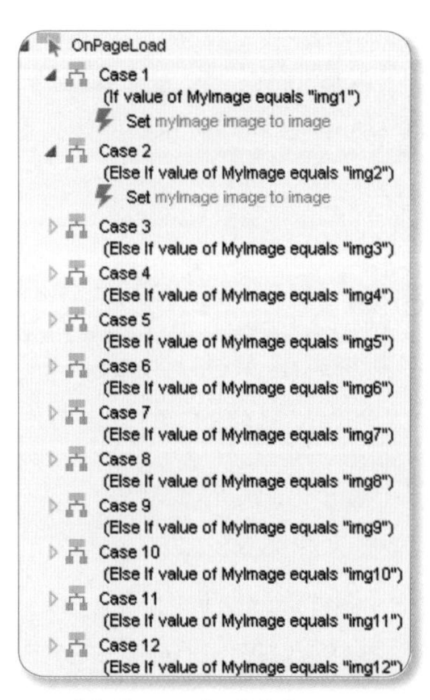

图 20-42 “首页 _frame”页面的 OnPageLoad 事件

该段设置的含义是，当页面加载完毕时如果 MyImage 全局变量的值是 img1，则使用 Set Image 动作将 myImage 图片部件设置为图片 1。

Case 2 ～ Case 12 用例与 Case 1 用例类似，只是根据 MyImage 全局变量的值不同动态设置的图片也不同。

2. 设置个人封面

“设置个人封面”功能的实现包括“设置个人封面 - 从相册选择”“设置个人封面 - 选择照片”和“设置个人封面 - 图片选取”3 个页面，下面是各自的交互效果实现。

（1）“设置个人封面 – 从相册选择”页面交互效果。

设置 6 个相册的图片部件和 6 个相册名称的标签部件的 OnClick 事件，其中第一个相册的 album1Img 图片部件的 OnClick 事件如图 20-43 所示。

图 20−43　album1Img 图片部件的 OnClick 事件

该段设置的含义是，当单击第一个相册的封面图片时：

- 将 PreviewAlbum 全局变量设置为 album1。
- 跳转到“设置个人封面 - 选择照片”页面。

（2）“设置个人封面 – 选择照片”页面交互效果。

设置 12 个图片部件 img1 ～ img12 的 OnClick 事件，如 img1 部件的 OnClick（鼠标单击时）事件如图 20-44 所示。

图 20−44　img1 部件的 OnClick 事件

该段设置的含义是，当单击第一张图片时：

- 将 PreviewImage 全局变量设置为 img1。
- 跳转到“设置个人封面 - 图片选取”页面。

（3）“设置个人封面 – 图片选取”页面交互效果。

为了在预览区域显示正确的图片，可以在预览区域添加动态面板部件，该部件的属性和样式如下：

部件名称	部件种类	坐标	尺寸	可见性
previewPanel	Dynamic Panel	X0:Y175	W320:H256	Y

为该部件设置 img1 ～ img12 这 12 个状态，分别表示为不同的 12 张图片时的状态，在这 12 个状态下添加这 12 张图片，尺寸不能大于 W320:H256。

在该页面的 OnPageLoad 事件中，需要根据 PreviewImage 全局变量的值将 previewPanel 部件设置为不同的状态，如图 20-45 所示。

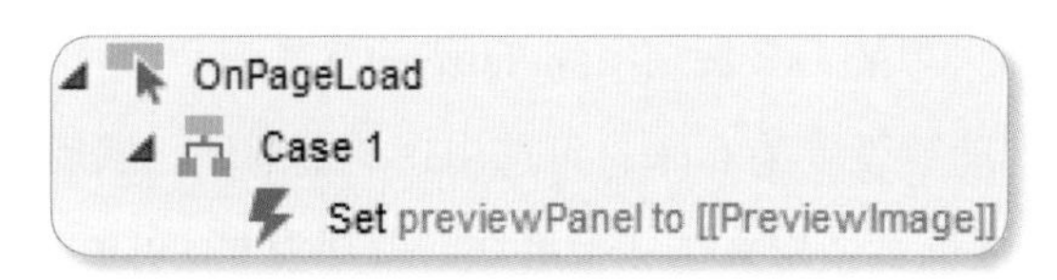

图 20-45 “设置个人封面 - 图片选取”页面的 OnPageLoad 事件

设置 ✔ 图片部件的 OnClick 事件，如图 20-46 所示。

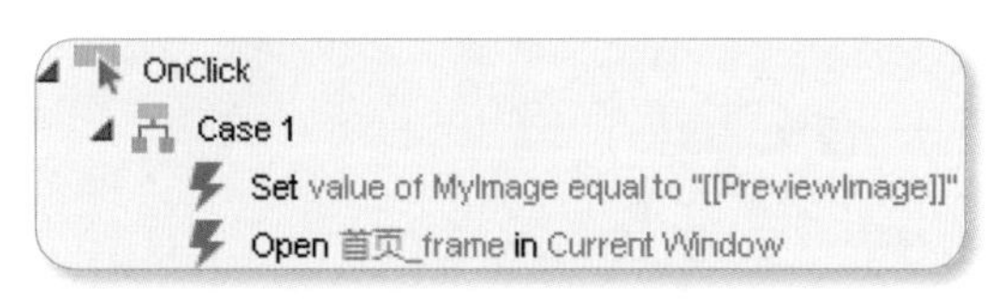

图 20-46 saveImg 部件的 OnClick 事件

该段设置的含义是，当单击 ✔ 图片部件时：

- 将当前 PreviewImage 全局变量的值赋值给 MyImage 全局变量。
- 跳转到“首页 _frame”页面，显示 APP 的首页（此时已经更换个人封面图片）。

20.4.5 记账明细

1. 速记

下面介绍该页面的主要交互效果。

（1）设置选项卡切换效果。

在单击“支出”“收入”和“借贷”选项卡时，需要更改选项卡的样式，并移动黑色粗线条的位置，将其移动到所选中的选项卡。我们设置“支出”“收入”“借贷”和水平线部件的部件名称，部件的属性和样式如下：

部件名称	部件种类	坐标	尺寸	字体颜色	可见性
menuLabel1	Label	X31:Y70	W33:H19	999999	Y
menuLabel2	Label	X144:Y470	W33:H19	999999	Y
menuLabel3	Label	X240:Y70	W33:H19	999999	Y
horiLine	Label	X0:Y92	W100	无	Y

设置 menuLabel1 ~ menuLabel3 的交互样式，设置在 Selected（选中）属性等于 true 时将字体颜色设置为 000000（黑色），可选中部件后右击并选择 Interaction Styles 菜单项，在打开的设置交互样式界面中选中 Selected 选项卡，设置选中时的 Font Color（字体颜色）为黑色。

为了使这3个选项卡中的一个选项卡的Selected（选中）属性为true时，另外两个选项卡的Selected属性自动被设置为false，可选中这3个部件，然后在“部件属性和样式”面板中单击Properties选项卡，设置这3个部件的组都为menuGroup；也可以在同时选中这3个选项卡后右击并选择Selection Group菜单项设置为共同的分组。

设置3个选项卡标签部件的OnClick（鼠标单击时）事件，如menuLabel1部件的OnClick事件如图20-47所示。

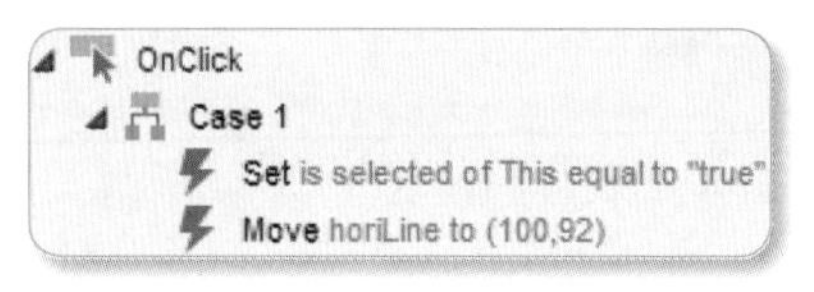

图20-47　menuLabel2部件的OnClick事件

该段设置的含义是，当单击“支出”选项卡时：

- 将“支出”选项卡的Selected属性设置为true（黑色字体），因为已将这3个选项卡设置在一组中，所以另两个选项卡的Selected属性自动被设置为false。
- 将水平黑色粗线设置到“支出”选项卡下方，即X100:Y92处。

因为默认要将menuLabel1设置为选中状态，所以需要选中该部件后右击并选择Selected菜单项。

（2）设置金额输入框获得/失去焦点交互效果。

当金额输入框获得焦点时，需要显示数字输入面板；当失去焦点或单击数字输入面板的“隐藏图片”按钮时，需要将数字输入面板隐藏。

涉及到的部件的属性和样式如下：

部件名称	部件种类	坐标	尺寸	字体颜色	可见性
moneyTextfield	Text Field	X18:Y78	W157:H34	FFFF00	Y
inputPanel	Dynamic Panel	X0:Y233	W320:H227	无	N

inputPanel动态面板部件默认为隐藏状态，在该页面中添加输入面板图片和隐藏图片（hiddenImg）。

设置moneyTextfield部件的OnFocus（获得焦点时）事件，如图20-48所示。

图20-48　moneyTextfield部件的OnFocus事件

在显示 inputPanel 部件时使用 slide up（向上滑动）动画效果。

inputPanel 部件内部的 hiddenImg 图片用于实现数字输入面板的隐藏，当隐藏 inputPanel 部件时使用 slide down（向下滑动）动画效果，如图 20-49 所示。

图 20-49　hiddenImg 部件的 OnClick 事件

（3）设置单击数字输入面板交互效果。

在数字面板上单击 0 ～ 9 的数字或“.”时，需要将 moneyTextfield 输入框部件加上这些值，在数字面板的 0 ～ 9 的数字或“.”处添加热区部件 hotspot0 ～ hotspot10，如 0 上的热区部件 hotspot0 的 OnClick（鼠标单击时）事件如图 20-50 所示。

图 20-50　hotspot0 部件的 OnClick 事件

将 moneyTextfield 输入框部件当前的值存储到局部变量 LVAR1 中，并在 LVAR1 后加上 0 后设置到 moneyTextfield 输入框部件中。

对于数字输入面板的“删除”按钮，需要在单击时将 moneyTextfield 输入框的值删除最后一个字符后赋值给 moneyTextfield 输入框部件，可采用热区部件的 OnClick（鼠标单击时）事件实现，如图 20-51 所示。

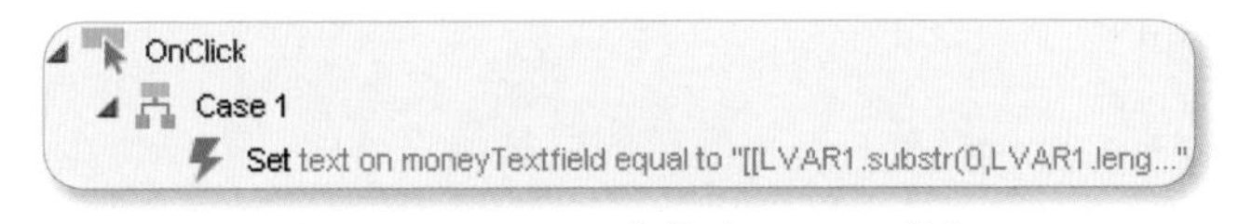

图 20-51　hotspot11 部件的 OnClick 事件

该段设置的含义是，当单击“删除”按钮时将 moneyTextfield 输入框部件当前的值存储到局部变量 LVAR1 中，然后将 moneyTextfield 输入框部件的值设置为 [[LVAR1.substr(0,LVAR1.length-1)]]，即删除了最后一个字符。

2. 批量记

该页面的交互事件主要是在单击金额输入框时需要显示数字输入面板，在单击数字面板上的数字、“.”或“删除”按钮时需要更改当前选中的输入框部件中的数字。

与“速记”页面不同的是，该页面有 3 个金额输入框部件，在某个金额输入框获得焦点时，将选中的文本部件的名称设置到全局变量 LastMoneyTextFocus 中。在数字输入面板上单击相应数字时，需要根据该全局变量的值决定是将哪个金额输入框部件设置为新值。

如第一个金额输入框部件 moneyTextfield1 的 OnFocus（获得焦点时）事件如图 20-52 所示。

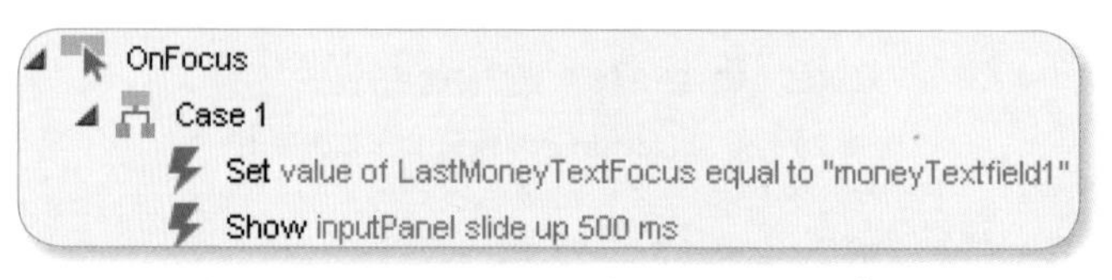

图 20-52　moneyTextfield1 部件的 OnFocus 事件

设置数字输入面板 0 的 hotspot0 热区部件的 OnClick 事件，如图 20-53 所示。

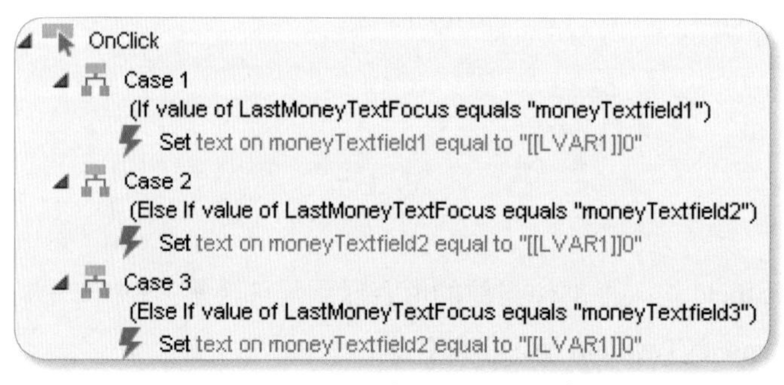

图 20-53　hotspot0 部件的 OnClick 事件

该段设置的含义是，根据最后获得焦点的金额输入框部件的名称确定是将哪个金额输入框部件的值设置为：当前值（使用局部变量 LVAR1 获取）后加上 0 字符。

3. 记账明细

记账明细列表页面比较简单，都是简单的鼠标单击事件，不再赘述。

4. 搜索记账明细

该页面需要注意的是，需要将起始时间和截止时间的文本输入框部件的类型设置为 Date（日期），将金额起数和止数的文本输入框部件的类型设置为 Number（数字）。

当单击“类别”或“账户”所在的行时，需要以灯箱效果弹出选择界面，可将选择界面设置为根据内容自适应大小的动态面板部件，部件名称为 selectTypePanel，该部件包括 budgetType 和 accountType 两个状态，分别添加所有大类和所有账户类型。需要注意的是，该部件默认为隐藏状态。

在“类别”和“账户”行添加热区部件，部件的属性和样式如下：

部件名称	部件种类	坐标	尺寸	可见性
budgetTypeHotspot	Hot Spot	X0:Y127	W320:H34	Y
accountTypeHotspot	Hot Spot	X0:Y234	W320:H34	Y

为这两个热区部件添加OnClick（鼠标单击时）事件，如budgetTypeHotspot部件的OnClick事件如图20-54所示。

图20-54 budgetTypeHotspot部件的OnClick事件

该段设置的含义是，当单击"类别"所在的行时：

- 将selectTypePanel表示类型选择的动态面板部件设置为budgetType状态，显示所有支出大类。
- 将selectTypePanel部件设置为显示状态，并采取灯箱效果。

采用灯箱效果呈现时，可使得用户当前的关注点聚焦，显示的部件周围可采用填充色遮盖，本案例采用的填充色是333333（灰色），当单击被填充色所遮盖的区域时将隐藏显示部件。

为selectTypePanel部件内部的各个表示类别的标签部件设置OnClick（鼠标单击时）事件，将搜索页面表示所选择类型的标签的文本值修改为所选择的值。

20.4.6 收支报表

1. 支出报表-大类支出

大类支出列表的搜索页面与"搜索记账明细"页面类似，"时间范围"和"账户"行鼠标单击弹出的界面可以采用动态面板部件实现，在显示时采用灯箱效果。

大类支出的默认展示方式是饼图，可将列表方式展示的内容设置为动态面板部件，默认该部件在屏幕右侧，X坐标为280px，即只有40px在可见范围之内。

下面是我们需要实现的主要交互效果。

（1）单击饼图/列表图标。

当单击饼图图标时，将饼图图标设置为选择状态，将内容区域的内容显示为饼图（此时，列表内容区域 X 坐标为 280px，部分可见）；当单击列表图标时，将列表图标设置为选择状态，将内容区域的内容显示为列表。

可将图标区域设置为动态面板部件，部件名称为 typePanel，包括 pie 和 list 两个状态，分别表示饼图和列表图标被选中的情况。在 typePanel 部件的饼图图标上方添加 pieHotspot 热区部件，在列表图标上方添加 listHotspot 热区部件，并设置这两个部件的 OnClick 事件，如 pieHotspot 部件的 OnClick 事件如图 20-55 所示，将 typePanel 切换到 pie 状态，并移动列表内容的 listPanel 动态面板部件到 X 坐标为 280px 处，Y 坐标保持不变。

（2）鼠标拖动列表内容。

鼠标拖动列表内容的动态面板部件时，使得部件跟随鼠标拖动，但是当鼠标释放时，需要根据当前是显示饼图还是列表的状态，以及当前拖动到的 X 坐标是在屏幕中线左侧还是右侧，来确定移动该动态面板部件到何位置以及 typePanel 切换到何种状态。

设置列表内容的动态面板部件 listPanel 的 OnDrag（鼠标拖动时）事件，如果 listPanel 部件一直在 0 ~ 320px，即屏幕区域内，让 listPanel 部件跟随鼠标在 X 坐标进行拖动，如图 20-56 所示。

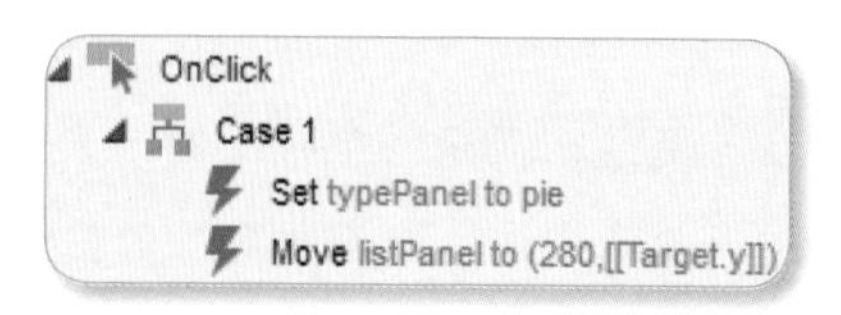

图 20-55 pieHotspot 部件的 OnClick 事件

图 20-56 listPanel 部件的 OnDrag 事件

设置 listPanel 部件的 OnDragDrop（拖动结束时）事件，如图 20-57 所示。

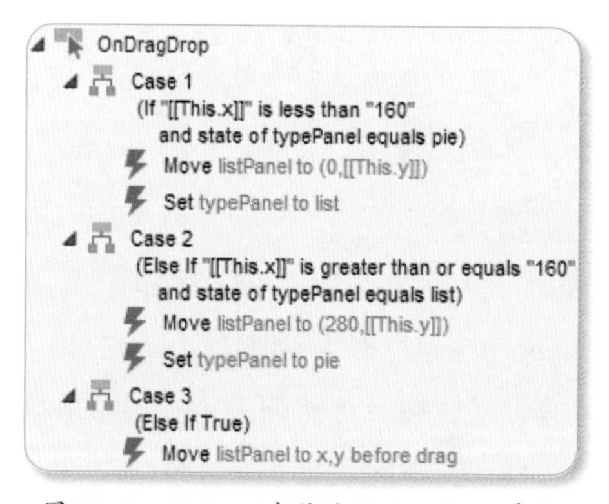

图 20-57 listPanel 部件的 OnDragDrop 事件

该段设置的含义是，当鼠标拖动列表内容部件结束时：

- 如果当前列表内容部件在中线左边并且本来就是饼图状态时，则表示通过拖动部件切换状态成功，将列表内容部件移动到屏幕最左侧（X坐标为0px），并将typePanel的状态切换到list（列表）状态。

- 如果当前列表内容部件在中线或中线往右并且本来就是列表状态时，则将列表内容部件移动到初始的X坐标280px，并将typePanel状态切换到pie（饼图）状态。
- 其余的情况都回退到拖动事件开始前的状态。

2. 对比统计－月收支差

该页面比较简单，没有大类支出报表的交互效果，只要实现单击“折线图”和“列表”图标上方的热区部件跳转到对应页面即可，不再赘述。

20.4.7 支出预算

1. 支出预算页面

添加该页面需要设置交互效果的部件，部件的属性如下：

部件名称	部件种类	备注
totalBudgetLabel	Label	总预算的值
totalBudgetBalanceLabel	Label	总预算的当前余额，假设已消费10500元
homeBudgetLabel	Label	居家预算的值
homeBudgetBalanceLabel	Label	居家预算的当前余额，假设已消费7500元
cateringBudgetLabel	Label	餐饮预算的值
cateringBudgetBalanceLabel	Label	餐饮预算的当前余额，假设已消费2300元
shoppingBudgetLabel	Label	购物预算的值
shoppingBudgetBalanceLabel	Label	购物预算的当前余额，假设已消费150元
entertainmentBudgetLabel	Label	娱乐预算的值
entertainmentBudgeBalanceLabel	Label	娱乐预算的当前余额，假设已消费100元
investmentBudgetLabel	Label	投资预算的值
investmentBudgetBalanceLabel	Label	投资预算的当前余额，假设已消费100元
humanBudgetLabel	Label	人情预算的值
humanBudgetBalanceLabel	Label	人情预算的当前余额，假设已消费100元

在这7行预算值设置行上添加7个热区部件：budgetType1Hotspot ~ budgetType7Hotspot。

设置页面中7个热区部件的OnClick事件，将BudgetType全局变量设置为正确的值后跳转到“设置支出预算”页面。如budgetType1Hotspot部件的OnClick事件如图20-58所示。

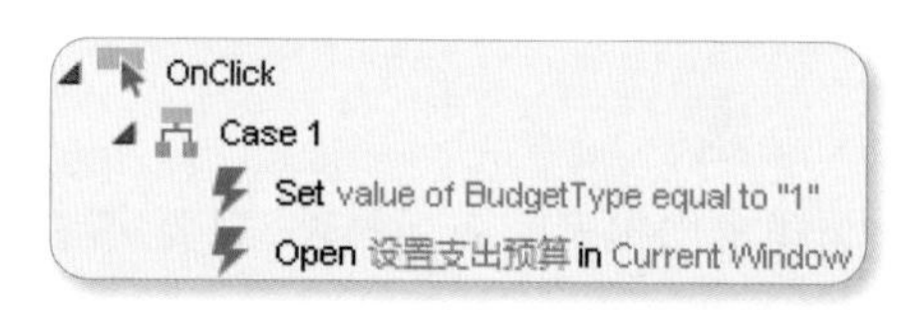

图20-58　budgetType1Hotspot部件的OnClick事件

还需要设置该页面的OnPageLoad事件，在页面加载时，根据TotalBudget、HomeBudget等全局变量的值将显示预算和预算余额的标签部件设置为正确的值，如图20-59所示。

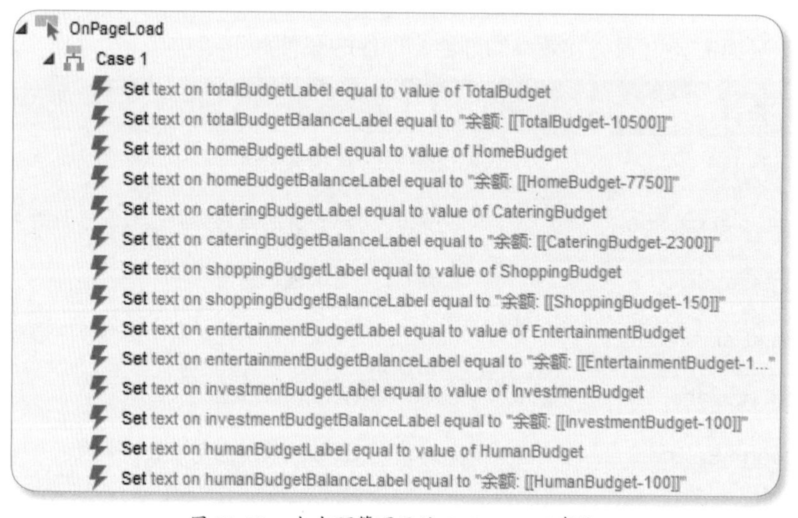

图20-59　支出预算页面的OnPageLoad事件

2. 设置支出预算

该页面要响应表示键盘按键的各个矩形部件的OnClick事件，另外在单击“确认”按钮或 ✔ 图标时，根据“支出预算”页面设置的BudgetType全局变量的值将预算项对应的全局变量设置为正确的值。

将输入框部件名称设置为moneyTextfield；设置“1”等矩形部件的OnClick事件，使用局部变量获得当前moneyTextfield输入框部件的值，存入局部变量LVAR1；将LVAR1变量后面添加1后通过Set Text动作赋值给moneyTextfield输入框部件。“1”矩形部件的OnClick事件如图20-60所示。

图 20-60 "1"矩形部件的 OnClick 事件

设置 部件和"确认"矩形部件的 OnClick 事件，如图 20-61 所示。

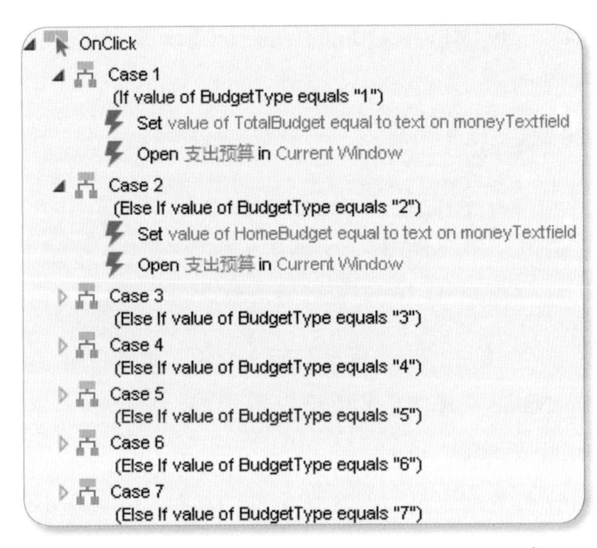

图 20-61 部件和"确认"矩形部件的 OnClick 事件

该段设置的含义是，当单击 或"确认"按钮时：

- 如果 BudgetType 的值等于 1，将 TotalBudget 的值设置为 moneyTextfield 输入框部件的值，跳转到"支出预算"页面。
- 如果 BudgetType 的值等于 2，将 HomeBudget 的值设置为 money_textfield 输入框部件的值，跳转到"支出预算"页面。

Case 3 ~ Case 7 用例与 Case 1 用例类似，只是 BudgetType 的值不同，设置的全局变量也不一样。

20.4.8 个人账户

该页面比较简单，只需要设置"返回"按钮的 OnClick（鼠标单击时）事件，不再赘述。

20.4.9 我

"我"模块的首页比较简单，只需要在"设置收入类别""设置支出类别"和"管理记账模板”行添加热区部件，然后设置热区部件的 OnClick 事件跳转到对应页面即可。

1. 设置收入类别

在“设置收入类别”页面中为“工资薪水”“奖金”……“赔付款”等 10 个收入类别所在的行添加热区部件，名称为 typeHotspot1 ~ typeHotspot10。

（1）设置删除收入类别交互效果。

添加 typeHotspot1 ~ typeHotspot10 部件的 OnClick 事件，如 typeHotspot1 部件的 OnClick 事件如图 20-62 所示。

图 20-62　typeHotspot1 部件的 OnClick 事件

该段设置的含义是，当单击“工资薪水”所在的收入类别行时：

- 将 IncomeTypeName 全局变量的值设置为“工资薪水”。
- 跳转到“编辑收入类别”页面。

双击打开“编辑收入类别”页面，在该页面中添加 incomeTypeLabel 标签部件，默认值为空。设置该页面的 OnPageLoad 事件，将 IncomeTypeName 全局变量的值赋值给 incomeTypeLabel 标签部件，如图 20-63 所示。

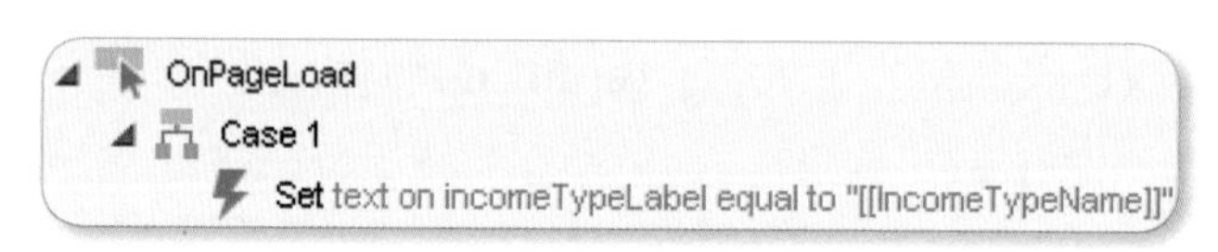

图 20-63　“编辑收入类别”页面的 OnPageLoad 事件

设置“编辑收入类别”页面中“删除”按钮的 OnClick 事件，如图 20-64 所示。

图 20-64　deleteButton 部件的 OnClick 事件

（2）设置新增收入类别交互效果。

在“设置收入类别”页面中为“新增类别”行添加热区部件，部件名称为 addHotspot，设置该部件的 OnClick 事件，在单击时跳转到“新增收入类别”页面，如图 20-65 所示。

图 20-65　addHotspot 部件的 OnClick 事件

双击打开“新增收入类别”页面，在该页面中添加收入类别的输入框部件，部件名称为 incomeTypeTextfield。

设置“新增收入类别”页面的“确定”按钮 ✔ 的 OnClick 事件，如图 20-66 所示。

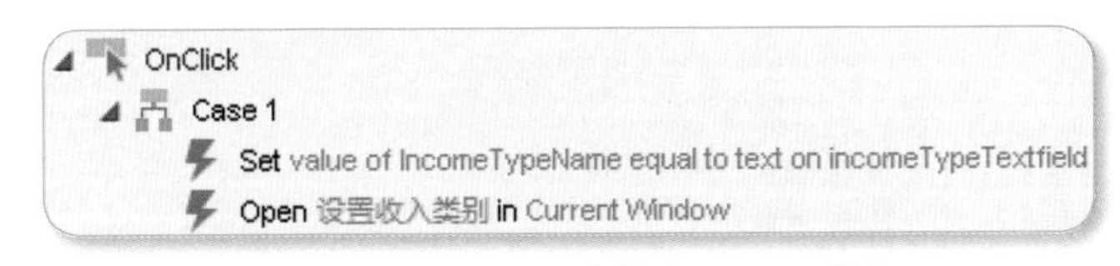

图 20-66　saveButton 部件的 OnClick 事件

该段设置的含义是，当单击 ✔ 按钮时：

- 将 incomeTypeTextfield 部件的输入值赋值给 IncomeTypeName 全局变量。
- 跳转到“设置收入类别”页面。

2. 设置支出类别

“设置支出类别”与“设置收入类别”功能类似，只是支出类别可以设置支出子类，不再赘述。

20.5　场景 / 真实模拟

原型制作完毕后，可以在 Chrome、IE 等浏览器中预览 Home 页面，该页面带有手机背景，与在手机上浏览类似。这种方法叫做“场景模拟”，模拟的是手机浏览的场景。

下面介绍在 iPhone 5S 手机上真实模拟，让用户体验更好的操作步骤。

20.5.1　设置预览参数

在菜单栏中选择 Publish → Preview Options 菜单项或者使用 Ctrl+F5 快捷键，在预览参数设置界面中单击 Configure 按钮，单击预览参数设置页面中的 Configure 按钮，在 Generate HTML（创建 HTML 文件）界面中选择 Mobile/Device 选项卡，如图 20-67 所示。

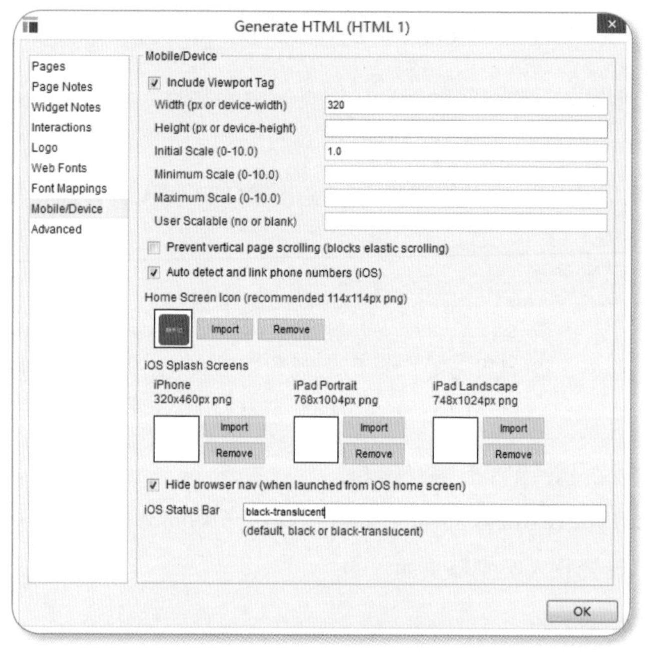

图 20-67　设置移动终端预览参数

在移动设备上的发布参数的含义如下：

◆ **Include Viewport Tag**：添加视图标签，勾选它后才能定义宽度、高度等参数。

◆ **Width(px or device-width)**：宽度，像素值或根据设备宽度自动设置。我们创建的 iPhone 5S 原型都设置为 320 像素。

◆ **Height（px or device-height）**：高度，像素值或根据设备高度自动设置。一般不需要设置。

◆ **Initial Scale(0–10.0)**：初始的缩放比例，默认为 1.0，即不进行缩放。iPhone 可通过双指的缩放来放大和缩小页面，该参数用于指定打开时的缩放比例。

◆ **Minimum Scale(0–10.0)**：能够被缩放的最小缩放比例。默认为空，一般不需要设置。

◆ **Maximum Scale(0–10.0)**：能够被缩放的最大缩放比例。默认为空，一般不需要设置。

◆ **User Scalable(no or blank)**：用户是否能放大或缩小页面。默认为空，即允许放大或缩小；若不允许放大或缩小，可将其设置为 no。

◆ **Prevent vertical page scrolling(blocks elastic scrolling)**：禁止垂直滚动（也阻止 iOS 的弹性滚动）。

◆ **Auto detect and link phone numbers(iOS)**：针对 iOS 设备，是否自动检测并链接手机号码。当包含手机号码文字时，单击后将出现“拨打该电话”选项。

◆ **Home Screen Icon（114px * 114px）**：主屏幕图标，推荐尺寸为 114px*114px，单击 Import 按钮后导入图片。

◆ **iOS Splash Screens**：过渡页面，即在打开 APP 图标后应用程序正式运行前的过渡页面。

◆ **Hide browser nav(when launched from iOS home screen)**：在加载 iOS 主屏幕时是否隐藏浏览器导航条，勾选该选项表示隐藏。

◆ **iOS Status Bar**：iOS 的状态栏，即最上方的电量、信号等的显示部分，在此处设置为 black-translucent，将会显示我们设置的内容，并在上方叠加电量和信号等信息。

20.5.2 发布 AxShare 共享

在菜单栏中选择 Publish → Publish to Axure Share 菜单项或者使用 F6 快捷键进行发布。发布成功后，拷贝访问地址，如本项目的 AxShare 共享地址为 http://976fil.axshare.com/#p=home。

访问“首页 _frame”页面，单击左侧区域的链接按钮并勾选 without sitmap（不需要站点地图），此时地址将变成不带地图的页面访问地址，如图 20-68 所示。

图 20-68 拷贝手机终端访问页面

拷贝该地址为 http://976fil.axshare.com/___frame.html。

20.5.3　在 iPhone 5S 中浏览 APP

使用真实的 iPhone 手机，可使用默认的 Safari 浏览器访问拷贝的真实模拟页面的不带站点地图的地址，如图 20-69 所示。

单击 按钮打开“共享选择项”菜单，如图 20-70 所示。

图 20-69　使用 Safari 浏览器浏览效果

图 20-70　共享选择项菜单

在“共享选择项”菜单中单击“添加到主屏幕”菜单，可以查看图标、标题和链接地址，单击“添加”按钮将“首页 _frame”页面添加到主屏幕，并且可以设置 APP 名称和使用我们在“设置预览参数”步骤中设置的 APP 图标，如图 20-71 所示。

图 20-71　将 APP 添加到主屏幕

添加成功后可在主屏幕上看到该APP的图标，单击后可以查看全屏效果的APP预览效果，而且由于我们在设置预览参数时将iOS Status Bar的属性设置为black-translucent，因此我们可以看到顶部的手机状态栏，如图20-72所示。

图20-72　单击APP图标查看效果

20.6　小憩一下

本章作为APP的第一个综合案例，需要大家了解移动APP原型设计的步骤和如何实现场景和真实模拟效果。

本章除使用基本部件外，需要小伙伴们温故而知新的主要内容包括：

◆ 准备iPhone 5S手机背景。

◆ 掌握如何在iPhone手机上真实查看APP预览效果。

◆ 创建全局参考线的方法。

◆ 使用局部变量和全局变量。

◆ 使用热区和内部框架部件。

◆ 使用动态面板部件的Move、Set Panel State等常用动作和OnClick（鼠标单击时）、OnDrag（正在拖动时）、OnDragDrop（拖动结束时）等常用事件。

第21章

APP 案例 2：

密友帮——社交 APP

APP 名　称：密友帮

APP 描　述：密友帮是一款密友间交流互动的 APP。密友之间可通过 APP 提供的文字聊天、发送语音、发送图片、发动短视频、发送音乐、共享位置、转账、邀约和提醒等互动操作，以及查看密友圈动态来促进密友间的交流互动，增进密友感情。

APP 演示图片：

本案例参考微信 APP，实现它的主要功能，并添加一些与密友互动有关的功能。

21.1 需求概述

微信（wechat）是腾讯公司于 2011 年 1 月 21 日推出的一个为智能终端提供即时通讯服务的免费应用程序，支持跨通信运营商、跨操作系统平台通过网络快速发送免费（需消耗少量网络流量）语音短信、视频、图片和文字,同时也可以使用共享流媒体内容的资料和基于位置的社交插件“摇一摇”“漂流瓶”“朋友圈”“公众平台”等。

微信提供公众平台、朋友圈、消息推送等功能，用户可以通过“摇一摇”“搜索号码”“附近的人”和“扫二维码方式”添加好友和关注公众平台，同时可以将内容分享给好友或者将用户看到的精彩内容分享到微信朋友圈。

截至 2013 年 11 月微信注册用户量已经突破 6 亿，是亚洲地区最大用户群体的移动即时通讯软件。

就目前的使用情况来看，腾讯的微信和 QQ 等即时通讯软件都充斥了好友、同学、同事和亲人等众多朋友信息。本章我们要制作的 APP 将社交圈子缩小，主要用于密友社交，包括：

◆ **密聊**：用于密友之间的聊天，用户可与密友单独说悄悄话，也可以在密友群进行群聊；提供密友互动功能，如发送实时语音、发送图片、发送短视频、发送音乐、共享位置、发起转账、发起邀约和发起提醒等操作；后续还可以将密友间的手机互动游戏、AA 转账等功能加入到密聊模块。

◆ **密友帮**：相当于密友之间的通讯录功能，可以管理密友通讯录和密友群列表，包括创建 / 删除密友群、添加 / 删除密友和设置备注等操作；后续可加入根据好友亲密度模型算法计算后向用户推荐密友（如密友的互动最多的密友等）功能。

◆ **密友圈**：可以查看密友动态，能进行点赞和评论操作，并且可以管理个人动态。

◆ **我**：包括个人基本信息设置、个人账户设置、系统消息、查看邀约、查看个人动态等功能，在“系统消息”功能中可对邀约、定时提醒等信息进行提醒。

21.1.1 密聊

密友帮 APP →“密聊”功能模块的子需求列表如下：

需求名称	需求描述
密聊列表	当在密友帮中选择某个密友发起过悄悄话后，与该密友的聊天将出现在密聊列表中，密友群的聊天会出现在密聊列表中
密友悄悄话	在密聊列表中单击某个密友，将出现聊天窗口，显示之前的聊天信息，可进行聊天
密友群聊	在密聊列表中单击某个密友群，将出现聊天窗口，显示之前的聊天信息，可发起聊天
查看密友详细资料	在密聊窗口中单击某个密友的头像，可以查看该密友的详细资料，包括头像、备注、昵称、生日、电话号码等信息，并可进行查看个人动态、发消息、设置备注和删除密友操作
发送文字	在密聊窗口，默认发送文字信息，可单击“发送”按钮进行发送
发送实时语音	在密聊窗口，单击“发送实时语音”按钮，按住按钮可进行说话，说话完毕后松开按钮发送语音，向上滑动取消发送（参考微信）
发送图片	在密聊窗口,单击“+”按钮,然后选择“发送图片”按钮打开手机图片选择窗口，选择图片后单击“发送”按钮可在密友或密友群中进行发送图片操作
发送短视频	在密聊窗口,单击“+”按钮,然后选择“发送短视频”按钮打开录制短视频窗口，可单击“按住拍”按钮进行拍摄，按住一段时间后松开发送视频，按住后向上滑动取消发送（参考微信）
发送音乐	在密聊窗口，单击“+”按钮，然后选择“发送音乐”按钮可打开音乐库页面向好友发送某首音乐，密友单击即可播放
发送网址	在密聊窗口，单击“+”按钮，然后选择“发送网址”按钮打开发送网址窗口，粘贴所拷贝的网址，或者输入网址后单击“发送”按钮发送给密友或密友群。发送后可以看到抓取的网页标题和部分网页内容与图片
共享位置	在密聊窗口，单击“+”按钮，然后选择“位置共享”按钮，根据手机 GPS 定位到当前位置并在地图上进行显示，单击共享后发送给密友或密友群，密友单击后可以查看到共享的地图信息
发起转账	在与单个密友的密聊窗口，单击“+”按钮，然后选择“发起转账”按钮，输入金额后单击“转账”按钮，输入支付密码后完成转账，转账后的金额存入密友钱包
发起邀约	可对某个密友或密友群的全部好友发起邀约，可以邀约一起进行逛街、吃饭、K 歌、看电影、游泳等活动（也可自行输入类型），并附带上时间和想说的话后进行发送。密友看到后，可接受邀约或拒绝邀约
发起提醒	在密聊窗口，单击“+”按钮，然后选择“发起提醒”按钮，可对单个密友或密友群的密友进行定时提醒

21.1.2 密友帮

密友帮 APP → “密友帮”功能模块的子需求列表如下：

需求名称	需求描述
密友群 / 密友列表	单击“密友帮”一级菜单，将在页面之前显示添加的密友群和密友（按照字母顺序进行排序）
创建密友群	在“密友帮”页面中单击“+”按钮，然后选择“创建密友群”可打开创建密友群窗口，选择多个密友和密友群名称后单击“确定”按钮开始群聊
添加密友	在“密友帮”页面中单击“+”按钮，然后选择“添加密友”，可以输入密友帮号码添加密友，也可以扫描密友的二维码添加
查看密友详细资料	在密友列表页面中单击某个密友后可以查看该密友的详细资料，包括头像、备注、昵称、生日、电话号码等信息，并且可以进行查看个人动态、发消息、设置备注和删除密友操作
进入群聊	在密友群聊列表中单击某个密友群后进入群聊页面
进入密友悄悄话	在密友列表页面中单击某个密友后可以查看该密友的详细资料，在详细资料页面中单击“发信息”按钮可以进入与该密友的聊天窗口
查看密友动态	在密友列表页面中单击某个密友后可以查看该密友的详细资料，单击“个人动态”按钮可以查看该密友的动态

21.1.3 密友圈

密友帮 APP → “密友圈”功能模块的子需求列表如下：

需求名称	需求描述
查看全部动态	单击“密友圈”一级菜单，显示个人头像，并可按照时间倒序显示密友动态列表，可通过向下移动查看更多。动态信息中可以包括：文字、图片、短视频、音乐、网址信息，以及这些信息的点赞和评论。某个密友发布的动态的点赞和评论只有共同好友才能查看
点赞 / 取消点赞	用户可对密友圈的所有动态进行点赞或取消点赞操作
评论 / 删除评论	用户可对密友圈的所有动态进行点赞或删除评论操作。当是密友发布的动态时，用户只能删除自己发布的评论
与我有关	当有针对用户的个人动态的点赞或评论，以及与本人参与过的其余密友的动态的点赞或评论时，需要使用不同颜色特别提醒，单击后可以查看与我有关的所有点赞和评论
查看个人动态	单击“密友圈”一级菜单，然后单击个人头像，则按照时间倒序显示个人动态
添加个人动态	单击“密友圈”一级菜单，单击密友动态列表中的“添加”，也可单击个人头像后进入个人动态列表单击“添加”，此时可添加个人动态
删除个人动态	在个人动态列表或查看全部动态列表中对本人发布的动态进行删除操作

21.1.4 我

密友帮 APP →“我”功能模块的子需求列表如下：

需求名称	需求描述
个人详细资料设置	可以设置用户的详细资料，包括：密友圈号（不可修改）、头像、昵称、生日、电话号码、性别、地址和个人签名等信息
个人账户设置	设置个人账户相关信息，包括：新消息提醒（声音或振动提醒、密友圈动态更新提醒、密聊消息提醒）、关于密友圈和退出等功能
系统消息	当定时提醒、邀约等到约定时间时，需要进行提醒。有用户对当前用户发起添加好友请求时，需要发送系统消息进行提醒
查看邀约	可以查看当前用户发起的邀约和当前用户接受的邀约
查看个人动态	单击“我”一级菜单，然后单击“查看个人动态”按钮，进入查看个人动态页面，显示个人动态列表
注册	输入密友圈号（不可修改）、登录密码、头像、昵称和电话号码等信息后即可进行注册，其余信息可以注册后补充
登录	输入密友圈号和登录密码后单击“登录”按钮可进行登录
忘记密码	忘记密码时，可通过输入电话号码并发送验证短信后进行找回操作

21.2 线框图

线框图是我们制作高保真线框图原型设计所实现的粗略的设计，可用在设计图尚未完成时进行简单设计。

在线框图中，一般只使用 Label、Rectangle、Placeholder、Button Shape 等部件，因为它只是制作高保真线框图的中间步骤，所以复杂交互效果暂不实现，留待高保真线框图时再进行优化。

21.2.1 页头页尾

页头区域可以放置密友圈 APP 的 Logo 图片和“+”快捷操作图标，单击“+”按钮后可进行“创建群聊”“添加密友”和“发起动态”操作。

我们可以参考微信、手机 QQ、手机淘宝和大众点评等众多 APP 将本 APP 采用标签式导航菜单。

当内容区域为空时，页头页尾的线框图如图 21-1 所示。

当单击页头的“+”快捷操作图标时显示快捷操作面板，如图 21-2 所示。

图 21-1　页头页尾线框图

图 21-2　页头页尾线框图（单击“+”快捷操作）

21.2.2　密聊

密聊主要包括密聊列表和聊天窗口，密聊列表（即密聊首页）如图 21-3 所示。

图 21-3　密聊首页线框图

单击列表中的某行（可为密友或密友帮）进入密聊聊天页面，如图 21-4 所示。单击密聊聊天页面的“+”按钮，将出现发送图片、发送短视频、发送音乐、发送网址、共享位置、发起转账、发起邀约和发送提醒等密友互动功能，如图 21-5 所示。

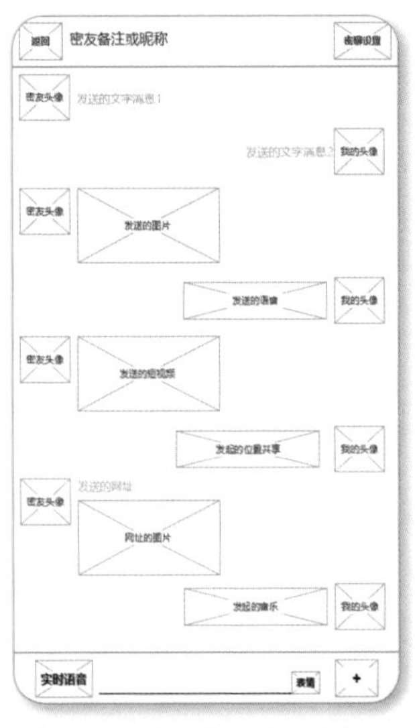

图 21-4　密聊聊天页面线框图

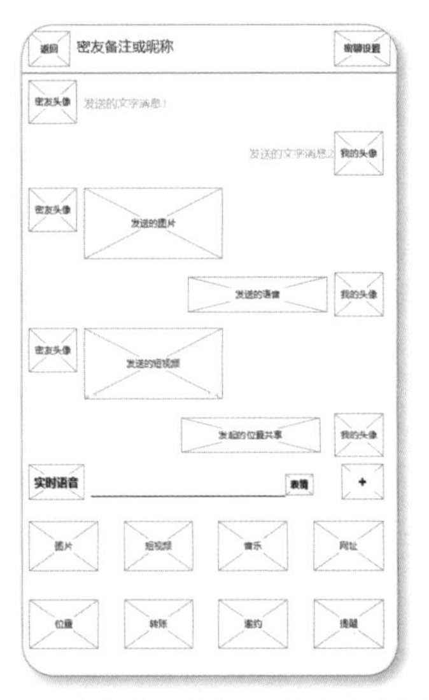

图 21-5　密聊聊天页面——密友互动线框图

在密友互动区域可以进行的密友互动动作包括：

- 单击“+”→“图片”按钮图片，打开发送图片页面，如图 21-6 所示。
- 单击“+”→“短视频”按钮图片，打开录制短视频页面，如图 21-7 所示。

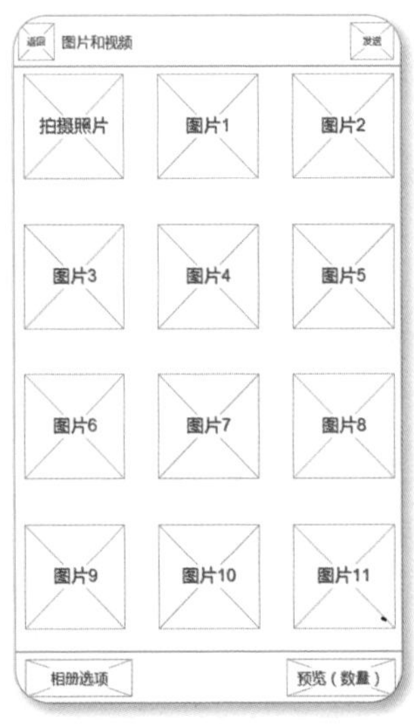

图 21-6　密聊聊天页面——发送图片线框图

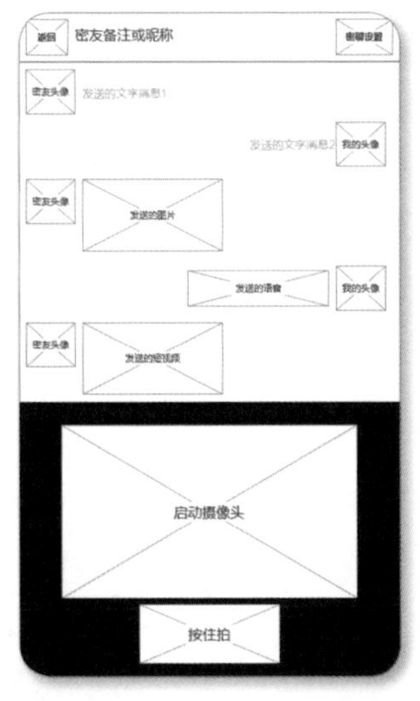

图 21-7　密聊聊天页面——发送短视频线框图

● 单击“+”→“位置”按钮图片，打开共享位置页面，如图 21-8 所示。

● 单击“+”→“转账”按钮图片，打开给指定好友转账页面，如图 21-9 所示；单击“转账”按钮，弹出支付密码输入框的面板，如图 21-10 所示。

图 21-8 密聊聊天页面——位置共享线框图

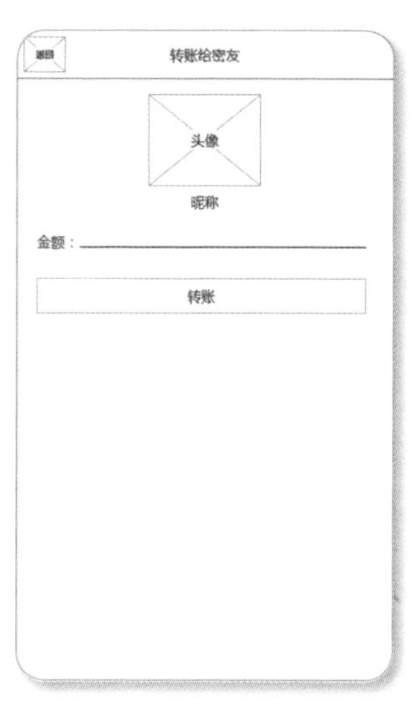

图 21-9 转账给密友线框图

图 21-10 转账给密友——输入支付密码线框图

● 单击“+”→“邀约”按钮图片，打开发起邀约页面，如图 21-11 所示。

● 单击“+”→“提醒”按钮图片，打开创建密友提醒页面，如图 21-12 所示。

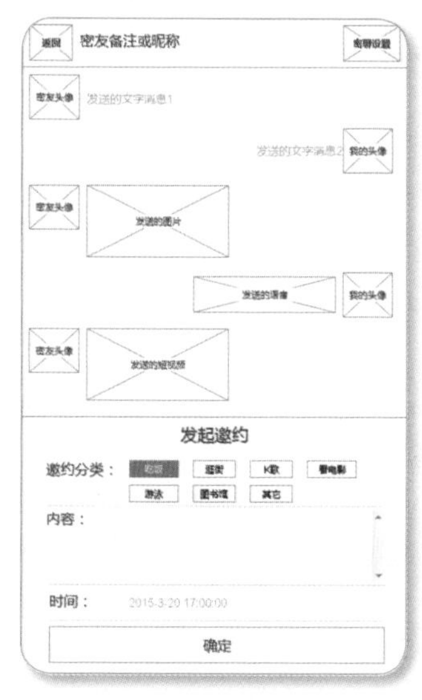

图 21-11 向密友发起邀约线框图

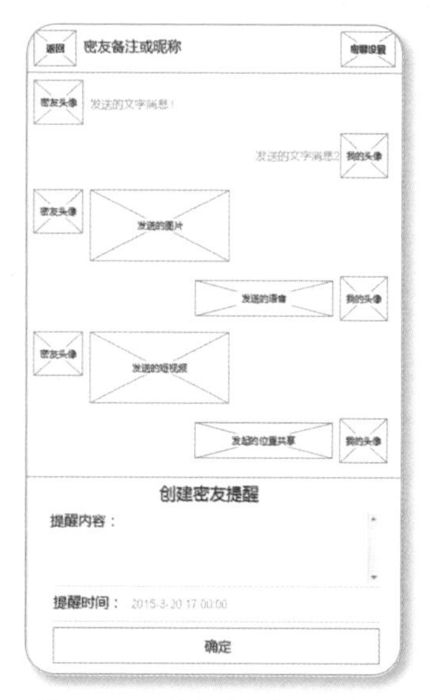

图 21-12 创建密友提醒线框图

21.2.3 密友帮

单击“密友帮”一级菜单，密友群和密友列表如图 21-13 所示。

在密友帮首页将首先显示密友群列表，接着按照字母 A ～ Z 的顺序显示密友列表。

单击某个密友的头像或昵称进入“查看密友详细资料”页面，如图 21-14 所示。在该页面单击“返回”按钮返回密友帮首页，单击“发消息”按钮进入与该密友的密聊悄悄话页面，单击“更多操作”按钮显示“设置备注”和“删除密友”的面板部件。

在密友帮首页单击“+”图标，在弹出的操作面板中选择“创建群聊”，打开创建群聊页面，如图 21-15 所示。

图 21-13 密友帮首页线框图

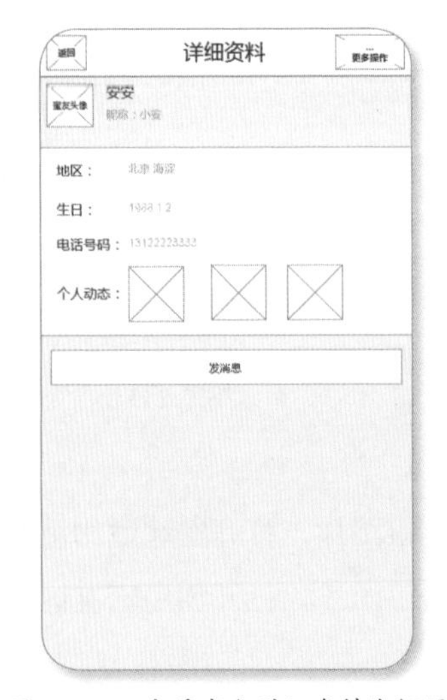

图 21-14 查看密友详细资料线框图

图 21-15 创建密友群页面线框图

在密友帮首页单击“+”图标，在弹出的操作面板中选择“添加密友”，打开添加密友页面，如图 21-16 所示。单击“扫一扫”所在的行，可通过扫一扫的方式添加密友，默认启动摄像头获取图片进行扫描，如图 21-17 所示。

单击“从相册选择”可打开手机图片选择页面，可以从手机中选择二维码图片，如图 21-18 所示。

21.2.4 密友圈

单击“密友圈”一级菜单，密友动态列表如图 21-19 所示。

在密友动态列表页面中单击某个密友的头像或昵称，进入该密友的个人动态列表页面，如图 21-20 所示。

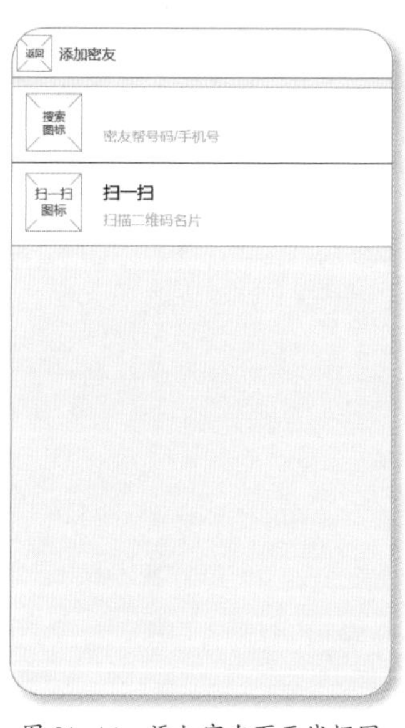

图 21-16　添加密友页面线框图

图 21-17　使用相机实时获取二维码添加密友线框图

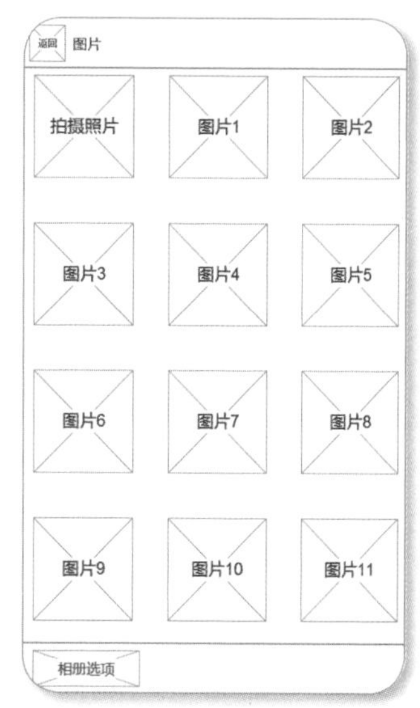

图 21-18　从手机中选择二维码图片添加密友线框图

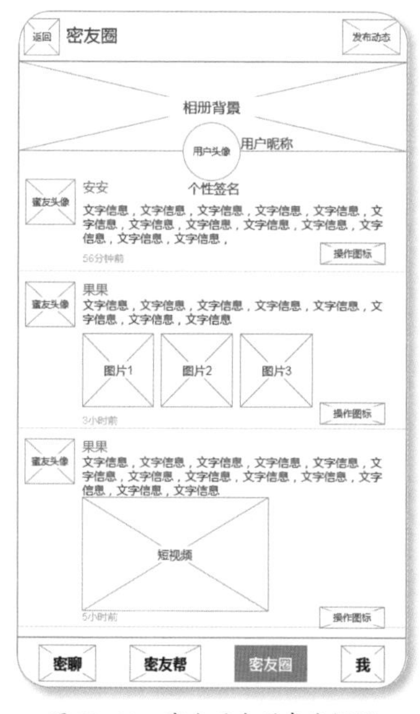

图 21-19　密友动态列表线框图

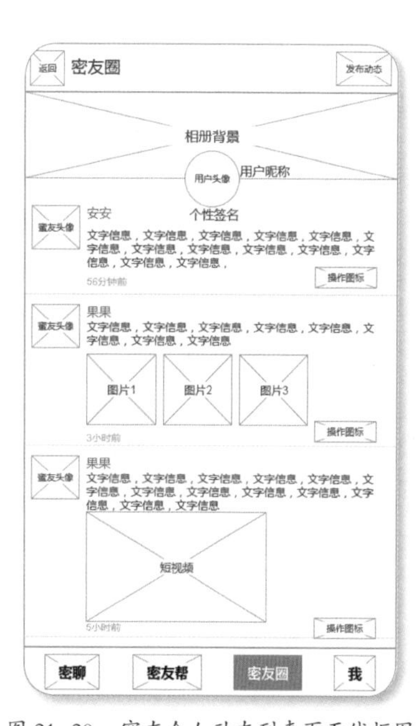

图 21-20　密友个人动态列表页面线框图

在密友动态列表中单击本人头像或用户昵称，打开个人动态列表，如图 21-21 所示。

单击密友动态列表中的“发布动态”图标，或者单击个人动态列表中的“发布动态”图标，进入发布动态页面，如图 21-22 所示。

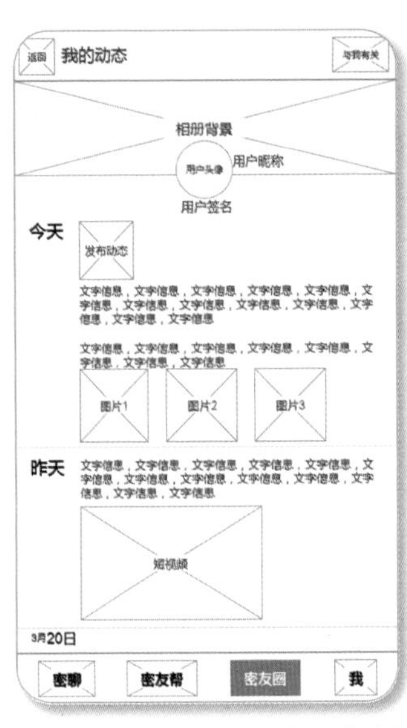

图 21-21　登录用户个人动态列表线框图

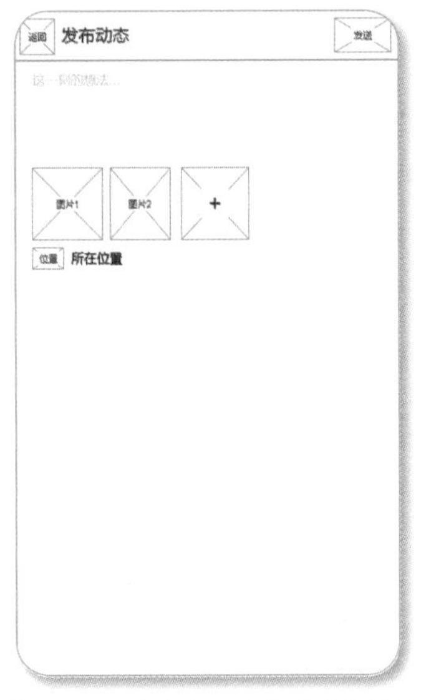

图 21-22　发布个人动态页面线框图

在密友动态列表或个人动态列表中单击某条动态，打开动态信息详情页，如图 21-23 所示。

单击个人动态列表中的“与我有关”按钮，可以查看所有与我有关的消息，包括对我发布的动态的评论、点赞，以及某个密友发布的动态中密友和我的共同密友针对我参与的动态的点赞和评论，如图 21-24 所示。

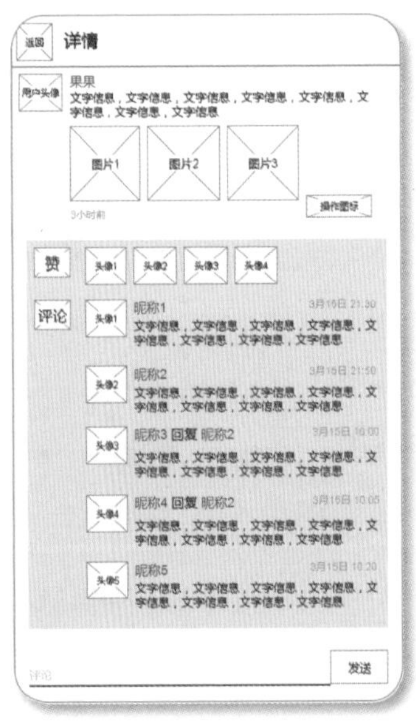

图 21-23　动态信息详情页线框图

图 21-24　与我有关的消息页面线框图

21.2.5 我

单击“我”一级菜单，如图 21-25 所示。

在“我”一级菜单的首页可以单击个人头像和用户昵称所在的行跳转到“个人详细资料设置”页面，如图 21-26 所示。

图 21-25 “我”的首页线框图

图 21-26 个人详细资料设置页面线框图

单击“账号设置”所在的行跳转到“个人账号设置”页面，如图 21-27 所示。

单击“我”→“相册”所在的行跳转到“登录用户个人动态列表”页面。

单击“我”→“查看邀约”所在的行跳转到个人邀约列表页，如图 21-28 所示。

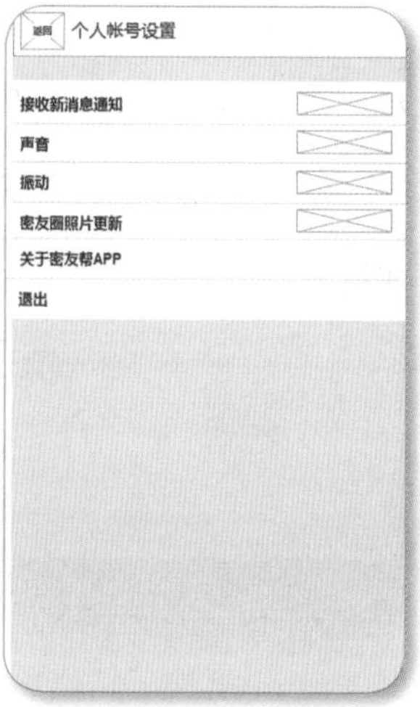

图 21-27 个人账号设置页线框图

图 21-28 个人邀约列表页线框图

21.3　设计图

本案例只针对密友圈 APP 对安卓手机（以三星 S5 为例）进行原型设计，所以手机背景采用三星 S5 手机。

21.3.1　密聊

密聊的首页和聊天窗口页面的设计如图 21-29 和图 21-30 所示。

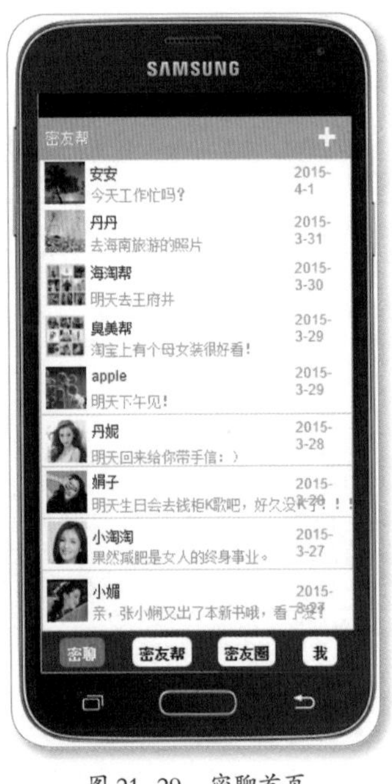

图 21-29　密聊首页

图 21-30　密聊聊天页面

21.3.2 密友帮

密友帮的首页和创建群聊页面的设计如图 21-31 和图 21-32 所示。

图 21-31 密友帮首页

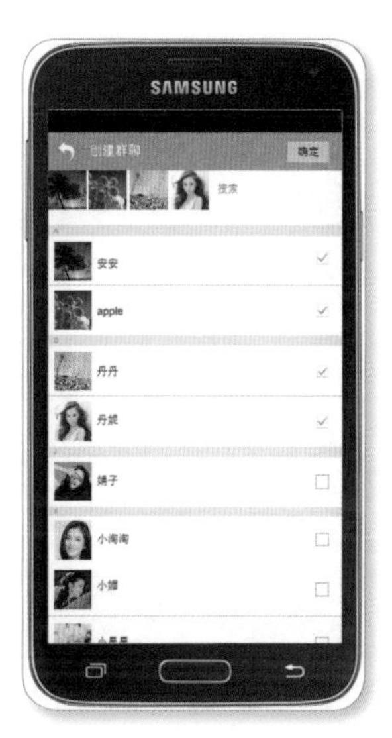

图 21-32 创建群聊页面

21.3.3 密友圈

密友圈的首页和发布动态页面的设计如图 21-33 和图 21-34 所示。

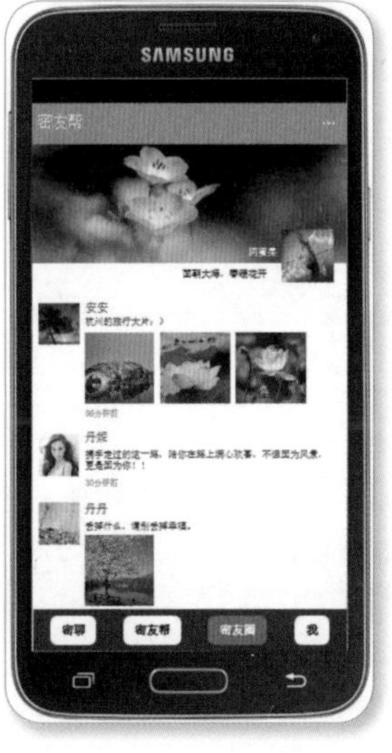

图 21-33 密友圈首页

图 21-34 发布动态页面

21.3.4 我

“我”的首页和个人详细资料设置页面的设计如图 21-35 和图 21-36 所示。

图 21-35 “我”的首页

图 21-36 个人详细资料设置页面

21.4 高保真线框图

21.4.1 设计母版

创建 Axure RP 工程“密友帮 APP”后，我们可以使用移动 APP 基础案例中的方法使用自行制作的三星 S5 部件库，不再赘述。

21.4.2 设置全局变量

该项目的全局变量如图 21-37 所示。

各全局变量的含义如下：

◆ **ChatUser**：表示进入密聊聊天页面时所选择的聊天的群名称或密友名称，如“安安”“丹丹”“海淘帮”和“臭美帮”等。

◆ **ChatFlag**：表示进入密聊聊天页面时所选择的是“密友群”还是“密友”，其中 0 为密友，1 为密友群。

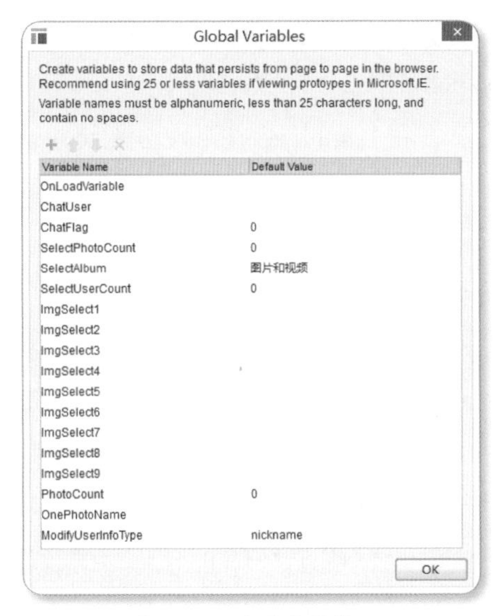

图 21-37　全局变量管理

◆ **SelectPhotoCount**：在“密聊”→“发送图片”页面所选择的图片数量。

◆ **SelectAlbum**：在“密聊”→“发送图片”页面所选择的相册的名称。

◆ **SelectUserCount**：在“密友帮”→“创建密友群”页面所选择的密友数量。

◆ **ImgSelect1 ~ ImgSelect9**：在“密友帮”→“创建密友群”页面已选择图片区域的 9 个图片部件设置的是哪个头像，值可为 img1 ~ img9。

21.4.3　密聊

1. 密聊首页

该页面除“密友帮”“密友圈”和“我”需要设置 OnClick（鼠标单击时）事件跳转到相应一级菜单页面外，用于快捷操作的 addPanel 动态面板部件中的“创建群聊”“添加密友”和“发布动态”也需要跳转到相应页面。

其余部件的主要交互效果包括：

（1）单击“+”按钮打开 / 关闭操作部件。

将包含“创建群聊”“添加密友”和“发布动态”操作按钮的部件设置为动态面板部件，部件的属性和样式如下：

部件名称	部件种类	坐标	尺寸	可见性
addPanel	Dynamic Panel	X579:Y538	W273:H187	N

该部件默认为隐藏状态，需要单击右上角的“+”按钮来显示 / 隐藏该部件，设置“+”按钮 addButton 部件的 OnClick 事件，如图 21-38 所示。

该段设置的含义是，当单击右上角的“+”按钮时切换 addPanel 部件的显示 / 隐藏状态。如果当前 addPanel 部件隐藏，则将其设置为显示；如果当前 addPanel 部件为显示，则将其设置为隐藏。

（2）单击各密友行跳转到密聊聊天页面。

当单击某个聊天行时，如“安安”密友所在的行时，需要跳转到密聊聊天页面，而且需要在密聊聊天页面设置正确的用户昵称和头像。所以，我们在某个密友所在的行发生 OnClick（鼠标单击时）事件时，需要记录选择的用户的昵称（使用 ChatUser 全局变量），以及是密友群聊还是单个密友聊天（使用 ChatFlag 全局变量）。

在各密友或密友群所在的行添加热区部件，部件名称分别为 iconHotspot1 ~ iconHotspot9，如 iconHotspot1 部件的 OnClick 事件如图 21-39 所示。

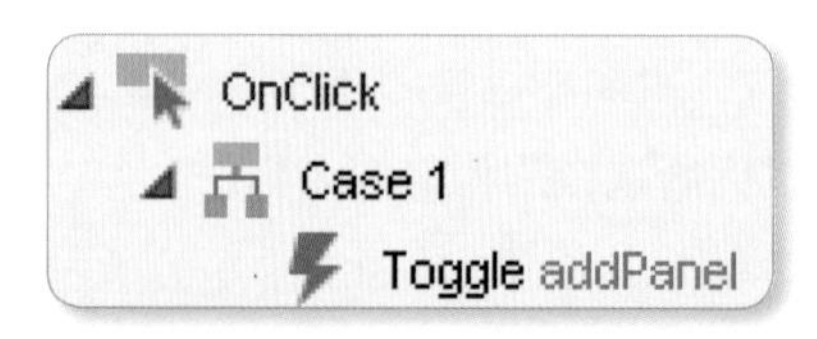

图 21-38　addButton 部件的 OnClick 事件

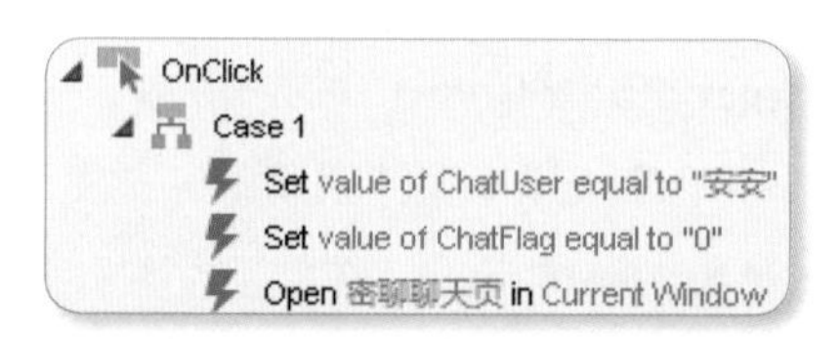

图 21-39　iconHotspot1 部件的 OnClick 事件

该段设置的含义是，当单击“安安”密友所在行时：

- 将 ChatUser 全局变量设置为“安安”。
- 将 ChatFlag 全局变量设置为 0，表示是用户与单个密友聊天。
- 跳转到“密友聊天页”。

2. 密友聊天页

因为密友聊天页的聊天记录可能很长，所以在此我们可以使用动态面板部件来包含聊天记录的内容，并设置其在需要时垂直方向可滚动。

（1）设置“密友聊天页”部件。

创建“密友聊天页”页面，包括上方的操作栏和 contentPanel 动态面板部件，contentPanel 部件的属性和样式如下：

部件名称	部件种类	坐标	尺寸	可见性
contentPanel	Dynamic Panel	X0:Y110	W540:H850	Y

（2）设置页面加载事件。

因为“密友聊天页”上方的操作栏需要显示正在聊天的密友群名称或密友名称，并将密友的图片使用 Set Image（动态设置图片）动作设置为正确的图片，所以需要设置该页面的 OnPageLoad（页面加载时）事件，如图 21-40 所示。

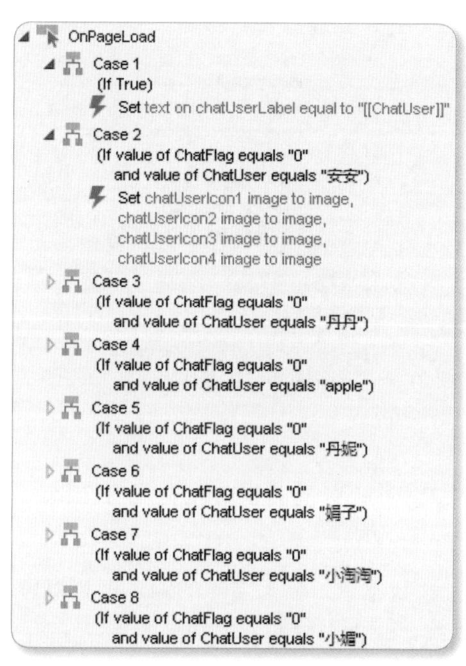

图 21-40 “密友聊天页”页面的 OnPageLoad 事件

该段设置的含义是，当“密友聊天页”页面加载时：

- 将 ChatUser 全局变量的值赋值给 chatUserLabel 文本部件。
- 如果 ChatFlg 等于 0（单个密友聊天），并且 ChatUser 等于“安安”时，将该页面上与密友头像有关的 chatUserIcon1 ～ chatUserIcon4 设置为安安密友的头像。

Case 3 ～ Case 8 与 Case 2 类似，不再赘述。

（3）设置 operationPanel 事件。

该页下方表示操作区域的是 operationPanel 动态面板部件，该部件是本页面的重点，在 contentPanel 动态面板部件的内部添加 operationPanel 部件，部件的属性和样式如下：

部件名称	部件种类	坐标	尺寸	可见性
operationPanel	Dynamic Panel	X0:Y782	W540:H68	Y

设置 operationPanel 部件的内部部件和状态，如图 21-41 所示。

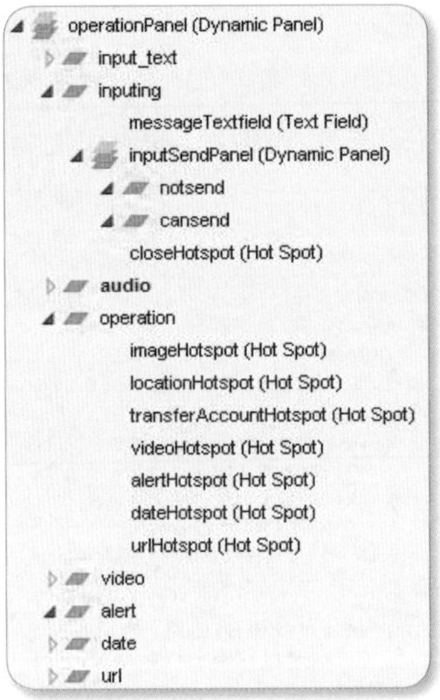

operationPanel (Dynamic Panel)
input_text
inputing
messageTextfield (Text Field)
inputSendPanel (Dynamic Panel)
notsend
cansend
closeHotspot (Hot Spot)
audio
operation
imageHotspot (Hot Spot)
locationHotspot (Hot Spot)
transferAccountHotspot (Hot Spot)
videoHotspot (Hot Spot)
alertHotspot (Hot Spot)
dateHotspot (Hot Spot)
urlHotspot (Hot Spot)
video
alert
date
url

图 21-41　operationPanel 部件的内部部件和状态

各个状态的含义如下：

◆ **input_text**：输入文字状态，此时鼠标指针没有在输入框内，所以暂未出现输入法面板图片。

◆ **inputing**：input_text 状态下，输入文字的输入框获得焦点后（即该输入框部件发生 OnFocus 事件后）切换到该状态。因为在该状态的 messageTextfield 输入框部件有输入值和没有输入值时需要显示 / 隐藏“发送”按钮，所以可以在该部件内将“发送”和“+”按钮设置到内部的动态面板部件 inputSendPanel 中，添加 notsend 和 cansend 状态，对应只有“+”按钮而没有“发送”按钮和两个按钮全有的两个状态。

◆ **audio**：单击 input_text、inputing 和 operation 三个状态下的 ◎ 按钮切换到 audio 状态。

◆ **operation**：单击 input_text、inputing 和 audio 状态下的 ⊕ 按钮切换到该状态，该状态下带有发送图片、发送短视频、发送音乐、发送网址、转账、位置共享、发送提醒、发起邀约操作按钮。

◆ **video**：在 opration 状态下，单击“短视频”图标时切换到该状态。该状态下以类似灯箱的效果展示，在内容区域设置背景矩形、视频图片和“按住拍”按钮，并且可以单击非内容区域或单击“确定”按钮将 oprationPanel 状态切换到 input_text 状态。

◆ **alert**：在 opration 状态下，单击“发起提醒”图标时切换到该状态。在该页面可以输入提醒内容和设置提醒的日期时间。其余类似 video 状态。

◆ **date**：在 opration 状态下，单击“发起邀约”图标时切换到该状态。在该页面可以输入邀约分类、内容和日期时间。其他功能类似 video 状态。

◆ **url**：在 opration 状态下，单击“发送网址”图标时切换到该状态。在该页面可以输入网址。其他功能类似 video 状态。

动态面板部件状态的修改都可以采用 Set Panel State 动作实现。各个状态内容高度不一，可以在“部件属性和样式”面板中勾选该部件的 Fit to Content 属性，使得尺寸大小自适应内容。另外，可以在“部件属性和样式”面板中单击 Pin to Browser 按钮，或者选择部件后右击并选择 Pin to Browser 菜单项，在弹出的设置界面中选择靠左和靠底端对齐。

3. 发送图片

单击 operationPanel 部件 operation 状态的“发送图片”按钮区域的热区部件 imageHotspot，跳转到“发送图片”页面，比较简单，不再赘述。

下面介绍“发送照片”页面需要实现的主要交互效果。

（1）选择 / 取消选择某个图片。

当单击某个图片上的 □ 按钮时，如果已选择的图片数量没有达到 9 张（最多能选择 9 张），则在图片上遮盖一层半透明的灰色矩形部件并设置为 ☑ 已选择状态，另外将“发送”按钮部件的文本值设置为“发送 (当前选择的图片数量)”。

当某个图片为 ☑ 已选择状态时，单击 ☑ 按钮，则将遮盖层移除并更改为 □ 按钮，另外如果当前的已选择数量大于 0，则将“发送”按钮部件的文本值设置为“发送 (当前选择的图片数量)”；如果当前的已选择数量等于 0，将“发送”按钮部件的文本值设置为“发送”。

我们可在 14 张图片上添加 14 个动态面板部件：img1Panel ~ img14Panel，部件的尺寸与图片相同，都为 W180:H170，并且都包括 not_selected 和 selected 两个状态，分别表示选择该图片和不选择该图片的状态。

在 not_selected 状态下，为 □ 矩形部件添加 OnClick 事件，设置 img1Panel 部件的 not_selected 状态下矩形部件的 OnClick 事件，如图 21-42 所示。

图 21-42　img1Panel 部件的 not_selected 状态下矩形部件的 OnClick 事件

该段设置的含义是，当单击 img1Panel 部件的 not_selected 状态下的矩形部件时，如果 SelectPhotoCount 全局变量（当前已选择的图片数量）小于 9：

- 将 img1Panel 部件设置为 selected（已选择）状态。
- 将 SelectPhotoCount 全局变量的值增加 1。
- 将“发送”按钮部件的文本值设置为“发送（最新的已选择图片数量)”。

在 selected 状态下，为 ☑ 矩形部件添加 OnClick 事件，设置 img1Panel 部件的 selected 状态下图片部件的 OnClick 事件，如图 21-43 所示。

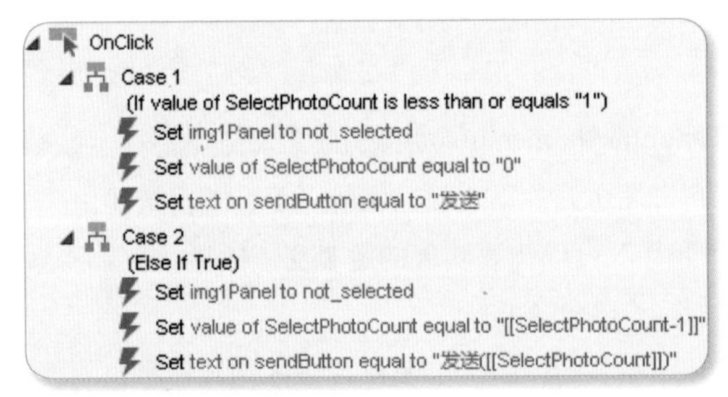

图 21-43 img1Panel 部件的 selected 状态下图片部件的 OnClick 事件

该段设置的含义是，当单击 img1Panel 部件 selected 状态表示已选择的图片部件时，如果 SelectPhotoCount 全局变量（当前已选择的图片数量，不包括此次单击取消选择的图片）小于等于 1：

- 将 img1Panel 部件设置为 not_selected（未选择）状态。
- 将 SelectPhotoCount 全局变量设置为 0。
- 将“发送”按钮部件的文本值设置为“发送”。

如果 SelectPhotoCount 全局变量大于 1：

- 将 img1Panel 部件设置为 not_selected（未选择）状态。
- 将 SelectPhotoCount 全局变量减 1。
- 将“发送”按钮部件的文本值设置为“发送（最新的已选择图片数量)”。

（2）选择某个相册交互效果。

当单击左下方的相册选择按钮时，在当前窗口显示相册选择的动态面板部件，标出当前选择的相册，更改相册后，下方按钮的文本修改为该相册的名称。另外，内容区域的图片更改为该相册的图片（暂不实现）。

在“发送图片”下方添加操作栏，添加显示当前选择相册名称的 albumNameLabel 标签部件。

添加用于相册选择的albumPanel动态面板部件，该部件默认为隐藏，部件的属性和样式如下：

部件名称	部件种类	坐标	尺寸	可见性
albumPanel	Dynamic Panel	X349:Y620	W540:H702	N

编辑albumPanel部件的State1状态，包括以下部件：

- 4个相册封面的图片部件。
- 4个相册名称的标签部件。
- 3条水平线部件。
- 4个相册行的热区部件albumLineHotspot1 ～ albumLineHotspot4。
- 表示当前选择的相册的✓图片部件，默认位置为X460:Y69。

设置albumNameLabel标签部件的OnClick事件，如图21-44所示。

该段设置的含义是，当单击albumNameLabel标签部件时，如果SelectAlbum（所选择的相册名称）全局变量的值等于“图片和视频”，则切换albumPanel部件的隐藏/显示状态，并将✓图片部件移动到X460:Y103位置，即第一个相册行的中间位置。

Case 2 ～ Case 4用例与Case 1用例类似，不再赘述。

设置albumLineHotspot1 ～ albumLineHotspot4四个热区部件的OnClick事件，如albumLineHotspot1部件的OnClick事件如图21-45所示。

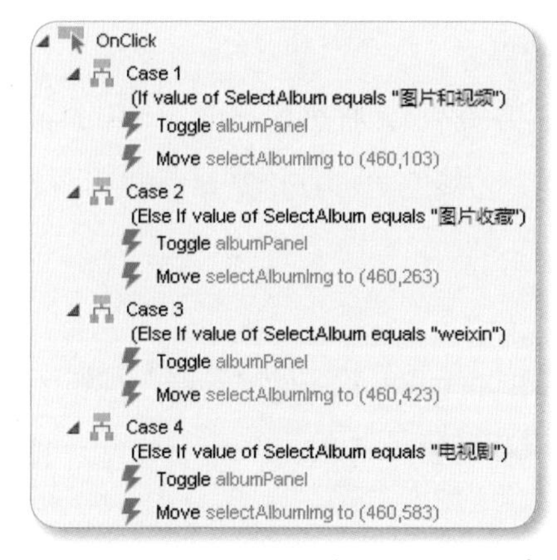

图21-44 albumNameLabel部件的OnClick事件

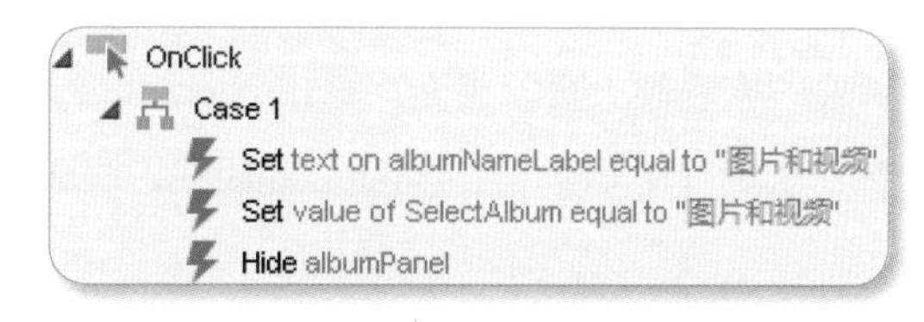

图21-45 albumLineHotspot1部件的OnClick事件

该段设置的含义是，当单击albumLineHotspot1部件选择第一个相册行时，将albumNameLabel标签部件的值设置为“图片和视频”，将SelectAlbum全局变量设置为“图片和视频”，隐藏albumPanel动态面板部件。

4. 共享位置

在“密友聊天”页页面，单击 operationPanel 部件 operation 状态的“位置”按钮区域的热区部件 locationHotspot，跳转到“共享位置”页面。

该页面主要的交互效果：当单击“全部”“写字楼”“小区”或“商家”时，对应选项的字体颜色变成黑色，其余选项的字体颜色设置深灰色，并移动蓝色水平线到所选择的菜单，下方的地址区域随之变更。

为了达到选项单击时的交互效果，我们可以将地图下方的全部部件设置到一个动态面板部件中，部件名称为 addressPanel，该部件的状态如图 21-46 所示。

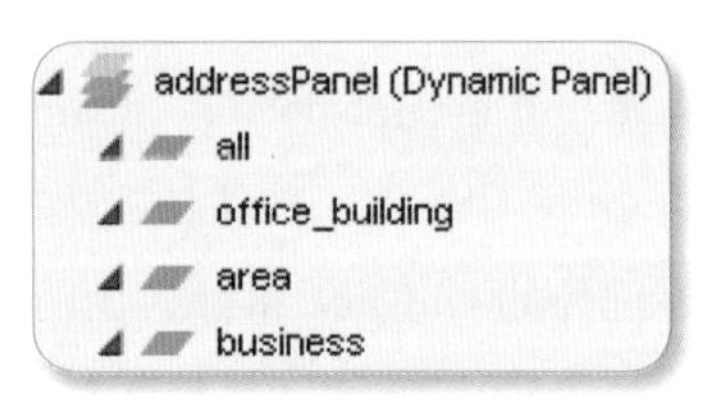

图 21-46　addressPanel 部件的状态

各状态的含义如下：

◆ **all**：当选中“全部”时地图下方区域的内容。此时，“全部”选项的字体颜色为黑色，其余 3 个选项为灰色，蓝色水平线在“全部”选项下方。

◆ **office_building**：当选中“写作楼”时地图下方区域的内容。

◆ **area**：当选中“小区”时地图下方区域的内容。

◆ **business**：当选中“商家”时地图下方区域的内容。

在“全部”“写字楼”“小区”或“商家”上方分别添加热区部件：allHotspot、officeBuildingHotspot、areaHotspot 和 businessHotspot。为这 4 个部件添加鼠标单击事件，将 addressPanel 切换到对应的状态。

5. 发起转账

在“密友聊天页”页面，单击 operationPanel 部件 operation 状态的“转账”按钮区域的热点区域部件 transfer_account_hotspot，跳转到“发起转账”页面。

(1) 设置动态面板部件。

该页面的主要交互效果：当金额的输入框部件获得焦点时，需要显示金额的输入面板部件；当输入金额后，单击“转账”按钮，将显示密码输入面板部件。

金额和密码的输入面板部件可通过动态面板部件实现，该面板默认为隐藏，部件的属性和样式如下：

部件名称	部件种类	坐标	尺寸	可见性
inputPanel	Dynamic Panel	X0:Y40	W540:H918	N

（2）设置金额输入框部件的 OnFocus 事件。

当金额的 moneyTextfield 输入框部件获得焦点时，将显示 inputPanel 部件并设置为 input_money 状态，如图 21-47 所示。

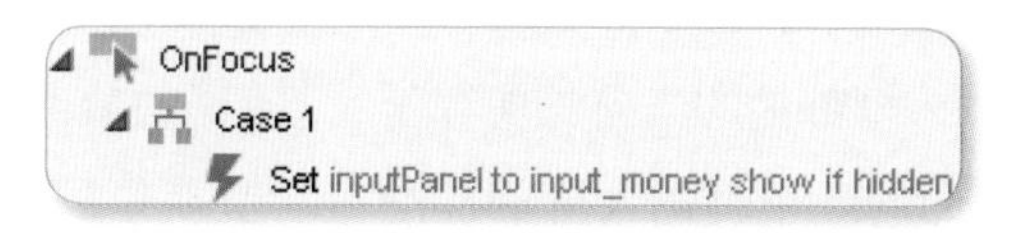

图 21-47 moneyTextfield 部件的 OnFocus 事件

（3）设置“转账”按钮的 OnClick 事件。

当单击“转账”按钮时，需要将当前输入的金额赋值给 input_password 状态的 confirmMoneyLabel 标签部件，并将 inputPanel 部件设置为 input_password 状态，如图 21-48 所示。

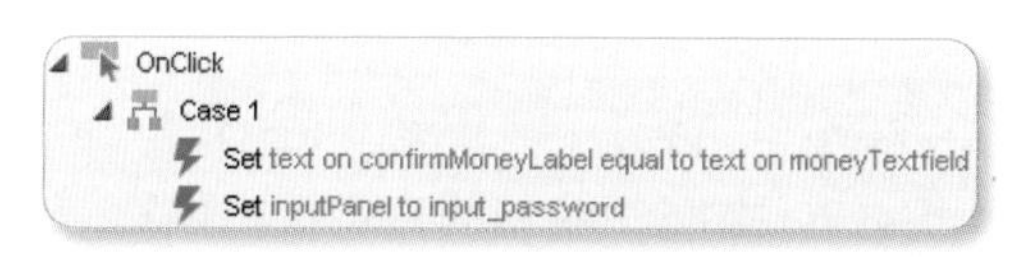

图 21-48 transferAccountButton 部件的 OnClick 事件

（4）设置 input_money 状态数字部件的 OnClick 事件。

在 input_money（输入金额）状态下单击某个数字，如 1 的矩形部件时，OnClick 事件如图 21-49 所示。

图 21-49 input_money 状态下“1”矩形部件的 OnClick 事件

该段设置的含义是，当单击“1”矩形部件时，获得 moneyTextfield 金额输入框部件的值后赋值给局部变量 LVAR1，然后将 [[LVAR1]]1 赋值给 moneyTextfield 金额输入框部件，即在当前值后加上“1”。

（5）设置 input_password 状态数字部件的 OnClick 事件。

在 input_password（输入支付密码）状态下单击某个数字，如 1 的矩形部件时，OnClick 事件如图 21-50 所示。

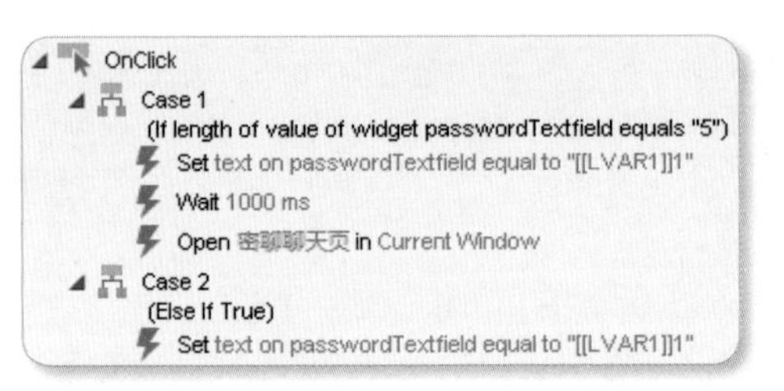

图 21-50　input_password 状态下“1”矩形部件的 OnClick 事件

该段设置的含义是，当单击 input_password 状态下的“1”矩形部件时，如果 password_textfield 密码输入框部件的当前长度等于 5（密码的最大输入长度为 6）：

- 获得 passwordTextfield 密码输入框部件的值后赋值给局部变量 LVAR1，然后将 [[LVAR1]]1 赋值给 passwordTextfield 密码输入框部件，即在当前值后加上“1”。
- 等待 1000ms（模拟处理过程）。
- 跳转到“密聊聊天页”。

如果 passwordTextfield 部件的当前长度不等于 5，则获得 passwordTextfield 部件的值后赋值给局部变量 LVAR1，然后将 [[LVAR1]]1 赋值给 passwordTextfield 部件，即在当前值后加上“1”。

（6）设置 input_password 状态下“删除”按钮的 OnClick 事件。

设置 input_password 状态下“删除”按钮的 OnClick 事件，如图 21-51 所示。

图 21-51　input_password 状态下“删除”按钮的 OnClick 事件

将 passwordTextfield 输入框部件的值设置为当前值去掉最后一位，采用 substr 和 length 函数。passwordTextfield 输入框部件的值 = LVAR1.substr(0, LVAR1.length，其中 LVAR1 等于 passwordTextfield 输入框部件的当前值。

（7）设置页面加载时事件。

在该页面中，有两个输入框部件需要设置为当前转账给的密友，对应 ChatUser 全局变量的值，设置该页面的 OnPageLoad 事件，如图 21-52 所示。

图 21-52　“发起转账”页面的 OnPageLoad 事件

21.4.4 密友帮

1. 密友帮首页

密友帮首页与密聊页面类似，需要设置每个密友行的热区部件，鼠标单击时需要为ChatUser全局变量赋值成正确的用户昵称并设置ChatFlag全局变量为正确的值。

需要注意的是，对于密友群，鼠标单击时设置正确的ChatUser和ChatFlag后需要跳转到“密聊聊天页”，而对于密友，则是跳转到“密友详细资料页”。

如密友安安所在的行，iconHotspot3热区部件的OnClick事件如图21-53所示。

图21-53 iconHotspot3部件的OnClick事件

2. 密友详细资料页

密友详细资料页面比较简单，主要的交互事件包括：

- 单击个人动态所在的行，跳转到“密友个人动态”页，可通过在该行添加热区部件，然后设置该部件的OnClick事件实现跳转功能。
- 单击“发消息”按钮，跳转到“密聊聊天页”。
- 单击右上角的“…”按钮，显示设置备注和删除密友的操作面板部件，可以采用动态面板部件实现，参考“密聊首页”的交互效果：单击“+”按钮打开/关闭操作部件。
- 单击“…”按钮后，在弹出的动态面板部件中单击“设置备注”行，打开用户操作的动态面板部件userOperationPanel并显示remark状态的内容，输入用户备注后，单击“确定”按钮完成修改备注。隐藏userOperationPanel部件，并将密友详细资料页的chatUserLabel标签部件设置为最新的备注。
- 单击“…”按钮后，在弹出的动态面板部件中单击“删除好友”行，打开用户操作的动态面板部件userOperationPanel并显示delete状态的内容，单击“确定”按钮，跳转到“密友帮首页”。
- 设置OnPageLoad（页面加载时）事件，需要根据当前的ChatUser全局变量设置正确的密友头像和密友昵称，参考密友聊天页的OnPageLoad事件。

3. 创建密友群

因为创建密友群页面选择的密友可能多于一屏，我们在“创建密友群”页面添加内容区域的动态面板部件，在动态面板部件内部添加密友列表，并在“部件属性和样式”面板中设置该部件的滚动条属性为 Vertical as Needed（在需要时显示垂直滚动条）。

该页面的主要交互效果包括：

- 当勾选某个密友行时，该行由未选择状态变成选择状态，并将该行的密友头像放置到“搜索”标签部件前面。
- 当取消勾选某个密友行时，该行由已选择状态变成未选择状态，并将该行的密友头像从“搜索”密友部件前面删除。

该页面需要实现的效果与“美图秀秀的拼图效果”案例类似，可以参考它的实现方式将表示已选择图片的区域设置为动态面板部件，部件的属性和样式如下：

部件名称	部件种类	坐标	尺寸	可见性
selectImgPanel	Dynamic Panel	X0:Y0	W670:H70	Y

在该部件的 State1 状态内添加 9 个图片部件 img1 ～ img9（原型中只有 9 个密友行），图片尺寸为 W70:H70，默认该部件为显示状态，内部 9 个图片部件为隐藏状态。

（1）设置选中某密友行时的交互效果。

在创建密友群页面添加 9 个用于将选中的密友行的头像设置到 selectImgPanel 的动态面板部件：addUser1Panel ～ addUser9Panel，都包括 State1 和 State2 两个状态，内容为空，我们使用的只是这 9 个部件的 OnPanelStateChange（面板状态变化时）事件。

为 9 个密友行添加热区部件：userLineHotspot1 ～ userLineHotspot9，并设置它们的 OnClick 事件，如 userLineHotspot1 部件的 OnClick（鼠标单击时）事件如图 21-54 所示。

图 21-54 userLineHotspot1 部件的 OnClick 事件

该部件的 OnClick 事件还有几个用例将在实现取消选中某密友行的交互效果中进行讲解。Case 1 用例的含义是，当 userLinePanel1 部件为 not_selected 状态，即第一个密友行未选中时：

- 将 userLinePanel1 部件设置为 selected（已选择）状态。
- 将 addUser1Panel 部件设置为下一个状态（如果是最后一个状态，继续从第一个状态开始循环），触发该部件的 OnPanelStateChange（面板状态变化时）事件。

- 将表示当前已选择图片数量的 SelectUserCount 全局变量的值增加 1。

userLineHotspot2 ~ userLineHotspot9 部件的 OnClick 事件与此类似。

设置 addUser1Panel ~ addUser9Panel 部件的 OnPanelStateChange 事件，如 addUser1Panel 部件的 OnPanelStateChange 事件如图 21-55 所示。

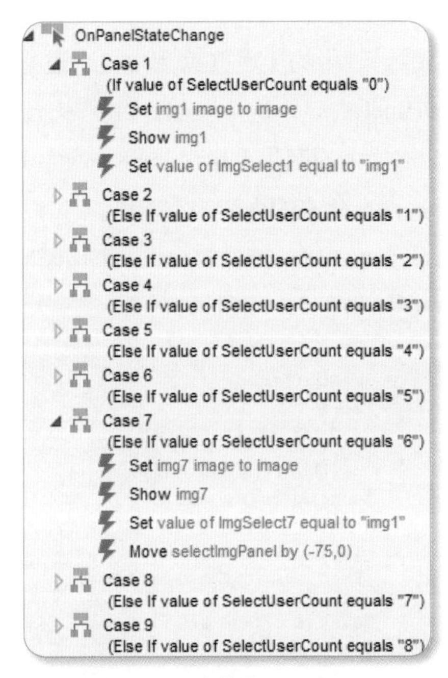

图 21-55　addUser1Panel 部件的 OnPanelStateChange 事件

该段设置的含义是，当 addUser1Panel 部件的状态发生变化时：

- 如果当前 SelectUserCount 全局变量的值等于 0，即当前选择的是第一个密友行时，将 img1 部件设置为第一个密友的头像，接着显示 img1 部件。

Case 2 ~ Case 6 用例除 SelectUserCount 全局变量的值不一样，以及设置的头像不一样外，其余与 Case 1 用例类似，不再赘述。

- 如果当前 SelectUserCount 全局变量的值等于 6，即当前选择的是第 7 个密友行时，将 img7 部件设置为第 7 个密友的头像，接着显示 img7 部件，最后向左移动 selectImgPanel 部件，以便最后添加的图片能在“搜索”标签部件的左边。

Case 8 和 Case 9 用例除 SelectUserCount 全局变量的值不一样，以及设置的头像不一样外，其余与 Case 7 用例类似，不再赘述。

（2）设置取消选中某密友行时的交互效果。

当取消某个密友行时，需要从“选择图片区域”删除该图片，可采取的方法为：被删除的图片后的所有图片逐个复制后一张图片，然后将最后一个图片部件设置为隐藏状态。

如当前已选择的图片数量等于 4，取消选择第 2 张图片时，进行的操作为：

- 将第 2 张已选择密友头像换为第 3 张已选择密友头像。
- 将第 3 张已选择密友头像换为第 4 张已选择密友头像。
- 将第 4 张已选择密友的头像部件 img4 设置为隐藏状态。

可采用“美图秀秀的拼图效果”中的实现方式，添加 8 个进行实际操作的动态面板部件：copyImg2Panel ~ copyImg9Panel 实现，这 8 个部件分别表示：将 img2 部件中的图片设置到 img1 部件……将 img9 部件中的图片设置到 img8 部件。这 8 个动态面板部件都包括 State1 和 State2 两个状态，这两个状态的内容为空即可。

设置 copyImg2Panel ~ copyImg9Panel 部件的 OnPanelStateChange 事件，如 copyImg2Panel 部件的 OnPanelStateChange 事件如图 21-56 所示。

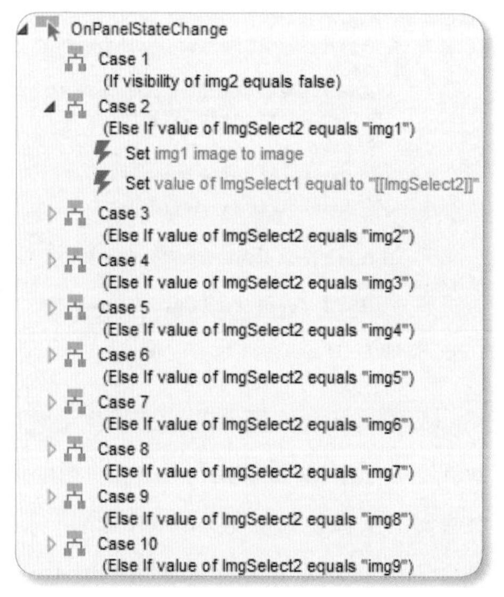

图 21-56　copyImg2Panel 部件的 OnPanelStateChange 事件

该段设置的含义是，当 copyImg2Panel 部件的面板状态发生变化时：

- 如果 img2 图片部件为隐藏状态，不进行任何操作。
- 如果 img2 图片部件为显示状态，并且 ImgSelect2 全局变量等于 img1，即 img2 部件位置上是第一个密友行的头像时，将 img1 部件设置为第一个密友行的头像，并且将 ImgSelect1 全局变量的值设置为 ImgSelect2 的值。

Case 3 ~ Case 10 用例与 Case 2 用例类似，不再赘述。

添加 hiddenImgPanel 部件，在图片依次重置完后将最右边的图片隐藏，为该部件设置 State1 和 State2 状态，内容都为空，设置 hiddenImgPanel 部件的 OnClick 事件，如图 21-57 所示。

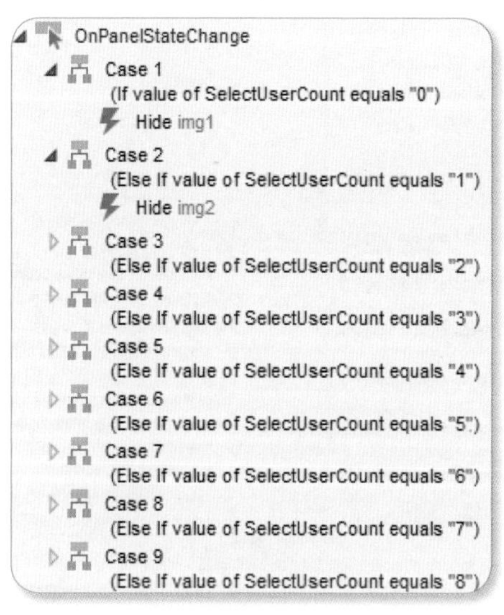

图 21-57　hiddenImgPanel 部件的 OnPanelStateChange 事件

该段设置的含义是，根据当前已选择的密友数量（对应 SelectUserCount 全局变量）决定隐藏 img1 ~ img9 中的哪个图片部件，如果 SelectUserCount 的值等于 0，即未选择任何密友时，隐藏 img1 部件，其余依此类推。

在选择密友行交互效果中，设置 userLineHotspot1 ~ userLineHotspot9 部件的 Case 1 用例，为了触发 copyImg2Panel ~ copyImg9Panel 部件以及 hiddenImgPanel 部件的 OnPanelStateChange 事件，需要设置 userLineHotspot1 ~ userLineHotspot9 部件的其他用例，userLineHotspot1 部件的 OnClick（鼠标单击时）事件除 Case1 外，Case 2 ~ Case 10 用例如图 21-58 所示。

该段设置的含义是，根据当前哪个图片位置是 img1 图片（即第一个密友的头像图片）来确定从哪一个位置开始进行图片复制操作，例如，如果 userLinePanel1 设置为 selected（已选择）状态，并且已选择区域的第一个图片是第一个密友的头像时：

- 切换 copyImg2Panel 部件的面板状态，调用该部件的 OnPanelStateChange 事件，将图片 1 上的图片设置为当前图片 2 上的图片。
- 切换 copyImg3Panel 部件的面板状态，调用该部件的 OnPanelStateChange 事件，将图片 2 上的图片设置为当前图片 3 上的图片。
- ……

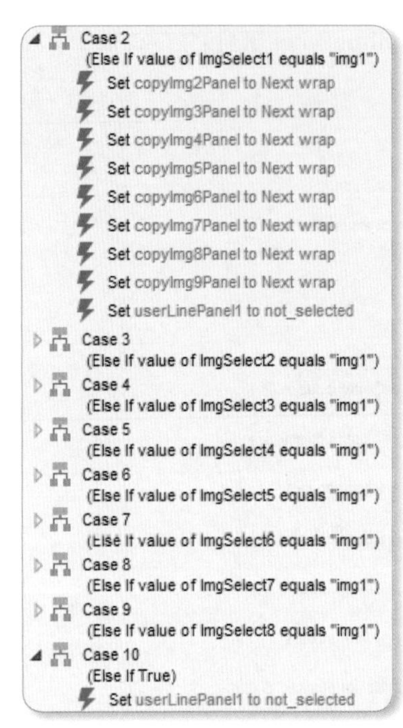

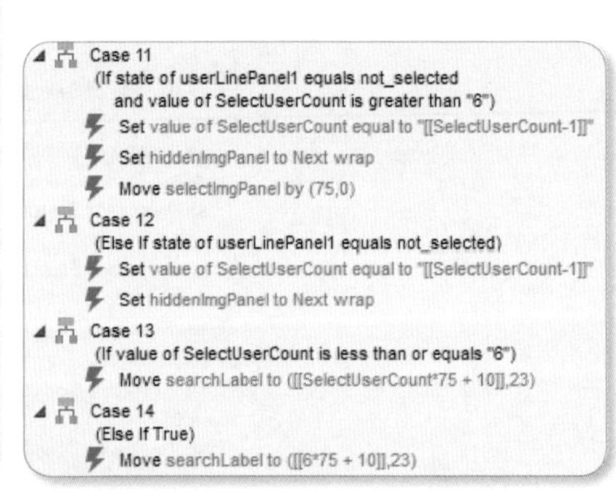

图 21-58 userLineHotspot1 部件的 OnClick 事件

- 切换 copyImg9Panel 部件的面板状态，调用该部件的 OnPanelStateChange 事件，将图片 8 上的图片设置为当前图片 9 上的图片。
- 将 userLinePanel1 部件设置为 not_selected 状态。

Case 3 ～ Case 10 用例与 Case 2 用例类似，不再赘述。

需要特别说明的是 Case 11 ～ Case14 分支。

Case 11 用例创建后，需要右击并选择 Toogle if/elseif，将其由 elseif 语句切换为 if 语句，该用例不管 Case 1 ～ Case 9 分支如何执行都会在满足条件时执行。Case 11 和 Case 12 是一组用例。

当 userLinePanel1 的状态被设置为 not_selected（未选中）状态，并且已经选中的密友数量大于 6 时：

- 将 SelectUserCount 全局变量的值减 1。
- 切换 hiddenImgPanel 部件的状态，自动调用该部件的 OnPanelStateChange 事件将最后一张图片隐藏。
- 将表示已选择图片的动态面板部件 selectedImgPanel 向右移动 75px。

当 userLinePanel1 的状态被设置为 not_selected（未选中）状态，并且已经选中的密友数量小于等于 6 时：

● 将 SelectUserCount 全局变量的值减 1。

● 切换 hiddenImgPanel 部件的状态，自动调用该部件的 OnPanelStateChange 事件将最后一张图片隐藏。

Case 13 和 Case 14 用例用于处理“搜索”标签部件的位置，当已选择的密友数量小于等于 6 时，将其移动到 X 坐标 [[SelectUserCount*75 + 10]]px，Y 坐标 23px 处。当已选择的密友数量大于 6 时，将其移动到 X 坐标 [[6*75 + 10]]px（即在显示区域的第 6 张图片右侧），Y 坐标 23px 处。

（3）设置页面的 OnPageLoad 事件。

设置创建密友群页面的 OnPageLoad 事件，在页面加载时将 SelectUserCount、ImgSelect1 ~ ImgSelect9 设置为初始值，如图 21-59 所示。

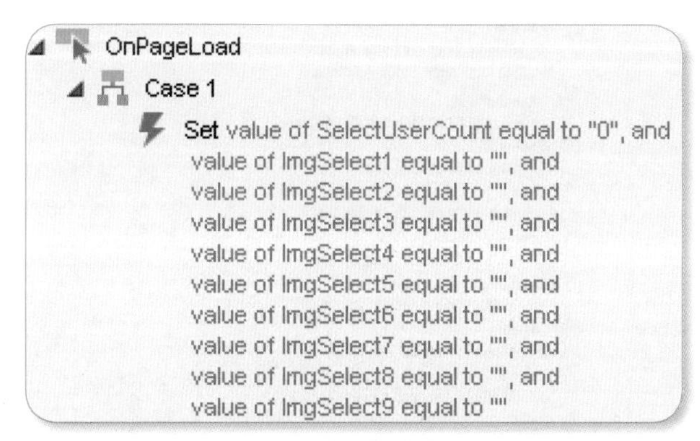

图 21-59 创建密友群页面的 OnPageLoad 事件

4. 添加密友

该页面比较简单，在“扫一扫”所在的行添加一个热区部件，并设置跳转到“通过扫描二维码添加密友”页面。

21.4.5 密友圈

1. 密友圈首页

在该页面为登录用户头像和用户昵称添加 OnClick（鼠标单击时）事件，跳转到“登录用户个人动态”页面。

为其余密友的用户头像和用户昵称添加 OnClick 事件，设置正确的 ChatUser 全局变量的值并跳转到“密友个人动态”页面。如密友“安安”的头像和用户昵称的 OnClick 事件如图 21-60 所示。

图 21-60 密友“安安”的头像和用户昵称的 OnCick 事件

2. 密友个人动态

该页面头部和头像处都需要显示密友的用户名，并根据 ChatUser 全局变量的值将头像设置为不同用户的头像。设置该页面的 OnPageLoad（页面加载时）事件，如图 21-61 所示。

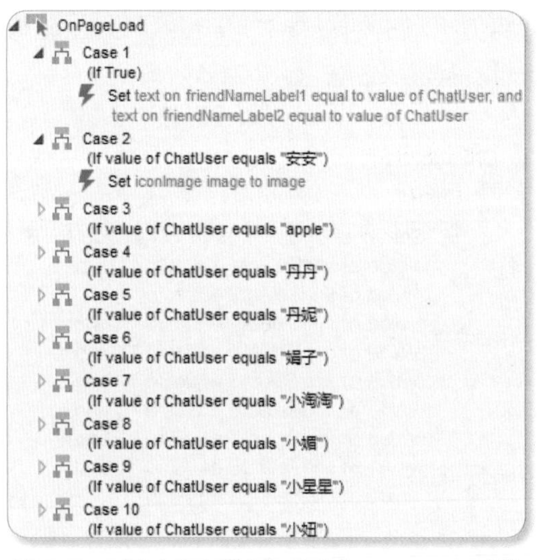

图 21-61 “密友个人动态”页面的 OnPageLoad 事件

Case 1 用例在任何条件下都会执行，将 friendNameLabel1 和 friendNameLabel2 都设置为 ChatUser 全局变量的值。

Case 2 ~ Case 10 用例根据 ChatUser 全局变量的不同取值将 iconImage 图片部件设置为不同的值。

动态内容显示区域可能需要滚动显示，应将滚动条属性设置为 Vertical as Needed（在需要时显示垂直滚动条）。

3. 登录用户个人动态

该页面比较简单，头像和用户名固定，动态内容显示区域可能需要滚动显示，应将滚动条属性设置为 Vertical as Needed（在需要时显示垂直滚动条）。

与“密友个人动态”页面不同的是，该页面有“发布动态”和“与我有关的消息”图片部件，需要设置这两个部件的 OnClick（鼠标单击时）事件以跳转到对应页面。

4. 动态详情

动态详情需要在用户鼠标单击图片时以灯箱效果展示大图片，为大图片设置动态面板部件 largeImagePanel，默认隐藏。

largeImagePanel 部件的属性和样式如下：

部件名称	部件种类	坐标	尺寸	可见性
largeImagePanel	Dynamic Panel	X0:Y196	W540:H421	N

为 largeImagePanel 部件添加 img1、img2 和 img3 状态，分别对应动态页面的 3 张小图片的大图片。

设置详情页小图片的 OnClick（鼠标单击时）事件，如 smallImg1 部件的 OnClick 事件如图 21-62 所示。

图 21-62 smallImg1 部件的 OnClick 事件

该段设置的含义是，当单击第一张小图片时：

- 将 largeImagePanel 部件设置为 img1 状态，即切换到第一张大图片。
- 将 largeImagePanel 部件以灯箱效果显示出来。

5. 发布动态

该页面添加图片的效果和选择位置的效果请参考“腾讯 QQ 空间快捷发布说说”中的案例，不再赘述。

6. 与我有关的消息

可将该页面的内容区域设置为动态面板部件，部件名称为 contentPanel，为该部件设置 content 和 deleteall（清空）状态，当单击“清空”按钮时，设置 deleteButton 的 OnClick（鼠标单击时）事件，如图 21-63 所示。

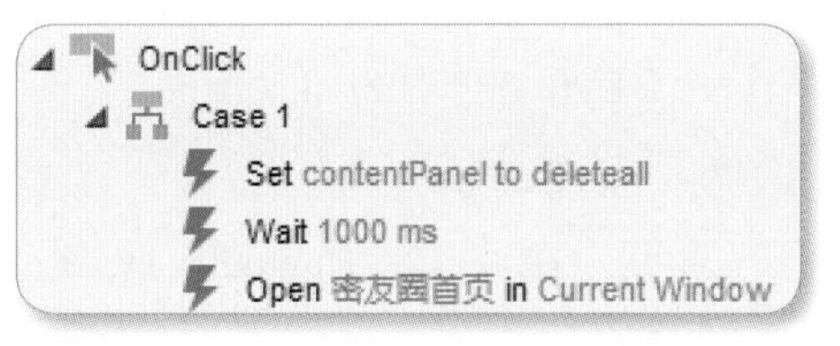

图 21-63 deleteButton 部件的 OnClick 事件

该段设置的含义是，当单击“清空”按钮时：

- 将 contentPanel 部件设置为 deleteall 状态，提示信息已被清空。
- 等待 1000ms，即 1 秒，让用户查看提示信息。
- 跳转到密友圈首页。

21.4.6　我

1. “我”的首页

与密聊首页、密友帮首页一样，在该页面单击右上角的“+”按钮打开 / 关闭操作部件，不再赘述。

在“相册”“账号设置”和“查看邀约”所在的行添加热区部件，并为热区部件设置 OnClick（鼠标单击时）事件，分别跳转到“登录用户个人动态”页面、“个人账号设置”页面和“个人邀约列表”页面。

在显示用户头像、昵称、密友号和二维码的行，在除二维码以外的区域添加热区部件，并为热区部件设置 OnClick（鼠标单击时）事件，跳转到“个人详细资料”页面。

当单击登录用户的二维码图标时，将在本页面显示被隐藏的 codePanel 动态面板部件，在显示时采用灯箱的动态效果。

设置 smallCodeImg 图片部件的 OnClick（鼠标单击时）事件，如图 21-64 所示。

2. 个人详细资料设置

在“可修改信息”所在的行添加热区部件，包括“昵称”“性别”“生日”“电话号码”“地区”和“个性签名”所在的行，设置部件的 OnClick（鼠标单击时）事件，如 nickNameHotspot（昵称所在的行）部件的 OnClick 事件如图 21-65 所示。

图 21-64　smallCodeImg 部件的 OnClick 事件

图 21-65　nickNameHotspot 部件的 OnClick 事件

该段设置的含义是，当单击昵称所在的行时：

- 将 ModifyUserInfoType 全局变量设置为 nickname。
- 跳转到“修改个人资料”页面。

编辑“修改个人资料”页面，在页头添加 modifyTypeLabel 标签部件，在内容区域添加 contentPanel 动态面板部件，为 contentPanel 设置 6 个状态：nickname、gender、 birthday、phone、address和signature。在这6个状态设置修改昵称、性别、生日、电话号码、地址和性别的内容。

设置“修改个人资料”页面的OnPageLoad（页面加载时）事件，如图21-66所示。

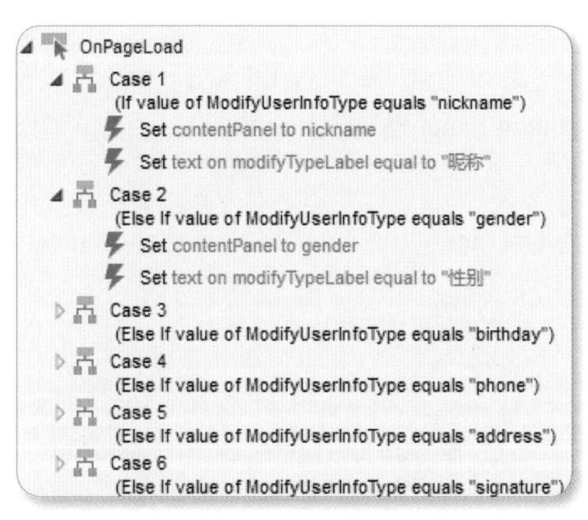

图21-66 “修改个人资料”页面的OnPageLoad事件

该段设置的含义是，当“修改个人资料”页面加载时，根据ModifyUserInfoType全局变量的不同取值将contentPanel设置为对应状态，将页头的modifyTypeLabel标签部件设置为正确的值。

3. 个人账号设置

该页面需要切换接收新消息通知、声音、震动、密友圈照片更新的打开/关闭图标，可设置为4个图片部件，并设置这4个部件的Selected（选中）属性为true时的交互样式，设置为被选中时的绿色图片。

设置这4个图片部件的OnClick（鼠标单击时）事件，如messageImg部件的OnClick事件如图21-67所示。

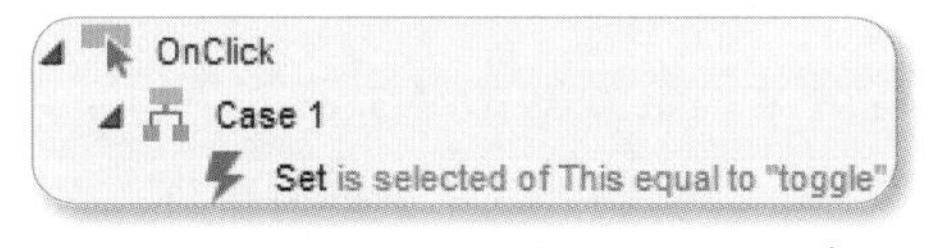

图21-67 messageImg部件的OnClick事件

在每次进行鼠标单击操作时切换隐藏/显示状态。

4. 个人邀约列表

个人邀约列表包括3个选项卡：我收到、我发出、已过期。可采用3个矩形部件实现，选中某个矩形部件后右击并选择Interaction Styles菜单项，打开设置交互样式界面，选中

Selected 选项卡，设置填充色为绿色，字体颜色为白色。

交互样式设置完毕后，同时选中这 3 个矩形部件，在“部件属性和样式”面板的 Properties（属性）选项卡中设置这 3 个部件的组属性都为 typeGroup。设置完成后，若某个矩形部件的 selected 属性被设置为 true，另两个矩形部件的 selected 属性将自动设置为 false。

在内容区域添加 contentPanel 动态面板部件，对应 3 个选项卡添加 3 个状态：receive、send 和 expire。

设置 3 个矩形部件的 OnClick（鼠标单击时）事件，如 receiveRect（我收到）矩形部件的 OnClick 事件如图 21-68 所示。

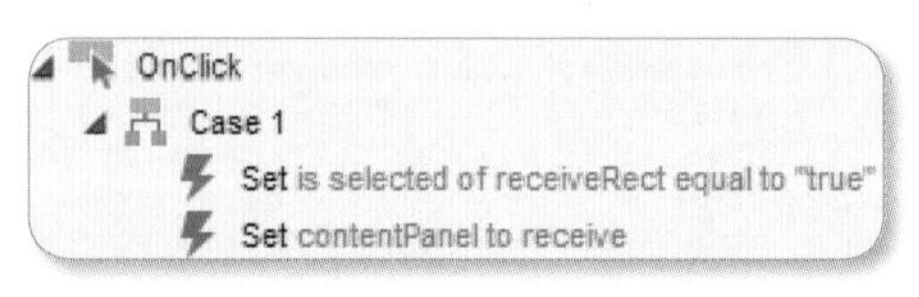

图 21-68　receiveRect 部件 OnClick 事件

该段设置的含义是，当单击“我收到”时：

- 将 receiveRect 部件的 selected 属性设置为 true（另两个矩形部件的 selected 属性将自动设置为 false）。
- 将 contentPanel 部件切换到 receive 状态，展示我收到的邀约列表。

另两个矩形部件的 OnClick 事件与此类似，不再赘述。

21.5　小憩一下

该社交 APP 综合案例是一款密友交流的 APP，功能类似于热门社交软件微信。该 APP 综合案例讲解了大部分部件，如标签、图片、形状按钮、矩形、输入框、多行文本框、热区和动态面板等。

动态面板部件用于实现各种复杂的交互效果，本章使用的动态面板事件如 OnClick（鼠标单击时）、OnPanelStateChange（面板状态改变时）等都需要小伙伴们用“小海绵”将知识点吸收。